개정판

통계학 with R

김태수 지음

자유아카데미

자연과학뿐만 아니라 인문사회과학 전반에 이르기까지 여러 분야에서 발표되는 통계 수치들을 제대로 이해하려면 통계학 개념을 어느 정도 알고 있어야 한다. 더욱이 주어진 자료들을 정리하여 통계처리를 하려면 기본적인 통계기법인 통계적 방법에 대한 올바른 이해가 선행되어야 함은 물론이다.

통계적 방법의 활용은 최근에 들어와서 비약적으로 발전한 현대 통계학의 영향을 많이 받았다. 현대 통계학의 특징은 통계적 자료, 통계적 해석 및 의사 결정에 있으며 이들은 서로 유기적인 관계가 있다.

이러한 일련의 과정에서 이 책은 대학에서 통계학 기초이론의 표준적인 역할을 하고, 또한 수학적인 지식이 없으면서도 전공기초 또는 교양으로서 충분히 쉽게 이해될 수 있도록 엮은 것이다. 물론 수리적 이론 전개를 피할 수는 없으나 되도록 평이하게, 다양한 예제들을 이용하여 기본개념들을 습득할 수 있도록 하였다.

1~4장에서 기술통계학과 확률 및 확률분포에 대한 개념을 소개하였다. 5장에서는 표본분포, 6장에서는 통계적 추정을 다루었으며, 7장에서는 가설검정에 필요한 개념들에 대한 이해를 돕고, 가설검정을 성공적으로 수행하기 위하여 필요한 방법들을 소개하였다. 8장에서는 두 변수 간의 관련성을 파악하는 상관분석, 9장에서는 변수 간의 인과관계를 알아보는 회귀분석, 10장에서는 집단적 자료들 간의 차이를 파악할 수 있는 분산분석, 11장에서는 범주형 자료들에 대한 분석 방법을 다루었으며, 마지막으로 12장에서는 비모수적 방법을 적용해 볼 수 있도록 구성하였다.

이번 개정판에서는 통계 패키지 R을 활용하여 각 예제들을 실습해 볼 수 있도록 구성하였다. RStudio를 설치하고, 제시된 데이터 파일과 시연 R 스크립트를 동일한 폴더에 저장한 후 제공된 R 스크립트를 더블클릭하여 사용하면 된다. 제시된 풀이의 계산 결과와 R의 처리 결과가 일부 다르게 나타날 수 있는데, 이는 부록에 있는 누적분포표를 참조한 것과 계산과정에서의 유효숫자에 대한 처리의 차이이므로 참고하기를 바란다.

여러 곳에서 미숙한 점들이 발견되겠지만, 앞으로 계속하여 그 미비점들을 보완하고 수정할 것을 다짐한다. 추후 나올 수 있는 수정사항과 책에 쓰인 데이터 파일 등은 자유아카데미 홈페이지(www.freeaca.com) 자료실을 통해 제공할 예정이니 참조하기를 바란다.

끝으로, 이 교재로 공부하는 여러분 모두가 통계학을 활용함에 있어 기본 원리를 이해하고 적용할 수 있기를 진심으로 바라며, 이 책이 출판될 수 있도록 적극적인 지원과 노력을 아끼지 않으신 모든 분들과 자유아카데미 여러분께 감사의 말씀을 드린다.

2021년 11월

지은이

1장

통계학의 개요

우리는 현대 사회의 일상생활에서 여러 가지의 요약되고 정리된 정보를 접하며 살고 있다. 예를 들면, 일기예보, 물가, 실업률 또는 여론조사, 치료제의 임상실험 결과 등이 있을 수 있다. 이 예들을 보면, 모든 획득된 자료들을 정리 및 요약하여 필요한 정보만을 파악하여 사용하게 된다. 이와 같이 **통계**란 특정집단 또는 관심집단을 대상으로 조사 또는 실험에 의하여 얻은 결과의 요약되고 정리된 자료의 간단한 표현이다. 모든 관측 가능한 값들의 집합 전체를 **모집단**(population)이라 하고, 통계적 처리를 위하여 모집단에서 실제로 추출된 관측값이나 측정값의 집합을 **표본**(sample)이라 한다. 통계학(statistics)의 어원은 라틴어에서 국가라는 의미를 갖는 "Status"에서 유래한 것이다. 오랫동안 통계라는 것은 어느 한 국가의 지표로서 경제, 인구 및 정치적인 상황을 자료나 도표로 나타내는 것과 동일시 되어 왔다. 불확실한 현상을 대상으로 자료를 수집하여 정리 및 요약하고, 이와 같은 자료에 근거하여 모든 현상에 대한 과학적인 추론과 불확실한 미래를 대비하기 위해 합리적인 의사결정을 하고자 하는 학문이 바로 **통계학**(Statistics)이다.

통계학은 **기술통계학**(descriptive statistics: 자료를 수집하여 표나 그림 등을 통하여 자료를 정리 또는 요약하는 방법을 다루는 분야)과 **추론통계학**(inference statistics: 표본에 내재되어 있는 정보를 분석하여 모집단의 여러 가지 특성에 대하여 과학적으로 추론하는 방법을 다루는 분야)으로 분류할 수 있다. 또한 통계학은 그 분야에 따라 수리통계학과 응용통계학으로 구별하기도 한다. 수리통계학이란 확률론, 추정론 및 검정론 등 기본적인 수리적 이론을 다루는 분야이고, 응용통계학이란 수리통계학에서 정립된 이론을 바탕으로 실제 자료분석에 응용하는 방법을 연구하는 분야로서, 자료의 수집과정에서 표본추출방법을 다루는 표본론과 자료들의 분석방법을 다루는 회귀분석, 분산분석, 시계열분석 및 다변량 분석 등 여러 분야가 있다.

2장

자료의 표현

2.1 자료

자료의 분류

넓은 의미에서 통계학은 자료를 이용하여 현상에 대한 결론을 유도하는 과학이다. 자료란 세상에 있는 양적 또는 질적인 무언가의 관찰(또는 측정)이다. 우리의 주변은 다양한 자료들로 이루어져 있다; 날씨, 무게, 가격, 건강상태, 시험점수, 은행잔고, 선거결과 등. 자료들 대부분은 수치적이거나 또는 분석을 위해서 수치적으로 변환 가능한 형태 등 다양한 유형이 있다. 자료들의 유형과 자료를 요약하는 방법들에 대해서 알아보기로 한다.

변수란 개체와 개체를 구별할 수 있는 특성 또는 값이다. 일반적으로 자료는 변수의 값으로 기록된다. **양적 변수**(quantitative variables)란 크기(size)가 의미 있는 수치적 값을 갖는 변수를 말한다. 따라서 양적 변수를 **수치형 변수**(numerical variable)라고도 한다. 양적 변수는 두 사람의 몸무게, 두 가족의 수입 등으로 비교 및 덧셈 등의 의미 있는 산술(연산)이 가능하다. 또한 전형적으로 측정 단위[킬로그램(kg), 원, 연도, 리터(liter), 바이트(byte), 볼트(volt), 미터(meter), 단위 시간당 거리(m/h) 등]를 갖는다.

주민등록번호 또는 우편번호 등과 같은 어떠한 변수들은 수치적 값을 갖지만, 양과는 상관이 없고 단순 구분을 위한 유형이다. 이와 같은 변수들을 **질적 변수**(qualitative variable) 또는 **범주형 변수**(categorical variable)라고 한다. 주민등록번호들 또는 우편번호들의 합, 평균 등은 의미가 없다. 질적 또는 범주형 변수들은 측정 단위가 없다. 성별, 피부색 및 인종 등과 같은 질적 또는 범주형 변수들은 집단적 개체들이다. 질적 또는 범주형 변수들의 값은 전형적인 형용사형이다. 예를 들면, 녹색의(green), 여성의(female) 또는 큰(tall) 등이다. 범주형 변수들은 개체들을 성별, 인종별, 나이별 또는 고등학교 졸업여부 등과 같이 범주화할 수 있다. 질적 변수와 범주형 변수 사이의 구별은 다소 모호하기도 하다. 예를 들어 연령에 대한 집단적 개체들을 5살 이하, 5살과 15살 사이, 15살과 25살 사이, 25살과 40살 사이 및 40살 이상 등과 같이 세분화할 수 있다. 유사하게 성별 또는 기상 자료들의 경우도 질적 변수인지 범주형 변수인지 명쾌하지 않다. 일반적으로 "따뜻함"은 "차가움"보다는 따스한 것으로, "뜨거움"은 "따뜻함"보다 더 따스함으로 인식될 수 있는 값들과 같이 명확한 순위가 있다면 범주형이기보다는 질적 변수라고 부르는 경향이 있다. 이와 같은 변수를 **순위형 변수**(ordinal variable)라고 부르기도 한다. 반면 순위가 무의미한 범주형 변수를 **명목형 변수**(nominal variable)라고 부르기도 한다. 남성은 "1", 여성은 "0"과 같은 방법으로 수를 이용하여 범주형 또는 질적 변수들을 부호화하는 것이 일반적이다. 범주형 변수에 숫자를 이용하여 부호화한다고 해서 양적 자료가 되는 것은 아니다. 실제적 결론은 변수들의 값에 대한 연산이 의미가 있는가에 따라 결정되는 것이다.

개체들이 생물일 필요는 없다. 예를 들어 서울지역에서의 기후 비교를 한다고 할 때,

- 연강우량(양적 자료)
- 맑은 날 수(양적, 이산형 자료)
- "매우 흐림", "다소 흐림" 및 "맑음"의 분류(질적, 순위형 자료)
- 연평균 기온(양적 자료)

유사하게, 개체들은 다른 시점에서의 단수형 개체일수도 있다. 예를 들면, 다른 시점들에서의 어느 회사의 주식가격의 경우이다.

때로는 양적 변수를 **이산형 변수**(discrete variable)와 **연속형 변수**(continuous variable)로 구별하는 것이 유용하다. 이산형 변수의 가능한 값들의 집합은 가산(countable)집합이다.

NOTE

가산집합이란 양의 정수(즉, 자연수)의 부분집합과 일대일 대응(one-to-one correspondence)의 관계에 있을 때를 의미한다.

- **이산형 변수의 예:** 가장 인접한 연도에 근거한 나이(보통 20살, 21살 등의 표현), 가족 인원수 및 주식시장에서의 어느 주식의 가격. 처음 두 개의 예는 변수들은 양의 정수만을 값으로 갖게 되며, 세 개 모두의 예와 같이 가능한 값들 사이에 최소 간격이 존재하게 된다. 물건을 세는 변수들은 항상 이산형이다.

- **연속형 변수의 예**: 개인들의 정확한 나이 또는 키, 물체의 정확한 온도 등. 연속형 변수의 가능한 값들 사이에 최소 간격은 없다. 연속형 변수는 다시 **비율척도형**(ratio scale: 속성이 전혀 없는 절대적인 원점이 존재하며, 비율의 의미가 존재하는) 변수와 **구간척도형**(interval scale: 절대적인 원점이 존재하지 않는) 변수로 구분할 수 있다.

이산형 변수들의 가능한 값들은 최소 간격을 가지고 있을 필요는 없다. 예를 들어 유리수인 분수의 집합은 가산집합이지만, 분수 사이에 최소 간격은 없다. 이산형과 연속형 변수의 구별이 모호한 한 가지 이유는 어떠한 변수에서도 우리가 측정할 수 있는 정확도에 한계가 있다는 것이다. 여러 가지 목적에서, 연속형과 이산형 변수를 구별하는 것은 중요하지 않을 수도 있다.

표 2.1 변수의 구분

<table>
<tr><th colspan="3">구분</th><th>예</th></tr>
<tr><td rowspan="3">양적 변수
(수치형 변수)</td><td rowspan="2">연속형 변수</td><td>비율척도형</td><td>키, 몸무게</td></tr>
<tr><td>구간척도형</td><td>온도, 주가지수</td></tr>
<tr><td colspan="2">이산형 변수</td><td>주사위의 결과, 교통사고 건수</td></tr>
<tr><td rowspan="2">질적 변수
(범주형 변수)</td><td colspan="2">순위형 변수</td><td>평점, 선호도</td></tr>
<tr><td colspan="2">명목형 변수</td><td>혈액형, 성별, 우편번호</td></tr>
</table>

도수분포표(frequency tables)

우선 다음 자료의 나열을 생각해 보자. [표 2.2]는 한 연구실에서 중력가속도(g)의 측정 실험을 총 100번 시행한 결과를 9.80665(m/s^2)와의 차에 10^6을 곱한 자료이다. 표에 나타난 자료의 표현은 특별한 의미를 갖지 않는다. 단지 자료의 나열이다. 관찰값들의 수학적 모형은 다음의 식으로 표현할 수 있다.

$$(g\text{의 관찰값})=(g\text{의 참값})+\text{오차(error)},$$

여기서 오차는 매 측정(실험)마다 틀릴 수 있다. 일반적으로 왜 이렇게 많은 반복 실험을 하는지에 대해서는 다음과 같은 이유를 들 수 있다.

표 2.2 중력가속도 측정실험 결과 자료

−15	−15	65	−5	−5	−135	−75	−105	−275	255
−165	−325	−225	−115	55	−125	−125	−75	−175	195
−155	25	35	−25	−115	305	585	55	−115	145
155	155	−35	65	−75	55	−65	225	−105	155
165	115	−25	−95	−55	−55	195	−375	25	−95
75	105	−145	−115	105	−165	165	−185	75	−65
−75	15	25	−45	95	85	−205	65	−55	5
105	−75	−125	195	−55	−105	15	205	−165	−135
135	125	155	155	−25	−175	75	−55	205	−95
65	35	55	135	5	5	75	−155	−85	55

- **정확도의 증가**: 각각의 실험에서 오차들은 어느 정도 평균화하는 경향이 있게 된다. 그러므로 g를 추정하는 데 한 번의 실험에서 나온 결과보다는 많은 실험의 결과들의 평균값을 사용하는 것이 좋을 것이다.
- **불확실성의 평가**: 반복된 측정의 변동성(variability)은 측정값들의 불확실성에 대한 추정을 가능하게 한다.
- **실험의 검토**: 만일 실험을 진행할수록 변동이 증가하거나 측정값이 비정상적이면, 실험은 잘못되고 있는 것이다.

위의 표를 살펴봄으로써 무언가를 배우기는 어려워 보인다. 보다 명료한 방법에 의하여 값들을 요약하는 것이 도움이 될 것이다. **도수분포표**(frequency table)를 이용한 방법을 제시하고자 한다. 도수분포표는 **계급구간**(class interval)과 그 구간 안에 속한 관찰값들의 개수, 즉 **도수**(frequency; 정수) 또는 전체 자료의 수에 대한 해당 도수의 비율, 즉 **상대도수**(relative frequency)들을 이용하여 표현하는 것이다. 또한 양 끝점 처리에 대한 규칙도 필요하다. 관측값이 두 계급구간의 경계에 있다면, 어느 구간에 속한 것으로 셈을 할 것인가? 두 가지 기본적인 방법이 있다. 첫째는 왼쪽은 항상 포함하고, 오른쪽을 배제시키거나 둘째로 첫 번째와는 반대로 오른쪽은 항상 포함시키고 왼쪽을 배제시키는 방법이다.

중력가속도 측정에 대한 위의 자료를 이용하여 도수분포표를 작성하여 보기로 한다. 적절한 계급구간을 정하는 방법이 획일적으로 정해진 것은 아니지만, 구간의 수와 위치에 따라 자료의 분포가 어떻게 달라져 보이는가에 대한 영향은 있다. 자료의 수 N에 대하여, 계급구간의 수는 $1+\log_2 N$, $5\log_{10} N$ 등을 이용하기도 한다. 자료의 수 $N=100$에 대하여 $1+\log_2 100 \fallingdotseq 7.643$이므로 우선 다음의 8개의 계급구간을 사용하기로 하자. 물론 구간을 정하기 위해서는 주어진 자료들의 최솟값과 최댓값에 대한 정보를 알고 있을 필요가 있다.

- −400 (inclusive) to −200 (inclusive), 즉 [−400, −200]
- −200 (exclusive) to −150 (inclusive), 즉 (−200, −150]
- −150 (exclusive) to −100 (inclusive), 즉 (−150, −100]
- −100 (exclusive) to 0 (inclusive), 즉 (−100, 0]
- 0 (exclusive) to 100 (inclusive), 즉 (0, 100]
- 100 (exclusive) to 150 (inclusive), 즉 (100, 150]
- 150 (exclusive) to 200 (inclusive), 즉 (150, 200]
- 200 (exclusive) to 600 (inclusive), 즉 (200, 600]

도수분포표를 완성하기 위한 다음 단계는 각 구간에 속한 자료의 수(도수)를 구하는 것이다. 자료가 크기순으로 차례로 정리되어 있다면 구간에 속한 자료의 개수를 세는 일은 간단해진다. [표 2.3]은 [표 2.2]의 자료를 크기순으로 정리한 것이다.

표 2.3 크기순으로 정리된 중력가속도 측정실험 결과 자료

−375	−325	−275	−225	−205	−185	−175	−175	−165	−165
−165	−155	−155	−145	−135	−135	−125	−125	−125	−115
−115	−115	−115	−105	−105	−105	−95	−95	−95	−85
−75	−75	−75	−75	−75	−65	−65	−55	−55	−55
−55	−55	−45	−35	−25	−25	−25	−15	−15	−5
−5	5	5	5	15	15	25	25	25	35
35	55	55	55	55	55	65	65	65	65
75	75	75	75	85	95	105	105	105	115
125	135	135	145	155	155	155	155	155	165
165	195	195	195	205	205	225	255	305	585

(a) 첫 번째 구간은 다음과 같이 5개의 관측값이 있다.

$$\{-375,\ -325,\ -275,\ -225,\ -205\}$$

100개 중 5개는 5%이므로, 첫 번째 구간의 상대도수는 0.05이다.

(b) 두 번째 구간에는 다음과 같이 8개의 관측값이 있다.

$$\{-185, -175, -175, -165, -165, -165, -155, -155\}$$

100개 중 8개는 8%이므로, 두 번째 구간의 상대도수는 0.08이다.

(c) 마지막 구간에는 2개의 관측값 {205, 205, 225, 255, 305, 585}이 있으며, 100개 중 6개는 6%이므로 상대도수는 0.06이다.

이와 같은 방법으로 다음과 같은 상대도수분포표를 완성할 수 있다.

표 2.4 (상대)도수분포표: 중력가속도 측정실험 결과 자료

계급구간	도수	상대도수
−400이상 −200이하	5	0.05
−200초과 −150이하	8	0.08
−150초과 −100이하	13	0.13
−100초과 0이하	25	0.25
0초과 100이하	25	0.25
100초과 150이하	8	0.08
150초과 200이하	10	0.10
200초과 600이하	6	0.06

R 시연

```
Data <- read.csv(file='2장_1. 중력가속도.csv', header = TRUE)
attach(Data)
str(Data)
min(Gravity); max(Gravity)        # 최댓/최솟값 계산
range(Gravity)                    # 최댓/최솟값 계산
max(Gravity) - min(Gravity)       # 통계량 범위 계산
1 + log2(100)                     # (7.643856) => 계급의 개수를 8로 결정

# 계급구간을 임의로 지정
Data <- transform(Gravity,
        Class = ifelse(Gravity >= -400 & Gravity <= -200, "-400~-200",
                ifelse(Gravity > -200 & Gravity <= -150, "-200~-150",
```

```
                ifelse(Gravity > -150 & Gravity <= -100, "-150~-100",
                 ifelse(Gravity > -100 & Gravity <= 0, "-100~0",
                  ifelse(Gravity > 0 & Gravity <= 100, "0~100",
                   ifelse(Gravity > 100 & Gravity <= 150, "100~150",
                    ifelse(Gravity > 150 & Gravity <= 200,
                           "150~200", "200~600")))))))
table(Data$Class)      # 원하는 순서가 아님

# 원하는 순서로 하기 위해
# 변수 Class를 인자형(factor)으로 하고, 수준(level)을 원하는 순서로 지정
Data$Class <- factor(Data$Class,
                     levels=c("-400~-200", "-200~-150",
                              "-150~-100", "-100~0",
                              "0~100", "100~150",
                              "150~200", "200~600"))
table(Data$Class)
detach(Data)
```

히스토그램(histograms)

도수분포표는 원자료(raw data)에 비하면 자료에 대한 이해가 쉽다. 그러나 도수분포표로부터 자료의 특성을 파악하기에는 한계가 있다. **히스토그램**(histogram)은 양적으로 측정한 자료들의 분포를 연구하는 데 탁월한 도구이다. 히스토그램은 도수분포표를 기하학적으로 구성하여 시각화하는 방법이다.

각 계급구간에 속한 상대도수를 사각형 모양의 상자(bin)로 나타내는 방법이다. 여기서 상자의 면적이 계급구간에 속한 상대도수가 되도록 한다. 즉,

$$
\begin{aligned}
\text{상자의 면적} &= \text{계급구간에 속한 상대도수} \\
&= \frac{\text{계급구간에 속한 자료의 개수(도수)}}{\text{전체 자료의 개수}}
\end{aligned}
$$

그러므로

$$\text{상자의 높이} = \frac{\text{계급구간에 속한 상대도수}}{\text{계급구간의 폭}}$$

가 된다.

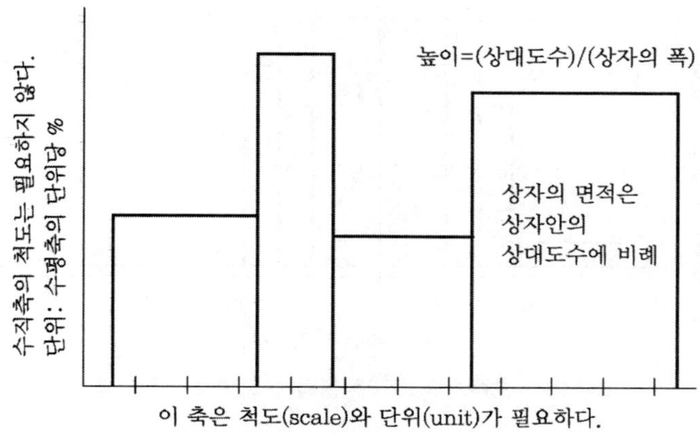

그림 2.1 히스토그램의 구성요소

히스토그램의 핵심은 상자의 높이가 아니고, 상자에 있는 자료의 상대도수를 나타내는 상자의 면적이다. 상자의 면적은 계급구간에 속한 관찰값들의 상대도수에 비례한다. 히스토그램의 수평축은 척도(scale)와 단위(unit)가 필요하지만, 수직축은 항상 수평축의 단위당 퍼센트(%)의 단위를 갖는다. 그러므로 상자의 면적은 다음의 단위를 갖게 된다.

$$\text{수평축 단위} \times \text{수평축 단위당 퍼센트(\%)} = \text{퍼센트(\%)}$$

수직축의 척도는 히스토그램의 전체 면적이 100%(모든 자료는 그림 위의 어딘가에 위치하게 된다)라는 사실에 의하여 자동으로 결정된다. 수직축의 척도는 밀도 척도(density scale)라고도 한다. 상자의 높이는 상자 안에 있는 관찰 값들의 밀도(density: 수평축의 단위당 상자 안의 관찰 값들의 비율)이다. 이것은 상자 안의 관찰값들의 비율이 아니다.

NOTE

히스토그램은 **막대그래프**(bar chart)와는 구별된다. 막대그래프에서는 사각형(막대; bar)의 높이는 막대의 면적이 아닌 관찰값들의 상대도수를 의미한다. 막대의 폭은 의미가 없으며, 단위도 필요하지 않다. 막대그래프는 범주형 자료 또는 질적 자료를 묘사하는 데 유용하다. 수평축은 더 이상 단위를 갖지 않으며, 단지 전체를 분리하는 것이다. 히스토그램은 양적 자료의 요약에 적절한 방법이다.

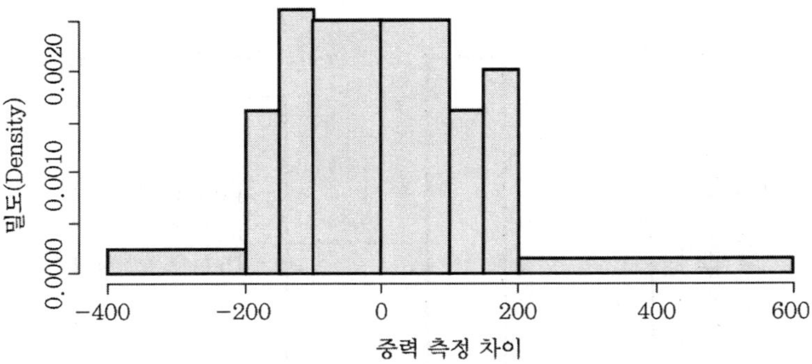

그림 2.2 중력가속도 측정실험 결과의 히스토그램

중력가속도 자료에서 첫 번째 계급구간은 -400에서 −200까지이고, 자료의 5%가 있다. 해당하는 상자의 높이는 다음과 같다.

$$\frac{0.55}{\text{상자의 폭}} = \frac{0.05}{-400-(-200)} = \frac{0.05}{200} = 0.00025$$

두 번째 계급구간은 폭이 50(=−200−(−150))단위이고, 자료의 8%가 있다. 그러므로 해당하는 상자의 높이는 다음과 같다.

$$\frac{0.08}{50} = 0.0016$$

마지막 계급구간의 폭은 400(=600−200)이고, 자료의 6%가 있다. 그러므로 해당하는 상자의 높이는 다음과 같다.

$$\frac{6\%}{400\text{단위}} = 0.00015(\%/\text{단위})$$

네 번째 계급구간의 상대도수 25%는 첫 번째 계급구간 5%의 5배이다. 그러므로 네 번째 상자의 면적은 첫 번째 상자의 5배가 된다. 한 편, 네 번째 계급구간의 폭 100은 첫 번째 계급구간의 폭 200의 1/2이다. 그러므로 네 번째 상자의 높이는 첫 번째 상자의 높이의 10(=5×2)배이다.

R 시연

```
Data <- read.csv(file='2장_1. 중력가속도.csv', header = TRUE)
attach(Data)
# 기본형
hist(Gravity)

# 계급구간을 원하는대로 표현하기
Break.Val= c(-400, -200, -150, -100, 0, 100, 150, 200, 600)
Range.Val = c(-400, -200, -150, -100, 0, 100, 150, 200, 600)
hist(Gravity, freq= FALSE, breaks= Break.Val, xlim= range(Range.Val),
     xlab= "중력 측정 차이", ylab= "밀도(Density)",
     col= "gray", label= FALSE, main= NULL)
detach(Data)
```

NOTE 히스토그램에서 상자의 높이는 밀도가 아닌 도수(frequency)로 나타내기도 한다.

왜도(skewness)

분포(distribution)라는 용어는 자료들이 수직선 위에 어떻게 흩어져 있는지에 대한 언급이다. 일반적으로 [그림 2.2]의 히스토그램으로부터 자료의 분포에 대한 다양한 정보를 얻을 수 있다. 예를 들면, 위의 자료에서 중심은 약 −50에서 −40 정도에서 형성될 것이며, 자료의 대부분은 −110에서 20 정도에 있게 된다. 자료들은 중심에 대하여 대칭적(symmetric)으로 분포되어 있지 못하다. 이와 같은 분포를 "오른쪽으로 왜곡(skewed to the right, right−skewed)되어 있다" 또는 "오른쪽에 긴 꼬리(a long right tail)를 갖고 있다"라고 한다. 반대로 오른쪽보다는 중심에 대하여 왼쪽에 더 많은 자료들이 펼쳐 있으면 분포는 "왼쪽으로 왜곡(skewed to the left, left−skewed)되어 있다" 또는 "왼쪽에 긴 꼬리(a long left tail)를 갖고 있다"라고 한다.

일반적으로 가격(price)과 수입(income)에 대한 분포는 오른쪽으로 왜곡되어 있다. 예를 들어 아파트 가격을 보자. 지역별로 차이가 있지만, 대부분의 가격은 약 3~5억 정도가 일반적이다. 상대적으로 적은 경우지만 20억을 넘는 경우도 있다. 유사하게 한 가족의 월평균 수입이 약 300~400만 원 정도라고 할 때, 상대적으로 적은 수이겠지만 월수입이 1,000~2,000만 원이 넘는 경우도 종종 있다.

백분위수(percentiles)와 사분위수(quartiles)

나열된 수들의 특성을 파악하는 다른 방법은 백분위수(percentile)를 이용하는 것이다. 백분위수의 정의는 다양하게 존재하고 있으며, 다소간의 차이가 발생하는 경우가 있지만, 거의 유사하다. 본 교재에서는 다음과 같이 정의하여 사용하기로 한다. 자료의 "제p백분위수(pth percentile)"는 자료를 크기순으로 나열하였을 때 전체 자료를 $p\%$와 $(100-p)\%$로 나누게 되는 가장 작은 자료의 값으로 정의한다. 예를 들어 위 자료의 10%는 −108보다 작거나 같다. 그러므로 −108이 제10백분위수가 된다. 자료의 13%보다 작거나 같은 가장 작은 자료의 값은 −106이다. 그러므로 제13백분위수는 −106이다. 한편, 자료의 15%보다 작거나 같은 가장 작은 자료의 값도 −106이다. 그러므로 제13, 제14, 제15백분위수는 모두 −106임을 알 수 있다. 백분위수를 파악하는 데 있어 원자료(raw data)보다는 순서로 정리된 자료(sorted data)가 더 쉽다. 몇 개의 백분위수들은 특별한 이름이 있다. 제25백분위수는 제1사분위수(lower quartile, 1st quartile, Q_1), 제50백분위수는 제2사분위수(중위수 또는 중앙값; median 또는 2nd quartile, Q_2), 제75백분위수는 제3사분위수(upper quartile, 3rd quartile, Q_3)라고 부른다.

자료의 정확한 백분위수를 구하기 위해서는 원자료가 필요하다. 히스토그램에서는 자료는 계급구간에 의하여 자료가 변형 정리되어 있기 때문에 정확한 백분위수를 구할 수 없다. 히스토그램은 각 계급구간에 포함되어 있는 자료의 비율을 알려줄 수 있을 뿐, 각 계급구간 내 자료가 정확히 어디에 위치하는지를 알 수는 없다. 그러나 히스토그램으로부터 백분위수의 근삿값을 찾을 수 있다. 제p백분위수는 히스토그램의 왼쪽으로부터 면적이 p가 되는 수평축 위의 값이다.

줄기-잎 그림(stem-and-leaf plot)

히스토그램이나 도수다각형은 자료의 분포를 쉽게 파악할 수 있지만 개개의 관측값에 대한 정보를 잃어버리게 된다. 이때 자료의 분포를 시각적으로 쉽게 파악하면서 각 관측값을 어느 정도 유지하는 방법으로 **줄기-잎 그림**이 있다. 다음의 단계에 따라 간단히 그릴 수 있다.

먼저 관측값을 보고 큰 단위와 작은 단위를 정하고 난 후,

- **1단계:** 큰 단위를 줄기로 하여 순서대로 세로로 배열하고 그 옆에 수직선을 그린다.
- **2단계:** 작은 단위를 잎으로 하여 해당하는 관측값을 앞 단위 오른쪽에 가로로 기입한다.
- **3단계:** 각 줄기에서 잎 부분의 값을 작은 숫자가 왼쪽에 오도록 크기 순서로 재배열한다.

```
15|        15|888289                     15|288889
16|        16|1092300037537009207864     16|0000000122333456777899
17|        17|0981743807608331104        17|00001113333446778889
18|        18|1300                       18|0013
1단계      2단계                         3단계
```

그림 2.3 줄기-잎 나무 그림

R 시연

```
Data <- read.csv(file='2장_2. 줄기잎그림.csv', header = TRUE)
attach(Data)
# 기본형
stem(Height)
# 줄기 조절
stem(Height, scale=0.5)
detach(Data)
```

2.2 단변량 자료의 요약

자료의 수치적 요약은 자료를 이해하는 데 도움을 준다. 특히 자료의 수가 많을

때는 더욱 절실하다. 이번 장에서는 대푯값[위치의 측도; 평균(mean), 중앙값(median), 최빈값(mode) 등]과 대푯값이 얼마나 자료를 잘 표현하고 있는지에 대한 측도[흩어짐의 측도; 범위(range), 사분위수범위(IQR, inter-quartile range), 표준편차(standard deviation) 등]에 의하여 양적 자료를 요약하는 몇 가지 방법들에 대해서 공부하고자 한다.

위치측도(measure of location)

자료의 정보는 여전히 유지하며 자료를 표현하는 수는 줄이는 최선의 방법은 한 개의 값으로 자료를 요약하는 것이다. 위치의 측도가 바로 그것이다. 자료를 대표할 수 있는 값으로 적절한 한 개의 값을 찾을 것이다. "대표"에 대한 보다 정확한 정의 없이 어떤 한 개의 값이 전체 자료를 잘 대표하는가에 대한 질문에 답하기는 곤란하다. 우리는 세 개의 위치측도인 평균(mean), 중앙값(median), 최빈값(mode)을 다음과 같이 정의한다.

- **평균:** 구체적으로는 산술평균이라 한다. 자료 전체의 합을 전체 자료의 개수로 나눈 값으로 정의한다. 즉,

$$\text{평균}(m \text{ or } \overline{X}_n \text{ or } \overline{x}_n) = \frac{\text{전체 자료의 합}}{\text{전체 자료의 개수}} = \frac{x_1 + x_2 + \cdots + x_n}{n}$$

- **중앙값:** 적어도 자료의 반보다는 크거나 같게 되는 자료의 최솟값으로 정의한다. 적어도 자료의 반은 중앙값보다는 작거나 같게 되며, 적어도 자료의 반은 중앙값보다는 크거나 같게 된다. 중앙값($\widetilde{X}$)의 일반적인 정의는 다음과 같다. 관측값 x_1, x_2, $\cdots$, x_n 들을 작은 순서로부터 정렬한 것을 $x_{(1)}$, $x_{(2)}$, $\cdots$, $x_{(n)}$이라 하면,

$$\widetilde{X} = \begin{cases} x_{\left(\frac{n+1}{2}\right)} & n\text{이 홀수일 때} \\ \dfrac{x_{\left(\frac{n}{2}\right)} + x_{\left(\frac{n}{2}+1\right)}}{2} & n\text{이 짝수일 때} \end{cases}$$

- **최빈값:** 자료들 중에 가장 빈번하게 나타나는 값으로 정의한다. 변수가 이산형 자료이거나 또는 측정단위가 낮은 정밀도를 보이지 않는 이상 정확히 찾기가 쉽지 않게 된다.

> **NOTE** 질적 또는 범주형 자료에서는 최빈값은 의미가 있지만, 평균과 중앙값은 의미가 없다.

정의로부터 평균, 중앙값 및 최빈값 사이의 연관성을 찾기는 쉽지 않아 보인다. 세 개의 측도 모두 전체 자료들 중심값에 가까이 위치한다. 즉, 세 개의 위치측도 모두 위치측도와 각 자료들과의 거리(distance)의 합이 가능한 작게 되는 것이다. 여기서 세 위치측도 간 차이는 "거리"에 대한 정의를 어떻게 하는가에 달려 있게 된다.

(a) 평균의 경우, 두 자료 사이의 거리를 그들의 차의 제곱으로 정의한다. 즉,

$$d(x,y) = (x-y)^2$$

정리 2-1

평균은 차의 제곱의 합을 최소화하게 된다.

증명 ⋯→ 주어진 n개의 자료 $\{x_1, x_2, \cdots, x_n\}$에 대하여, 다음의 식을 최소화하는 "$m$"을 찾아보기로 하자.

$$f(m) = (x_1-m)^2 + (x_2-m)^2 + \cdots + (x_n-m)^2$$

이 방정식은 m에 관한 2차 방정식이며, 최고차항의 계수가 양수이므로 최댓값을 갖지 않고 최솟값을 갖게 되는 포물선이다. 그러므로 최솟값은 m에 관한 도함수의 값이 0이 되는 점에서 발생한다. 한편, 도함수는 다음과 같다.

$$f'(m) = -2(x_1-m) - 2(x_2-m) \cdots - 2(x_n-m)$$

여기서, $f'(m) = 0$이므로

$$x_1 + x_2 + \cdots + x_n = m + m + \cdots + m = n \times m$$

이다. 그러므로 $m = \dfrac{x_1 + x_2 + \cdots + x_n}{n} = \overline{x}_n$.

NOTE

평균과 자료와의 차이에 대한 제곱의 합은 자료와 어떤 수와의 차이에 대한 제곱의 합보다도 작게 된다. 즉, 평균과의 차에 대한 **제곱근평균제곱**(root mean square; rms)인 다음의 값

$$\sqrt{\frac{1}{n}\sum_{i=1}^{n}(x_i - \overline{x}_n)^2}$$

은 어떤 다른 수로부터의 차에 대한 제곱근평균제곱(rms)보다도 작게 된다.

(b) 중앙값의 경우, 두 자료 사이의 거리를 그들의 차에 대한 절댓값으로 정의한다.

$$즉,\ d(x,y) = |x - y|$$

정리 2-2

중앙값은 차에 대한 절댓값의 합을 최소화한다.

증명 ⋯ 주어진 n개의 자료 $\{x_1, x_2, \cdots, x_n\}$에 대하여, 다음의 식을 최소화하는 "$m$"을 찾아보기로 하자.

$$f(m) = |x_1 - m| + |x_2 - m| + \cdots + |x_n - m|$$

이 방정식은 m에 관한 볼록(convex)함수이지만, 전체구간에서 미분 가능한 함수는 아니다. 즉, $m = x_i,\ \ i = 1, 2, \cdots, n$에서 미분 불가능하다. 절댓값 함수 $|x|$의 부분기울기(subgradient)를 다음과 같이 정의하기로 하자.

$$\frac{d|x|}{dx} = \begin{cases} -1, & x < 0일\ 때 \\ 0, & x = 0일\ 때 \\ 1, & x > 0일\ 때 \end{cases}$$

절댓값의 합의 부분기울기는

$$-1\times\{m\text{보다 작은 자료의 개수}\}+1\times\{m\text{보다 큰 자료의 개수}\}$$

이다. 우선 모든 자료가 반복적이지 않고 자료가 홀수 개 있다고 가정하자. 부분기울기는 중앙값에서 0이 된다. 왜냐하면, 중앙값보다 작은 자료의 개수와 중앙값보다 큰 자료의 개수가 같기 때문이다. 자료가 반복될 때의 상황은 복잡하기는 하지만 여전히 중앙값은 위의 방정식의 해가 된다.

(c) 최빈값의 경우, 두 자료 사이의 거리는 두 자료가 같으면 0으로, 서로 다르면 1로 정의한다. 즉,

$$d(x,y)=\begin{cases}1, & x\neq y\\ 0, & x=y\end{cases}$$

그러므로 최빈값과 다른 자료의 개수는 어떤 다른 값에 비교되어 다른 자료의 개수보다도 많을 수 없다. 이것은 바로 최빈값은 서로 다를 가능성이 가장 적은(가장 공통적인) 자료가 됨을 의미한다.

> **NOTE** 통계량(statistic)이란 자료들로부터 계산되는 값으로 정의한다. 그러므로 위에 언급된 위치측도의 세 개는 모두 통계량이 된다.

평균, 중앙값 및 최빈값은 히스토그램에서 근사적으로 파악할 수 있다. 최빈값은 가장 높은 봉우리, 중앙값은 왼쪽과 오른쪽의 반의 위치가 되는 곳이며, 평균은 히스토그램이 평형을 유지하는 지점이다. 이 세 가지 모두 계급구간에 의존하여 나타난다.

일반적으로 평균과 중앙값이 유사한 값일 필요는 없다. 주어진 자료가 대칭(symmetric)이면 평균과 중앙값은 거의 일치하게 된다. 그러나 자료의 분포가 왜곡되어 있다면 평균과 중앙값은 큰 차이를 보이게 된다. 그 이유는 평균은 분포의 꼬리 부분의 값에 많은 영향을 받기 때문이다. 마치 시소(seesaw)에서 몸무게가 많이 나가는 사람이 중심으로 가까이 오고 가벼운 사람이 중심으로부터 멀어지면 가벼운 사

람 쪽으로 기울어지는 결과와 같은 효과이다. 자료가 오른쪽으로 왜곡되어 있으면 중앙값이 평균보다 작으며, 왼쪽으로 왜곡되어 있으면 중앙값은 평균보다 크게 된다. 이는 평균이 근본적으로 히스토그램의 평형을 유지하는 지점이고, 평균은 자료의 값이 유난히 큰 값 또는 작은 값인 경우에는 자료의 극히 일부분에 의해서도 크게 영향을 받기 때문이다. 중앙값은 자료의 일부 적은 부분집합에 영향을 덜 받는다. 중앙값을 크게 또는 작게 하기 위해서는 자료의 반을 변형시켜야 한다. 자료 중 한 개의 값을 변형시키는 것은 중앙값에 크게 영향을 끼치지 못하며, 중앙값보다 큰 값을 크게 변형시키거나 중앙값보다 작은 값을 작게 변형시키면 중앙값은 전혀 변화되지 않는다. 자료의 일부 적은 부분에 의하여 영향을 받지 않는 통계량을 **저항**(resistance)이 있다고 한다. 중앙값은 저항적이며 평균은 저항적이지 못하다.

어느 위치측도가 가장 적절한가는 자료요약 결과의 사용처에 의존한다. 만일 전체 자료의 합에 관심이 있다면 평균이 가장 적절할 것이다. 왜냐하면 평균은 전체 자료의 합을 자료의 개수로 나눈 값이므로 전체 자료의 합은 평균과 전체 자료의 개수와의 곱으로 나타낼 수 있기 때문이다. 한 가족의 개개인의 평균수입은 가족구성원들의 삶의 필요에 얼마를 사용할 수 있는지를 나타낸다. 만일 한 가족이 주택 구입에 필요한 자금을 어느 정도 제공할 수 있는지를 알고 싶다고 하자. 그것은 가족의 평균수입과 가족의 수와의 곱인 총수입에 달려 있다. 맞벌이 부부와 수입이 없는 자녀 3명을 둔 5인 가족의 경우를 생각해 보자. 평균수입과 가족수 5를 곱한 것이 총수입이다. 이 다섯 명 가족의 중앙값은 0이다. 왜냐하면 반 이상이 수입이 없기 때문이다. 즉, 이 경우 중앙값을 사용하여 설명하는 것은 무의미한 것이다.

한편, 중앙값은 다음의 상황에 더 적절할 수 있다. 어느 국가가 풍요로운지에 대한 결정을 하고자 한다고 하자. 어떤 면에서는 시민들 대부분이 고소득자인지가 쟁점이다. 만일 매우 적은 가족들의 수입이 아주 높다고 한다면, 대부분의 가족들이 수입이 없음에도 불구하고 평균가정수입은 매우 높을 수 있게 된다. 이때는 중앙값을 사용하는 것이 의미가 있을 것이다. 적어도 가족의 반은 중앙값보다 크지 않으며, 적어도 반은 적어도 중앙값보다 크다.

선호하는 위치측도의 한 단면만을 본다면 통계학을 이용하여 사람들에게 잘못된 정보를 제공할 수도 있게 된다. 여러분이 두 제품 A, B를 제조하는 회사의 CEO라고 하자. 당신의 고객들은 제품의 가격을 낮추기를 원하고, 당신 회사의 주주들은 제

표 2.5 제품 A, B의 판매 가격 및 판매 개수 현황

제품	판매 개수	작년 판매 가격	올해 판매 가격
A	100,000	10,000원	8,000원
B	1,000	1,000,000원	1,200,000원

품의 가격을 높이기를 희망할 것이다. 작년에 제품 A를 10,000원에 100,000개, 제품 B를 1,000,000에 1,000개를 판매하였고, 올해는 제품 A를 8,000원에 100,000개, 제품 B를 1,200,000원에 1,000개를 판매하였다고 하자.

제품 101,000개의 작년의 판매 가격의 중앙값은 10,000원이고, 올해 제품 101,000개의 판매 가격의 중앙값은 8,000원이다. 반면 판매된 제품의 개수를 고려하지 않은 작년 판매 가격의 평균값은 505,000원이고 올해의 판매 가격의 평균값은 604,000원이다.

판매된 제품의 개수를 고려한 101,000개의 작년 평균 판매 가격(이것이 바로 가중평균의 개념이다)은

$$(100,000\text{개} \times 10,000\text{원} + 1,000\text{개} \times 1,000,000\text{원})/101,000\text{개} = 19,800\text{원}$$

이고, 올해 평균 판매 가격은

$$(100,000\text{개} \times 8,000\text{원} + 1,000\text{개} \times 1,200,000\text{원})/101,000\text{개} = 19,800\text{원}$$

이다.

작년과 올해 모두 판매된 개수와 총수입이 같다. 그러므로 판매된 제품당 평균 가격도 같게 된다. 이와 같이 같은 현상은 어떤 통계적 도구를 사용하는지에 따라 결론을 다르게 도출할 수도 있음을 보여 주고 있다.

가중평균(weighted mean)은 여러 상황에 사용된다. 어느 대학에서 개설된 통계학 과목이 학기 중에 4번의 수시시험과 1번의 기말시험으로 최종 점수를 결정한다고 하자. 각 시험의 비율을 처음 4번의 시험들은 각각 15%로, 그리고 기말시험은 40%로 비중을 둔다고 할 때, 어떤 학생의 시험 결과가 70, 80, 75, 85, 90점을 얻었을 때 이 학생의 통계학 시험점수는 얼마라고 하는 것이 최선일까? 각각의 시험의 가중치가 다르기 때문에 일괄적인 합산에 의한 산술평균은 무의미할 것이다. 이때 사용

될 수 있는 가중평균은 다음과 같이 구할 수 있다.

$$\frac{(70\times15)+(80\times15)+(75\times15)+(85\times15)+(90\times40)}{100}$$

$$=\frac{1050+1200+1125+1275+3600}{100}=82.5$$

따라서 가중평균을 구하는 공식은 다음과 같다.

$$\text{가중평균: } (\bar{x}_w) = \frac{\sum_{i=1}^{n} w_i \cdot x_i}{\sum_{i=1}^{n} w_i}$$

여기에서 w_i =가중치, x_i =점수이다.

자룟값이 도수분포표로 주어졌을 때는 도수를 가중치로 대치시키면 가중평균은 다음과 같다.

$$\text{가중평균: } \bar{X}_w (= \bar{x}_w) = \frac{\sum_{i=1}^{n} f_i \cdot x_i}{\sum_{i=1}^{n} f_i},$$

여기에서 f_i =계급의 빈도수, x_i =계급값(계급의 중앙값)을 나타낸다.

예제 2.1

다음은 60명의 학생에 대한 키의 도수분포표이다. 가중평균($\bar{X}_w$)을 구하여라.

[표 2.6] 학생들의 키에 대한 도수분포표

계급	도수(f)	계급값(x)	$f \cdot x$
138.5~143.5	1	141	141
143.5~148.5	2	146	292
148.5~153.5	5	151	755
153.5~158.5	7	156	1092
158.5~163.5	10	161	1610
163.5~168.5	15	166	2490

계급	도수(f)	계급값(x)	$f \cdot x$
168.5~173.5	10	171	1710
173.5~178.5	5	176	880
178.5~183.5	3	181	543
183.5~188.5	2	186	372
합계	60		9885

풀이

$$\bar{x}_w = \frac{\sum f_i \cdot x_i}{\sum f_i} = \frac{9885}{60} = 164.75$$

흩어짐(spread) 또는 변동성(variability)

위치측도는 자료를 대표할 수 있는 값을 나타내고 있다. 그러나 모든 자료가 대표가 될 수는 없다. 모든 자료가 서로 가까이 위치하고 있는가? 대부분의 자료가 서로 가까이 위치하고 있는가? 자료들 사이의 제일 큰 차이는 얼마인가? 평균적으로 자료들이 서로 얼마나 떨어져 있는가? 흩어짐과 변동성의 측도는 이와 같은 상황을 설명하게 될 것이다.

예제 2.2

다음 3명의 골프 선수를 생각하자. 골프는 경기를 모두 끝내기까지의 타수를 가장 작게 하고자 하는 게임이다. 골프 선수 3명의 현재까지 기록이 다음과 같다고 하자. 즉, 선수 A는 항상 72타를 유지하고 있으며, 선수 B는 전체 게임의 25% 정도는 69타, 나머지 75%는 73타를 기록하고 있다. 마지막 선수 C는 반반의 경우로 70타와 74타를 기록하고 있다. 세 선수의 실력을 평가하여라.

표 2.7 골프 선수 3명의 기록표

선수	경우 1		경우 2		평균 타수
	타수	빈도	타수	빈도	
A	72	100%	–	–	72
B	69	25%	73	75%	72
C	70	50%	74	50%	72

풀이 세 골프 선수의 평균 타수는 모두 같다–명목상 보기에는 세 선수 모두 같은

실력을 가지고 있는 것처럼 보인다. 그러나 서로 게임을 한다면 어떻게 될 것인지를 생각해 보자. 선수 A는 선수 B가 73타를 기록하면 이기게 된다. 이 경우는 75% 정도가 발생한다. 선수 B가 선수 C를 이기는 경우는 선수 C가 74타를 기록하던지 아니면 선수 B가 69타를, 그리고 선수 C가 70타를 기록하면 이기게 된다. 첫 번째 경우는 50%가 발생하고, 두 번째 경우는 25% × 50% = 12.5%가 발생하게 된다. 그러므로 선수 B가 선수 C를 이기는 경우는 50% + 12.5%인 62.5%가 발생하게 된다. 마지막으로 선수 C가 선수 A를 이기는 경우는 선수 C가 70를 치는 경우인 50%가 발생하게 된다.

선수 3명 모두의 평균 타수는 같으나 선수 A는 선수 B를 이기는 경우가 더 많이 발생하고, 선수 B가 선수 C를 이기는 경우도 발생한다. 반면, 선수 C와 선수 A는 서로 승률이 같다. 이와 같은 사실은 평균 타수 이외의 다른 값이 의미가 있음을 보여 주는 것이다. 그것이 바로 변동성이다.

평균이나 중앙값과 같은 한 개의 수로 자료를 요약하는 것은 많은 정보를 잃게 된다. 위치의 측도는 그 자체만으로는 그리 유용하지 않다. 예를 들면 다음의 3가지 유형의 히스토그램은 평균과 중앙값이 모두 0인 경우이다.

이와 같은 분포를 구별하기 위해서는 평균 또는 중앙값 이외의 값이 필요하다. [그림 2.6]에서 자료가 중앙과 양끝에서 대다수 발생하고 있다. [그림 2.4]의 자료는 중앙 근처에 보다 집중되어 있다([그림 2.6]의 경우보다 덜 흩어져 있게 된다). [그림 2.5]의 자료들은 극단적으로 집중되어 있다([그림 2.4]와 [그림 2.6]의 경우보다도 훨씬 자료들이 서로 가까이 분포하고 있다). 흩어짐 또는 변동성의 측도는 관찰값들이 분포의 중심에 인접하는 경향이 있는지 또는 그들이 어느 정도 흩어져 있는지를 한 개의 수로서 요약하게 된다. 만일 흩어짐이 작다면 자료의 대부분은 거의 유사할 것이고, 흩어짐이 크다면 자료들 사이의 차이는 크게 될 것이다.

범위(range), 사분위수범위(inter quartile range; IQR) 및 표준편차(standard deviation; SD)가 흩어짐 또는 변동성 측도의 가장 일반적인 측도들이다. **범위**는 가장 큰 값에서 가장 작은 값을 뺀 값으로 정의한다.

NOTE

자료의 반올림 처리에 대한 여러 정의에 따라 범위에 대한 값은 다를 수 있다. 예를 들어 연속형 자료에서 가장 가까운 정수로 기록한다면, 17.4999…의 값은 17로, 0.5000…의 값은 1로 기록하게 되는 경우 원래의 범위는 17.4999… − 0.5000… = 17이지만, 변형된 자료에서의 범위는 17 − 1 = 16이 된다.

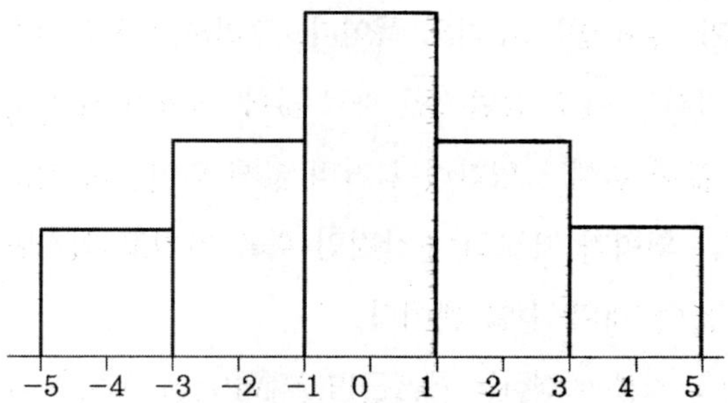

그림 2.4 히스토그램의 예_1

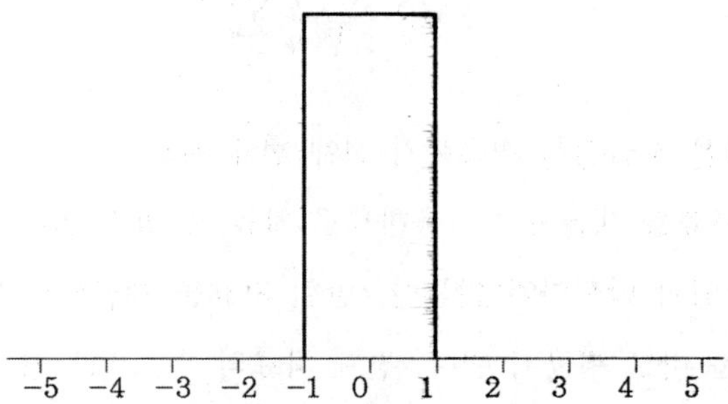

그림 2.5 히스토그램의 예_2

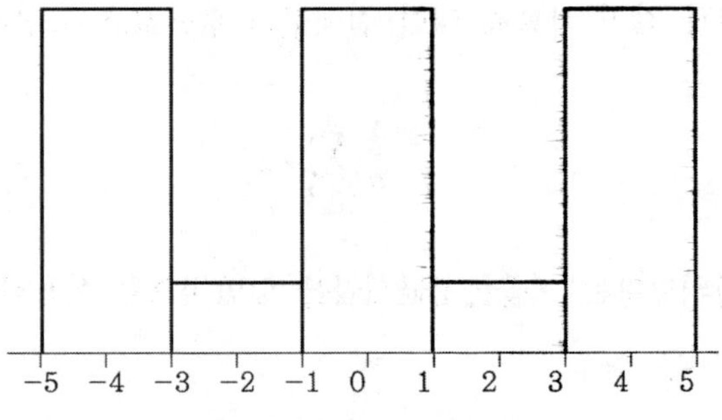

그림 2.6 히스토그램의 예_3

즉, **범위**는 모든 자료를 포함하는 가장 작은 구간의 폭이다. 그러므로 범위는 흩어짐을 측정한다. 범위는 한 자료의 변화에 민감하게 변하게 되므로 저항적(resistant)이지 않다.

사분위수범위(IQR)는 제3사분위수(upper quartile, Q_3, 제75백분위수)에서 제1사분위수(lower quartile, Q_1, 제25백분위수)를 뺀 값으로 정의한다. 사분위수범위는 자료의 반인 50%가 속해 있는 구간의 폭이다. 그러므로 사분위수범위도 흩어짐의 측도이다. 사분위수범위는 아주 극단적인 자료 값에 대하여 덜 민감하다. 즉, 사분위수범위는 한 자료의 값이 변해도 영향력이 거의 없게 되어 저항적(resistant)이게 된다. 이름이 가지고 있는 의미가 자료의 구간적인 뜻을 가지고 있지만, 범위(range)와 사분위수범위는 각각 한 개의 수일 뿐이다.

자료들의 평균적 크기를 측정하는 **제곱근평균제곱**(root mean square, RMS, rms)은 n개의 자료 $\{x_1, x_2, \cdots, x_n\}$에 대하여 다음과 같이 정의한다.

$$\text{RMS} = \sqrt{\frac{1}{n}\sum_{i=1}^{n} x_i^2}$$

제곱근평균제곱은 제곱근을 적용하기 전에 전체 자료의 수로 나누고 있다. 제곱근평균제곱에서는 자료를 제곱하여 사용하므로 자료 중 양수 또는 음수들이 섞여 있을지라도 상쇄되는 일이 발생하지 않는다. 만일 자료를 제곱하는 일과 제곱근을 서로 상쇄한다면 그것은 바로 평균이 된다. 전체 자료의 수로 나누기 이전에 제곱을 하는 이유는 바로 상쇄되는 것을 방지하기 위함이다.

제곱근평균제곱은 자료의 평균적 크기를 구하는 유일한 측도가 아니다. 자료의 평균적 크기를 다음과 같이 자료에 대한 절댓값의 평균값으로 정의하기도 한다.

$$\frac{1}{n}\sum_{i=1}^{n} |x_i|$$

그러나 위의 정의보다는 제곱근평균제곱을 일반적으로 사용한다.

예제 2.3

다음의 7개의 자료에 대하여 제곱근평균제곱을 구하여라.

$$-5,\ -3,\ -1,\ 0,\ 1,\ 3,\ 5$$

풀이 우선 자료의 평균은 $\dfrac{-5+(-3)+(-1)+0+1+3+5}{7}=0$이다.

반면, 제곱근평균제곱은 $\sqrt{\dfrac{(-5)^2+(-3)^2+(-1)^2+0^2+1^2+3^2+5^2}{7}} \cong 3.3$이다.

위의 예제에서와 같이 자료의 제곱의 평균과 평균의 제곱은 같지 않다. 제곱근평균제곱이 0이 되기 위한 필요충분조건은 모든 자료가 0이 되는 것이다.

표준편차(standard deviation, SD)는 측정되는 자료의 평균(mean)과 자료와의 차에 대한 값들의 제곱의 평균에 대한 제곱근으로 정의한다. 표준편차는 자료들이 평균을 중심으로 어느 정도 흩어져 있는지를 측정하게 된다.

표준편차를 구하기 위해서는 우선 자료의 평균을 구하고, 각 자료와 평균과의 차이인 편차(deviation)를 구한다. 마지막으로 편차들의 제곱근평균제곱(편차의 제곱 값들의 평균에 대한 제곱근)을 구한다.

$$\text{표준편차}(SD)=\sqrt{\frac{1}{n}\sum_{i=1}^{n}(x_i-\overline{x}_n)^2}$$

표준편차의 단위는 원자료의 측정단위와 일치한다. 제곱근평균제곱이 0이란 것과 모든 자료의 값이 0인 것과는 상등임을 알고 있다. 그러므로 표준편차가 0이라는 것은 평균과의 차이인 편차가 0임(즉, 모든 자료가 평균과 같다)을 의미한다. 마찬가지로 범위가 0이라면 모든 자료가 같음을 의미한다. 반면, 사분위수범위의 경우는 모든 자료가 같지 않더라도 0이 되는 경우가 발생할 수 있다.

표준편차(SD)와 거의 유사한 다음의 값을 **표본표준편차**(sample standard deviation, s)라고 한다.

$$s=\sqrt{\frac{1}{n-1}\sum_{i=1}^{n}(x_i-\overline{x}_n)^2}$$

물론 표준편차와 표본표준편차가 일치하지는 않지만, 자료의 수가 많다면 그 차이는 미미하게 된다. s의 제곱을 **표본분산**(sample variance; S^2 또는 S_n^2)이라고 한다.

$$S^2 = S_n^2 = \frac{1}{n-1}\sum_{i=1}^{n}(x_i - \overline{x}_n)^2$$

> NOTE
>
> **표본분산의 간편식:** 다음의 간편식을 사용하게 되면 계산 과정이 줄어들어 오차 발생을 줄일 수 있다.
>
> $$S^2 = \frac{1}{n-1}\left(\sum_{i=1}^{n}x_i^2 - n(\overline{x}_n)^2\right) = \frac{1}{n(n-1)}\left(n\sum_{i=1}^{n}x_i^2 - (\sum_{i=1}^{n}x_i)^2\right)$$
>
> [확인!!] $S^2 = \frac{1}{n-1}\sum_{i=1}^{n}(x_i - \overline{x}_n)^2 = \frac{1}{n-1}\sum_{i=1}^{n}\left(x_i^2 - 2\overline{x}_n x_i + (\overline{x}_n)^2\right)$
>
> $$= \frac{1}{n-1}\left(\sum_{i=1}^{n}x_i^2 - 2\overline{x}_n\sum_{i=1}^{n}x_i + \sum_{i=1}^{n}(\overline{x}_n)^2\right)$$
>
> $$= \frac{1}{n-1}\left(\sum_{i=1}^{n}x_i^2 - 2\overline{x}_n n\overline{x}_n + n(\overline{x}_n)^2\right)$$
>
> $$= \frac{1}{n-1}\left(\sum_{i=1}^{n}x_i^2 - n(\overline{x}_n)^2\right) = \frac{1}{n(n-1)}\left(n\sum_{i=1}^{n}x_i^2 - (\sum_{i=1}^{n}x_i)^2\right)$$

> NOTE
>
> **표본평균 및 표본분산의 점화식**
>
> 자료가 시간에 따라 측정되는 경우 기존의 평균과 분산의 산술식에서는 자료가 추가될 때마다 자료를 처음부터 다시 읽어 계산해야 하는 반면, 점화식은 기존의 평균값과 분산의 값 그리고 새롭게 측정된 자료의 값을 이용하여 구할 수 있는 매우 효율적인 방법인 것이다. 표본평균과 표본분산의 점화식은 다음과 같다.
>
> (평균): $\overline{x}_{j+1} = \overline{x}_j + \frac{x_{j+1} - \overline{x}_j}{j+1}$
>
> (분산): $S_{j+1}^2 = (1 - \frac{1}{j})S_j^2 + (j+1)(\overline{x}_{j+1} - \overline{x}_j)^2$
>
> [확인!!]
>
> $$\overline{x}_{j+1} = \frac{1}{j+1}\sum_{i=1}^{j+1}x_i = \frac{1}{j+1}(\sum_{i=1}^{j}x_i + x_{j+1}) = \frac{1}{j+1}(j\overline{x}_j + x_{j+1})$$

$$= \frac{1}{j+1}(j\overline{x}_j + \overline{x}_j + x_{j+1} - \overline{x}_j) = \overline{x}_j + \frac{1}{j+1}(x_{j+1} - \overline{x}_j)$$

참고: $(j+1) \cdot \overline{x}_{j+1} = (j+1) \cdot \overline{x}_j + (x_{j+1} - \overline{x}_j)$

$$j \cdot \overline{x}_{j+1} + \overline{x}_{j+1} = j \cdot \overline{x}_j + x_{j+1}$$

$$j(\overline{x}_{j+1} - \overline{x}_j) = (x_{j+1} - \overline{x}_{j+1})$$

$$S_{j+1}^2 = \frac{1}{(j+1)-1}\sum_{i=1}^{j+1}(x_i - \overline{x}_{j+1})^2$$

$$= \frac{1}{j}\sum_{i=1}^{j}(x_i - \overline{x}_{j+1})^2 + \frac{1}{j}(x_{j+1} - \overline{x}_{j+1})^2$$

$$= \frac{1}{j}\sum_{i=1}^{j}(x_i - \overline{x}_j + \overline{x}_j - \overline{x}_{j+1})^2 + \frac{1}{j}(x_{j+1} - \overline{x}_{j+1})^2$$

$$= \frac{1}{j}\sum_{i=1}^{j}(x_i - \overline{x}_j)^2 + \frac{1}{j}\sum_{i=1}^{j}2(x_i - \overline{x}_j)(\overline{x}_j - \overline{x}_{j+1})$$

$$+ \frac{1}{j}\sum_{i=1}^{j}(\overline{x}_j - \overline{x}_{j+1})^2 + \frac{1}{j}(x_{j+1} - \overline{x}_{j+1})^2$$

$$= \frac{j-1}{j}S_j^2 + 0 + (\overline{x}_j - \overline{x}_{j+1})^2 + \frac{1}{j}(x_{j+1} - \overline{x}_{j+1})^2$$

$$\therefore \quad S_{j+1}^2 = \frac{j-1}{j}S_j^2 + (j+1)(\overline{x}_{j+1} - \overline{x}_j)^2$$

앞의 절에서 도수분포표를 이용하여 (가중)평균을 구하는 방법과 마찬가지로 도수분포표에서의 표본분산은 다음과 같이 구할 수 있다.

$$S^2 = \frac{n(\sum f_i \cdot x_i^2) - (\sum f_i \cdot x_i)^2}{n(n-1)}$$

단, x_i는 계급값, f_i는 계급의 도수, $n = \sum f_i$은 표본의 크기를 나타낸다.

NOTE

도수분포표에서의 표본분산

$$n=\sum f_i,\quad \overline{x}_w=\frac{\sum f_i \cdot x_i}{\sum f_i},\quad n\overline{x}_w=\sum f_i \cdot x_i \text{이므로}$$

$$S^2=\frac{\sum (x_i-\overline{x}_w)^2 f_i}{\sum f_i-1}=\frac{\sum (x_i^2-2\overline{x}_w x_i+\overline{x}_w^2) f_i}{\sum f_i-1}=\frac{\sum x_i^2 f_i-2\overline{x}_w\sum x_i f_i+\overline{x}_w^2\sum f_i}{\sum f_i-1}$$

$$=\frac{\sum x_i^2 f_i-2\overline{x}_w\cdot n\cdot \overline{x}_w+\overline{x}_w^2\cdot n}{\sum f_i-1}=\frac{n(\sum f_i \cdot x_i^2)-(\sum f_i \cdot x_i)^2}{n(n-1)}$$

예제 2.4

다음 표는 학생 42명의 통계학 시험점수를 정리한 것이다. 표본분산을 구하여라.

표 2.8 통계학 시험점수에 대한 도수분포표

점수구간	도수(f)	점수(x)	$f \cdot x$	$f \cdot x^2$
60~64	2	62	124	7,688
65~69	1	67	67	4,489
70~74	4	72	288	20,736
75~79	8	77	616	47,432
80~84	12	82	984	80,688
85~89	9	87	783	68,121
90~94	5	92	460	42,320
95~99	1	97	97	9,409
	$n=\sum f_i=42$		$\sum f_i \cdot x_i=3419$	$\sum f_i \cdot x_i^2=280883$

풀이

$$S^2=\frac{n(\sum f_i \cdot x_i^2)-(\sum f_i \cdot x_i)^2}{n(n-1)}=\frac{42(280,883)-(3,419)^2}{42(42-1)}\simeq 62.4$$

표준측도(Z-Score)

평균과 표본표준편차가 다른 종류의 자료들의 분포를 비교할 때, **표준측도** 또는 **표준변화량**(standardized variate or Z-Score)이 쓰인다.

x를 자료의 값, $\overline{x}_n$을 평균, s를 표본표준편차라 할 때, **표준측도**를 다음과 같이 정의한다.

$$z = \frac{x - \overline{x}_n}{s}$$

이때 z의 평균 $\overline{z} = 0$이고, 분산 $V_z = 1$이 됨을 알 수 있다. 표준측도는 x가 전체 중에서 어떤 위치에 있는가를 나타낸다.

예제 2.5

어떤 학과 학생들의 성적이 아래의 표와 같을 때 어떤 학생이 영어 시험에서 81점, 그리고 수학 시험에서 75점을 받았다면, 어느 과목이 상대적으로 더 우수하다고 할 수 있겠는가?

구분	영어	수학
$\overline{x}_n$	60	55
s	21	16

풀이 영어 점수 81점에 대한 표준측도 $z = \frac{81-60}{21} = 1$

수학 점수 75점에 대한 표준측도 $z = \frac{75-55}{16} = 1.25$

표준측도가 큰 쪽이 그 과목에서 더 상위에 있다고 볼 수 있으므로 이 학생은 영어보다 수학을 더 잘한다고 볼 수 있다. 만일, 성적이 전체의 평균보다 하위인 경우는 그 반대이다.

변동계수(coefficient of variation, CV)

어떤 관측값의 단위가 다르거나 중심위치가 매우 다른 두 개 이상의 분포를 비교할 때, 이들 수치를 단순히 표본표준편차로 집단 간의 퍼진 정도를 비교하는 것은 불합리하다. 이러한 경우에 상대적으로 퍼진 정도를 나타내는 수치로서 다음과 같이 정의된 **변동계수**를 사용한다.

$$CV = \frac{\text{표본표준편차}}{\text{표본평균}} \quad \text{또는} \quad CV = \frac{\text{표본표준편차}}{\text{표본평균}} \times 100$$

예제 2.6

다음의 자료는 신생아와 성인 각각 5명씩 몸무게를 측정한 자료이다. 어느 집단이 자료들 간의 변화가 크다고 할 수 있는가?

구분	몸무게(단위: kg)				
신생아	3.2	3.1	3.6	4.2	3.8
성인	65	75	70	65	60

풀이 다음의 표와 같이, 성인 집단의 표본표준편차가 5.7로 신생아 집단의 표본표준편차 0.45보다 크지만 변동계수를 보면 신생아 집단이 0.126으로서 성인집단의 변동계수 0.085보다 크므로 신생아 집단이 성인 집단보다 자료들의 변동 폭이 크다고 할 수 있다.

구분	신생아	성인
평균	3.58	67
표본표준편차	0.449	5.701
변동계수	0.126	0.085

상자그림(box plot)

줄기-잎-나무 그림이나 히스토그램 등의 그림은 자료가 모여 있는 위치나 자료의 범위 등에 관한 정보를 보여주지만 중앙값, 사분위수 등의 정보를 보여 주지 못한다. 상자그림은 원래 자료 그 자체가 아니라 자료로부터 얻은 다섯 가지의 요약수치인 최솟값, Q_1, Q_2, Q_3, 최댓값을 가지고 그림을 그린 것이다. 상자그림의 작성은 다음의 과정을 따른다.

- **과정** 1) 다섯 요약수(five numbers; 최솟값, Q_1, Q_2, Q_3, 최댓값)를 결정한다.
- **과정** 2) Q_1과 Q_3를 네모난 상자로 연결하고, Q_2의 위치에 수평선을 그린다.
- **과정** 3) $IQR = Q_3 - Q_1$을 계산한다.
- **과정** 4) 상자 양끝에서 $1.5 \times IQR$ 크기의 범위를 경계로 하여, 이 범위에 포함되는 최솟값과 최댓값을 Q_1과 Q_3으로부터 각각 선으로 연결한다.
- **과정** 5) 경계를 벗어나는 자료들을 "*"로 표시하고, 이 점들을 이상점(outlier)이

라고 한다.

> **NOTE** 상자그림의 장점으로서는 분포의 다양한 특성을 하나의 그림에 함축시키는 것이다. 즉, 상자그림으로부터 자료의 중심위치, 퍼진 정도 등의 주어진 수치 이외에도 분포의 대칭성, 분포의 집중 정도, 대부분의 자료값들에서 동떨어진 이상관측점 등을 알 수 있는 장점이 있다.

다음은 고교생들의 신장에 대한 자료를 이용하여 남자와 여자로 구분한 상자그림의 예이다.

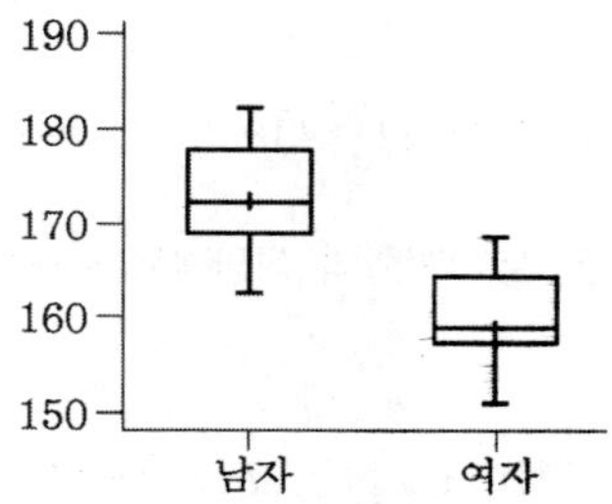

그림 2.7 상자그림의 예

R 시연

```
Data <- read.csv(file='2장_3. 상자그림.csv', header = TRUE)
attach(Data)
boxplot(Height ~ Gender)
detach(Data)
```

유사변환(affine transformation)

변수들 중에는 다른 변수와 단순한 관계를 갖는 경우가 있다. 예를 들면, 바다 수면으로부터의 높이(해발)에 대한 “feet” 단위의 측정과, “meter” 단위의 측정 변수들의 관계이다; 미터법을 이용한 해발은 피트로 측정한 해발에 0.3048을 곱하면 얻을 수 있다. 변수들 사이의 관계가 단순하다면 위치와 흩어짐의 측정값들의 관계도 단순하게 주어진다. **유사변환**(affine transformation) 또는 **변수변환**(change of variable)은 다음과 같이 선형변환식으로 정의된다.

$$\text{변환된 변수의 값} = a \times (\text{원래 변수의 값}) + b, \quad \text{여기서 } a,\ b\text{는 상수}$$

직선의 방정식 형태이므로 일차변환(linear transformation)이라고 부르기도 한다. a를 크기(scale), b를 위치(location)라 한다.

> **NOTE**
>
> 변환 T가 다음을 만족할 때, **선형**(linear)이라고 한다. 임의의 변수 x, x_1, x_2 와 상수 c에 대하여,
>
> $$(1)\ T(x_1+x_2) = T(x_1)+T(x_2) \qquad (2)\ T(c\times x) = c\times T(x)$$
>
> 이와 같은 정의에 따르면, 유사변환의 정의에서 사용된 b의 값이 0일 때이다. 왜냐하면, $b \neq 0$이면,
>
> $$T(x_1+x_2) = T(x_1)+T(x_2)-b,$$
> $$T(c\times x) = c\times T(x)-(c-1)\times b.$$
>
> 그러므로 유사변환은 상수가 추가된 일차변환이라고 할 수 있다.

예를 들면 온도 측정단위의 화씨(℉)와 섭씨(℃)의 관계식도 $a = 9/5$, $b = 32$로 "화씨 온도(℉) = 9/5 × 섭씨 온도(℃) + 32"를 만족하는 유사변환이다.

위치와 흩어짐의 측도들에 있어서, 이들의 유사변환에 의해 새롭게 변형된 측도들은 매우 규칙적으로 나타난다.

정리 2-3

원자료에서의 최빈값(X_0), 중앙값($\widetilde{X}$), 평균($\overline{X}$), 범위, 표준편차(SD) 및 사분위수범위(IQR)는 유사변환 $T(x) = a\times x + b$에 대하여 다음과 같이 결정된다.

(1) 변환된 자료의 최빈값 $= a\times$(원자료의 최빈값)$+b$

(2) 변환된 자료의 중앙값 $= a \times$(원자료의 중앙값)$+ b$

(3) 변환된 자료의 평균 $= a \times$(원자료의 평균)$+ b$

(4) 변환된 자료의 범위$= |a| \times$(원자료의 범위)

(5) 변환된 자료의 $SD = |a| \times$(원자료의 SD)

(6) 변환된 자료의 $IQR = |a| \times$(원자료의 IQR)

증명 ⋯›

(1) 최빈값은 원자료 중의 하나이고, 변환된 자료의 최빈값은 원자료의 최빈값의 변환값이 된다.

(2) 상수 a가 양수이면 유사변환에 의해 변환된 값들의 크기순서는 변경되지 않는다. 상수 a가 음수이면 유사변환에 의해 변환된 값들의 크기순서는 반대가 되고 변환된 변수들의 중앙값은 원래 중앙값에 상수 a를 곱한 것과 같다.

(3) n개의 자료 $\{x_1, x_2, \cdots, x_n\}$의 평균은

$$mean(X) = \overline{X}_n = \frac{1}{n}(x_1 + x_2 + \cdots + x_n)$$

이므로, 변환된 자료들의 평균은 다음과 같다.

$$mean(aX+b) = \frac{1}{n}(ax_1 + b + ax_2 + b + \cdots\ ax_n + b)$$

$$= \frac{1}{n} \times a(x_1 + x_2 + \cdots + x_n) + \frac{1}{n}(b + b + \cdots + b)$$

$$= a \times mean(X) + b = a \times \overline{X}_n + b$$

(4) 상수 $a > 0$인 경우는, 원자료의 최댓값(M)과 최솟값(m)에 대하여 변형된 자료의 최댓값과 최솟값은 $a \times M + b$와 $a \times m + b$이므로, 변형된 자료의 범위는 다음과 같다.

$$(a \times M + b) - (a \times m + b) = a \times (M - m) = a \times \text{원자료의 범위}$$

반면, 상수 $a < 0$인 경우는 변환된 자료의 최댓값이 $a \times m + b$, 최솟값이 $a \times M + b$이므로 범위는 다음과 같다.

$$(a \times m + b) - (a \times M + b) = a(m - M) = -a \times (M - n) = -a \times \text{원자료의 범위}$$

그러므로, 변환된 자료의 범위 $=|a|\times$(원자료의 범위)이다.

(5) $SD(aX+b)=\sqrt{\frac{1}{n}\{[(ax_1+b)-(a\overline{X}_n+b)]^2+\cdots+[(ax_n+b)-(a\overline{X}_n+b)]^2\}}$

$$=\sqrt{\frac{1}{n}\left[a^2(x_1-\overline{X}_n)^2+a^2(x_2-\overline{X}_n)^2+\cdots+a^2(x_n-\overline{X}_n)^2\right]}$$

$$=|a|\sqrt{\frac{1}{n}\left[(x_1-\overline{X}_n)^2+(x_2-\overline{X}_n)^2+\cdots+(x_n-\overline{X}_n)^2\right]}$$

$$=|a|SD(X)$$

(6) 상수 a가 양수이면, 유사변환에 의해 변환된 값들의 크기순서는 변경되지 않는다. 그러므로 변환된 자료의 백분위수들은 원자료의 백분위수들의 변환값과 동일하다. 즉, 변환된 자료의 제3사분위수는

$$a\times(\text{원자료의 제3사분위수})+b$$

이고, 변환된 자료의 제1사분위수는

$$a\times(\text{원자료의 제1사분위수})+b$$

이다. 그러므로 변환된 자료의 사분위수범위는 다음과 같다.

$[a\times(\text{원자료의 제3사분위수})+b]-[a\times(\text{원자료의 제1사분위수})+b]$

$=a\times(\text{원자료의 제3사분위수}-\text{원자료의 제1사분위수})$

$=a\times\text{원자료의 사분위수범위}$

반면, $a<0$인 경우의 유사변환은 자료의 크기순을 역순으로 하게 되며, (4)의 범위의 경우와 같다.

2.3 다변량 자료와 산점도

세상의 많은 관심 있는 문제들은 변수 한 개보다는 여러 개의 변수들 사이의 관계를 포함한다. 예를 들어 대형 마트의 상품 판매와 관련된 자료로 목요일에 쇼핑한 고객은 아기 기저귀와 맥주를 함께 구매하는 경향이 있다는 것이다. 즉, 아기 기저귀

판매량과 맥주 판매량 사이에는 양의 연관(positive association)이 있다는 것이다. 젊은 부부가 아기 기저귀를 구입하면서 주말을 보낼 맥주를 산다고 해석할 수 있는 것이다.

연관성(association)은 두 개 이상의 변수 사이의 성질이다. 기저귀 판매량과 맥주 판매량 사이에는 인과(causation)관계가 있는 것은 아니다. 두 변수가 강한 연관관계를 갖고 있지만 인과관계가 없을 수도 있으며, 반대로 강한 인과관계가 있지만 연관성은 없는 경우도 있을 수 있다. 이번 장에서는 두 변수 이상의 자료를 다루게 될 통계적 도구들과 연관성을 포함한 자료들 사이의 관계에 대하여 공부하고자 한다.

다변량 자료(multivariate data)

지금까지는 한 번에 한 개의 변수에 대한 측정과 특성을 파악하였지만, 이제부터는 한 번에 개체들의 같은 집단에 대해서 각각 측정된 두 개 또는 그 이상의 변수들의 관계성을 연구하고자 한다. 여기서 "개체"는 사람일 필요는 없다; 자동차, 장소, 가족 및 대학들이 모두 가능하다. 예를 들면, 두 변수가 아버지와 아들의 신장(키)일 수 있다. 이때 개체는 (아버지의 키, 아들의 키)의 순서쌍이 된다. 이와 같은 측정값의 순서쌍을 **이변량 자료**(bivariate data)라고 한다. 개체당 두 개 이상의 변수들의 관찰값들을 **다변량 자료**(multivariate data)라고 한다.

다변량 자료의 예로 성적 자료(파일명: Data_score.csv)를 사용하고자 한다. 1,081명에 대하여 5개의 변수(출신 고등학교, 고교성적, 수능언어성적, 수능영어성적, 대학성적)를 이용하여 측정된 자료로 5개의 출신 고등학교에 따른 구분으로 고등학교에서의 성적, 입학 당시 수학능력시험 중 언어(language) 및 영어(english) 영역의 백분위 점수와 대학에서의 성적(GPA)으로 구성되어 있다. 고교성적은 2.0, 2.25,

표 2.9 변수별 기초통계량

구분	고교성적	언어성적	영어성적	대학성적
자료 수	1801	1801	1801	1801
평균	3.68	74.24	75.00	3.35
표준편차	0.63	11.32	11.48	0.50

2.5, 2.75, 3.0, 3.25, 3.5, 3.75, 4.0. 4.25, 4.5의 11등급으로 구분된 값으로 되어 있으며, 언어 및 영어는 백분위 점수로, 그리고 대학성적은 만점이 4.5로서 학생들이 취득한 학점을 의미한다.

> **NOTE** 전체 자료들 중에서 각 범주에 속하는 자료의 개수들을 쉽게 파악하기 위해서 y축을 밀도가 아닌 빈도수로 설정하여 그린 예이다.

4개의 히스토그램과 기초통계량(평균 및 표준편차)에 의하면 수능언어성적과 영어성적은 평균이 약 75점, 표준편차가 약 11 정도로 비슷하게 나타나고 있다. 즉, 평균적으로는 학생들이 수능언어성적을 75점을 받고, 수능영어성적도 75점을 받음을 의미한다. 그러나 개별적인 점수는 평균으로부터 11점이 차이가 나고 있음을 알 수 있다.

수능언어성적이 좋은 학생이 수능영어성적도 좋은지(그렇다면, 수능언어성적과 수

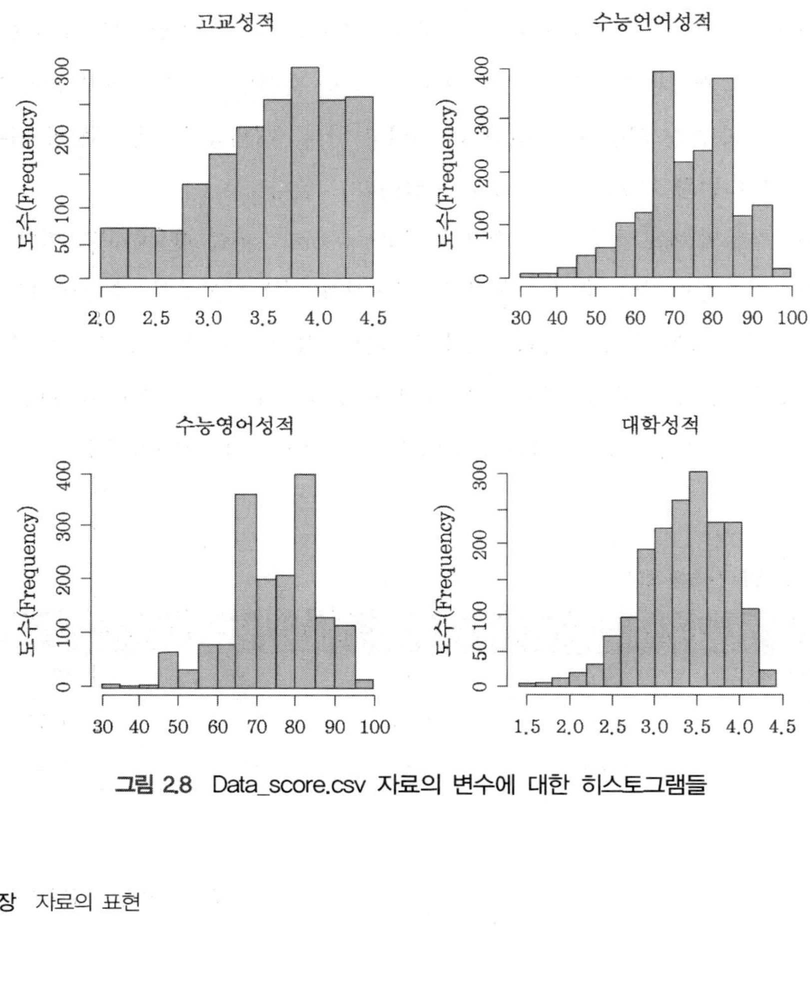

그림 2.8 Data_score.csv 자료의 변수에 대한 히스토그램들

능영어성적은 양적으로 연관되어 있다고 한다)? 아니면, 수능언어성적에서 평균보다 높은 학생들이 수능영어성적에서는 평균보다 낮은 점수를 얻게 되는지(그렇다면, 두 변수는 음적으로 연관되어 있다고 한다)? 유사하게 고등학교 성적이 평균보다 좋은 학생들이 대학에서도 평균 이상의 성적을 취득하는지? 만일, 여러분이 대학에서 입학을 결정하는 위치에 있다고 한다면, 어떤 학생들에게 입학을 허가하겠는가?

4개의 히스토그램과 기초통계량만을 가지고 위 질문에 답하기는 힘들 것이다. 위 질문에 답하기 위해서는 측정변수들 사이의 연관성에 대한 정보를 가지고 있을 때 가능할 것이다. 히스토그램은 연관성에 대한 정보를 전혀 주지 못한다. 연관성은 열거된 자료, 특히 개수가 많은 자료의 나열에 의해 쉽게 파악할 수 있는 것이 아니다.

기하학적으로 연관성을 설명하기 위해서는 두 변수 이상의 변수들을 한 화면에 그리는 것이 필요하다.

R 시연

```
Data <- read.csv("2장_4. 다변량자료.csv", header=T)
attach(Data)

# 히스토그램
par(mfrow=c(2,2))
Break.Val=c(2.0, 2.25, 2.5, 2.75, 3, 3.25, 3.5, 3.75, 4, 4.25, 4.5)
hist(Data$고교성적, breaks= Break.Val, xlab="", freq=T,
     ylab="도수(Frequency)",
     col="grey", label=FALSE, main="고교성적")
hist(Data$수능언어성적, xlab="", freq=T, ylab="도수(Frequency)",
     col="grey", label=FALSE, main="수능언어성적")
hist(Data$수능영어성적, xlab="", freq=T, ylab="도수(Frequency)",
     col="grey", label=FALSE, main="수능영어성적")
hist(Data$대학성적, xlab="", freq=T, ylab="도수(Frequency)",
     col="grey", label=FALSE, main="대학성적")

# 산점도
par(mfrow=c(3,2))
plot(수능언어성적 ~ 고교성적)              # cor 0.056
plot(수능영어성적 ~ 고교성적)              # cor 0.032
plot(대학성적 ~ 고교성적)                  # cor 0.703
plot(수능영어성적 ~ 수능언어성적 )         # cor -0.328
```

```
plot(대학성적 ~ 수능언어성적 )              # cor -0.107
plot(대학성적 ~ 수능영어성적 )              # cor 0.133
detach(Data)
```

산점도(scatter plot)

기하학적으로 두 변수의 연관성(association)을 연구하는 가장 좋은 도구 중의 하나가 산점도(scatter plot or scatter diagram)이다. 특히, 산점도는 자료의 수가 많아 자료를 일일이 점검하는 것이 의미가 없을 때 도움이 된다. 2차원 산점도는 직교좌표 평면에 한 점을 표시하는 방법으로서, 한 변수(X)를 x-축으로 하고, 다른 한 변수(Y)를 y-축으로 정하여 표시하는 방법이다. 이때, "X에 대한 Y의 **산점도**(a scatterplot of Y versus X or a scatterplot of Y against X)"라고 한다. [그림 2.9]는 성적자료의 변수 고교성적, 수능언어성적, 수능영어성적 및 대학성적에 대한 모든 경우인 6개의 산점도이다. 고교성적과 수능언어성적, 수능영어성적과 대학성적의 산점도와 대학성적과 수능영어성적의 산점도에서는 좌측하단으로부터 우측상단 방향으로 자료가 형성되어 있음을 볼 수 있다. 이는 각각의 성적 자료들이 서로간에 양적인 연관이 있음을 의미하고 있다. 반면, 수능영어성적과 수능언어성적의 산점도와 수능언어성적과 대학성적의 산점도에서는 약간 좌측상단으로부터 우측하단으로 자료가 형성되어 있음을 볼 수 있다. 이는 각각의 성적 자료들이 음적인 연관이 있음을 의미하는 것이다.

산점도는 변수들 사이의 여러 가지 관계를 보여 준다 - "한 변수의 값이 증가할수록 다른 변수의 값이 증가하는지 아니면 감소하는지?", "두 개의 변수가 선형의 관계에 있는지?" 및 "다른 변수의 값의 변화에 상관없이 한 변수의 값이 변화가 없는지?". [그림 2.10]의 산점도 중 첫 번째 것은 두 변수 사이에 선형의 관계가 있음을 알 수 있는데 이를 럭비공-모양(football-shaped)의 산점도라고 부른다. 자료가 정확하게 직선상 위에 있지는 않지만 직선 주위에 나타나는 경우이다.

두 번째 산점도는 두 변수가 직선의 선형 관계가 아닌 곡선의 비선형 관계에 있는 예이다. 자료들은 곡선 주위에 다소 균형 있게 흩어져 있다. y-축 변수의 자료는 x-축 변수의 값에 상관없이 유사한 흩어짐을 보이고 있다. 이와 같은 자료를 등분산적

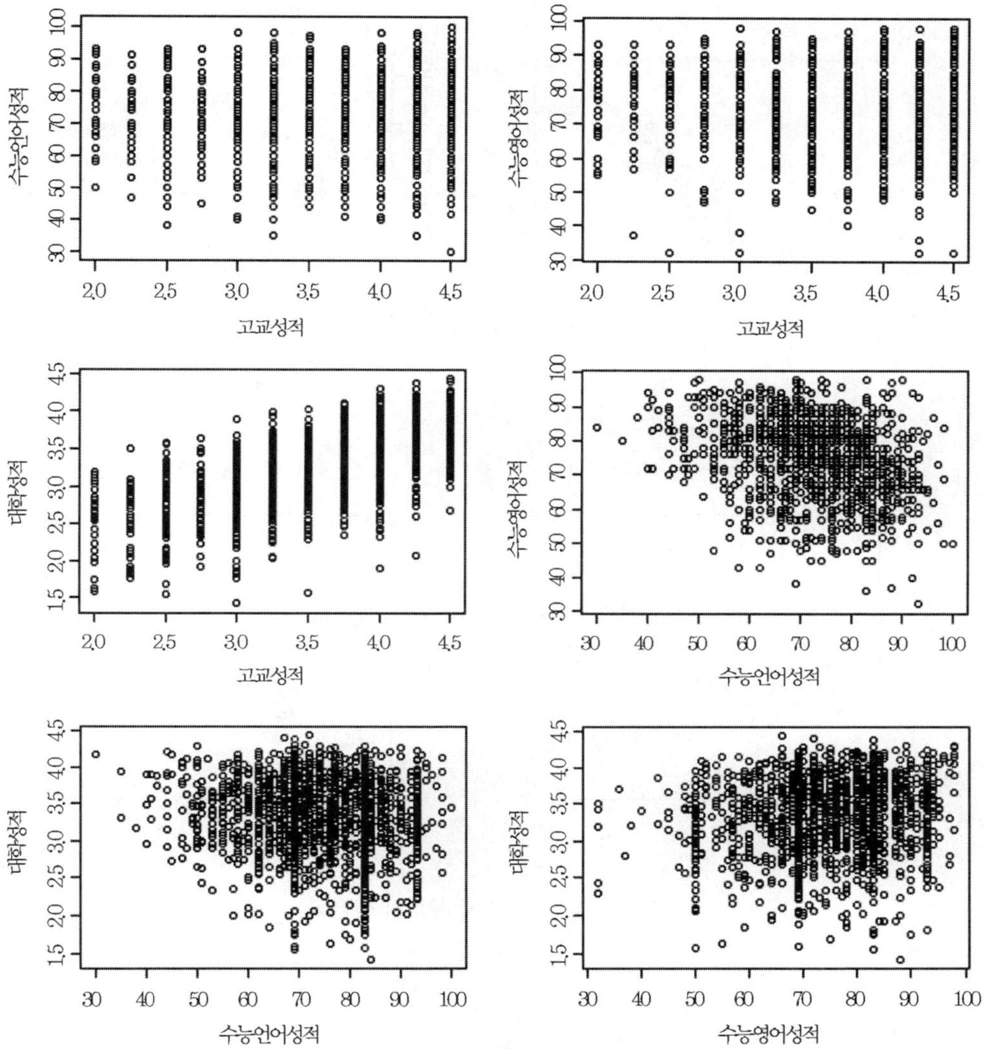

그림 2.9 Data_score.csv 자료의 산점도

(homoscedastic)이라고 한다. 반면, 3번째 이분산형 산점도의 경우 x-축 변수의 값이 변화함에 따라 y-축 변수의 값의 흩어짐에 상당한 변화가 있음을 알 수 있다. 이와 같은 자료를 이분산적(heteroscedastic)이라고 한다. 마지막 산점도의 예는 측정된 다른 자료들의 형태에 적합하지 않은 점(자료)을 갖고 있는 경우로서 이와 같은 자료를 이상치(outlier)라고 한다.

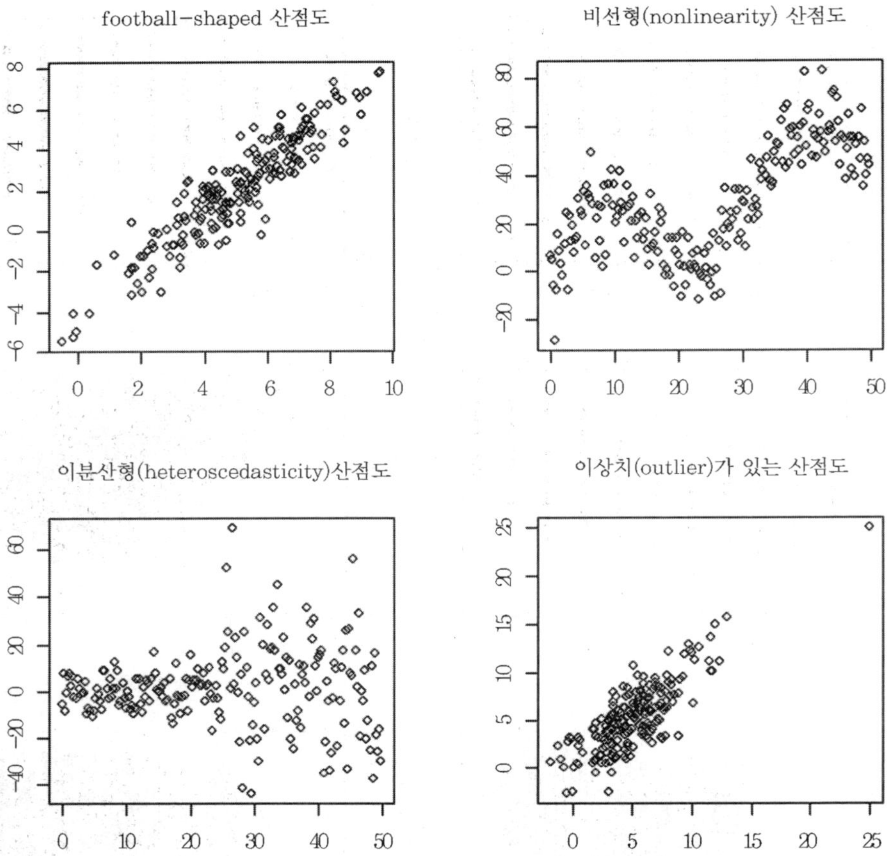

그림 2.10 여러 가지 유형의 산점도

3장

확률

3.1 표본공간 및 확률

확률이란 어떤 실험을 할 때 나타나는 결과의 가능성에 대한 관찰이다. 여기에서 **실험**(experiment)이란 어떤 결과를 관찰하기 위한 일련의 잘 정리된 행위를 의미하며, 실험에 의하여 나타날 수 있는 가능한 모든 결과들의 집합을 **표본공간**(sample space: S)이라고 하고, 나타날 수 있는 결과의 개개들을 표본공간의 **원소**(element)라고 한다. 또한 표본공간의 부분집합을 **사건**(또는 사상 event)이라고 한다. 한 실험에서 **"어떤 사건이 일어났다"**라고 하는 것은 그 실험의 결과가 그 사건을 특정시키는 어떤 조건들을 만족했다는 것을 의미한다. 어떤 두 사건이 동시에 일어날 수 없을 때, 이 두 사건은 **서로 배반사건**(mutually exclusive events)이라고 한다. 표본공간은 다음의 보기들에서 보는 바와 같이 유한집합일 수도 있고 무한집합일 수도 있으며, 셀 수 있는 무한집합일 수도, 셀 수 없는 무한집합일 수도 있다.

보기 3.1 동전을 2회 던지는 실험을 시행할 때 동전의 앞면을 H로, 뒷면을 T로 표시하면 표본공간 S는 $S=\{HH, HT, TH, TT\}$로 유한집합이다. 이때 적어도 1회의 앞면이 나오는 사건 A는 S의 부분집합 $A=\{HH, TH, HT\}$이고, 앞면이 한 번도 나오지 않는 사건 B는 S의 부분집합 $B=\{TT\}$이다. 두 사건 A와 B는 서로 배반사건이다.

보기 3.2 한 개의 동전을 앞면이 나올 때까지 던지는 실험을 생각하자. 이때 표본공간 S는 $S=\{H, TH, TTH, TTTH, \cdots\}$이다. 이 경우 표본공간 S는 셀 수 있는 무한집합이다. 이 실험에서 3회째 앞면이 나오는 사건 A는 S의 부분집합 $A=\{TTH\}$이다.

보기 3.3 어떤 기계의 수명시간에 대한 측정을 하는 실험을 생각하자. 이때 가능한 관찰값들은 음이 아닌 실수이며, 표본공간 S는 $S=\{x \mid 0 \le x < \infty\}$이다. 이는 0을 포함한 양의 실수 전체이므로 셀 수 없는 무한집합이다. 이 실험에서 20시간 이상 기계가 작동하는 사건 A는 S의 부분집합 $A=\{x \mid x \ge 20\}$이다.

한 주어진 실험에서 표본공간 S의 각 사건 A에 대하여 A가 일어날 확률을 지시하는 하나의 수 "$P(A)$"를 부여하는 것이 필요하다. 확률이론의 발전 초기에는 표본공간이 유한인 경우 또는 도형과 관련된 경우에 대한 확률의 계산이 주된 관심의 대상이었다. 고전적 확률의 정의에 의하면, 어떤 사건 A가 일어날 확률은

$$P(A) = \frac{|A|}{|S|}$$

로 정의하였다. 여기에서 $|A|$는 유한표본공간의 경우에는 사건 A에 속하는 원소의 개수를 의미하고, A가 어떤 영역이면 $|A|$는 영역 A의 길이, 넓이, 부피 등과 같이 잘 정의된 개념이다.

예제 3.1

두 사람이 12시부터 1시까지의 한 시간 사이에 어느 지점에서 만나기로 하였다. 누가 먼저 그 지점에 도착하든지 20분 이상은 기다리지 않기로 하였다. 두 사람이 만날 확률은 얼마인가?

풀이 두 사람이 약속 장소에 도착하는 시각을 각각 12시 x분과 y분이라고 하면 두 사람은 $|x-y|<20$일 때 만나게 된다. 그러므로 표본공간은 $S=\{(x,y) \mid 0 \le x \le 60,\ 0 \le y \le 60\}$이고 두 사람이 만나는 사건 A는 $A=\{(x,y) \mid |x-y|<20\}$이다. 그러므로 구하려는 확률은

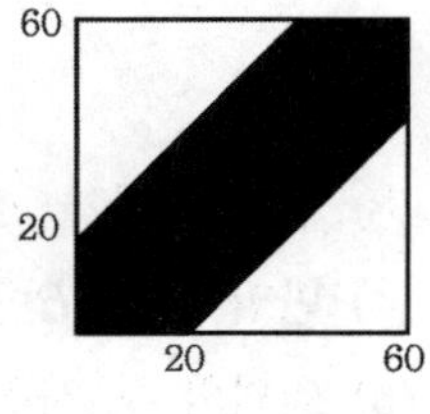

$$P(A) = \frac{|A|}{|S|} = \frac{60^2-40^2}{60^2} = \frac{5}{9}$$

이다.

다음과 같이 수학적 공리계를 도입하여 확률을 정의함으로써 고전적 확률 및 상대도수를 이용한 정의 등 일부 모순적이고 한계가 있었던 문제들 해결할 수가 있게 되었다.

정의 3-1 공리적 확률

표본공간 S 안의 각 사건 A에 수 $P(A)$를 대응하는 집합함수(set function) P가 다음의 공리를 만족하면 P를 확률(probability)이라고 하고 함수값 $P(A)$를 사건 A의 확률(probability of the event A)이라고 한다.

[공리 1] 임의의 사건 A에 대하여, $P(A) \geq 0$

[공리 2] $P(S) = 1$

[공리 3] 임의의 무한 배반 사건열 $A_1, A_2, \cdots$에 대하여,

$$P(\bigcup_{i=1}^{\infty} A_i) = \sum_{i=1}^{\infty} P(A_i)$$

위 공리를 이용하면 다음의 성질을 증명할 수 있다. 증명 없이 소개하기로 한다.

정리 3-1

(1) $P(\varnothing) = 0$

(2) 임의의 유한 배반 사건열 $A_1, A_2, \cdots, A_n$에 대하여

$$P(\bigcup_{i=1}^{n} A_i) = \sum_{i=1}^{n} P(A_i)$$

(3) 임의의 사건 A에 대하여 $P(A^c) = 1 - P(A)$

(4) 만일 $A \subset B$이면 $P(A) \leq P(B)$가 성립한다.

(5) 임의의 두 사건 A와 B에 대하여,

$$P(A \cup B) = P(A) + P(B) - P(A \cap B)$$

NOTE (5)에 의하여 $P(A \cup B) \leq P(A) + P(B)$임을 알 수 있다.

3.2 확률의 계산

한 사상의 확률을 구하기 위해서는 표본공간과 그 사상에 속하는 모든 원소의 개수를 세어야 하는 경우가 종종 발생한다. 모든 가능한 실험결과의 수가 많지 않을 때는 일일이 열거하여 그 수를 셀 수 있지만, 실험의 결과가 많은 경우에는 이러한 작업을 수행하기가 곤란할 것이다. 이때 순열(permutation) 및 조합(combination)의 개념은 이와 같은 작업을 가능하게 한다.

정의 3-2 순열(permutation)

n개의 서로 다른 개체가 있을 때, 그 중에서 r개를 선택하여 일렬로 세우는 방법의 가지 수를 n개에서 r개를 뽑아 순서를 생각하여 늘어놓는 **순열의 수**라 하고 기호로는 ${}_nP_r$과 같이 표현하며, 다음과 같이 계산한다.

$$\begin{aligned}{}_nP_r &= n(n-1)(n-2)\cdots(n-r+1)\\ &= \frac{n(n-1)\cdots(n-r+1)(n-r)(n-r-1)\cdots 2\cdot 1}{(n-r)(n-r-1)\cdots 2\cdot 1}\\ &= \frac{n!}{(n-r)!}\end{aligned}$$

특히, n개 모두를 일렬로 세우는 방법의 수는 $n!$로 표현하며 다음과 같이 계산한다.

$${}_nP_n = n(n-1)(n-2)\cdots 2\cdot 1 = n!$$

또한, ${}_nP_0 = 1$, 즉 $0! = 1$로 정의한다.

예제 3.2

30개의 도시를 운행하는 A 항공사에서 출발지와 도착지를 명기한 항공권의 가능한 가지 수는 몇 개인가? 단, 좌석의 등급구별은 없고, 왕복표는 포함한다.

풀이 30개의 도시에서 출발지와 도착지를 정하는 방법의 수는 30개에서 두 개 택한 순열의 수와 같으므로 ${}_{30}P_2$가지이다. 이 각 경우마다 편도표와 왕복표 두 가지가 있으므로 가능한 승차권의 수는 ${}_{30}P_2 \times 2 = 30 \times 29 \times 2 = 1740$이다.

정의 3-3 중복순열

n개의 서로 다른 개체에서 중복을 허락하여 r개를 택하여 일렬로 배열한 것을 n개에서 r개 택한 **중복순열**이라 하고, 이 중복순열의 수를 ${}_n\Pi_r$로 나타내며, ${}_n\Pi_r = n^r$와 같이 계산한다.

예제 3.3

0, 1, 2, 3, 4, 의 다섯 개의 숫자가 있다. 중복을 허락하여, 이 숫자로 만들어지는 세 자리 정수는 모두 몇 개인가?

풀이 100의 자리에는 0이 올 수 없으므로 100의 자리에 올 수 있는 숫자는 1, 2, 3, 4의 4가지이다. 이 각각에 대하여 10의 자리 및 1의 자리에는 0, 1, 2, 3, 4의 어느 숫자가 중복을 허용해도 좋으므로 중복순열의 수인 ${}_5\Pi_2 = 5^2$가지이다. 따라서 구하는 세 자리 정수의 가지 수는 $4 \times {}_5\Pi_2 = 4 \times 5^2 = 100$이다.

정의 3-3 같은 것이 있는 경우의 순열의 수

n개 중에서 같은 것이 각각 p개, q개, r개, $\cdots$, s개가 있을 때, n개를 모두 택하여 일렬로 배열하는 순열의 수는 다음과 같다.

$$\frac{n!}{p! \times q! \times r! \times \cdots \times s!} \quad (\text{단, } p+q+r+\cdots+s=n)$$

예제 3.4

mathematical이라는 단어의 12문자 전부로 이루어지는 문자의 열은 모두 몇 가지인가?

풀이 m이 2개, a가 3개, t가 2개이므로, $\frac{12!}{2!\times3!\times2!}=19958400$

정의 3-4 조합(combination)

n개의 서로 다른 개체 중에서 임의로 r개를 뽑는 방법의 수는 $\binom{n}{r}$ 또는 ${}_nC_r$로 표현하며 다음과 같이 계산한다.

$$\binom{n}{r} = \frac{n(n-1)(n-2)\cdots(n-r+1)}{r!} = \frac{{}_nP_r}{r!}$$

$$= \frac{n!}{r!(n-r)!} = \binom{n}{n-r}.$$

NOTE

순열과 조합의 관계

조합의 수는 순열의 수를 이용하여 설명할 수 있다. 순열의 수 ${}_nP_r$은 n에서 r개를 추출하여 일렬로 세우는 방법이므로, 이 값은 n개 중에서 r개를 뽑은 다음(이는 조합의 수이므로 ${}_nC_r$가지가 있다), 뽑은 r개를 일렬로 늘어놓는 것과 같다. 그러므로 다음의 관계식을 얻을 수 있다.

$${}_nP_r = {}_nC_r \times r! \qquad \therefore\ {}_nC_r = \frac{{}_nP_r}{r!}$$

예제 3.5

1년을 365일이라고 할 때, 한 모임에 참석한 10명의 생일이 모두 다를 확률은 얼마인가?

풀이 10명의 생일이 365일에 분포될 수 있는 모든 가능한 경우의 수는 중복순열의 수 ${}_{365}\Pi_{10} = 365^{10}$이다. 10명의 생일이 모두 다른 모두 다른 경우의 수는 $\binom{365}{10}\times 10! = {}_{365}P_{10}$이다. 따라서 확률 P는 다음과 같다.

$$P=\frac{\text{조건을 만족하는 경우의 수}}{\text{모든 가능한 경우의 수}}=\frac{{}_{365}P_{10}}{365^{10}}$$

예제 3.6

10개의 음료수 잔이 있다. 이 중에 4개의 잔에는 A 상표의 음료수가 들어 있고, 나머지 6개의 잔에는 B 상표의 음료수가 들어 있다고 할 때, 시음자가 임의로 잔을 4개 선택하였을 때, 최소한 3개의 A 상표의 음료를 정확하게 선택하였을 확률은 얼마인가?

풀이 모든 가능한 경우의 수는 4개 및 6개의 문자($AAAABBBBBB$)를 일렬로 세우는 경우의 수와 같으므로 $\frac{10!}{4!\times 6!}=\binom{10}{4}$이다. 최소한 3개의 A 상표의 잔을 선택하는 경우는 (3개의 A 상표+1개의 B 상표) 또는 (4개 모두 A 상표)이므로 구하고자 하는 확률은 다음과 같다.

$$P=\frac{\binom{4}{3}\times\binom{6}{1}+\binom{4}{4}}{\binom{10}{4}}$$

예제 3.6

10명의 여학생과 5명의 남학생이 있는 어떤 모임에서 정원이 4명인 위원회를 구성하려고 할 때, 다음과 같은 경우의 확률을 각각 구하여라.

(a) 여학생과 남학생이 각각 2명씩인 경우

(b) 각 집단에서 최소한 1명이 포함되는 경우

(c) 여학생 대표와 남학생 대표가 반드시 위원회에 포함되는 경우

풀이 모든 가능한 경우의 수는 15명 중에서 4명을 임의로 뽑는 방법의 수이므로 ${}_{15}C_4$이다.

(a) 여학생과 남학생 각각 2명씩 선발되는 경우의 수는 ${}_{10}C_2\times{}_5C_2$이므로, 구하고자 하는 확률은 $P=\frac{\binom{10}{2}\times\binom{5}{2}}{\binom{15}{4}}$이다.

(b) 각 집단에서 최소한 1명이 참석하는 경우의 확률은 "1−(위원회가 한 집단의 대표로만 구성되는 확률)"이므로

$$P = 1 - \left(\frac{\binom{10}{4}}{\binom{15}{4}} + \frac{\binom{5}{4}}{\binom{15}{4}} \right) = 1 - \frac{\binom{10}{4} + \binom{5}{4}}{\binom{15}{4}}$$

이다.

(c) 위원회의 구성이 여학생 대표, 남학생 대표, 그리고 나머지 2명은 기타 13명 중 임의로 선택할 수 있으므로 조건을 만족하는 경우의 수는 $_{13}C_2$이다. 따라서 구하고자 하는 확률은

$$P = \frac{\binom{13}{2}}{\binom{15}{4}}$$

이다.

3.3 조건부 확률

우선 다음의 간단한 예제를 생각해 보자.

예제 3.8

한 바구니에 빨간 공 3개, 흰 공 7개가 들어 있다. 바구니에서 하나의 공을 뽑을 때, 빨간 공이면 "당첨", 흰 공이면 "탈락"이라고 하자. 또 일단 뽑힌 공은 원래대로 되돌려 놓지 않는 것으로 한다.[이와 같은 추출방법을 비복원추출(sampling without replacement)이라 한다. 이에 반해 나온 공을 확인한 후에 다시 원래대로 되돌려 놓는 추출방법을 복원추출(sampling with replacement)이라 한다.] 이 경우 처음에 당첨되는 확률은 3/10임을 알 수 있다.

(a) 처음에 당첨된 경우, 다음에도 당첨될 확률은 얼마인가?

(b) 처음에 탈락한 경우, 다음에 당첨될 확률은 얼마인가?

풀이 (a) 처음에 당첨된 경우, 바구니에는 빨간 공 2개, 흰 공 7개가 남아 있다. 따

라서 다음에 빨간 공이 나오는 확률은 $P=\frac{2}{2+7}=\frac{2}{9}(\ <\frac{3}{10})$이다.

(b) 이 번 경우에는, 바구니에 빨간 공 3개, 흰 공 6개가 남아 있다. 따라서 다음에 빨간 공이 나오는 확률은 $P=\frac{3}{3+6}=\frac{3}{9}(\ >\frac{3}{10})$이다.

예제 3.8과 같이 두 개 이상의 사상이 있을 때, 한 사상의 결과가 다른 사상의 확률에 영향을 미치는 경우를 종종 보게 된다. 또 다른 예를 보면 남자, 여자가 같이 있는 집단에서 임의로 한 사람을 뽑았을 때, 그 사람이 흡연자일 사건을 A라고 하고 뽑힌 사람이 남자일 사건을 B라 하자. 이때 뽑힌 사람이 남자라는 사실을 알 때 그 사람이 흡연자일 확률은 뽑힌 사람의 성별을 모를 때의 확률과 다르리라고 예상할 수 있다. 이러한 문제에 대해서는 사건 B가 일어났기 때문에 관찰 가능한 실험결과들이 표본공간 S의 부분집합 B의 원소들뿐이고 따라서 모든 가능한 실험결과들의 집합이 사실상 B로 제한된다. 이러한 경우에 모든 가능한 실험결과들의 집합이 B임을 분명하게 하기 위하여 이를 사건 B가 일어난 것에 대한 사건 A의 **조건부 확률**(conditional probability)이라고 하고 "$P(A|B)$" 또는 "$P_B(A)$"로 표시한다. 만일 사건 B가 일어난 것을 안다면 그 실험의 결과는 B에 포함된 결과 중 하나일 것이다. 그러므로 A가 일어날 확률을 계산하기 위하여, 우리들은 A가 일어나는 것을 초래하는 B에 있는 집합들을 고려하여야 할 것이고 분명히 그러한 집합은 $A\cap B$이다. 그러므로 조건부 확률은 $P(A\cap B)$에 의하여 나타나는 총확률 $P(B)$의 비율로서 정의한다. 만일 A와 B가 $P(B)>0$인 임의의 두 사건이면

$$P(A|B)=\frac{P(A\cap B)}{P(B)}$$

이다. $P(B)=0$이면 조건부 확률 $P(A|B)$는 정의되지 않는다. 다시 말하면, 조건부 확률은 표본공간이 S인 원래의 실험으로부터 S의 부분집합인 한 사건 B를 새로운 표본공간으로 축소한 실험에서의 사건에 대한 확률을 의미한다.

일반적으로 두 사건 A와 B가 발생한다는 것은, 먼저 사건 B가 일어난 후에 사건 A가 일어나거나, 사건 A가 일어난 후에 사건 B가 일어나야만 한다. 그러므로 $P(A\cap B)$는 사건 B가 일어날 확률 $P(B)$와 사건 B가 일어났다는 조건 아래서 사

건 A가 일어날 확률 $P(A|B)$의 곱과 같다. 동일한 개념으로 순서를 바꾸어 생각하면 $P(A)$와 $P(B|A)$의 곱과도 같아야 한다. 그러므로

$$P(A \cap B) = P(A)P(B|A) = P(B)P(A|B)$$

이 성립하는데, 이 식은 조건부 확률의 정의에 의해 명백하게 성립한다.

조건부 확률의 정의를 이용하면 다음의 성질을 확인할 수 있다. 증명 없이 소개하기로 한다.

정리 3-2

(1) $P(A|B) \geqq 0$

(2) $P(B|B) = 1$

(3) 만일 $A \cap B \cap C = \varnothing$ 이면, $P(A \cup C|B) = P(A|B) + P(C|B)$

(4) $P(A^c|B) = 1 - P(A|B)$

(5) $P(\varnothing|B) = 0$

(6) $P(A \cup C|B) = P(A|B) + P(C|B) - P(AC|B)$

(7) $0 \leqq P(A_1A_2A_3 \cdots |B) \leqq P(A_k|B) \leqq P(A_1 \cup A_2 \cup A_3 \cup \cdots |B)$
$\leqq P(A_1|B) + P(A_2|B) + P(A_3|B) + \cdots \leqq 1$, 임의의 $k = 1, 2, 3, \cdots$.

예제 3.9

주머니 속에 흰 공 4개, 붉은 공 6개가 들어 있다. 이 중에서 한 개씩 두 번 꺼낼 때, 다음의 각 경우에 대하여 두 개가 모두 흰 공일 확률을 구하여라.

(1) 처음에 꺼낸 공을 다시 넣지 않는 경우

(2) 처음에 꺼낸 공을 다시 넣는 경우

풀이 첫 번째, 두 번째에 흰 공이 나오는 사건을 각각 A, B라 하고, 곱의 법칙을 이용한다.

(1) 첫 번째 흰 공이 나왔을 때, 두 번째에 꺼낼 때에는, 주머니 속의 공의 개수는 9개이고, 그 중 흰 공은 3개 있다.

$$\therefore P(A \cap B) = P(A) \cdot P_A(B) = \frac{4}{10} \times \frac{3}{9} = \frac{2}{15}$$

(2) 첫 번째 꺼낸 공을 다시 넣는 경우이므로, 첫 번째에 흰 공이 나올 확률과 두 번째에 흰 공이 나올 확률은 같다.

$$\therefore P(A \cap B) = P(A) \cdot P_A(B) = \frac{4}{10} \times \frac{4}{10} = \frac{4}{25}$$

예제 3.10

남학생 60명과 여학생 40명이 있는 한 학급의 안경 착용에 관한 조사결과가 다음의 표와 같다고 한다. 한 학생을 선택하였을 때,

표 3.1 한 학급의 안경 착용 실태 조사 자료

성별 \ 안경	착용(G)	미착용	계
남(M)	20	40	60
여(F)	30	10	40

(a) 한 학생이 안경을 끼고 있다는 조건하에서 그 학생이 여학생일 확률은?

(b) 한 학생이 안경을 끼고 있다는 조건하에서 그 학생이 남학생일 확률은?

풀이 (a) 그 학생이 안경을 끼고 있다는 조건하에서 그 학생이 여학생일 확률은

$$P(F|G) = \frac{P(GF)}{P(G)} = \frac{30/100}{50/100} = \frac{30}{50} = \frac{3}{5} \text{이다.}$$

(b) 그 학생이 남학생일 확률은

$$P(M|G) = \frac{P(GM)}{P(G)} = \frac{20/100}{50/100} = \frac{20}{50} = \frac{2}{5} \text{이다.}$$

참고로 안경을 낀 학생은 모두 남학생이거나 여학생이므로

$$P(F|G) + P(M|G) = \frac{3}{5} + \frac{2}{5} = 1 \text{이다.}$$

정의 3-5 **분할(partition)**

S가 한 실험의 표본공간이고 S 안의 n개 사건 $A_1, A_2, \cdots, A_n$들이 다음의 조건 (a)와 (b)를 만족하면 $\{A_1, A_2, \cdots, A_n\}$를 S의 **분할**이라고 한다.

(a) $\bigcup_{i=1}^{n} A_i = S$,

(b) $A_i \cap A_j = \phi, i \neq j, \; i, j = 1, 2, \cdots, n.$

S가 한 실험의 표본공간이고 S 안의 n개 사건 $A_1, A_2, \cdots, A_n$들이 S의 한 분할을 형성할 때, 표본공간 S에 있는 임의의 사건 B에 대하여 사건 $A_1 \cap B$, $A_2 \cap B$, $\cdots$, $A_n \cap B$들도 또한 B의 한 분할을 형성할 것이다. 그러므로

$$B = (A_1 \cap B) \cup (A_2 \cap B) \cup \cdots \cup (A_n \cap B)$$

이고, 확률의 성질에 의해

$$P(B) = P(A_1 \cap B) + P(A_2 \cap B) + \cdots + P(A_n \cap B) = \sum_{k=1}^{n} P(A_k \cap B)$$

이 성립한다. 만일 $k = 1, 2, \cdots, n$에 대하여 $P(A_k) > 0$이면

$$P(A_k \cap B) = P(A_k)P(B|A_k)$$

이므로 우리는 다음 공식을 얻을 수 있다.

정리 3-3 **전확률 공식(total probability formula)**

사건 $A_1, A_2, \cdots, A_n$들이 표본공간 S의 분할이고, $P(A_k) > 0, (k = 1, 2, \cdots, n)$이면 임의의 사건 B의 확률은 다음과 같다.

$$P(B) = \sum_{k=1}^{n} P(A_k)P(B|A_k).$$

일반적으로 어떤 사건 B의 가능한 원인이 여러 가지인 경우에 원인 A_i에 대한 확률은 조건부 확률의 정의와 전확률 공식으로 구할 수 있는데, 이것에 관한 내용이 다음의 베이즈 정리이다.

조건부 확률 $P(B|A)$를 원인이 A일 때 사건 B가 발생할 확률로 생각하면 $P(A|B)$는 사건 B의 발생 후에 평가되는 사건 B의 원인인 A에 대한 신뢰도로 생각할 수 있기 때문에 $P(A|B)$를 **사후확률**(posterior probability)이라고 부른다. 한편 $P(A)$는 원인의 가능성을 나타내는 사건 B의 발생 이전에 평가되는 사건 A의 신뢰도를 나타내므로 $P(A)$를 **사전확률**(prior probability)이라고 부른다.

정리 3-4 베이즈 정리(Bayes theorem)

n개의 사건열 $A_1, A_2, \cdots, A_n$이 표본공간 S의 한 분할을 형성하고 $P(A_k) > 0$ $(k = 1, 2, \cdots, n)$이라고 하자. 그리고 B를 $P(B) > 0$인 임의의 사건이라고 하자. 이때

$$P(A_i|B) = \frac{P(A_i)P(B|A_i)}{\sum_{k=1}^{n} P(A_k)P(B|A_k)}, \quad i = 1, 2, \cdots, n$$

이 성립한다.

예제 3.11

어느 공장에서는 세 대의 기계 M_1, M_2, M_3를 이용하여 각각 전 제품의 20%, 30%, 50%를 생산하고, 각 기계로부터 생산되는 제품의 불량률은 각각 1%, 2%, 3%라고 하자. 이 공장에서 생산된 제품들 중에서 무작위로 뽑은 하나의 제품이 불량품이었다면 이 불량품이 기계 M_2에 의하여 생산되었을 확률은 얼마인가?

풀이 이 공장에서 생산되는 전 제품의 집합을 표본공간 S라고 하고, 제품이 기계 $M_i\,(i = 1, 2, 3)$에 의하여 생산된 사건을 A_i라고 하자. 그리고 B를 그 제품이 불량품일 사건이라고 하자. 무작위로 추출된 제품이 기계 $M_i\,(i = 1, 2, 3)$

에 의하여 생산되었을 확률은 $P(A_1)=0.2$, $P(A_2)=0.3$, $P(A_3)=0.5$이고, 기계 M_i에 의하여 생산된 한 제품이 불량품일 확률은 $P(B|A_1)=0.01$, $P(B|A_2)=0.02$, $P(B|A_3)=0.03$이다. 그러므로 베이즈 정리에 의하여 구하고자 하는 확률은 다음과 같다.

$$P(A_2|B)=\frac{P(A_2)P(B|A_2)}{\sum_{k=1}^{3}P(A_k)P(B|A_k)}$$

$$=\frac{(0.3)(0.02)}{(0.2)(0.01)+(0.3)(0.02)+(0.5)(0.03)}=0.26$$

3.4 독립사건

일반적으로 사건 B가 주어진 경우에 사건 A가 일어날 조건부 확률 $P(A|B)$는 사건 A가 일어날 확률 $P(A)$와 같지 않다. 그러나 어떤 사건 A가 일어났다는 사실이 사건 B가 일어날 확률에 영향을 미치지 않거나, 또는 반대로 사건 B가 일어났다는 사실이 사건 A가 일어날 확률에 영향을 미치지 않는 경우를 생각할 수 있다. 이를 수식으로 표현하면

$$P(A|B)=P(A), \qquad P(B|A)=P(B)$$

이고, 이 식은 조건부 확률의 정의에 의해 다음과 같이 표현할 수 있다.

정의 3-6 독립사건

두 사건 A와 B가 $P(A\cap B)=P(A)\cdot P(B)$를 만족하면 "$A$와 B는 서로 독립(independent)"이라고 한다.

NOTE

독립사건과 배반사건 사이에는 어떠한 관계가 있을까?

두 사건 A와 B가 서로 배반사건이면서 동시에 서로 독립인 사건이 되기 위해서는 $0 = P(A\cap B) = P(A)P(B)$이 성립하여야 하므로 A와 B 중 적어도 한 사건에 대한 확률은 0이어야 한다. 그러므로 $P(A) > 0$, $P(B) > 0$일 때, A와 B가 서로 독립사건이면 배반사건이 될 수 없고, 배반사건이면 독립인 사건이 될 수 없다.

예제 3.12

한 개의 동전을 두 번 던질 때 첫 번째 앞면이 나오는 사건을 A, 두 번째 앞면이 나오는 사건을 B, 두 번 모두 같은 면이 나오는 사건을 C라 하자. 이때 $P(A)$, $P(B)$, $P(C)$, $P(A\cap B)$, $P(B\cap C)$, $P(A\cap C)$ 및 $P(A\cap B\cap C)$를 구하여라.

풀이 표본공간은 $S = \{HH, HT, TH, TT\}$가 되고, 각 사건들은 다음과 같다. $A = \{HH, HT\}$, $B = \{TH, HH\}$, $C = \{HH, TT\}$이다. 따라서

$$P(A) = P(B) = P(C) = \frac{2}{4} = \frac{1}{2}.$$

$A\cap B = B\cap C = A\cap C = A\cap B\cap C = \{HH\}$이므로

$$P(A\cap B) = P(B\cap C) = P(A\cap C) = P(A\cap B\cap C) = \frac{1}{4}.$$

NOTE

위의 예제 3.12에서 $P(A\cap B) = \frac{1}{4}$, $P(A) = P(B) = \frac{1}{2}$이므로 $P(A\cap B) = P(A)P(B)$이다. 따라서 A, B는 서로 독립이다. 마찬가지로 B와 C, 그리고 A와 C도 서로 독립임을 알 수 있다. 그러나

$$P((A\cap B)\cap C) = \frac{1}{4} \neq \frac{1}{4}\times\frac{1}{2} = P(A\cap B)P(B)$$

이므로 $P(A\cap B\cap C) \neq P(A)P(B)P(C)$이다.

이와 같이 세 사건 A, B, C 중 어느 두 사건을 택하더라도 서로 독립이라는 사실이 세 사건 A, B, C가 서로 독립이라는 것을 보장하지는 못한다. 따라서 3개 이상의 사건에 대한 독립성은 다음과 같이 정의할 수 있다.

정의 3-7 3개 이상의 사건에 대한 독립성

사건 $A_1, A_2, \cdots, A_n$ $(n \geq 3)$에 대하여

(a) $P(A_i \cap A_j) = P(A_i)P(A_j)$ $\quad 1 \leq i < j \leq n$

(b) $P(A_i \cap A_j \cap A_k) = P(A_i)P(A_j)P(A_k)$ $\quad 1 \leq i < j < k \leq n$

$\vdots$

(c) $P(A_1 \cap A_2 \cap \cdots \cap A_n) = P(A_1)P(A_2)\cdots P(A_n)$

가 성립할 때 $A_1, A_2, \cdots, A_n$은 서로 독립이라고 한다.

예제 3.13

불량률 $p(0 < p < 1)$, 양호율 $q = 1 - p$로서 한 품목을 생산하는 기계를 고려해 보자. 그 기계에서 생산된 품목을 무작위로 뽑고 정확히 5개의 불량품을 얻을 때까지 한 번에 하나씩 검사한다고 가정하자. 또한 이들에 대한 결과는 서로 독립이라고 하자. 이때 5개의 불량품을 얻기 위하여 정확히 $n(n \geq 5)$개의 품목을 뽑을 확률 p_n을 구하여라.

풀이 다섯 번째 불량품이 검사를 받는 n번째의 품목이 될 필요충분조건은 처음 $n-1$개의 품목 중에 정확히 4개의 불량품이 있고, n번째 품목이 불량품인 것이다. 이는 처음 $n-1$개의 품목 중에 정확히 4개의 불량품과 $n-5$개의 양호품을 얻을 확률은

$$\binom{n-1}{4}p^4q^{n-5} = {}_{n-1}C_4 p^4 q^{n-5}$$

임을 알 수 있다. 또한 n번째 품목이 불량품이 될 확률은 p이다. 첫 번째 사건은 단지 처음 $n-1$개의 품목에 관한 결과에 관련되어 있고 두 번째 사건은 단지 n번째 품목에 관한 결과에 관련되어 있으므로 이러한 두 사건은 독립이다. 그러므로 이러한 사건이 모두 일어날 확률은 그들의 확률의 곱과 같다. 즉, 우리가 구하고자 하는 확률은 다음과 같다.

$$p_n = \binom{n-1}{4}p^4q^{n-5} \cdot p = \binom{n-1}{4}p^5q^{n-5}$$

예제 3.14

예제 3.8에서 처음에 공을 뽑는 사람과 두 번째로 공을 뽑는 중에서 어느 사람이 유리한가?

풀이 처음에 공을 뽑는 사람이 당첨될 확률은 3/10, 탈락되는 확률은 7/10이다. 두 번째로 공을 뽑는 사람이 당첨되는 확률은 예제 3.9의 결과와 전확률 공식을 이용하면,

$$\frac{3}{10}\times\frac{2}{9}+\frac{7}{10}\times\frac{3}{9}=\frac{3}{10}$$

이다. 따라서 당첨될 확률은 공을 뽑는 순서에 관계하지 않는다.

연습문제 1

1 주머니 속에 흰 공과 검은 공이 8개 들어 있다. 이 속에서 2개 꺼내 보고 다시 넣고 하는 일을 여러 번 되풀이 해 보니 4회에 3회 꼴로 2개 모두 흰 공이었다고 한다. 흰 공이 몇 개 있다고 볼 수 있는지 구하여라.

2 A, B 두 사람이 가위, 바위, 보를 한 번 할 때, A가 이길 확률 및 비길 확률을 구하여라.

3 다섯 개의 동전을 던질 때, 적어도 한 개가 앞면이 나올 확률을 구하여라.

4 20개의 제비 중에 5개의 당첨 제비가 들어 있다. 이 중에서 3개의 제비를 뽑을 때,

① 3개 모두 당첨 제비가 아닐 확률을 구하여라.

② 적어도 1개가 당첨 제비일 확률을 구하여라.

5 100명의 학생 중 혈액형이 O형, A형, B형, AB형인 학생이 각각 29명, 41명, 18명, 12명이라 한다. 이 중에서 임의로 한 명을 뽑을 때, O형이거나 A형일 확률

을 구하여라.

6 두 사건 A, B에 대하여, 사건 A가 일어날 확률이 0.5이고, 사건 A와 사건 B가 함께 일어날 확률이 0.25라 한다. 사건 A가 일어났을 때, 사건 B가 일어날 확률을 구하여라.

7 한 개의 주사위를 던질 때, 짝수의 눈이 나오는 사건을 A, 4 이상의 눈이 나오는 사건을 B, 1 또는 6의 눈이 나오는 사건을 C라 할 때, A와 B는 종속이고, B와 C는 독립임을 보여라.

8 어떤 부부가 20년 후까지 생존할 확률은 남편은 0.2이고, 부인은 0.25이라고 한다. 두 사람 중 한 사람만이 20년 후까지 생존할 확률을 구하여라.

9 A, B 두 회사의 제품이 각 각 10개씩 모두 20개가 있다. 이 중에서 불량품은 A 회사의 제품이 2개, B 회사의 제품이 3개다. 이 20개의 제품 중에서 3개의 제품을 임의로 꺼내었더니, 불량품이 1개 나왔다. 이 불량품이 A 회사의 제품일 확률을 구하여라.

10 어느 시험을 합격한 사람들 중에서 남자는 5명, 여자가 6명이다. 이들 중에서 임의로 3명을 고용하고자 할 때, 이 중에서 적어도 한 명이 남자일 확률을 구하여라.

11 $P(A)=0.5$, $P(A \cup B)=0.7$이라 할 때,

① A와 B가 서로 독립일 때, $P(B)$를 구하여라.

② A와 B가 배반사건일 때 $P(B)$를 구하여라.

③ $P(A|B)=0.5$일 때, $P(B)$를 구하여라.

④ A와 B가 독립일 때, $P(A|B^c)$를 구하여라.

12 상자 속에 12개의 제품이 들어 있는데 그 중에서 네 개가 불량품이다. 두 개를

하나씩 상자에서 임의로 꺼내는데 꺼낸 것은 다시 상자에 넣지 않는다. 이때 두 개가 모두 합격품일 확률 P를 구하여라.

13 두 개의 주사위를 던졌다고 하자. 나타난 두 눈의 합이 6인 것을 알았을 때, 주사위 하나가 2인 눈이 나올 확률을 구하여라.

14 1학년이 32%, 2학년이 28%, 3학년이 25%, 4학년이 15%를 차지하는 어떤 대학교 학생의 학과 선택에 대한 만족도를 조사하여 보니 1학년의 30%, 2학년의 50%, 3학년의 75%, 4학년의 92%가 만족한다고 대답하였다. 전공에 대하여 만족한 한 학생이 있을 때 이 학생이 2학년일 확률을 구하여라.

15 A와 B가 독립사상일 때, A와 B^c는 독립사상이고 A^c와 B^c도 독립사상임을 보여라.

16 한 보험회사에서는 사람들의 성향을 두 가지 부류로 나눌 수 있다고 생각한다. 사고를 잘 일으키는 성향을 가진 사람들과 그렇지 않은 사람들로 나누어지는데, 각 부류의 사람들이 보험가입 후 1년 안에 사고를 일으키는 확률은 경험에 의하면 각각 0.4와 0.2로 알려져 있다. 그리고 인구의 30%는 사고를 잘 일으키는 성향을 가진 부류에 속한다고 가정하자.

① 이 회사에서 새로운 보험 상품을 개발하여 판매했을 때, 가입자 중 한 사람이 1년 안에 사고를 일으킬 확률은 얼마인가?

② 새로운 보험 가입자가 1년 안에 사고를 일으켰을 때, 그 사람이 사고를 일으키는 성향을 가진 부류의 사람일 확률은 얼마인가?

4장

확률변수 및 확률분포

4.1 확률변수

한 실험에서 표본공간에 속하는 원소들과 관련된 여러 가지 특성들은 수치로 표현할 수 있는데, 실제로 실험의 주된 관심사는 그 원소보다도 수치로 측정되는 특성치인 경우가 많다고 하겠다. 예를 들어 표본공간 내의 원소들이 사람들이라면 사람과 관련된 특성치로 체중, 신장, 연령, 지능지수, 또는 연간 소득등과 같은 수치들이 관심사일 수 있다. 그러므로 표본공간 내의 각 원소에 대하여 관심 있는 특성치를 대응시킬 수 있는 방법이 필요하다.

정의 4-1

어떤 실험의 표본공간 S 위에서 정의된 하나의 실수값 함수를 **확률변수**(random variable)라고 한다. 즉, 한 실험에서 확률변수 X는 각 가능한 결과인 $s \in S$에 각각 하나의 실수 $X(s)$를 부여하는 어떤 함수이다. 특히 실수의 부분집합인 $A_X = \{x \in R \ : X(s) = x,\ s \in S\}$을 확률변수 X의 **치역**(range)이라고 한다.

보기 4.1 한 개의 동전을 두 번 던지는 실험을 생각하자. 이 경우 표본공간 S는 $S = \{HH, HT, TH, TT\}$ 이다. 여기서 관찰되는 앞면 "H"의 수가 관심사라고 한다면 확률변수 X는 "$X(s)$ = 사상 s에서의 H의 개수"로 정의할 수 있다. 그러므로 확률변수 X가 취할 수 있는 값들은 "$X(HH) = 2$," $X(HT) = 1$, $X(TH) = 1$, $X(TT) = 0$이므로 확률변수 X의 치역은 $A_X = \{0, 1, 2\}$이다.

보기 4.2 하나의 동전을 독립적으로 계속해서 던지는 실험을 생각하자. 확률변수 X를 앞면이 나올 때까지의 시행횟수라고 하자. 예를 들어 $s = \{TTH\}$이면 $X(s) = 3$이 된다. 다시 말하면 $X = x$, $x = 1, 2, 3, \cdots$라는 것은 처음부터 $x-1$번까지는 뒷면이 나오고 x번째에서 앞면이 나오는 경우를 의미한다. 확률변수 X의 치역은 $A_X = \{1, 2, 3, 4, \cdots\}$이다.

보기 4.3 직사각형 $S=\left\{(x,y)\ :0\le \mathrm{x} \le 2,\ 0\le \mathrm{y} \le \frac{1}{2}\right\}$로부터 한 점 (x,y)를 무작위로 뽑는 한 실험에서 확률변수 X를 뽑은 점의 $x-$좌표라고 하자. 예를 들어 $s=(1,\frac{1}{4})$이면 $X(s)=1$일 것이다. 그러므로 확률변수 X의 치역은 $A_X=\{x\in R: 0 \le x \le 2\}$이다.

> **NOTE**
>
> 확률변수 X는 함수이므로 치역의 한 부분집합 $A^* \subset A_X$에 대하여, 표본공간 S의 부분집합인 사건 A가 존재하여 다음을 만족한다.
>
> $$A^*=\{x\in R: X(s)=x, s\in A\subset S\}=X(A)$$
>
> 즉, 사건 A의 확률변수 X에 의한 치역이 A^*이다.

> **NOTE**
>
> 확률변수 X의 치역 A_X는 표본공간이 아니므로, 부분집합 A^*의 확률을 앞에 정의한 방법으로는 정의할 수 없다.

정의 4-2 확률변수 X에 의하여 유도된 확률 $P_X(A^*)$

확률변수 X의 치역의 한 부분집합 A^*의 확률을 $X(A)=A^*$를 만족하는 사건 A에 대하여 $P(A)$로 정의한다. 이를 **확률변수 X에 의하여 유도된 확률**이라 하며, $P_X(A^*)$로 나타낸다. 그러나 기호의 편의상 우리는 다음과 같이 사용할 것이다.

$$P_X(A^*)=P(A^*)$$

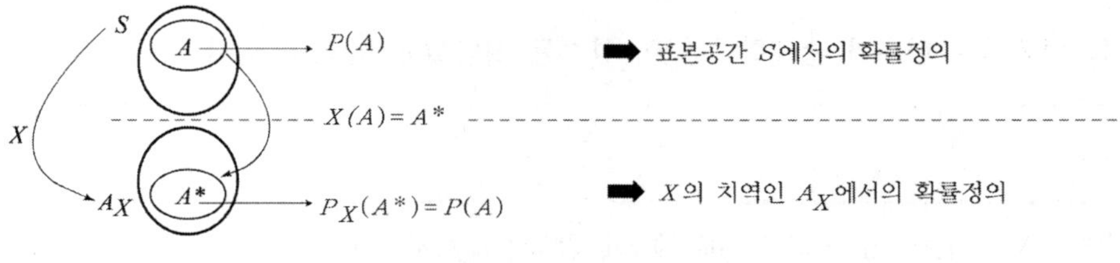

그림 4.1 확률변수 X에 의하여 유도된 확률

보기 4.4 보기 4.3의 실험을 생각하자. 표본공간 S의 넓이는 1이고 뽑힌 점이 S의 어떤 주어진 부분집합에 놓여 있을 확률은 그 부분집합의 넓이와 같다고 하자. 만일 확률변수 X가 뽑은 점의 x-좌표이면, $0 \le x_1 \le x_2 \le 2$인 임의의 수 x_1과 x_2에 대하여 $P(x_1 \le X \le x_2)$는 그림에서의 검은 부분의 넓이일 것이다.

그러므로

$$P(x_1 \le X \le x_2) = \frac{\frac{1}{2}(x_2 - x_1)}{1}$$

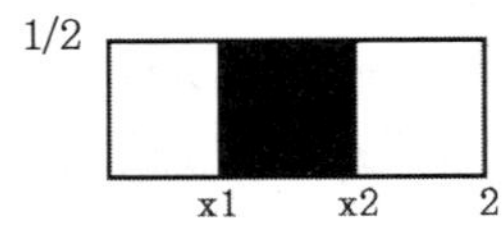

이 성립한다.

4.2 이산형 분포

확률변수 X가 단지 유한 k개의 값 $x_1, x_2, \cdots, x_k$ 또는 무한개의 셀 수 있는 열 $x_1, x_2, \cdots, x_n, \cdots$을 취하면 확률변수 X는 **이산형 분포**(discrete distribution)를 가진다고 한다. 즉, 이산형 분포란 확률변수 X의 치역이 가산집합(countable set)일 경우를 의미한다.

정의 4-3 확률질량함수(probability mass function: p.m.f.)

확률변수 X가 이산형 확률변수일 때, X의 임의의 실수 x에 대하여

$$f(x) = P(X = x)$$

를 만족하는 함수가 존재한다면 이 함수를 **확률질량함수**라고 한다.

NOTE X의 가능한 값이 아닌 x에 대하여, 명백하게 $f(x) = 0$이다.

NOTE

> 또한 $x_1, x_2, x_3, \cdots$가 X의 모든 가능한 값이면, $\sum_{i=1}^{\infty} f(x_i) = 1$이다. 하나의 확률함수에서 수직선분은 가능한 값 x에 일치하는 $f(x)$의 값을 표시하며, 수직선분의 높이의 합은 1이다.

그러므로 함수 f가 확률질량함수이면 f는 다음의 성질을 만족하여야 한다.

$$(1)\ f(x) \geq 0, \quad \forall\, x \in A$$

$$(2)\ \sum_{x \in A} f(x) = 1$$

이때, 실수의 부분집합 B의 확률은 $P(X \in B) = \sum_{x_i \in B} f(x_i)$로부터 구할 수 있다.

보기 4.5 보기 4.2의 실험에서 $s = \{H\}$이면 $X(s) = 1$이므로 $P(X = 1) = \frac{1}{2}$이 성립하고, $s = \{TH\}$이면 $X(s) = 2$이므로 $P(X = 2) = \frac{1}{2} \times \frac{1}{2} = \frac{1}{4}$이다. 일반적으로 $X = x$, $x = 1, 2, 3, \cdots$라는 것은 처음부터 $x - 1$번까지는 뒷면이 나오고, x번째에서 앞면이 나오는 경우를 의미하므로

$$P(X = x) = \left(\frac{1}{2}\right)^{x-1}\left(\frac{1}{2}\right) = \left(\frac{1}{2}\right)^{x}, \qquad x = 1, 2, 3, \cdots$$

이 성립한다. 분명히 $f(x) \geq 0$이고

$$\sum_{x=1}^{\infty} 2^{-x} = \frac{\frac{1}{2}}{1 - \frac{1}{2}} = 1$$

이므로 $f(x)$는 하나의 확률함수이다.

한편 $A = \{1, 3, 5, \cdots\}$라고 하면

$$P(X \in A) = \sum_{x \in A} f(x) = \frac{\frac{1}{2}}{1 - \frac{1}{2^2}} = \frac{2}{3}$$

이다.

예제 4.1

하나의 동전[단, 앞면이 나올 확률이 p $(0 < p < 1)$라 하자. 즉, 이 동전은 정상적인 동전이 아닐 수도 있음을 의미한다]을 독립적으로 n번 던지는 실험에서 앞면이 관찰된 횟수를 확률변수 X라고 할 때, X의 확률질량함수를 구하여라.

풀이 확률변수 X의 치역은 $A_X = \{0,1,2,\cdots,n\}$이다. 정확히 x개의 앞면과 $n-x$개의 뒷면을 포함하는 n번의 시행의 어떤 특별한 배열을 얻을 확률은 $p^x(1-p)^{n-x}$이다. 이러한 형태에 관한 $\binom{n}{x}$개의 서로 다른 배열이 있으므로 X의 확률질량함수 $f(x)$는 다음과 같다.

$$f(x) = P(X=x) = \begin{cases} \binom{n}{x} p^x (1-p)^{n-x}, & x = 0,1,2,\cdots,n \\ 0, & \text{기타} \end{cases}$$

위 함수의 값은 n, p이 결정되기만 하면 항상 구할 수 있다. 이러한 확률질량함수를 **모수**(parameter)가 n, p인 **이항분포**(binomial distribution)**함수**라고 한다.

4.3 연속형 분포

앞 절에서 우리는 확률변수가 취할 수 있는 값이 유한개이거나 가산 무한개인 이산형 분포에 대하여 알아보았다. 그러나 확률변수가 취할 수 있는 값이 셀 수 없는 경우도 존재한다. 예를 들어 기차가 어떤 역에 도달하는 시각, 전구의 수명 시간 등과 같이 어떤 범위 내의 모든 실수값을 생각하여야 하는 경우가 있다. 이러한 확률변수를 연속형 분포를 가지는 확률변수라고 한다.

정의 4-4 **확률밀도함수**(probability density function: p.d.f.)

임의의 구간 A에 대하여

$$P(X \in A) = \int_A f(x)dx$$

이 성립하는 실수에서 정의된 음이 아닌 함수 f가 존재하면 확률변수 X는 **연속형 분포**(continuous distribution)**를 가진다**고 하고 함수 f를 X의 **확률밀도함수**(probability density function)라고 한다.

확률변수 X가 연속형 분포를 가지면 X가 실수 전체의 어떤 부분집합에 속할 확률은 그 부분집합 위에서 X의 확률밀도함수를 적분함으로써 구할 수 있다. 그리고 모든 확률밀도함수는 이산형 분포의 확률함수와 마찬가지로 다음의 두 조건을 만족하여야한다.

$$(1)\ f(x) \geq 0$$

$$(2)\ \int_{-\infty}^{\infty} f(x)dx = 1$$

만일 확률변수 X가 연속형 분포를 가진다면 한 점 x에 대하여 $P(X=x)=0$이고, 따라서

$$P(X < a) = P(X \leq a) = \int_{-\infty}^{a} f(x)dx$$

이 성립한다. 이러한 이유 때문에, 유한개 또는 무한개의 점에서 확률밀도함수의 값은 임의로 변화될 수 있다. 즉, X의 확률밀도함수의 값은 X의 확률분포에 영향을 미치지 않고 임의로 변화될 수 있다. 그러므로 확률변수의 확률밀도함수는 유일하지 않음을 알 수 있다.

예제 4.2

구간 $S=\{x\ :\ a \leq x \leq b\}$에서 한 점을 뽑는 실험을 생각하자. 확률변수 X에 대하여 X가 구간 S 안의 임의의 부분구간에 속할 확률은 그 부분구간의 길이에 비례한다고 하자. 확률변수 X의 이러한 분포를 구간 (a,b)상의 **균등분포**(uniform distribution)라고 한다. 여

기서 X는 한 점을 그 구간 (a, b)로부터 무작위(random)로 뽑는 실험의 결과를 의미한다. 확률변수 X의 확률밀도함수를 구하여라.

풀이 무작위의 표현은 한 점을 그 구간의 어떤 주어진 부분으로부터 뽑을 확률이 어떤 다른 부분으로부터 뽑는 것과 마찬가지로 거의 같다는 것을 의미한다. X가 구간 S에 속하므로 X의 확률밀도함수 $f(x)$는 S의 바깥에서는 0이다. 더구나, 주어진 길이를 가지고 있는 S의 각 부분구간은 같은 길이를 가지고 있는 다른 어떤 부분구간과 마찬가지로 X를 포함하고 있으므로 S에 있는 이러한 부분구간의 위치에 관계없이 $f(x)$는 S의 모든 가능한 원소에 대하여 상수 $f(x) = c$임에 틀림없다. 또한

$$\int_S f(x)dx = \int_a^b f(x)dx = \int_a^b c\,dx = 1$$

이므로, 구간 S 위에서 $f(x)$의 상수값은 $\frac{1}{b-a}$이다. 그러므로 X의 확률밀도함수는 다음과 같다.

$$f(x) = \begin{cases} \frac{1}{b-a}, & a \le x \le b \\ 0, & \text{기타} \end{cases}$$

주어진 구간에서 균등분포를 나타내는 확률밀도함수는 그 구간 위에서 상수이고 그 상수의 값은 그 구간 길이의 역수임을 알 수 있다.

> **NOTE** 구간 $x \ge a$상에서 균등분포를 정의하는 것은 가능하지 않다. 왜냐하면 이 구간의 길이는 무한이기 때문이다. 또한 끝점 a 또는 b를 뽑을 확률은 0이므로 폐구간 $a \le x \le b$, 개구간 $a < x < b$, 또는 반개구간 $a \le x < b$, $a < x \le b$에 상관없이 그 분포는 같다.

예제 4.3

확률변수 X의 확률밀도함수가 다음과 같다고 하자.

$$f(x)=\begin{cases} c(4x-2x^2), & 0<x<2, \\ 0, & \text{기타} \end{cases}$$

여기서 c는 상수이다. 이때 c의 값을 구하고, $P(X \geq 1)$의 값을 구하여라.

풀이 모든 확률밀도함수는

$$\int_{-\infty}^{\infty} f(x)dx=1$$

이므로

$$\int_0^2 f(x)dx=\int_0^2 c(4x-2x^2)dx=c\left[2x^2-\frac{2}{3}x^3\right]_0^2=\frac{8}{3}c=1$$

이다. 그러므로 $c=\dfrac{3}{8}$이다. 그리고

$$P(X\geq 1)=\int_1^{\infty} f(x)dx=\frac{3}{8}\int_1^2 (4x-2x^2)dx=\frac{1}{2}.$$

4.4 누적분포함수

정의 4-5 누적분포함수(cumulative distribution function)

임의의 실수 x에 대하여

$$F(x)=P(X\leq x)=P(s\in S\ :\ X(s)\leq x)$$

와 같이 정의된 함수 F를 확률변수 X의 **누적분포함수** 또는 간단히 **분포함수**(distribution function)라고 한다.

분포함수는 확률변수의 분포를 정할 수 있고, 또한 하나의 확률변수 X에 대하여 분포함수는 유일하게 존재하며 X의 분포에 의하여 완전하게 정해진다. 그러므로 X의 식으로 표현되는 모든 사상들의 확률을 분포함수를 이용하여 구할 수 있으며, 한 실험에 대한 확률분포 모형의 건설도 분포함수를 이용하여 가능하다.

예제 4.4

동전 두 개를 던지는 실험에서 앞면의 개수를 확률변수 X로 할 때, 확률변수 X의 분포함수를 구하여라.

풀이 X의 확률분포표는 다음과 같다.

X	0	1	2	계
$P(X=x)$	1/4	2/4	1/4	1

그러므로 누적분포 함수는 다음과 같다.

$$F(x)=P(X\le x)=\begin{cases}0, & x<0\\ \dfrac{1}{4}, & 0\le x<1\\ \dfrac{3}{4}, & 1\le x<2\\ 1, & x\ge 2\end{cases}$$

NOTE

확률변수 X가 연속형 분포를 갖는 경우에 확률밀도함수 f에 대해, X의 분포함수는 $F(x)=P(X\le x)=\int_{-\infty}^{x} f(t)dt$이므로, 양변을 x에 대하여 미분하면 다음과 같은 분포함수와 확률밀도함수 사이의 관계식을 얻을 수 있다.

$$\frac{dF(x)}{dx}=f(x)$$

보기 4.6 원점을 중심으로 하고 반경이 1인 원 S의 내부에서 한 개의 점을 뽑는 실험을 생각하자. 이 경우 S 안의 어떤 집합 A 안의 점이 뽑힐 확률은 A의 면적에 비례한다고 하자. 즉 $P(A)=\dfrac{A\text{의 면적}}{\pi}$. 분명히 $P(S)=1$이고, A_1이 사분원이면

$P(A_1) = \dfrac{(\pi/4)}{\pi} = \dfrac{1}{4}$이다. 또한 S 안의 한 점, 직선, 곡선 등의 확률은 분명히 0일 것이다. 이제 확률변수 X를 원점에서 뽑힌 점까지의 거리라고 하면 X의 치역은 $A_X = \{0 \le X < 1\}$이다. $X = x$는 한 점이 반경 x인 원에서 뽑히는 사건을 의미하므로 $P(X = x) = 0$이다. X의 분포함수는

$$F(x) = P(X \le x) = \frac{\text{반경 } x\text{인 어떤 원의 면적}}{\pi} = \frac{\pi x^2}{\pi} = x^2, \qquad 0 \le x < 1$$

이고, $x < 0$이면 $F(x) = 0$, $x > 1$이면 $F(x) = 1$이다. 그러므로 분포함수 $F(x)$는 다음과 같다.

$$F(x) = \begin{cases} 0, & x < 0 \\ x^2, & 0 \le x < 1 \\ 1, & 1 \le x \end{cases}$$

그러므로 X의 확률밀도함수 $f(x)$는 다음과 같다.

$$f(x) = \frac{dF(x)}{dx} = \begin{cases} 2x, & 0 \le x < 1 \\ 0, & \text{기타} \end{cases}$$

분포함수는 실수 전체 위에서 정의된 함수이며 임의의 점 x에서 $F(x)$의 값은 구간 $0 \le F(x) \le 1$에 있는 한 수임에 틀림없다. 또한 임의의 확률변수 X의 분포함수는 다음과 같은 세 가지 성질을 갖는다.

정리 4-1 분포함수의 성질

(1) 함수 $F(x)$는 비감소 함수(non-decreasing function)이다.
즉, $x_1 < x_2$이면, $F(x_1) \le F(x_2)$이다.

(2) $F(-\infty) = \lim_{x \to -\infty} F(x) = 0, \quad F(\infty) = \lim_{x \to \infty} F(x) = 1$

(3) 분포함수는 항상 우측 연속이다.

즉 모든 점 x에 대하여, $F(x) = \lim_{y \to x^+} F(y) = F(x^+)$이 성립한다.

위 [정리 4-1]의 세 가지 성질을 만족하는 어떤 함수 F는 어떤 확률변수의 분포함수가 된다. 우리는 하나의 확률변수를 포함하는 어떤 확률이 그 변수의 분포함수로서 결정될 수 있다는 사실을 알았다. 그러므로 우리는 한 실험과 표본공간 S 그리고 그 표본공간 S상의 한 함수로서 X를 명백하게 언급할 필요 없이 하나의 확률변수 X의 분포함수를 특정시키고, 이러한 분포함수를 고려함으로써 확률변수 X의 행동을 연구하게 된다.

연습문제 2

1 어느 저금통에 십 원짜리 동전이 5개, 백 원짜리 동전이 10개, 오백 원짜리 동전이 4개 있다. 저금통을 흔들어서 한 개의 동전을 뽑을 때, X를 동전의 액수라 할 때, X의 확률분포를 구하여라.

2 구간 $[0,1]$의 모든 값을 취하는 확률변수 X의 확률밀도함수 $f(x)$가

$$f(x) = ax(1-x)$$

으로 주어질 때,

① 상수 a의 값을 구하여라. ② $P(0.5 \le X \le 0.7)$을 구하여라.

3 한 개의 동전을 2번 던져 나오는 앞면의 수를 확률변수 X라 할 때, 이 시행에 대한 표본공간과 확률분포 및 누적분포함수를 구하여라.

4 흰 공 3개, 검은 공 4개가 들어있는 주머니가 있다. 이 주머니에서 공을 한 개씩 두 번 꺼낼 때, 흰 공이 나오는 개수를 확률변수 X라 하자. 단, 꺼낸 공은 다시 넣지 않

기로 한다.

① X의 확률분포를 구하여라. ② $P(X \geq 1)$을 구하여라.

5 인터넷을 통하여 전자상거래를 이용하는 소비자의 비율을 X라 할 때, 다음과 같은 확률밀도함수를 갖는다고 하자.

$$f(x) = \begin{cases} \dfrac{2(x+2)}{5}, & 0 < x < 1 \\ 0, & x \leq 0, x \geq 1 \end{cases}$$

① $P(0 < X < 1)$을 구하여라.

② 소비자들 중 $\frac{1}{4}$ 이상에서 $\frac{1}{2}$ 이하가 전자상거래를 이용할 확률을 구하여라.

6 연속확률변수 X의 확률밀도함수가 다음과 같다고 할 때, 다음을 구하여라.

$$f(x) = \begin{cases} \dfrac{1}{2}, & 1 \leq x \leq 3, \\ 0, & \text{기타} \end{cases}$$

① $P(2 < x < 2.6)$을 구하여라.

② $F(x)$를 구하여라.

③ $F(x)$를 이용하여 $P(2 < x < 2.6)$을 구하여라.

4.5 이변량 분포와 주변분포

많은 확률실험에서는 관심 있는 사건이 둘 이상의 다수의 확률변수들에 의하여 표현되는데, 두 개 이상의 확률변수들의 결합된 확률분포를 **다변량 분포**(multivariate distribution)라고 한다. 특히 두 확률변수의 결합확률분포를 **이변량 분포**(bivariate distribution)라고 한다.

S가 어떤 확률실험의 표본공간이라고 하자. 두 개의 확률변수 X 와 Y는 S의 각

원 s에 수 $X(s)=x$, $Y(s)=y$의 유일한 순서쌍을 대응시킨다고 하자. 이 경우 X과 Y의 치역은 순서쌍의 집합

$$A=\{(x,y)\ :\ x=X(s),\ y=Y(s),\ s\in S\}$$

이다. 이변량 분포의 경우에도 이산형 분포와 연속형 분포로 나눌 수 있다. 물론, 두 개의 확률변수 X와 Y의 표본공간은 서로 같을 수도 다를 수도 있다.

이변량 이산형 결합분포

어떤 확률실험이 각각 이산형 분포를 가지는 두 확률변수 X와 Y를 포함한다고 하자. 예를 들면 동전과 주사위를 동시에 던지는 실험에서 확률변수 X는 동전의 앞면의 수이고, 다른 확률변수 Y는 주사위의 눈의 수라고 할 수 있다. 만일 X와 Y가 둘 다 유한개의 가능한 값들을 가지는 이산형 분포를 한다면 그때 순서쌍 (X, Y)에 관한 단지 유한개의 서로 다른 가능한 값 (x,y)가 있을 것이다. 또한 X와 Y가 셀 수 있는 무한개의 가능한 값들을 가지는 이산형 분포를 한다면 그때는 또한 순서쌍 (X, Y)에 관한 셀 수 있는 무한개의 가능한 값들이 있을 것이다. 이러한 모든 경우를 X와 Y는 하나의 **이산형 결합분포**(discrete joint distribution)를 가진다고 한다. $xy-$평면에 있는 임의의 점 (x,y)에 대하여

$$f(x,y)=P(X=x, Y=y)$$

를 만족시키는 $f(x,y)$를 X와 Y의 **결합확률질량함수**(joint probability mass function)라고 한다. 만일 (x,y)가 확률변수 (X, Y)의 쌍에 관한 가능한 값들이 아니면 $f(x,y)=0$임에 틀림없다.

결합확률질량함수는 하나의 확률변수인 경우와 유사하게 다음과 같은 성질을 만족하여야 한다.

(1) 모든 (x,y)에 대하여, $f(x,y)\geq 0$

(2) $\sum_x\sum_y f(x,y)=1$

또한 xy-평면의 임의의 부분집합 A에 대하여

$$P[(X,Y)\in A]=\sum_{(x,y)\in A}\sum f(x,y)$$

이 성립한다.

예제 4.5

하나의 공정한 동전을 세 번 던지는 실험을 생각하자. 이 실험에서 동전을 처음 두 번 던졌을 때까지 관찰된 앞면의 개수를 확률변수 X, 세 번 모두 던졌을 때 관찰되는 앞면의 개수를 확률변수 Y라고 할 때, X와 Y의 결합확률질량함수를 구하고, $P(X\geq 1, Y\geq 1)$와 $P(X=2)$의 값을 각각 구하여라.

풀이 X는 0, 1, 2의 값을 취하고, Y는 0, 1, 2, 3의 값을 취하게 된다. 그러므로 (X,Y)는 표본공간 S를 정의역으로 하고, 이차원 공간상의 순서쌍들의 집합

$$A_{X\times Y}=\{(x,y)\ :\ x=0,1,2\quad y=0,1,2,3\}$$

을 치역으로 하는 실수값 함수이다. 표본공간 S 안의 8가지의 가능한 각각의 결과는 확률이 같다.

예를 들어, $s=HTH$ 또는 $s=THH$이면 $(X(s),Y(s))=(1,2)$이고, 따라서

$$P[(X,Y)=(1,2)]=P\{THH,HTH\}=\frac{2}{8}$$

이다.

유사한 방법으로 X와 Y의 결합확률질량함수를 구하면 다음과 같다.

X \ Y	0	1	2	3
0	$\frac{1}{8}$	$\frac{1}{8}$	0	0
1	0	$\frac{2}{8}$	$\frac{2}{8}$	0
2	0	0	$\frac{1}{8}$	$\frac{1}{8}$

이제 $P(X\geq 1, Y\geq 1)$와 $P(X=2)$의 값을 구해보기로 하자. $x\geq 1$,

$y \geq 1$을 만족하는 모든 값에 대하여

$$P(X \geq 1, Y \geq 1) = f(1,1)+f(1,2)+f(1,3)+f(2,1)+f(2,2)+f(2,3)$$
$$= \frac{2}{8}+\frac{2}{8}+0+0+\frac{1}{8}+\frac{1}{8} = \frac{3}{4}$$

와 같이 $f(x,y)$의 값을 더함으로써 값을 구할 수 있다. 또한

$$P(X=2) = \sum_{y=0}^{3} f(2,y) = f(2,0)+f(2,1)+f(2,2)+f(2,3)$$
$$= 0+0+\frac{1}{8}+\frac{1}{8} = \frac{1}{4}$$

이다.

이변량 연속형 결합분포

$xy-$평면상의 임의의 부분집합 A에 대하여

$$P[(X, Y) \in A] = \int \int_A f(x,y)dxdy$$

와 같이 평면상에서 정의된 음이 아닌 함수 f가 존재하면 확률변수 X와 Y는 **연속형 결합분포**(continuous joint distribution)를 가진다고 한다. 이 경우 함수 f를 X와 Y의 **결합확률밀도함수**(joint probability density function)라고 한다.

결합확률밀도함수는 다음의 두 가지 성질을 만족하여야 한다.

(1) $f(x,y) \geq 0$

(2) $\int_{-\infty}^{\infty} \int_{-\infty}^{\infty} f(x,y)dxdy = 1$

또한 X와 Y가 연속형 결합분포를 가지면 $xy-$평면의 유한 또는 무한 점들과 직선은 확률 "0"을 갖게 된다.

예제 4.6

X와 Y의 결합확률밀도함수가 다음과 같다고 하자.

$$f(x,y) = \begin{cases} cx^2y, & x^2 \le y \le 1 \\ 0, & \text{기타} \end{cases}$$

상수 c의 값을 구하고, $P(X \ge Y)$를 구하여라.

풀이 (x,y)의 집합을 S라고 하면

$$\int\int_S f(x,y)dxdy = \int_{-1}^{1}\int_{x^2}^{1} cx^2ydydx = \frac{4}{21}c = 1$$

이므로 상수 c의 값은 $\frac{21}{4}$이다. 한편 $x \ge y$를 만족하는 S의 부분집합을 A라고 하면

$$P(X \ge Y) = \int\int_A f(x,y)dxdy = \int_0^1\int_{x^2}^{x} \frac{21}{4}x^2ydydx = \frac{3}{20}$$

이다. 또한 X와 Y는 연속형 결합분포이므로 $P(X=Y)=0$이다.

주변분포

X와 Y가 결합 확률함수가 $f(x,y)$인 이산형결합분포를 가진다고 하자. 이때 X의 함수

$$f_1(x) = P(X=x) = \sum_y P(X=x, Y=y) = \sum_y f(x,y)$$

을 X의 **주변확률질량함수**(marginal probability mass function)라고 한다. 즉, f_1은 고정된 x에서 모든 y에 대한 결합확률함수의 합으로 구할 수 있기 때문에 f_1을 $xy-$평면에서 고정된 x 주변의 모든 y들에 대한 확률의 합으로 생각할 수 있다. 유사하게 Y의 함수

$$f_2(y) = P(Y = y) = \sum_x P(X = x, Y = y) = \sum_x f(x, y)$$

을 Y의 **주변확률질량함수**라고 한다.

X와 Y가 결합확률밀도함수가 f인 연속형 결합분포를 가진다고 하자. 이때 X의 함수

$$f_1(x) = \int_{-\infty}^{\infty} f(x, y)dy, \quad -\infty < x < \infty$$

을 X의 **주변확률밀도함수**(marginal probability density function)라고 한다. 즉 $f_1(x)$의 값은 X의 어떤 주어진 값 x에 대하여 $f(x, y)$를 Y의 모든 가능한 값 y에 대해서 적분함으로 얻어진다. 유사하게 Y의 함수

$$f_2(y) = \int_{-\infty}^{\infty} f(x, y)dx, \quad -\infty < y < \infty$$

을 Y의 **주변확률밀도함수**라고 한다.

예제 4.7

예제 4.6의 결합확률밀도함수에 대하여 X와 Y의 주변확률밀도함수를 각각 구하여라.

풀이 분명히 $-1 \le x \le 1$에 대하여 $x^2 \le y \le 1$이 아니면 $f(x, y) = 0$이다. 그러므로 $-1 \le x \le 1$에 대하여

$$f_1(x) = \int_{-\infty}^{\infty} f(x, y)dy = \int_{x^2}^{1} \frac{21}{4}x^2 y dy = \frac{21}{8}x^2(1 - x^4)$$

이다. 마찬가지로 $0 \le y \le 1$에 대하여 $-\sqrt{y} \le x \le \sqrt{y}$가 아니면 $f(x, y) = 0$이다. 그러므로 $0 \le y \le 1$에 대하여

$$f_2(y) = \int_{-\infty}^{\infty} f(x, y)dx = \int_{-\sqrt{y}}^{\sqrt{y}} \frac{21}{4}x^2 y dx = \frac{7}{2}y^{5/2}$$

이다.

> **NOTE** 주변분포가 그들의 결합분포로부터 유도될 수 있다 하더라도, 추가적인 정보 없이 주변분포로부터 그들의 결합분포를 다시 구성하는 것은 가능하지 않다. 그러나 어떤 조건하에서 주변분포를 이용하여 결합분포를 구성할 수 있다. 이 조건이 다음에 논의하게 될 확률변수의 독립성이다.

4.6 독립 확률변수

X와 Y가 표본공간 S 위에서 정의된 확률변수들이고 각 확률변수의 치역을 A_X, A_Y라고 하면, $A \subset A_X$, $B \subset A_Y$에 대하여 두 개의 서로 다른 사건

$$E = \{s \in S \mid X(s) \in A\}, \qquad F = \{s \in S \mid Y(s) \in B\}$$

을 정의할 수 있다. 3장에서 두 사건의 독립성의 정의를 이용하면 사건 E와 F가 독립이라는 것은

$$P(E \cap F) = P(EF) = P(X \in A, Y \in B) = P(X \in A)P(Y \in B) \tag{1}$$

가 성립하는 것이다. 마찬가지로 관계식 (1)이 성립할 때 **두 확률변수 X와 Y는 독립**이라고 한다. 이것은 확률변수 X에 의하여 표현되는 임의의 사건과 확률변수 Y로 표현되는 임의의 사건이 서로 독립임을 의미한다. 바꾸어 말하면 A를 그 발생여부가 단지 X의 값에 의존하는 어떤 사건, B를 그 발생여부가 단지 Y의 값에 의존하는 어떤 사건이라고 하면 두 확률변수 X와 Y가 독립이기 위한 필요충분조건은 모든 그와 같은 사건 A와 B에 대하여, A와 B가 독립인 것이다.

관계식 (1)에서 $A = \{X \le x\}$, $B = \{Y \le y\}$라고 하면 식 (1)은 다음과 같이 표현할 수 있다.

$$P(X \le x, Y \le y) = P(X \le x)P(Y \le y)$$

이 식을 분포함수를 이용하여 표현하면 다음과 같다.

$$F(x,y) = F_1(x)F_2(y) \tag{2}$$

이 논의는 확률함수 또는 확률밀도함수를 이용하여도 (2)와 유사한 다음의 식으로 독립성을 표현할 수 있다. 다음의 정리들을 증명 없이 소개하기로 한다.

정리 4-2

확률변수 X와 Y의 결합확률질량함수 또는 결합확률밀도함수를 $f(x,y)$, 각각의 주변확률질량함수 또는 주변확률밀도함수를 $f_1(x), f_2(y)$라고 하면 X와 Y가 독립이기 위한 필요충분조건은

$$f(x,y) = f_1(x) f_2(y)$$

인 것이다. 또한 X와 Y의 결합분포함수 $F(x,y)$, 각각의 주변분포함수 $F_1(x)$, $F_2(y)$라고 하면 X와 Y가 독립이기 위한 필요충분조건은

$$F(x,y) = F_1(x) F_2(y)$$

인 것이다.

예제 4.8

X와 Y의 결합확률밀도함수가 다음과 같다고 하자.

$$f(x,y) = \begin{cases} e^{-(x+y)}, & x \geq 0,\ y \geq 0 \\ 0, & \text{기타} \end{cases}$$

X와 Y는 독립인가?

풀이 X와 Y의 주변확률밀도함수 f_1과 f_2를 구하여 보면

$$f_1(x) = \int_{-\infty}^{\infty} f(x,y)dy = \int_0^{\infty} e^{-(x+y)}dy = e^{-x}$$

$$f_2(y) = \int_{-\infty}^{\infty} f(x,y)dx = \int_0^{\infty} e^{-(x+y)}dx = e^{-y}$$

가 된다. 그러므로 $f(x,y)=f_1(x)f_2(y)$가 성립하고, 따라서 X와 Y는 서로 독립이다.

정리 4-3

확률변수 X와 Y가 독립이기 위한 필요충분조건은 $-\infty < x < \infty, -\infty < y < \infty$에 대하여 결합확률함수 f가 다음과 같은 형태로 표현될 수 있는 것이다.

$$f(x,y)=g_1(x)g_2(y) \tag{3}$$

여기서 g_1은 x만의 음이 아닌 함수이고, g_2는 y 만의 음이 아닌 함수이다.

예제 2.3

X와 Y의 결합확률밀도함수가 다음과 같다고 하자.

$$f(x,y)=\begin{cases} kx^2y^2, & x^2+y^2 \le 1 \\ 0, & \text{기타} \end{cases}$$

이때, 확률변수 X와 Y는 서로 독립인가?

풀이 분명히 원 $x^2+y^2 \le 1$의 내부에 있는 임의의 점에서 $f(x,y)$가 식 (3)과 같이 분해될 수 있다. 우리는 이 같은 분해가 이 원의 외부에 있는 어떠한 점에서 만족될 수 없다는 것을 보일 것이다. 좌표가 $x=\frac{3}{4}$, $y=\frac{1}{4}$인 점은 그 원의 내부에 놓여 있으므로

$$f(\frac{3}{4},\frac{1}{4})=g_1(\frac{3}{4})g_2(\frac{1}{4})>0$$

이다. 그러므로 $g_1(\frac{3}{4})>0$이다. 유사하게 좌표 $x=\frac{1}{4}$, $y=\frac{3}{4}$인 점은 또한 그 원의 내부에 놓여 있으므로

$$f(\frac{1}{4},\frac{3}{4})=g_1(\frac{1}{4})g_2(\frac{3}{4})>0$$

이다. 그러므로 $g_2(\frac{3}{4}) > 0$이다.

한편, 좌표 $x = \frac{3}{4}$, $y = \frac{3}{4}$인 점은 원의 외부에 있으므로 $f(\frac{3}{4}, \frac{3}{4}) = 0$이다.

그러나

$$g_1(\frac{3}{4}) > 0, \qquad g_2(\frac{3}{4}) > 0$$

이므로 식 (3)에서 주어진 분해는 이 점에서 만족하지 않는다. 그러므로 식 (3)에서 주어진 분해는 xy-평면상의 모든 점에서 만족될 수 없기 때문에 확률변수 X와 Y는 독립이 아니다.

연습문제 3

1 X와 Y는 다음 결합확률질량함수를 갖는 이산확률변수들이라고 하자.

$$f(x,y) = C(x+y), x = 0,1,2 \ ; y = 0,1,2$$

① C의 값은 얼마인가? ② $F(1,1)$의 값은 얼마인가?

2 다음과 같이 주어진 X와 Y의 함수가 결합확률함수임을 보이고,

$$f(x,y) = \begin{cases} \frac{2}{5}(2x+3y), & 0 < x < 1, 0 < y < 1 \\ 0, & \text{기타} \end{cases}$$

①$A = \left\{(x,y) | 0 < x < \frac{1}{2}, \frac{1}{4} < y < \frac{1}{2}\right\}$일 때, $P[(X, Y) \in A]$를 구하여라.

② X와 Y의 주변확률밀도함수를 각각 구하여라.

3 다음은 900명의 여성과 100명의 남성을 대상으로 하여 낙태금지법의 철폐에 대한 여론조사결과 자료이다.

구분	찬성(Y)	반대(N)	소계
여성(F)	468	432	900
남성(M)	52	48	100
소계	520	48	1000

확률 $P(Y)$와 조건부 확률 $P(Y|F)$를 구하고, 사상 Y와 F가 독립인지를 판단하여라.

4 종이팩으로 포장된 부패성 식품의 보존기간(단위: 년)이 다음과 같은 확률밀도함수를 가지는 확률변수라고 하자.

$$f(x,y)=\begin{cases} e^{-x}, & 0<x \\ 0, & \text{기타} \end{cases}$$

X_1, X_2, X_3가 독립적으로 추출된 세 개의 포장된 음식의 보존기간을 나타낸다고 할 때, $P(X_1<2, 1<X_2<3, X_3>2)$를 구하여라.

5 예제 4.5의 두 확률변수 X와 Y는 독립인가?

4.7 확률변수의 기댓값 및 분산

어느 도시에서의 연평균 강수량, 어느 달의 평균 기온, 공장 근로자의 평균 임금 등과 같이 평균은 우리 생활의 일부분이 되고 있음을 알 수 있다. 일상생활에서 자주 이용되는 평균은 통계학에서는 기댓값 또는 수학적 기댓값으로 불리는데, 이는 확률변수 X를 정의하고 X의 확률분포를 정의할 때, 정의된 확률분포의 중심위치를 나타내는 분포의 한 특성값이다.

이산형 분포의 기댓값

확률변수 X의 치역이 R이고, 확률함수가 f인 이산형 분포를 가진다고 가정하자. 그때 $\sum_{x \in R} |x| f(x) < \infty$ 이면 확률변수 X는 기댓값이 존재한다고 하며, 이 경우 값

$$E(X) = \sum_{x \in R} x f(x)$$

을 X의 기댓값(expected value)이라고 한다.

한편 $\sum_{x \in R} |x| f(x) = \infty$ 이면 X는 기댓값이 존재하지 않는다고 하며, 이 경우 $E(X)$는 정의되지 않는다.

기댓값과 평균(mean)이라는 용어는 같이 사용될 수 있다. 즉 $E(X)$는 X의 분포의 기댓값 또는 평균이라고 부른다. 확률변수의 기댓값 또는 그 분포의 평균은 분포의 무게중심의 의미로 생각할 수 있다. 예를 들어 추가 달린 무게 없는 긴 막대로 x축을 생각하자. 만일 각 점 x_i에 무게 $f(x_i)$인 추가 막대에 달렸다면, 그 막대는 점 $E(X)$에 지지될 경우 균형이 유지될 것이다. 그러나 x값이 클 경우 여기에 부여된 확률값이 조금만 변하더라도 분포의 평균은 크게 영향을 받게 된다. 예를 들어 작은 양의 확률을 갖는 점 x_i 중의 하나를 원점에서 충분히 먼 점으로 이동시키면, 비록 원점에서 먼 점이라고 할지라도 분포의 평균을 그 점으로 이동시킬 수 있다.

예제 4.10

하나의 동전을 세 번 던지는 실험에서, 앞면의 횟수를 확률변수 X라고 할 때 X의 기댓값을 구하여라.

풀이 확률변수 X가 취할 수 있는 값은 0, 1, 2, 3이고 이 값에 대한 확률함수는 $P(X=0)=\frac{1}{8}$, $P(X=1)=\frac{3}{8}$, $P(X=2)=\frac{3}{8}$ 그리고 $P(X=3)=\frac{1}{8}$ 이므로 X의 기댓값 $E(X)$는

$$E(X) = 0\left(\frac{1}{8}\right) + 1\left(\frac{3}{8}\right) + 2\left(\frac{3}{8}\right) + 3\left(\frac{1}{8}\right) = \frac{3}{2}$$

이다.

NOTE

> 예제 4.10에서의 기댓값 1.5는 확률변수 X의 관찰 가능한 값은 아니다. 기댓값 1.5의 의미는 동일한 조건하에서 동전을 세 번 던지는 실험을 무한히 반복하였을 때 관찰되는 X의 값들의 산술평균이 1.5에 한없이 접근해 갈 것으로 기대할 수 있다는 의미로, X의 확률분포에 대한 중심위치를 가리키는 값이 1.5라는 것이다.

연속형 분포의 기댓값

확률변수 X가 확률밀도함수가 f인 연속형 분포를 가진다면, X의 기댓값 $E(X)$는 다음과 같다.

$$E(X) = \int_{-\infty}^{\infty} x f(x) dx$$

이산형 분포와 마찬가지로 연속형 분포에서도 다음의 적분 $\int_{-\infty}^{\infty} |x| f(x) dx$이 존재하는 경우 X의 기댓값은 존재한다고 한다.

예제 4.11

확률변수 X의 확률밀도함수 f가 다음과 같다고 할 때, X의 기댓값을 구하여라.

$$f(x) = \begin{cases} 2x, & 0 < x < 1 \\ 0, & \text{기타} \end{cases}$$

풀이

X의 기댓값은 $E(X) = \int_{-\infty}^{\infty} x f(x) dx = \int_{0}^{1} 2x^2 dx = \frac{2}{3}$이다.

기댓값 또는 평균은 분포의 무게중심의 의미이므로 확률함수 또는 확률밀도함수가 한 점 x_0에 관하여 대칭이면 분명히 $E(X) = x_0$일 것이다. 그러나 우리는 $E(X) = x_0$라고 결론을 내리기 전에 반드시 기댓값이 존재하여야 된다는 사실을 확인하여야 한다.

보기 4.7 확률변수 X의 확률밀도함수 f가 다음과 같다고 하자.

$$f(x)=\frac{1}{\pi(1+x^2)}, \qquad -\infty < x < \infty$$

이 분포를 우리는 Cauchy 분포라고 부른다. 다음과 같이 확률함수의 조건을 만족함을 알 수 있다.

$$\int_{-\infty}^{\infty} f(x)dx = \int_{-\infty}^{\infty} \frac{1}{\pi(1+x^2)}dx = \frac{1}{\pi} Tan^{-1}x \Big]_{-\infty}^{\infty} = 1$$

한편, 확률밀도함수 f는 점 $x=0$에서 대칭이다. 그러므로 이 분포의 평균이 존재한다면 그 값은 0일 것이다. 그러나

$$\int_{-\infty}^{\infty} |x| f(x)dx = \frac{2}{\pi}\int_{0}^{\infty} \frac{x}{1+x^2}dx = \infty$$

이므로 평균은 존재하지 않는다.

확률변수의 함수의 기댓값

만일 X가 확률밀도함수가 f인 확률변수라고 하고 $Y=r(X)$라고 하자. 또한 g가 Y의 확률밀도함수라고 하면 Y의 기댓값은 다음과 같다.

$$E(Y)=E[r(X)]=\int_{-\infty}^{\infty} yg(y)dy$$

정리 4-4

확률변수 X의 확률질량함수 또는 확률밀도함수를 f라고 하고 $Y=r(X)$라고 하자. 또한 이산형인 경우

$$\sum_x |r(x)| f(x) < \infty$$

이 성립하고, 연속형인 경우

$$\int_{-\infty}^{\infty} |r(x)| f(x)dx < \infty$$

이 성립한다고 하자. 이 경우 확률변수 $Y = r(X)$의 기댓값은

$$E[r(X)] = \begin{cases} \sum_{x_i} r(x_i) f(x_i), & \text{이산형 분포} \\ \int_{-\infty}^{\infty} r(x) f(x) dx, & \text{연속형 분포} \end{cases}$$

이다.

지금부터 X를 기대치 $E(X)$가 존재하는 확률변수라고 하자. 다음의 정리들 중 일부는 증명 없이 소개하기로 한다.

정리 4-5

$Y = aX + b$(a, b : 상수)이면, $E(Y) = aE(X) + b$

증명 ⋯ X가 이산형 확률변수라고 하자(연속형일 때에도 같은 방법으로 증명이 가능하다). 합의 기호(연속형일 때는 적분기호)의 성질에 따라

$$\begin{aligned} E(Y) = E(aX + b) &= \sum_{i=1}^{n} (ax_i + b) f(x_i) \\ &= \sum_{i=1}^{n} a \cdot x_i \cdot f(x_i) + \sum_{i=0}^{n} b \cdot f(x_i) \\ &= aE(X) + b \end{aligned}$$

정리 4-6

$P(X \geq a) = 1$을 만족하는 상수 a가 존재하면 $E(X) \geq a$이고, $P(X \leq b) = 1$을 만족하는 상수 b가 존재하면 $E(X) \leq b$이다.

정리 4-7

n개의 확률변수 $X_1, X_2, \cdots, X_n$을 각각의 기댓값 $E(X_i)$, $(i = 1, 2, \cdots, n)$가 존재하는 확률변수라고 하면

$$E(X_1 + X_2 + \cdots + X_n) = E(X_1) + E(X_2) + \cdots + E(X_n)$$

이 성립한다.

NOTE

[정리 4-7]은 다음과 같이 일반화될 수 있다.
임의의 상수 $a_1, a_2, \cdots, a_n$과 b에 대하여 다음이 성립한다.

$$E(a_1X_1 + \cdots + a_nX_n + b) = a_1E(X_1) + \cdots + a_nE(X_n) + b$$

예제 4.12

빨간 공과 파란 공이 들어있는 상자에서 빨간 공의 비율이 $p(0 \leq p \leq 1)$라고 하자. 이 상자에서 n개의 공을 무작위로 복원추출(sampling with replacement)한다고 가정하고, 확률변수 X를 추출된 빨간 공의 개수라고 하자. 이때 X의 기댓값을 구하여라.

풀이 이 분포는 앞에서 이야기한 바 있는 이항분포의 한 예이다. 먼저 n개의 확률변수 $X_1, X_2, \cdots, X_n$을 다음과 같이 정의하자.

$$X_i = \begin{cases} 1, & \text{추출된 } i\text{번째 공이 빨간색} \\ 0, & \text{추출된 } i\text{번째 공이 파란색} \end{cases} \quad (i = 1, 2 \cdots, n)$$

n개의 공이 복원으로 추출되기 때문에 확률변수 $X_1, X_2, \cdots, X_n$은 독립이다. 우리들은 모든 공들이 무작위의 순서에 의해 상자 속에 배열되어 있으며, 이러한 배열에서 n개의 공이 추출된다고 생각할 수 있다. 그러므로 $i=1,2,\cdots,n$에 대하여

$$P(X_i=1)=p, \quad P(X_i=0)=1-p$$

이고, 따라서

$$E(X_i)=1\cdot p+0\cdot(1-p)=p$$

이다.

$X_1, X_2, \cdots, X_n$의 정의에 의해 $X_1+X_2+\cdots+X_n$은 추출된 빨간 공의 총 개수이므로

$$X=X_1+X_2+\cdots+X_n$$

이며, [정리 4-7]에 의해

$$E(X)=E(X_1)+E(X_2)+\cdots+E(X_n)=np$$

이다. 따라서 모수 n과 p인 이항분포의 평균은 np이다.

정리 4-8

두 확률변수 X와 Y가 독립이면, $E(X\times Y)=E(X)\times E(Y)$이다.

증명 ··· 두 확률변수 X와 Y를 독립인 연속형으로 제한하자(이산형인 경우에도 같은 방법으로 증명 가능하다). 결합확률밀도함수를 $f(x,y)$라 하자. [정리 4-2]에 의하여 주변확률밀도함수 $f_1(x)$, $f_2(y)$가 존재하여 $f(x,y)=f_1(x)f_2(y)$를 만족한다. 그러므로 적분의 성질에 의하여 다음이 성립한다.

$$E(XY) = \iint xyf(x,y)dxdy = \iint xyf_1(x)f_2(y)dxdy$$
$$= \int xf_1(x)dx \int yf_2(y)dy = E(X)E(Y)$$

NOTE [정리 4-8]의 역은 성립하지 않는다. 즉, $E(XY) = E(X)E(Y)$를 만족한다고 해서 두 확률변수 X와 Y가 독립이라는 보장은 없다. 다음의 보기에서 확인할 수 있다.

보기 4.8 두 확률변수 X와 Y의 결합확률함수가 다음과 같다고 하자.

$$f(x,y) = \begin{cases} \dfrac{1}{4}, & (x,y) = (-1,0),(0,-1),(0,1),(1,0) \\ 0, & \text{기타} \end{cases}$$

두 확률변수 X와 Y의 주변확률함수를 각각 구하면 다음과 같다.

$$f_1(x) = \begin{cases} 1/2, & x = 0, \\ 1/4, & x = -1, 1 \end{cases} \qquad f_2(y) = \begin{cases} 1/2, & y = 0, \\ 1/4, & y = -1, 1 \end{cases}$$

$(x,y) = (0,0)$에서, $0 = f(0,0) \neq f_1(0)f_2(0) = \dfrac{1}{2} \times \dfrac{1}{2} = \dfrac{1}{4}$이므로 두 확률변수는 독립이 아니다. 그러나 기댓값의 정의에 따라 직접 계산하면 $E(X) = E(Y) = 0$, $E(XY) = 0$이므로 $E(XY) = E(X)E(Y)$임을 알 수 있다.

정의 4-6 공분산(covariance)과 상관계수(correlation coefficient)

두 확률변수 X와 Y에 대하여, 기댓값 $E(X) = \mu_X$와 $E(Y) = \mu_Y$가 각각 존재한다고 할 때, X와 Y의 공분산 $Cov(X,Y)$를 다음과 같이 정의한다.

$$Cov(X,Y) = E(X-\mu_X)(Y-\mu_Y)$$

또, $Var(X)$와 $Var(Y)$가 존재하면, X와 Y의 상관계수 $\rho(X,Y)$를 다음과 같이 정의한다.

$$\rho(X, Y) = \rho_{XY} = \frac{Cov(X, Y)}{\sqrt{Var(X)}\sqrt{Var(Y)}}$$

NOTE 기댓값의 정의와 성질에 의하여 공분산은 다음과 같이 변형할 수 있다.

$$Cov(X, Y) = E(X - \mu_X)(Y - \mu_Y) = E(XY) - E(X)E(Y)$$

확률변수의 분산

확률변수 X의 기댓값으로는 단지 분포의 중심위치에 대한 정보만을 얻을 수 있으며, 분포의 흩어진 정도를 판별할 수는 없다. 실제로 평균 즉, 분포의 중심위치는 같으면서도 분포의 모습이 서로 다른 경우들이 많이 있기 때문에 확률분포가 중심위치 주변에 어느 정도로 밀집되어 있는가를 파악할 수 있는 적절한 측도가 필요하다. 확률분포의 **산포도**(dispersion) 즉, 퍼짐의 정도를 측정하는 방법에 대하여 알아보기로 한다.

정의 4-7

X를 평균 $\mu = E(X)$을 갖는 확률변수라고 하자. 이때 $(X-\mu)^2$의 기댓값 $E[(X-\mu)^2]$이 존재하면 이 값을 X의 **분산**(variance) 또는 X의 분포의 분산이라고 하고 "$Var(X)$" 또는 "σ^2"으로 표시한다. 또한 분산의 음이 아닌 제곱근을 확률변수의 **표준편차**(standard deviation)라고 부르고 "σ"로 표시한다.

NOTE $Var(X)$는 $(X-\mu)^2$의 기댓값이므로 $Var(X) \geq 0$이다. 또한 $Var(X)$는 유한할 수도 있고 그렇지 않을 수도 있는데, 유한하지 않을 경우 $Var(X)$는 존재하지 않는다고 한다. 그러나 확률변수 X의 가능한 값들이 유계(유한값을 갖는 경우)이면 $Var(X)$는 반드시 존재한다.

한 분포의 분산은 그 분포의 평균 주위에서 분포의 흩어진 정도를 나타낸다. 작은 분산의 값은 확률분포가 평균주위에 집중적으로 분포되어 있음을 나타내며, 큰 분산 값은 확률분포가 평균주위로부터 넓게 퍼져 있음을 나타낸다.

지금부터는 모든 확률변수의 분산이 존재한다고 가정한다. 다음의 정리들을 일부는 증명 없이 소개하고자 한다.

정리 4-9

$Var(X)=0$이기 위한 필요충분조건은 $P(X=c)=1$을 만족하는 상수 c가 존재하는 것이다.

정리 4-10

임의의 상수 a, b에 대하여 다음이 성립한다.

$$Var(aX+b)=a^2 Var(X)$$

증명 ··· 우선 $E(X)=\mu_X$라고 하자.

$$\begin{aligned}Var(aX+b) &= E[(aX+b)-(a\mu_X+b)]^2 \\ &= E[a(X-\mu_X)]^2 = a^2E(X-\mu_X)^2 = a^2 Var(X)\end{aligned}$$

X의 분포를 실직선상을 따라서 b만큼 이동을 하면 b만큼 분포의 평균은 변하지만, 그 평균주위에서의 분포의 산포에는 영향을 미치지 않으므로 분산은 변화가 없을 것이다. 또한 실직선상의 원점에 관하여 X의 분포를 대칭이동하면 원래 분포의 거울상인 분포가 생길 것이며 이 분포는 평균은 변하겠지만 평균주위의 산포정도는 변하지 않을 것이다.

따름정리 (1) $Var(X+b) = Var(X)$ (2) $Var(-X) = Var(X)$

정리 4-11

$Var(X) = E(X^2) - [E(X)]^2$

증명 ⋯ $E(X) = \mu$라고 하면

$$Var(X) = E[(X-\mu)^2] = E(X^2 - 2\mu X + \mu^2)$$
$$= E(X^2) - 2\mu E(X) + \mu^2 = E(X^2) - \mu^2$$

NOTE

$Var(X) \geq 0$이므로 [정리 4-11]에 의해 $E(X^2) \geq [E(X)]^2$이고 $Var(X) \leq E(X^2)$이다.

정리 4-12

두 개의 확률변수 X, Y가 독립이면 다음이 성립한다.

$$Var(X+Y) = Var(X) + Var(Y)$$

증명 ⋯ 두 개의 확률변수 X, Y가 독립이면 [정리 4-8]에 의하여 $E(XY) = E(X)E(Y)$이므로 공분산 정의에 의하여 $E(X-\mu_X)(Y-\mu_Y) = 0$이다.

$$Var(X+Y) = E[(X+Y)-(\mu_X+\mu_Y)]^2 = E[(X-\mu_X)+(Y-\mu_Y)]^2$$
$$= E[(X-\mu_X)^2 + 2(X-\mu_X)(Y-\mu_Y) + (Y-\mu_Y)^2]$$
$$= E(X-\mu_X)^2 + 2E(X-\mu_X)(Y-\mu_Y) + E(Y-\mu_Y)^2$$
$$= Var(X) + Var(Y) - 2Cov(X, Y) = Var(X) + Var(Y)$$

> **NOTE** [정리 4-12]는 다음과 같이 일반화될 수 있다.
> n개의 확률변수 $X_1, X_2, \cdots, X_n$이 독립이면 다음이 성립한다.
>
> $$Var(X_1 + X_2 + \cdots + X_n) = Var(X_1) + Var(X_2) + \cdots + Var(X_n)$$

예제 4.13

예제 4.12에서 확률변수 X의 분산을 구하여라.

풀이 앞에서와 마찬가지로 n개의 확률변수 $X_1, X_2, \cdots, X_n$을 다음과 같이 정의하자.

$$X_i = \begin{cases} 1, & \text{추출된 } i\text{번째 공이 빨간색} \\ 0, & \text{추출된 } i\text{번째 공이 파란색} \end{cases} \qquad (i = 1, 2 \cdots, n)$$

n개의 공이 복원으로 추출되기 때문에 확률변수 $X_1, X_2, \cdots, X_n$은 독립이다. 마찬가지로 $i = 1, 2, \cdots, n$에 대하여

$$P(X_i = 1) = p, \quad P(X_i = 0) = 1 - p$$

이고, 따라서

$$E(X_i) = 1 \cdot p + 0 \cdot (1-p) = p,$$

$$E(X_i^2) = 1^2 \cdot p + 0^2 \cdot (1-p) = p$$

이다. 그러므로 [정리 4-11]에 의하여

$$Var(X_i) = E(X_i^2) - [E(X_i)]^2 = p(1-p)$$

이다. $X_1, X_2, \cdots, X_n$의 정의에 의해 $X_1 + X_2 + \cdots + X_n$은 추출된 빨간 공의 총 개수이므로 $X = X_1 + X_2 + \cdots + X_n$이고 $X_1, X_2, \cdots, X_n$은 독립이므로 [정리 4-12]의 일반화에 의하여

$$Var(X) = Var(X_1) + Var(X_2) + \cdots + Var(X_n) = np(1-p)$$

이다.

연습문제 4

1 4명의 자녀를 둔 가정에서 다음의 확률분포, 평균 및 분산을 구하여라.

① X=남자의 수

② Y=출생순서를 생각했을 때 성별의 변화의 수

2 당첨율이 0.3인 복권이 20장 있다. 이 중에서 당첨복권의 매수의 기댓값은 얼마인지 구하여라.

3 어떤 정책에 대하여 2,000명을 상대로 하여 여론조사를 한 결과 찬성한 사람은 63%이고, 나머지는 모두 반대하였다. 찬성자에 1, 반대자에 0의 값을 줄 때 평균과 분산을 구하여라.

4 7시와 8시 사이에 어떤 역을 출발하는 기차의 시각은 다음과 같다.

7:05,   7:20,   7:40,   7:50

어떤 사람이 7시와 8시 사이의 임의 시각에 역에 도착하여 기차를 탄다고 하면 이 사람이 기차를 기다리는 시간이 3분 이내일 확률을 구하여라.

5 어떤 세차장이 비가 오는 날에는 30,000원을 손해보고 비가 오지 않는 날에는 120,000원의 이익을 낸다. 만약 비가 오는 날의 확률이 0.15일 때의 기댓값을 구하여라.

6 한 사람이 휴대폰을 사용하는 시간이 다음과 같은 확률밀도함수를 가진다고 할 때 휴대폰을 사용하는 시간에 대한 평균과 분산을 구하여라.

$$f(x) = \begin{cases} \dfrac{1}{2}x, & 0 < x < 1 \\ \dfrac{3}{2} - \dfrac{1}{2}x, & 1 \le x < 2 \end{cases}$$

7 1부터 5까지의 정수를 1개씩 쓴 5장의 카드 중에서 3장의 카드를 뽑을 때, 카드에 적힌 수의 최솟값을 X라 한다. X의 평균을 구하여라.

8 두 개의 동전을 동시에 던질 때, 앞면이 나오는 동전의 개수를 확률변수 X라 하자. X의 평균을 구하여라.

9 하나의 주사위를 던질 때 소수가 나오면 그 소수에 해당하는 금액을 받고, 비소수가 나오면 그 비소수에 해당하는 금액을 상대방에게 주는 게임을 생각하자. 이 게임 결과의 기댓값을 구하여라.

10 2개의 주사위를 동시에 던져 나오는 두 눈 중에서 큰 것을 나타내는 수를 확률변수 X라 할 때, X의 확률분포를 구하고, 또 X의 분산과 표준편차를 구하여라.

11 2개의 주사위를 동시에 던져 나오는 두 눈의 합을 확률변수 X라 할 때, X의 평균, 분산 및 표준편차를 구하여라.

12 다음과 같은 결합밀도함수에 대하여 $E(\frac{Y}{X})$를 구하여라.

$$f(x,y) = \begin{cases} \dfrac{x(1+3y^2)}{4}, & 0 < x < 2, 0 < y < 1 \\ 0, & \text{기타} \end{cases}$$

4.8 이산분포의 예

이항분포(binomial distribution)

이제 두 가지 실험결과만을 가지는 통계적 실험을 생각한다. 예를 들어, 동전을 던지는 경우의 앞면(H)과 뒷면(T), 어떤 회사에서 생산된 제품의 정상품과 불량품 또는 어떤 통계적 실험의 성공(S)과 실패(F) 등등이 있다. 이때 앞면이나 불량품 또는 성공의 가능성을 $p\,(0 \le p \le 1)$라 하고, 확률변수 X를 실험결과가 "성공"이면 $X=1$, 그리고 "실패"이면 $X=0$이라 할 때, 실패와 성공의 확률은 각각

$$P(X=0)=1-p, \quad P(X=1)=p$$

이다. 따라서 $q=1-p$라 하면 확률변수 X의 확률함수는

$$f(x:p)=\begin{cases}1-p, & x=0\text{일 때};\\ p, & x=1\text{일 때}\end{cases}$$

또는

$$f(x:p)=\begin{cases}p^x q^{1-x}, & x=0,1\text{일 때};\\ 0, & \text{다른 곳에서}\end{cases}$$

으로 표현이 가능하다. 이와 같이 확률변수 X가 위 식과 같이 주어지는 확률함수를 가지는 경우에, **"확률변수 X는 모수 p인 Bernoulli 확률분포에 따른다"**고 하고

$$\text{“}X \sim B(1,p)\text{”}$$

로 나타낸다. 이때 확률변수 X가 모수 p인 Bernoulli 확률분포 $B(1,p)$에 따르는 경우에 X 및 X^2의 기댓값은 각각 다음과 같다.

$$E[X]=0\cdot \Pr(X=0)+1\cdot \Pr(X=1)=p,$$

$$E[X^2]=0^2\cdot \Pr(X=0)+1^2\cdot \Pr(X=1)=p$$

따라서 $X \sim B(1,p)$인 확률변수의 분산은 $Var(X)=p(1-p)$이다.

한편 확률변수들 $X_1,\cdots,X_n$이 **i.i.d.**(independent and identically distributed: 각각의 확률변수들이 독립적이며, 각각의 확률변수의 같은 확률함수들을 가지고 있을 때)이고 각각의 $X_i\ (i=1,\cdots,n)$가 $B(1,p)$에 따를 경우에 확률변수들 $X_1,\cdots,X_n$은 모수 p인 n개의 **Bernoulli 시행**(Bernoulli trial)에 따른다 하고, 확률변수열 $X_1,X_2,\cdots$이 i.i.d.이고 각각의 $X_i\ (i=1,2,\cdots)$가 $B(1,p)$에 따를 경우에 확률변수열 $X_1,X_2,\cdots$은 모수 p인 **Bernoulli 시행열**(sequence of Bernoulli trials)에 따른다고 한다. 이제 모수 p인 n개의 Bernoulli 시행열에 대하여 i 번째 Bernoulli 시행이

성공이면 $X_i = 1$, 실패이면 $X_i = 0$이라 하고 새로운 확률변수 X를

$$X = \sum_{i=1}^{n} X_i$$

라 하자. 그러면 X는 n번의 Bernoulli 시행에서 성공한 횟수를 나타내고, 확률변수 X는 n번 모두 실패하는 경우인 $X = 0$에서부터 n번 모두 성공하는 경우인 $X = n$까지 $n+1$개의 경우의 수를 취할 수 있다. 이와 같이 독립적으로 반복되는 n번의 Bernoulli 시행에서 성공 횟수 X에 관한 확률분포를 생각할 수 있다.

매 시행에서 성공률이 $p\ (0 < p < 1)$인 Bernoulli 시행을 n번 독립적으로 반복시행 할 때 성공한 횟수를 확률변수 X라 하면, X가 취할 수 있는 값은 $0, 1, \cdots, n$이고 x번 성공할 확률은

$$f(x : n, p) = P(X = x) = \binom{n}{x} p^x q^{n-x}, \quad q = 1 - p,\ x = 0, 1, \cdots, n$$

와 같이 쓸 수 있으며, 이 함수 $f(x : n, p)$는 확률함수의 조건을 만족한다. 이와 같은 확률함수를 가지는 경우에 "**확률변수 X는 모수가 n, p인 이항분포를 이룬다**" 하고

$$X \sim B(n, p)$$

로 나타낸다.

예제 4.14

공정한 주사위 한 개를 4번 던질 때 1의 눈이 나타날 확률분포를 구하여라.

풀이 1의 눈이 나온 횟수를 X라 하면, X가 취할 수 있는 값은 $0, 1, 2, 3, 4$이고 매 시행에서 1의 눈이 나올 가능성은 1/6이므로 확률변수 X의 확률함수는

$$f(x : 4, 1/6) = \binom{4}{x} \left(\frac{1}{6}\right)^x \left(\frac{5}{6}\right)^{4-x}, \qquad x = 0, 1, 2, 3, 4$$

이다. 따라서 각 경우의 확률과 확률분포표는 다음과 같다.

$$X=0\text{인 경우 : } \quad f(0:4,1/6)=\binom{4}{0}\left(\frac{1}{6}\right)^0\left(\frac{5}{6}\right)^4=0.482\ ,$$

$$X=1\text{인 경우 : } \quad f(1:4,1/6)=\binom{4}{1}\left(\frac{1}{6}\right)^1\left(\frac{5}{6}\right)^3=0.386\ ,$$

$$X=2\text{인 경우 : } \quad f(2:4,1/6)=\binom{4}{2}\left(\frac{1}{6}\right)^2\left(\frac{5}{6}\right)^2=0.116\ ,$$

$$X=3\text{인 경우 : } \quad f(3:4,1/6)=\binom{4}{3}\left(\frac{1}{6}\right)^3\left(\frac{5}{6}\right)^1=0.015\ ,$$

$$X=4\text{인 경우 : } \quad f(4:4,1/6)=\binom{4}{4}\left(\frac{1}{6}\right)^4\left(\frac{5}{6}\right)^0=0.001$$

X	0	1	2	3	4	합계
$f(x)$	0.482	0.386	0.116	0.015	0.001	1.000

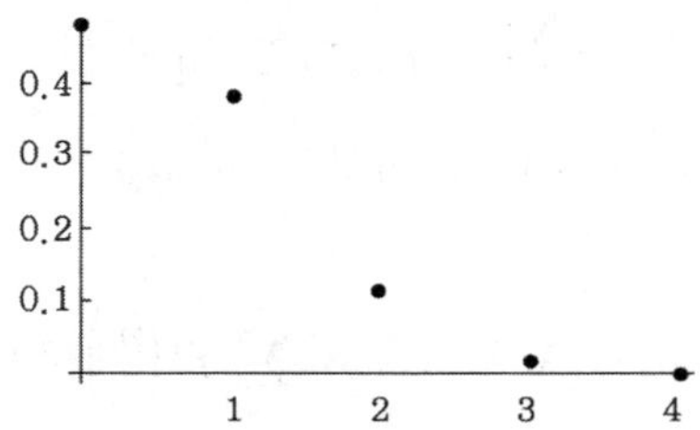

그림 4.2 $X \sim B(4,1/6)$인 **확률분포**

R 시연

```
#확률질량함수
#반올림함수 round 사용, 소수점 셋째자리
round(dbinom(0,4,1/6),3)
round(dbinom(1,4,1/6),3)
round(dbinom(2,4,1/6),3)
round(dbinom(3,4,1/6),3)
round(dbinom(4,4,1/6),3)

#누적분포
round(pbinom(0,4,1/6),3)
round(pbinom(1,4,1/6),3)
round(pbinom(2,4,1/6),3)
round(pbinom(3,4,1/6),3)
round(pbinom(4,4,1/6),3)
```

$X \sim B(n,p)$일 때, 확률변수 X의 기댓값 및 분산은 예제 4.12와 예제 4.13의 결과에 따라서 각각

$$E(X) = np, \quad Var(X) = np(1-p)$$

임을 알 수 있다. 또는 다음의 계산과정에 의해서도 구할 수도 있다.

NOTE

$$
\begin{aligned}
E(X) = \mu &= \sum_{x=0}^{n} x \binom{n}{x} p^x (1-p)^{n-x} \\
&= \sum_{x=0}^{n} x \frac{n!}{x!(n-x)!} p^x (1-p)^{n-x} \\
&= np \sum_{x=0}^{n-1} \frac{(n-1)!}{x!(n-1-x)!} p^x (1-p)^{n-1-x} \\
&= np(p+1-p)^{n-1} = np
\end{aligned}
$$

$$
\begin{aligned}
V(X) = E(X^2) - \mu^2 &= \sum_{x=0}^{n} x^2 \binom{n}{x} p^x (1-p)^{n-x} - (np)^2 \\
&= \sum_{x=0}^{n} x^2 \frac{n!}{x!(n-x)!} p^x (1-p)^{n-x} - n^2p^2 \\
&= \sum_{x=0}^{n} [x(x-1)+x] \frac{n!}{x!(n-x)!} p^x (1-p)^{n-x} - n^2p^2 \\
&= \sum_{x=0}^{n} x(x-1) \frac{n!}{x!(n-x)!} p^x (1-p)^{n-x} \\
&\quad + \sum_{x=0}^{n} x \frac{n!}{x!(n-x)!} p^x (1-p)^{n-x} - n^2p^2 \\
&= n(n-1)p^2 \sum_{x=0}^{n-2} \frac{(n-2)!}{x!(n-2-x)!} p^x (1-p)^{n-2-x} + np \\
&\quad - n^2p^2 \\
&= n(n-1)p^2 + np - n^2p^2 = np(1-p)
\end{aligned}
$$

연습문제 5

1 H사에서 100,000개의 스캐너를 생산했다. 그 중에 5%는 불량품이다. 무작위로 6개의 스캐너를 추출했을 때 2개만이 불량품일 확률을 구하여라.

2 어떤 대학에서 신입생의 60%만이 졸업을 한다. 무작위로 10명의 신입생을 추출했을 때 정확히 5명이 졸업할 확률을 구하여라.

3 어떤 씨앗을 심었을 때 싹이 틀 확률은 72%이다. 만약 10개의 씨앗을 심었을 때 그 중에 정확히 6개의 씨앗만이 싹이 틀 확률은? 또한 싹이 트는 씨앗의 개수를 X라 할 때, X의 평균과 분산을 구하여라.

4 확률변수 X가 이항분포 $B(n, p)$에 따를 때, 다음을 구하여라.

① $E(X)=8$, $V(X)=4$일 때 n의 값은?

② $E(X)=2$, $V(X)=1$일 때 p의 값은?

③ $V(X)$가 최댓값을 가지는 p의 값은?

5 확률변수 X가 $B(n, p)$에 따를 때 X의 평균이 2, 표준편차가 1이다. $P(X \geq 3)$의 값을 구하여라.

6 이항분포 $P(X=k)=\binom{n}{k}p^k(1-p)^{n-k}\,(0<p<1, k=0, 1, \cdots, n)$에 대하여

$$f(x)=\sum_{k=0}^{n}(x-k)^2 P(X=k)$$

라 할 때, 다음을 구하여라.

① $f(x)$의 최솟값 b를 n과 p를 사용하여 나타내어라.

② b를 p의 함수로 보고, b의 최댓값이 10 이하가 되는 양의 정수 n의 범위를 구하여라.

7 확률변수 X는 이항분포 $B(n, p)$를 따르며 그 분산은 $\frac{8}{9}$이고, X가 $n-1$을 취하는 확률은 X가 n을 취할 확률의 8배이다.

① 이 이항분포의 식을 구하여라.

② 이 이항분포의 평균을 m, 표준편차를 σ라 할 때,
$P(|X-m| > \sigma)$를 구하여라.

③ X^2-3X+2의 기댓값을 구하여라.

8 4개의 주사위를 동시에 던질 때, 6의 눈이 나오는 개수를 확률변수 X라 할 때 X의 평균 및 분산을 구하여라.

초기하분포(hypergeometric distribution)

크기가 N인 유한모집단에서 특별한 성질(이를테면 성공)을 가진 것이 k개이고 나머지 $N-k$개는 특별한 성질을 갖지 않은 것들(이를테면 실패)이라 하자. 이 모집단에서 n개의 표본을 비복원 임의추출할 때 특별한 성질을 갖고 있는 것들의 개수를 X라 하면 X의 확률분포는 다음과 같다.

$$P(X=x)=\frac{\binom{k}{x}\binom{N-k}{n-x}}{\binom{N}{n}} \quad \text{단, } 0 \leq x \leq n,\ x \leq k$$

이 경우 X를 **초기하확률변수**라 하며, 이 X의 분포를 **초기하분포**라 한다.

NOTE 무한모집단에서 표본을 임의추출하거나 유한모집단에서 복원추출할 경우에는 이항분포의 조건을 만족한다. 그러나 유한모집단에서 비복원추출할 경우에는 Bernoulli 시행의 조건이 만족되지 않으므로 이항분포를 이용할 수 없다. 물론 모집단의 크기가 표본의 크기 n에 비하여 매우 클 때는 근사적으로 이항분포를 사용할 수 있으나 모집단의 크기가 작을 때에는 근삿값이 정확하지 않다. 이러한 경우 초기하분포를 사용한다.

확률변수 X가 초기하분포를 이룰 때 X의 평균과 분산은 다음과 같다.

$$E(X)=\mu=\frac{nk}{N}, \qquad V(X)=\sigma^2=\frac{N-n}{N-1}\cdot n\cdot\frac{k}{N}\cdot\frac{N-k}{N}.$$

이의 증명은 연습문제로 남겨 두기로 한다.

예제 4.15

어떤 공장에서 생산된 40개의 제품 중에 실제로 3개의 불량품이 들어 있다고 하자. 이로부터 5개의 제품을 비복원 임의추출하였을 때 정확히 한 개의 불량품이 발견될 확률을 구하여라.

풀이 X를 불량품의 개수라 하면 $N=40, n=5, k=3$인 초기하분포에서 $x=1$인 경우이므로

$$P(X=1)=\frac{\binom{3}{1}\binom{37}{4}}{\binom{40}{5}}=0.3011$$

R 시연

```
#확률질량함수와 누적분포
round(dhyper(1,3,37,5),3)
round(phyper(1,3,37,5) - phyper(0,3,37,5),3)
```

연습문제 6

1 흰 공 5개와 검은 공 2개가 들어 있는 주머니에서 2개를 비복원 임의추출하였을 때, 포함되는 검은 공의 개수를 확률변수 X라 할 때, 다음을 구하여라.

① $P(X=1)$

② $P(X=0)$

③ X의 평균 및 분산

2 불량률이 0.05인 로트(동일 조건하에서 만들어진 제품의 집단)의 크기가 $N=1000$이다. 지금 표본 30개를 임의추출하였을 때 그 중에 불량품이 1개도 없을 확률을 구하여라.

3 확률변수 X가 초기하분포를 이룰 때 X의 평균과 분산이 각각 다음과 같음을 보여라.

$$E(X)=\mu=\frac{nk}{N} \qquad V(X)=\sigma^2=\frac{N-n}{N-1}\cdot n\cdot\frac{k}{N}\cdot\frac{N-k}{N}$$

4 20개의 제품 중 4개의 불량품이 포함되어 있는 한 상자에서 무작위로 3개의 표본을 추출한다. 표본 중 불량품의 개수에 대한 평균 및 분산을 구하여라.

포아송분포(Poisson distribution)

이를테면 주어진 시간 내에 전화가 걸려오는 횟수, 어떤 지역에서 하루의 교통사고 사망자수 등과 같이 포아송분포는 단위시간이나 단위영역에서 확률변수가 무한개의 정수 값 0, 1, 2, ...을 갖는 시행에 적용되는 분포라고 할 수 있다. 포아송분포는 이항분포에서 $np=\mu$(일정)라는 조건하에서 시행횟수 n이 한없이 커지면 발생확률 p는 극히 작게 되는 경우의 확률분포라 할 수 있다.

이제, 주어진 단위시간이나 단위영역에서 발생하는 사건의 횟수를 X라 하면 확률변수 X의 분포는 다음과 같다.

$$P(X=x)=f(x\,;\mu)=\frac{e^{-\mu}\mu^x}{x!},\ x=0,1,2,\cdots$$

이 경우 X는 포아송분포를 한다고 하며, 이러한 분포식을 포아송분포의 확률질량함수라고 한다. 또한 X를 **포아송확률변수**라고 부른다.

이에 따른 기댓값과 분산은 다음과 같다. 이의 증명은 연습문제로 남겨 두기로 한다.

$$E(X)=\mu,\quad V(X)=\mu$$

NOTE

이항분포와 포아송분포의 관계: 포아송분포란 다수회의 시행에 있어서 발생확률 p가 아주 작아서 발생평균횟수 $\mu = np$가 작은 사건, 즉 희소하게 일어나는 우연현상에 적용되는 확률분포이다.

n이 어느 정도 크고, 확률 p가 작아지는 적당한 조건하에서는 이항분포와 포아송분포는 다음의 결과로 근사적으로 유사함을 알 수 있다.

이항분포: $\frac{n!}{(n-x)!x!}p^x(1-p)^{n-x}$

$$= \frac{n!}{(n-x)!x!}\left(\frac{p}{1-p}\right)^x(1-p)^n$$

$$= \frac{1}{x!}\frac{n!}{(n-x)!}\left(\frac{1}{1-p}\right)^x p^x\left(1-\frac{\mu}{n}\right)^{(-\frac{1}{\mu})n(-\mu)}$$

$$(\because \quad np = \mu \Rightarrow p = \frac{\mu}{n})$$

$$= \frac{1}{x!}\frac{n!}{(n-x)!}\left(\frac{1}{1-p}\right)^x\left(\frac{1}{n}\right)^x(np)^x\left(1-\frac{\mu}{n}\right)^{(-\frac{1}{\mu})n(-\mu)}$$

$$= \frac{1}{x!}\frac{n!}{(n-x)!}\left(\frac{1}{n}\right)^x\left(\frac{1}{1-p}\right)^x(\mu)^x\left(1-\frac{\mu}{n}\right)^{(-\frac{n}{\mu})(-\mu)}$$

$$\simeq \frac{1}{x!}\cdot 1\cdot 1\cdot 1\cdot \mu^x\cdot e^{-\mu} \qquad \left[\lim_{n\to\infty}(1+\frac{1}{n})^n = e \text{ 이용}\right]$$

$$= \frac{e^{-\mu}\mu^x}{x!} : \text{포아송분포}$$

예제 4.16

어떤 항구에 매일 도착하는 유조선은 평균 7척이다. 이 항구의 유조선의 수용능력은 하루에 10척이라고 한다. 어떤 날에 유조선을 외항에 대기시킬 확률을 구하여라.

풀이 매일 도착하는 유조선의 수를 X라 하면

$$P(X > 10) = 1 - P(X \le 10) = 1 - \sum_{x=0}^{10} f(x\,;7)$$

$$= 1 - \sum_{x=0}^{10}\frac{e^{-7}7^x}{x!} = 1 - 0.901 = 0.099(\text{부록의 포아송분포표 이용})$$

R 시연

```
#누적분포 이용
round(1-ppois(10,7), 3)

#확률질량함수 이용
Mean = 7; Prob = 0
for (i in 0:10){ Prob <- Prob + dpois(i, Mean) }
Prob
round(1 - Prob, 3)
```

예제 4.17

H사의 스캐너 제품 출하 시에 1,000개당 평균적으로 1개의 불량품이 나온다고 한다. 8,000개의 제품을 출하한다면 불량품의 개수가 6개 미만일 확률은?

풀이 불량품의 개수를 X라 하면, X는 $B(n, p)$에 따른다. $n = 8000, p = 0.001$이므로, $P(X < 6) = \sum_{x=0}^{5} \binom{8000}{x} (0.001)^x (1-0.001)^{8000-x}$를 계산하면 된다. 그러나 이 계산은 복잡하므로 [Note]에 의하여 포아송분포를 이용하면 간단하다. 즉,

$$P(X < 6) = \sum_{x=0}^{5} \binom{8000}{x} (0.001)^x (1-0.001)^{8000-x} \simeq \sum_{x=0}^{5} \frac{e^{-8} 8^x}{x!}$$

$$= 0.191 \text{ (부록의 포아송 분포표 이용)}.$$

R 시연

```
#이항분포 이용
pbinom(5, 8000, 0.001)

#포아송분포 이용
ppois(5, 8)
```

연습문제 7

1 왼손잡이의 비율을 1%로 가정한다. 200명 중 왼손잡이가 4명 이상 있을 확률을 구하여라.

2 상품광고 발송 우편물 100통 중 1통의 주문이 기대된다고 한다. 1개 도시에 200통씩 80개 도시에 우편물을 발송하였다.

① 1통도 주문이 없는 도시는 얼마인가?

② 1통의 주문이 있는 도시는 얼마인가?

③ 2통의 주문이 있는 도시는 얼마인가?

3 한 공장의 자동화기계가 제품을 생산하는데 생산된 제품 중에서 불량품의 수가 시간당 평균 3개씩 발생한다고 한다. 특정 시간에 생산된 제품 중에서 불량품이 2개 이상 발생될 확률을 구하여라.

4 두 개의 주사위를 100번 던졌을 때, 두 눈이 모두 6이 나오는 횟수를 확률변수 X라 할 때 $P(1 \le X \le 3)$을 구하여라.

5 어느 공장의 제품에 대한 불량률이 2%라면, 이 공장에서 생산된 400개의 제품 중에 5개가 불량품일 확률의 정확한 값과 이항분포의 포아송분포로의 근삿값을 비교하여라.

6 확률변수 X가 포아송분포를 이룰 때 $E(X)=\mu$, $V(X)=\mu$임을 보여라.

4.9 연속형 분포의 예

정규분포(normal distribution)

통계학에서 가장 중요하게 다루는 확률분포가 정규분포이다. 정규분포는 풍부한 수학적 성질을 갖고 있을 뿐만 아니라 많은 물리학적 또는 사회과학적 실험의 결과들이 정규분포에 근사하는 성질을 갖고 있다.

예를 들어, 사람의 몸무게나 키 또는 곡식의 무게, 공정라인에서 생산되는 철의 강도 등등은 점근적으로 정규분포에 근사한다. 특히 다음에서 다룰 중심극한정리에 의하여 임의의 확률분포로부터 얻어진 대표본은 그 분포 자체가 정규분포는 아니라고 해도 점근적으로 정규분포에 가까워진다는 이유에서 정규분포를 자세히 살펴볼 필요가 있다.

확률밀도함수

$$f(x : \mu, \sigma) = \frac{1}{\sqrt{2\pi}\,\sigma} e^{-\frac{(x-\mu)^2}{2\sigma^2}}, \quad -\infty < \mu < \infty,\ \sigma > 0$$

를 가지는 확률분포를 평균 μ와 분산 σ^2 (또는 표준편차 σ)를 갖는 **정규분포**(normal distribution)라 하고,

$$X \sim N(\mu, \sigma^2)$$

으로 나타낸다.

그리고 정규분포는 가우스(K.F.Gauss; 1777 ~ 1855)를 기리기 위하여 때때로 Gauss **분포**라고도 한다. 특히 피적분함수

$$f(x) = \frac{1}{\sqrt{2\pi}} e^{-x^2/2}$$

를 가지는 확률분포를 **표준정규분포**(standard normal distribution)라 하고,

$$X \sim N(0, 1)$$

로 나타낸다.

정리 4-13

$X \sim N(\mu, \sigma^2)$에 대한 기댓값과 분산은 다음과 같다.

$$E(X) = \mu, \qquad Var(X) = \sigma^2$$

증명 ⋯→ 연습문제를 참고하기 바란다.

NOTE

또한 정규함수는 다음 성질을 갖는 종모양의 곡선을 이루며 그림은 정규확률함수의 개형을 나타낸다.

1) 정규함수 $f(x : \mu, \sigma)$는 $x = \mu$에서 최대이다. 즉 정규모집단으로부터 추출된 표본자료의 최빈값은 $x = \mu$이다.
2) 정규함수 $f(x : \mu, \sigma)$는 $x = \mu$에 관하여 좌우대칭이다. 즉 정규모집단으로부터 추출된 표본자료의 중앙값은 $x = \mu$이다.
3) 정규함수 $f(x : \mu, \sigma)$는 $x = \mu \pm \sigma$에서 변곡점을 갖는다.
4) 정규함수 $f(x : \mu, \sigma)$는 $x = \mu \pm 3\sigma$에서 거의 축에 접한다.

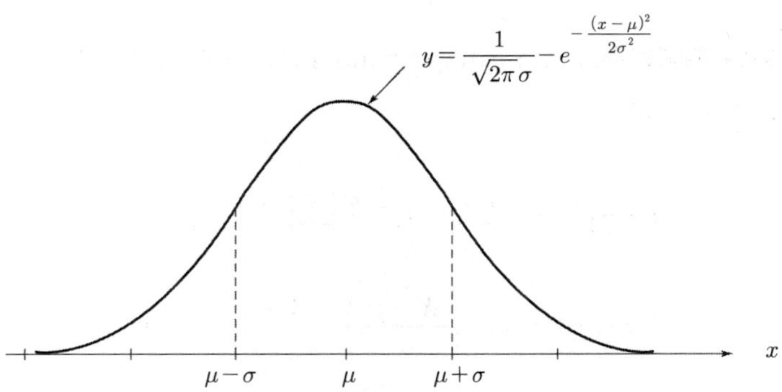

그림 4.3 정규분포의 개형

그리고 정규분포 $N(\mu,\sigma^2)$에 대한 확률값은 x의 경곗값 축과 x축 그리고 정규곡선 아래에 주어진 부분의 면적으로 나타난다. 예를 들어 확률 $P(a \le X \le b)$는 $x=a$, $x=b$와 x축 그리고 정규함수 $f(x : \mu,\sigma)$로 둘러싸인 부분의 면적이고, 따라서 다음의 적분으로 나타난다.

$$P(a \le X \le b) = \int_a^b \frac{1}{\sqrt{2\pi}\,\sigma} e^{-\frac{(x-\mu)^2}{2\sigma^2}} dx$$

특히 평균 μ와 표준편차 σ에 대하여 다음 확률값을 갖음을 곧 알게 된다.

$$P(\mu-\sigma < X < \mu+\sigma) = 0.6826$$
$$P(\mu-2\sigma < X < \mu+2\sigma) = 0.9544$$
$$P(\mu-3\sigma < X < \mu+3\sigma) = 0.9974$$

한편 이러한 확률값은 초등적분에 의하여 구할 수 없으며 부록에 제시된 표준정규분포표를 이용해야 한다. 그러나 어느 경우이든 정규확률분포표는 표준정규분포에 대한 확률값만이 제시되므로 정규분포 $N(\mu,\sigma^2)$과 표준정규분포 $N(0,1)$ 사이의 관계를 알아야 한다.

확률변수 X에 대하여

$$Z = \frac{X-\mu}{\sigma}$$

를 X의 **표준화된 확률변수**(standardized random variable)라 하며, Z의 평균과 분산은 각각 다음과 같다.

$$E(Z) = E\left(\frac{X-\mu}{\sigma}\right) = \frac{E(X)-\mu}{\sigma} = 0,$$
$$Var(Z) = Var\left(\frac{X-\mu}{\sigma}\right) = \frac{Var(X)}{\sigma^2} = 1.$$

따라서 $X \sim N(\mu,\sigma^2)$에 대하여 표준화된 확률변수 Z는 $Z \sim N(0,1)$이다. 그러므로 임의의 정규분포에 대한 확률계산을 표준정규분포로 변환하여 구할 수 있으므로 표준정규분포의 성질을 살펴봄으로써 확률계산을 더욱 쉽게 얻을 수 있다. $Z \sim N(0,1)$이면, Z의 확률밀도함수는 $z=0$에 관하여 좌우대칭이다.

또한 표준정규분포의 분포함수는 특별히 $\Phi(z)$로 표현하며

$$\Phi(z) = \int_{-\infty}^{z} \frac{1}{\sqrt{2\pi}} e^{-\frac{x^2}{2}} dx$$

와 같이 정의된다.

특히 다음의 확률

$$P(X > z) = 1 - \Phi(z)$$

를 **꼬리확률**(tail probability)이라고 한다.

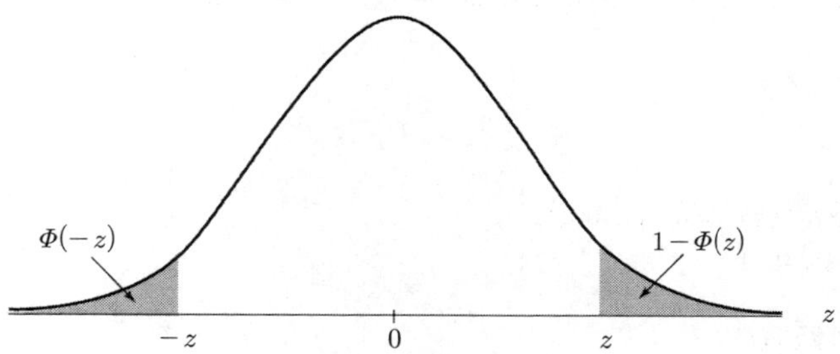

그림 4.4 정규곡선의 대칭성

예제 4.18

통계학 기말시험 성적결과가 평균이 70, 표준편차가 12인 정규분포를 따른다고 할 때, 다음을 구하여라.

(1) 성적이 50점인 학생은 밑에서부터 약 몇 %의 위치에 있는가?

(2) 수험자 100명 중에서 위에서부터 15등 이내에 들어가려면 몇 점 이상 받아야 하는가?

풀이 (1) 점수 X는 정규분포 $N(70, 12^2)$을 따르므로,

$$Z = \frac{X-\mu}{\sigma} = \frac{X-70}{12}$$

에서

$$P(X \le 50) \fallingdotseq P(Z \le -1.67) = P(Z \ge 1.67)$$
$$= 1 - P(Z \le 1.67)$$
$$= 1 - 0.9525 = 0.0475.$$

그러므로 성적이 50점인 학생은 밑에서부터 4.75%이다.

(2) 위에서부터 15등 이내에 들어가려면 $\frac{15}{100} \times 100 = 15\%$ 이내에 들어가야 한다.

$$P(Z \le z) = 1 - 0.15 = 0.85$$

인 z는 표준정규분포표에 의하여 $z \fallingdotseq 1.035$이다. 따라서 $Z = \frac{X-70}{12}$에 $Z \fallingdotseq 1.035$을 대입하면 $X = 82.42$이다.

R 시연

```
round(pnorm(50, mean=70, sd=12),4)
round(pnorm(-1.67),4)

round(qnorm(0.85),2)
round(qnorm(0.85),2)*12 + 70
```

예제 4.19

어떤 공장에서 생산되는 건전지의 수명은 평균 800시간, 표준편차 40시간인 정규분포를 이룬다고 한다. 이 공장에서 생산된 건전지 1개를 구입했을 때 그 수명이 778시간 이상 834시간 이내일 확률은?

풀이 건전지의 수명을 X라 할 때, 구하는 확률은 $P(778 < X < 834)$이다. X는 정규분포를 $N(800, 40^2)$을 따르므로 $\mu = 800$, $\sigma = 40$이라 하여 $Z = \frac{X-\mu}{\sigma}$으로 표준화하여 다음의 결과를 얻는다.

$$P(778 < X < 834) = P\left(\frac{778-800}{40} < Z < \frac{834-800}{40}\right)$$
$$= P(-0.55 < Z < 0.85)$$

$$= \Phi(0.85) - 1 + \Phi(0.55)$$
$$= 0.8023 - 0.2912 = 0.5111$$

R 시연

```
round(pnorm(834,800,40),4) - round(pnorm(778,800,40),4)
round(pnorm(0.85),4) - round(pnorm(-.55),4)
```

연습문제 8

1 확률변수 X가 $N(\mu, \sigma^2)$인 정규분포를 이룰 때 $E(X)$와 $V(X)$는 다음과 같음을 보여라.

$$E(X) = \mu, \quad V(X) = \sigma^2$$

2 S대학 1학년의 미적분학 수강자의 성적 X는 정규분포 $N(70, 10^2)$을 따른다고 한다. 수강자 중 85점 이상은 몇 %인지 구하여라.

3 100점이 만점인 어떤 자격시험에서 2,000명이 응시를 하였다. 응시자의 득점을 X라 할 때 X의 분포는 정규분포 $N(45, 7.5^2)$을 이룬다고 한다.

① 이 시험에서 320명이 합격하였을 때 합격의 최저점은 얼마인가?

② 이 시험에서 60명만 합격시킨다면 합격의 최저점은 얼마인가?

4 표준정규곡선에서 다음의 각 경우에 대한 z값을 구하여라.

① z의 왼쪽 면적이 0.1131

② 0과 z 사이의 면적이 0.4838

③ $-z$와 z 사이의 면적이 0.97

④ z의 오른쪽 면적이 0.3622

5 어느 공장에서 생산하는 온도계는 물이 어는 때에 0℃를 가리키게 되어 있다고 한다. 많은 양의 온도계들을 표본으로 하여 시험하였을 때, 어떤 것들은 0℃ 보

다 훨씬 아래 또는 위를 가리켰다. 이렇게 가리키는 시점의 평균은 0℃, 표준편차는 1℃, 그리고 이 시점들은 정규분포를 따른다고 한다. 다음의 물음에 답하여라. 하나의 온도계를 무작위로 추출했을 때, 그 온도계가 물이 어는 시점에서

① 0℃와 + 1.58℃ 사이를 가리킬 확률을 구하여라.

② 0℃와 − 1.4℃ 사이를 가리킬 확률을 구하여라.

③ 1.18℃보다 큰 온도를 가리킬 확률을 구하여라.

④ 1.20℃와 2.30℃ 사이를 가리킬 확률을 구하여라.

6 어느 공정에서 부품의 무게가 매우 중요한 품질특성이 된다. 구매자는 부품의 무게의 규격한계를 $3.0 \pm 0.01\text{cm}$로 정해 놓고 있다. 따라서 이 규격한계를 벗어나는 부품은 불합격 처리된다. 부품의 무게는 평균이 3.0, 표준편차가 0.005인 정규분포를 따른다고 할 때, 생산된 제품 중 불합격으로 처리되는 비율은 얼마인지 구하여라.

지수분포(exponential distribution)

연속확률변수 X의 확률밀도함수가

$$f(x;\theta)=\begin{cases}\dfrac{1}{\theta}e^{-x/\theta}, & x>0\\[2ex] 0, & x\le 0\end{cases}$$

일 때, X는 모수가 θ인 **지수분포**(exponential distribution)를 따른다고 하며, 간단히 $X \sim \text{Exp}(\theta)$로 표시한다. 확률변수 X의 평균 및 분산은 부분적분의 방법에 의하여 간단히 다음과 같음을 알 수 있다.

$$E(X)=\theta, \qquad Var(X)=\theta^2.$$

그리고 X의 누적확률분포함수 $F(x;\theta)$는 다음과 같다.

$$F(x;\theta)=\int_{-\infty}^{x} f(t;\theta)dt=\int_0^x \frac{1}{\theta}e^{-t/\theta}dt=1-e^{-x/\theta}, \quad x>0.$$

따라서 다음과 같이 나타낼 수 있다.

$$P(a < X < b) = F(b\,;\theta) - F(a\,;\theta) = e^{-a/\theta} - e^{-b/\theta}$$

NOTE

포아송분포와 지수분포와의 관계: 포아송분포는 단위 시간당 발생하는 사건의 수를 확률변수로 하여 정의된 분포이고, 반면 지수분포는 한 사건이 발생하는 데 걸리는 시간을 확률변수로 하여 정의한 분포이다. 포아송분포는 이산형 분포이며, 지수분포는 연속형 분포이다.

예제 4.20

어떤 형태의 전기 스위치 수명(단위: 년)은 모수가 $\theta = 2$인 지수분포를 따른다. 만일 이 스위치들 중 10개가 서로 다른 기계에 설치되었다면, 설치한 첫해에 기껏해야 세 개가 고장 날 확률은 얼마인가?

풀이 T를 전기 스위치의 수명이라고 하고, X를 10개의 스위치 중에서 설치한 첫해에 고장 난 스위치의 개수라 하자. 그러면 $T \sim \mathrm{Exp}(\theta = 2)$이므로, 설치한 첫해에 고장 날 확률은 다음과 같다.

$$P[T < 1] = F(1;2) = 1 - e^{-1/2}\,(\approx 0.3935)$$

이므로, $X \sim B(10,\ 1 - e^{-1/2})$이다.

따라서 구하는 확률은 다음과 같다.

$$P[X \le 3] = \sum_{x=0}^{3} \binom{10}{x} (1 - e^{-1/2})^{x}\,(e^{-1/2})^{10-x} \approx 0.3988$$

R 시연

```
round(pexp(1,1/2),4)
round(pbinom(3,10,  pexp(1,1/2)),4)
```

정리 4-14

무기억성(memoryless property) 연속확률변수 X가 모수 θ인 지수분포를 따를 필요충분조건은 모든 $s > 0$와 $t > 0$에 대하여

$$P[X > s] = 1 - F(s) = e^{-s/\theta}$$

이다.

증명 먼저 $P[X > s+t \mid X > s] = P[X > s+t]/P[X > s]$이다. 다음은 X의 확률분포함수

$$F(x;\theta) = P[X \le x] = 1 - e^{-x/\theta}$$

이므로

$$P[X > s] = 1 - F(s) = e^{-s/\theta}$$

이다. 따라서

$$P[X > s+t \mid X > s] = \frac{P[X > s+t]}{P[X > s]} = \frac{e^{-(s+t)/\theta}}{e^{-s/\theta}} = e^{-t/\theta} = P[X > t]$$

이다.

예제 4.21

어떤 기계를 수리하는 데 걸리는 시간은 모수가 $\theta = 3$인 지수분포를 따른다고 한다.

(a) 수리시간이 3시간을 초과할 확률은 얼마인가?

(b) 수리시간이 5시간을 초과했다고 할 때, 적어도 8시간이 소요될 확률은 얼마인가?

풀이 기계를 수리하는 데 걸린 시간을 X라 하면, $X \sim \text{Exp}(3)$이므로 구하는 확률은 각각 다음과 같다.

(a) $P[X > 3] = 1 - F(3;3) = e^{-1}$

(b) 지수분포의 무기억성으로부터 $P[X>8|X>5]=P[X>3]$이므로 구하는 확률은 다음과 같다.

$$P[X>8|X>5]=e^{-1}$$

연습문제 9

1 퓨즈(fuse)의 수명은 보통 지수분포를 따른다고 한다.

① 평균수명이 3년인 어떤 종류의 퓨즈 수명이 10년 넘을 확률은 구하여라.

② 또 같은 제품의 이 퓨즈를 동시에 5개를 사용한 전자제품에서 10년 후에도 절반 이상이 작동하고 있을 확률을 구하여라.

2 한 사무실에는 전화가 평균 10분에 5번 정도로 걸려온다.

① 이 사무실에서 전화가 한번 걸려올 때부터 다음 전화가 걸려올 때까지 걸린 시간을 분으로 측정하는 확률분포를 구하여라.

② 한 번 전화가 걸려온 후에 다음 전화가 걸려올 때까지 걸린 시간이 5분 이내일 확률과 2분 이상일 확률을 구하여라.

3 한 공장의 자동화 기계는 평균 1시간에 3번씩 고장을 일으킨다. 기계가 고장 나서 고친 후에 다시 고장이 발생될 때까지 걸리는 시간을 측정하는 분포를 구하고, 2시간 이내에는 고장 나지 않을 확률을 구하여라.

4 어떤 부품이 고장 나기까지의 시간(단위: 년)을 나타내는 확률변수를 T라고 하자. 그리고 T는 고장 나기까지의 평균시간이 $\beta=5$인 지수분포를 따른다고 하자. 이 부품 5개가 각각 시스템에 설치되었다고 할 때, 8년이 지난 후 적어도 2개의 부품이 여전히 작동하고 있을 확률을 구하여라.

5장

표본분포

어느 이동전화기 회사에서 새 모델의 이동전화기 100,000대를 생산하였다고 하자. 그러면 새 모델에 대하여 소비자들은 과연 통화의 품질은 정상적인가 하는 의문을 가질 것이고, 따라서 이 회사에서는 이동전화기의 통화품질에 대한 사전 검증이 있어야 할 것이다. 그런데 통화품질 시험을 위하여 100,000대의 이동전화기를 모두 이용한다면 실제로 판매할 이동전화기가 하나도 없고 따라서 통화품질 시험은 아무런 의미가 없을 것이다. 그러면 이 회사에서 생산한 이동전화의 통화품질을 어떻게 조사할 것이며 그 신빙성을 어느 정도 믿을 수 있는가 하는 문제가 남는다. 이러한 문제를 논리적으로 해결하는 것이 통계학의 묘미이다.

이를 위하여 우선 생산된 이동전화기 100대를 임의추출하여 통화품질 시험을 실시한 결과 그들의 통화품질에 관한 자료 $X_1, X_2, \cdots, X_{100}$ 을 측정하였다고 하자. 이와 같이 통화품질과 같은 어떤 정보를 얻기 위하여 실험 대상이 된 집단 전체를 **모집단**(population)이라 하며, 이 모집단의 대상들은 어떤 미지의 확률분포를 가질 것이다. 그리고 통화품질을 조사하기 위하여 선정된 100대의 이동전화기의 통화품질에 관한 측정값, 즉 모집단 특성에 관한 정보를 알기 위하여 추출된 대상 또는 그들의 측정값을 **표본**(sample)이라고 한다.

이때 통화품질 $X_1, X_2, \cdots, X_{100}$ 이 어떻게 나타날 것인가는 서로 간에 아무런 영향을 미치지 않으므로 그들은 서로 독립(independence)이라 할 수 있다. 한편 표본의 대상이 되는 확률변수들 $X_1, X_2, \cdots, X_{100}$ 은 모두 모집단으로부터 추출된 것이므로 모집단의 분포와 동일한 분포를 형성하며, 이와 같이 서로 독립이고 동일한 확률분포를 가지는 확률변수들을 **확률표본**(random sample)이라고 한다. 그리고 모집단의 특성을 나타내는 값을 **모수**(parameter)라 하며, 모수에는 모집단의 평균(모평균 μ), 모집단의 분산(모분산 σ^2) 그리고 모집단의 비율(모비율 p) 등이 널리 사용된다.

한편 모집단으로부터 추출된 크기 n 인 확률표본 $\{X_1, \cdots, X_n\}$에 대하여 그들의 측정값을 $\{x_1, \cdots, x_n\}$이라 할 때, 확률표본의 특성을 나타내는 수치, 즉 표본의 평균(표본평균 $\overline{X}$), 표본의 분산(표본분산 S^2) 그리고 표본의 비율(표본비율 $\hat{p}$) 등을 **통계량**(statistic)이라 한다. 그리고 이들은 역시 또 하나의 확률변수이며, 이들의 확률분포를 **표본분포**(sampling distribution)라고 한다. 모집단에 대한 어떤 지식이나 특성을 알고자 할 때, 모집단 전체를 다 조사할 수 없는 경우는 무수히 많으며 이 경우 모집단에서 추출된 표본만을 조사하여 그 정보를 얻을 수밖에 없다. 그러나 모집단에서 추출된 표본은 그 모집단의 일부이므로 표본조사에 의해서는 모집단에 대한 정확한 정보를 알 수는 없으며 일반적으로 오차가 발생한다. 따라서 오차를 줄이고자 하는 노력이 필요한데, 이러한 오차를 줄이려면 모집단을 잘 대표하는 적절한 표본의 추출이 중요하다.

이 책에서 우리는 표본추출방법에 대한 논의는 하지 않을 것이며, 우리가 사용하는 또는 제공된 표본들은 모집단을 잘 대표하는 표본임을 전제하고 이후의 이론을 도입할 것이다.

5.1 표본평균의 분포

표본과 관련된 분포 중 가장 중요한 것 중 하나가 표본평균의 분포라고 할 수 있다. 다음의 보기를 통하여 표본평균의 분포에 관한 특성을 살펴보기로 한다.

보기 5.1 확률분포가 $f(x) = \frac{1}{4}$, $x = 0,1,2,3$인 모집단에서 크기가 $n = 2$인 확률표본 $\{X_1, X_2\}$를 생각하자. 그러면 표본의 평균은

$$\overline{X} = \overline{X}_2 = \frac{X_1 + X_2}{2}$$

이고, X_1, X_2가 취할 수 있는 값은 각각 0, 1, 2, 3이므로 $\overline{X}_2$의 관찰 가능한 값은 0, 0.5, 1, 1.5, 2, 2.5, 3이다. 먼저 표본평균 $\overline{X}_2$의 확률분포를 구하기 위하여 X_1, X_2의 결합분포를 생각한다. 그런데 X_1, X_2이 서로 독립이므로 이들의 결합확률질량함수는 다음과 같다.

$$P(X_1 = x_1, X_2 = x_2) = P(X_1 = x_1)P(X_2 = x_2)$$

그러므로 결합확률분포표는 다음과 같다.

X_1 \ X_2	0	1	2	3	$f_1(x)$
0	1/16	1/16	1/16	1/16	1/4
1	1/16	1/16	1/16	1/16	1/4
2	1/16	1/16	1/16	1/16	1/4
3	1/16	1/16	1/16	1/16	1/4
$f_2(x)$	1/4	1/4	1/4	1/4	1

한편 $\overline{X}=(X_1+X_2)/2$, $X_1, X_2 = 0, 1, 2, 3$이므로 $\overline{X}$의 관찰 가능한 값과 X_1, X_2 사이에는 다음과 같은 관계가 있다.

$$\overline{X}=0 \Leftrightarrow (X_1, X_2)=(0,0)$$

$$\overline{X}=0.5 \Leftrightarrow (X_1, X_2)=(0,1),(1,0)$$

$$\overline{X}=1.0 \Leftrightarrow (X_1, X_2)=(0,2),(1,1),(2.0)$$

$$\overline{X}=1.5 \Leftrightarrow (X_1, X_2)=(0,3),(1,2),(2,1),(3,0)$$

$$\overline{X}=2.0 \Leftrightarrow (X_1, X_2)=(1,3),(3,1),(2,2)$$

$$\overline{X}=2.5 \Leftrightarrow (X_1, X_2)=(2,3),(3,2)$$

$$\overline{X}=3.0 \Leftrightarrow (X_1, X_2)=(3,3)$$

따라서 $\overline{X}$의 확률분포는 다음의 표와 같다.

$\overline{X}$	0	0.5	1	1.5	2	2.5	3	계
$f(\overline{x})$	1/16	2/16	3/16	4/16	3/16	2/16	1/16	1

표본평균 $\overline{X}$의 평균과 분산을 구하고, 모평균과 모분산을 구하여 이들을 비교하여 보자. 우선 모평균 μ와 모분산 σ^2을 구하면

$$\text{모평균: } \mu = E(X) = \sum x f(x) = \frac{3}{2},$$

$$\text{모분산: } \sigma^2 = E(X^2) - \{E(X)\}^2 = \frac{5}{4}$$

이고, 표본평균의 평균과 분산은

$$\overline{X}\text{의 평균: } \mu_{\overline{X}} = E(\overline{X}) = \sum \overline{x} f(\overline{x}) = \frac{3}{2},$$

$$\overline{X}\text{의 분산: } \sigma^2_{\overline{X}} = Var(\overline{X}) = E(\overline{X^2}) - \{E(\overline{X})\}^2 = \frac{5}{8}$$

이며 $\mu = E(\overline{X}) = \mu_{\overline{X}}$, $\sigma^2 = 2\,Var(\overline{X}) = 2\sigma^2_{\overline{X}}$인 관계가 있음을 알 수 있다. 표본의 크기가 n일 때로 일반화시키면 다음의 유용한 결과를 얻을 수 있다.

정리 5-1

모평균 μ와 모분산 σ^2인 모집단으로부터 크기 n인 확률표본을 복원추출하면, 표본평균의 기댓값 및 표본평균의 분산은 각각 다음과 같다.

$$\mu_{\overline{X}} = \mu, \qquad Var(\overline{X}) = \frac{\sigma^2}{n}$$

증명 ⋯→ $X_1, X_2, \cdots, X_n$이 독립이고 동일한 분포를 이루므로 표본평균의 기댓값과 표본평균의 분산은 각각 다음과 같다.

$$\mu_{\overline{X}} = E(\overline{X}) = E\left(\frac{1}{n}\sum_{i=1}^{n} X_i\right) = \frac{1}{n}\sum_{i=1}^{n} E(X_i) = \frac{1}{n}\sum_{i=1}^{n}\mu = \mu,$$

$$Var(\overline{X}) = Var\left(\frac{1}{n}\sum_{i=1}^{n} X_i\right) = \frac{1}{n^2}\,Var\left(\sum_{i=1}^{n} X_i\right) = \frac{1}{n^2}\sum_{i=1}^{n} Var(X_i) = \frac{1}{n^2}\sum_{i=1}^{n}\sigma^2 = \frac{\sigma^2}{n}.$$

표본의 크기 n이 증가함에 따른 표본평균 $\overline{X}$의 분포를 그래프로 그려보면 다음과 같이 n이 증가함에 따라 분산이 0에 근사하는 형태를 보이게 될 것이다.

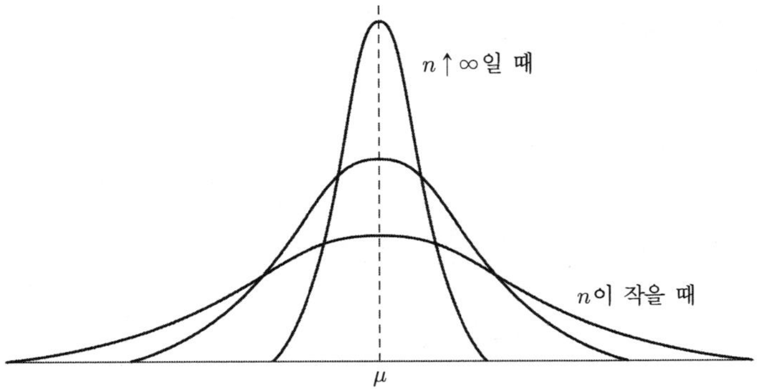

그림 5.1 n에 따른 $\overline{X}$의 분포

예제 5.1

어떤 모집단에서 여자의 키는 평균 160과 표준편차 3인 정규분포를 따르고 남자의 키는 평균 170과 표준편차 4인 정규분포를 따른다고 가정하자. 그리고 한 여자가 무작위로 추출되고 독립적으로 한 남자가 무작위로 추출된다고 가정하자. 이때 여자가 남자보다 더 클 확률을 구하여라.

풀이 W는 추출된 여자의 키를, M은 추출된 남자의 키를 나타내는 확률변수라고 하자. 그러면 차 $W-M$은 평균이 $160-170=-10$이고([정리 4-7] 참조), 분산이 $3^2+4^2=25$([정리 4-12] 참조)인 정규분포(같은 모양의 분포를 갖는 두 확률변수들을 합하거나 차를 구하더라도 그 분포의 모양은 변화가 없다)를 가질 것이다. 즉, $W-M \sim N(-10, 5^2)$이다. 그러므로 표준화 변수 Z에 대하여, $Z=\frac{1}{\sqrt{25}}(W-M+10) \sim N(0,1)$이다. 그러므로

$$P(W>M)=P\left(\frac{W-M-(-10)}{\sqrt{25}}>\frac{-(-10)}{\sqrt{25}}\right)=P\left(Z>\frac{10}{\sqrt{25}}\right)$$

$$=1-\Phi(2)=1-0.977=0.023$$

이 된다.

5.2 중심극한정리

우리는 확률변수들 $X_1,\cdots,X_n$ 들이 독립이고 각각 정규분포 $N(\mu,\sigma^2)$에 따른다면, 확률변수들의 평균

$$\overline{X}=\frac{1}{n}\sum_{i=1}^{n}X_i$$

는 정규분포 $N\left(\mu,\ \frac{\sigma^2}{n}\right)$에 따른다는 사실을 알았다. 따라서 모든 양의 정수 n에 대하여 $X_1,\cdots,X_n$의 평균 $\overline{X}$의 표준화 확률변수

$$Z=\frac{\overline{X}-\mu}{\sigma/\sqrt{n}}$$

는 표준정규분포 $N(0,1)$에 따른다. 즉, 정규분포 $N(\mu,\sigma^2)$에 따르는 확률변수열에 대하여

$$Z=\frac{\overline{X}-\mu}{\sigma/\sqrt{n}}=\frac{\sum_{i=1}^{n}X_i-n\mu}{\sigma\sqrt{n}}$$

은 확률수렴하며, 표준정규분포를 극한분포로 갖는다.

확률변수열이 정규분포가 아닌 다른 분포를 형성하는 경우에 그들의 평균을 표준화한 확률변수열은 극한분포를 갖는가? 만일 극한분포를 갖는다면 어떠한 분포를 갖는가에 대한 의문이 생길 것이며, 이에 대한 의구심을 해결해 주는 것이 바로 **중심극한정리**이다. 중심극한정리의 내용은 임의의 분포로부터 추출된 확률변수열 $X_1,\cdots,X_n$에 대하여, 다음의 표준화된 확률변수

$$Z=\frac{\overline{X}-\mu}{\sigma/\sqrt{n}}$$

는 극한분포로 표준정규분포를 갖는다는 것이다. 다음의 정리를 증명 없이 도입하기로 한다.

정리 5-2 중심극한정리(central limit theorem)

평균이 μ이고, 분산이 σ^2인 무한모집단에서 크기 n인 확률표본(random sample) $X_1, \cdots, X_n$을 뽑았을 때, n이 충분히 크면 모집단의 분포에 상관없이 표본평균 $\overline{X}_n$은 근사적으로 $N(\mu,\ \sigma^2/n)$을 따른다.

NOTE

중심극한정리는 그 수리적인 증명이 어렵기 때문에 증명과정은 생략하고, 다음의 예를 통해서 중심극한정리가 성립하는 것을 확인하기로 한다. 다음의 그래프는 구간 [0,1]의 균등분포에서 표본의 수를 5, 10, 20 및 30으로 변화시키며 표본평균 $\overline{X}_n$의 도수분포표를 보간법을 이용하여 곡선으로 연결시킨 것이다 – 표본의 수가 5일 때 보다는 10일 때, 더 정규분포의 모양을 하고 표본의 수가 20일 때와 30일 때에는 거의 일치함을 볼 수 있다. n = 30일 때에는 정규분포의 모양에 상당히 근사함을 볼 수 알 수 있다.

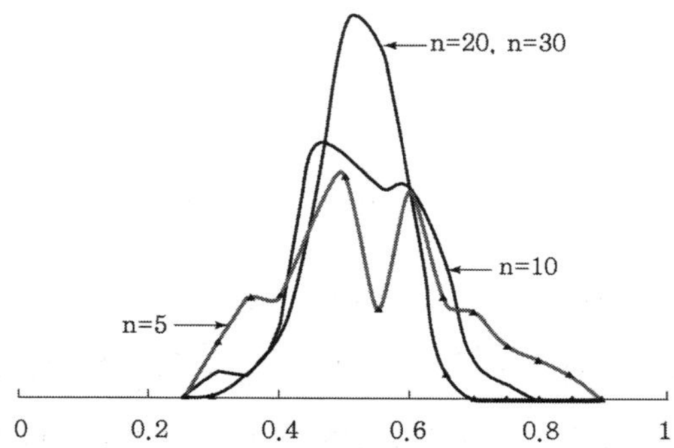

그림 5.2 중심극한정리의 예

NOTE

이항분포의 정규분포로의 근사화: $X_1,\ X_2,\ \cdots,\ X_n$이 서로 독립이며 같은 베르누이 $B(1,p)$ 분포의 확률변수(즉, *i.i.d.*)이면 확률변수들의 합인 $X = X_1 + X_2 + \cdots + X_n = \sum_{i=1}^{n} X_i$는 이항분포 $B(n,p)$임을 알고 있다. 중심극한의 정리에 따르면, n이 충분히 크게 되면, n개의 확률변수들의 표본평균 $\overline{X} = \frac{1}{n}\sum_{i=1}^{n} X_i$는 근사적으로 정규분포를 따르게 된다. 이때, 표본평균 $\overline{X}$의 기대치는 X_i의 평균인 p이고, 표본평균 $\overline{X}$의 분산은 X_i의 분산 $p(1-p)$를 n으로 나눈 값, $\frac{p(1-p)}{n}$이 된다. 그러므로 확률변수들의 합 X는

$X = n\overline{X}$이므로 [정리 4-7] 및 [정리 4-12]에 의하여 평균이 np이고, 분산이 $np(1-p)$인 정규분포에 근사하게 된다. 즉, n이 충분히 크고, 적당한 조건을 만족한다면, 다음과 같이 정리할 수 있다.

$$X \sim B(n,p) \quad \Rightarrow \quad X \sim N(np, np(1-p))$$

NOTE

연속성의 수정(correction for continuity): 이산형 분포의 확률을 연속형 분포를 이용하여 근삿값을 구할 때 이산형 확률변수의 값을 연속형 범위의 값으로 수정하는 것을 말한다. ± 0.5를 확률변수의 기준값에 적용한다. 그러나 대표본의 경우에는 연속성의 수정이 구하고자 하는 확률에 미치는 영향은 미미하다.

예제 5.2

한 개의 동전을 12번 던졌을 때 앞면이 나온 수가 4와 7 사이에 있을 확률을 이항분포의 정규분포로의 근사계산을 이용하여 구하여라.

풀이

$$\mu = np = 12 \times \frac{1}{2} = 6,\ \sigma = \sqrt{np(1-p)} = \sqrt{12 \times \frac{1}{2} \times \frac{1}{2}} = 1.732$$

따라서

$$\begin{aligned} P(4 \le X \le 7) &\simeq P(3.5 \le X \le 7.5) \\ &= P\left(\frac{3.5-6}{1.732} \le \frac{X-6}{1.732} \le \frac{7.5-6}{1.732}\right) \\ &= P(-1.44 \le Z \le 0.87) = \Phi(0.87) - \Phi(-1.44) \\ &= 0.8078 - 0.0749 = 0.7329 \end{aligned}$$

R 시연

```
round(pbinom(7,12,0.5) - pbinom(3,12,0.5), 4)
round(pbinom(7,12,0.5),4) - round(pbinom(3,12,0.5),4)

round(pnorm(7.5,6,1.732) - pnorm(3.5,6,1.732), 4)
round(pnorm(7.5,6,1.732),4) - round(pnorm(3.5,6,1.732),4)

round(pnorm(0.87) - pnorm(-1.44), 4)
round(pnorm(0.87),4) - round(pnorm(-1.44),4)
```

예제 5.3

한 공정한 동전을 900번 던진다고 가정하자. 이때 앞면이 495번보다 더 나올 확률을 구하여라.

풀이 $i=1,2,\cdots,900$에 대하여, 만일 i번째 던질 때 앞면이 얻어지면 $X_i=1$, 그렇지 않으면 $X_i=0$라고 하자. 그러면

$$E(X_i)=\frac{1}{2},\ \ Var(X_i)=\frac{1}{4}$$

이므로 $X_1,X_2,\cdots,X_{900}$은 크기 900인 무작위 표본을 형성한다. 중심극한정리로부터, 총 앞면의 수 $H=\sum_{i=1}^{900}X_i$라 하면, 표본평균 $\overline{X}_n=\frac{1}{900}\sum_{i=1}^{900}X_i=\frac{H}{900}$의 분포는 근사적으로 평균이 $1/2$, 분산이 $\frac{1/2 \cdot 1/2}{900}$인 정규분포가 됨을 알 수 있다. 그러므로 $H=900\times\overline{X}_n$의 분포는 평균이 $450(=900\times1/2)$이고, 분산이 $15^2(=900^2\times\frac{1/2\times1/2}{900}=900\times\frac{1}{4}=225)$인 정규분포임을 알 수 있다. 그러므로 다음과 같다.

$$\begin{aligned}P(H>495)&=P(\frac{H-450}{15}>\frac{495-450}{15})\\&=P(Z>3)=1-\Phi(3)=0.0013\end{aligned}$$

R 시연

```
round(1 - pbinom(495,900,1/2), 4)
round(1 - pnorm(495,450,15), 4)
round(1 - pnorm(494.5,450,15), 4)
```

NOTE

예제 5.3에서 **연속성의 수정** 이후에 계산하면

$$\begin{aligned}P(H>494.5)&=P(\frac{H-450}{15}>\frac{494.5-450}{15})\\&=P(Z>2.97)=1-\Phi(2.97)=1-0.9985=0.0015\end{aligned}$$

로 연속성의 수정 이전과 큰 차이가 없음을 알 수 있다.

5.3 표본비율의 분포

N명이 수강하는 통계학 수업의 결석률이 p라 하고 수업에 결석한 학생수를 X라 하면, 결석률은 $p = X/N$이고 $X \sim B(N, p)$인 이항분포를 이룬다. 따라서 X는 서로 독립이고 Bernoulli 분포 $B(1,p)$에 따르는 확률변수들 $X_1, \cdots, X_N$에 대하여 $X = X_1 + X_2 + \cdots + X_N$으로 나타낼 수 있으며, 이 결석률, 즉 모집단의 어떤 특성을 갖는 개체수에 대한 비율 p를 **모비율**(population proportion)이라 한다. 이때 크기 n인 표본을 택하여 $Y = X_1 + X_2 + \cdots + X_n$이라 하면, Y는 표본의 결석자 수를 나타내며

$$Y \sim B(n,p)$$

인 분포를 이룬다.

따라서 표본의 크기 n이 충분히 클 경우 중심극한정리에 의하여 Y는 정규분포 $N(np, np(1-p))$에 근사한다. 그러므로 표본의 결석률 $\hat{p} = Y/n$는 $N(p, pq/n)$, $q = 1-p$에 근사하며, 이와 같이 확률표본에서 어떤 특성을 갖는 개체수에 대한 비율을 **표본비율**(sample proportion)이라 한다.

예제 5.4

모비율 0.6인 모집단으로부터 크기 36인 표본을 취했을 때, 표본비율 $\hat{p}$이 0.5와 0.7 사이일 확률을 구하여라.

풀이 표본비율 $\hat{p}$는 근사적으로 $N(0.6, (0.6 \times 0.4)/36)$인 정규분포를 따르므로

$$\begin{aligned} &P(0.5 < \hat{p} < 0.7) \\ &= P\left(\frac{0.5-0.6}{\sqrt{0.6 \times 0.4/36}} < \frac{\hat{p}-0.6}{\sqrt{0.6 \times 0.4/36}} < \frac{0.7-0.6}{\sqrt{0.6 \times 0.4/36}}\right) \\ &\approx P(-1.22 < Z < 1.22) = 2 \times P(Z < 1.22) - 1 = 0.7776 \end{aligned}$$

이다.

R 시연

```
# X ~ B(36,0.6)
# 0.5 <= hat(p)=X/n <= 0.7
36*0.5; 36*0.7                    # 18 <= X <= 25.2
round(pbinom(25,36,0.6) - pbinom(17,36,0.6),4)

round(pnorm(0.7,0.6,sqrt(0.6*0.4/36)) - pnorm(0.5,0.6,sqrt(0.6*0.4/36)),4)
round(pnorm(0.7,0.6,sqrt(0.6*0.4/36)),4) - round(pnorm(0.5,0.6,sqrt(0.6*0.4/36)),4)

round(pnorm(1.22) - pnorm(-1.22),4)
round(pnorm(1.22),4) - round(pnorm(-1.22),4)
```

연습문제 10

1 한 개의 동전을 12번 던졌을 때 앞면이 나온 수가 4와 7 사이에 있을 확률을 다음의 각 경우에 대하여 구하여라.

① 이항분포

② 예제 5.2의 결과와 ①의 결과를 비교하여라.

2 대학입시에서 지역할당제에 대하여 국민의 37%가 찬성한다고 가정하자. 100명을 임의 선택하여 이에 대한 찬반을 물었을 때 100명 중에서 정확히 37명이 찬성할 확률을 구하여라.

3 하나의 주사위를 450회 던질 때, 5 또는 6의 눈이 160회 이상 180회 이하 나올 확률을 구하여라.

4 어떤 전구생산공장에서 생산되는 전구의 수명은 평균이 800시간이고, 표준편차가 40시간인 정규분포를 따른다고 알려져 있다. 임의로 추출된 16개의 전구의 평균 수명이 775시간 미만일 확률을 구하여라.

5.4 표본분포의 종류

통계자료분석의 대부분의 경우에 모집단의 분포는 평균이 μ이고, 분산이 σ^2인 정규분포 $N(\mu,\sigma^2)$을 따른다고 가정하고, 모평균 μ와 모분산 σ^2에 대한 추정 및 검정을 실시한다. 모집단의 분포가 정규분포가 아니라 하더라도, 중심극한정리에 의하면 표본평균 $\overline{X_n}$는 표본의 크기 n이 충분히 클 때, 평균 μ와 분산 $\frac{\sigma^2}{n}$을 갖는 정규분포를 따른다는 것을 알 수 있다. 이와 같이 정규분포는 가장 중요한 분포라고 할 수 있다. 그러나 위의 가정들과 여러 가지 상황이 달라질 때에도 이 정규분포를 사용한다는 것은 무리가 있다. 이와 같은 상황에서 각각 사용될 수 있는 표본들의 함수인 표본통계량의 분포에 대한 연구가 필요하다. 이 장에서는 정규분포와 관련된 분포로 t-분포, χ^2-분포, F-분포에 대하여 설명하고자 한다.

t-분포

평균 μ와 분산 σ^2을 갖는 정규모집단 $N(\mu,\sigma^2)$으로부터 크기 n인 표본 $(X_1,X_2,\cdots,X_n)$을 추출하였을 때, **표본평균** $\overline{X}$의 분포는 평균 μ와 분산 $\frac{\sigma^2}{n}$을 갖는 정규분포를 따름을 5.1절에서 확인하였다. 따라서 $\overline{X}$의 분포는

$$\overline{X} \sim N\left(\mu, \frac{\sigma^2}{n}\right)$$

와 같이 표현할 수 있다. 또한 중심극한정리에 의하면, n이 커짐에 따라서 모집단의 분포에 상관없이 $\overline{X}$는 평균 μ이고 분산이 $\frac{\sigma^2}{n}$인 정규분포에 근사한다. 그러므로 표준화 변수 Z에 대하여 다음과 같이 사용할 수 있다.

$$Z = \frac{\overline{X} - \mu}{\sigma/\sqrt{n}} \sim N(0,1), \ (as \quad n \to \infty)$$

문제는 모집단의 수가 유한적이거나 표본의 수가 작은 경우(보통 30 미만)에는 위 주장을 받아들일 수 없다. 일반적으로 모평균 μ와 모분산 σ^2은 알려져 있지 않으며,

따라서 현실적으로 μ에 대한 추정에서 Z를 실제로 구할 수 없는 것이다. 이 경우 Z를 구하는 식에서 모표준편차 σ 대신에 이 값의 추정량인 표본표준편차 "s"를 사용하여 변형된 식을 사용하게 된다.

정의 5-1 스튜던트(student) t-분포

확률변수 T의 확률밀도함수가

$$f_T(x) = \frac{\Gamma[(n+1)/2]}{\Gamma(n/2)} \frac{1}{\sqrt{n\pi}} \frac{1}{(1+x^2/n)^{(n+1)/2}}, \qquad -\infty < x < \infty$$

이면, 이 확률변수는 자유도 n인 **(스튜던트) t-분포**를 따른다고 하고,

$$T \sim t(n)$$

로 표현한다.

여기에서 $\Gamma\left(\frac{n}{2}\right)$는 감마함수(gamma function)로서, $y > 0$에 대하여

$$\Gamma(y) = \int_0^{\infty} e^{-\theta}\, \theta^{y-1}\, d\theta$$

로서 정의된 함수이다.

t-분포의 형태는 표본의 수와 관련 있는 n에 따라 달라지며, "n"이 클수록 표준정규분포에 접근하고 일반적으로 n이 30(일부의 책에서는 120 이상) 이상인 경우 "t-분포는 표준정규분포를 따른다고 생각한다. 이 t-분포는 스튜던트(student)라는 필명을 가진 프랑스의 수학자 고셋(W.S.Gosset)에 의하여 제시되었는데, 그의 필명을 따라서 **"스튜던트의 t-분포**(student's t-distribution)"라고 부르기도 한다.

R 시연

```
par(mfrow= c(1,1))
X <- seq(-4, 4, length= 100)
Hx <- dnorm(X)

Degf <- c(1, 3, 8, 30)
Colors <- c("red", "blue", "darkgreen", "gold", "black")
Labels <- c("df=1", "df=3", "df=8", "df=30", "normal")

plot(X, Hx, type= "l", lty= 2, xlab= "t(or z) value",
     ylab= "Density", main= "자유도에 따른 여러가지 t-분포들")

for (i in 1:4){lines(X, dt(X, Degf[i]), lwd= 2, col= Colors[i])}

legend("topright", inset= .05, title= "Distributions",
       Labels, lwd= 2, lty= c(1, 1, 1, 1, 2), col= Colors)
```

$t-$분포에 관한 다음의 성질들을 증명 없이 소개한다.

정리 5-3

$\overline{X_n}$는 표본평균, s는 표본표준편차일 때, 다음의 확률변수

$$T = \frac{\overline{X_n} - \mu}{s/\sqrt{n}}$$

는 자유도가 $n-1$인 $t-$분포를 따른다.

정리 5-4

자유도가 n인 $t-$분포의 확률변수 T의 평균 및 분산은 다음과 같다.

(a) $E(T) = 0,\ n > 1$ (b) $Var(T) = \dfrac{n}{n-2},\ n > 2$

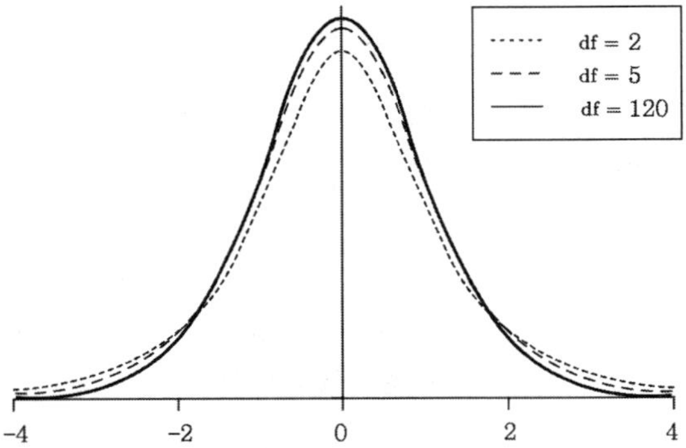

그림 5.3 자유도 변화에 따른 t-분포의 그래프

t-분포는 자유도 $(n-1)$에 따라 분포의 형태가 다른데, [부록]의 표에는 각각의 자유도에서 확률 α에 대한 $P(t \geq t_{\alpha}(n-1)) = \alpha$가 되는 $t_{\alpha}(n-1)$ (또는 $t_{n-1}(\alpha)$로도 표현) 값이 주어져 있다. 예를 들면 자유도가 5일 때, $t_{0.05}(5) = 2.014$임을 알 수 있는데, 이는 $P(T \geq 2.014) = 0.05$임을 의미하며, 또한 자유도가 30 이상인 경우(일부의 책에서는 120 이상)는 ∞로 표현되어 있는데, 이 경우는 표준정규분포와 동일하며, 확률은 다음과 같다.

$$P(T \geq 1.645) = 0.05, \qquad P(T \geq 1.96) = 0.025$$

R 시연

```
#t_alpha(d.f.)
round(qt(0.05,5,lower.tail= FALSE),4)
round(qt(0.95,5),4)
round(qt(0.95,5,lower.tail= TRUE),4)

# 분위수
round(pt(2.015,5,lower.tail= FALSE),4)
round(1-pt(2.015,5),4)
round(1-pt(2.015,5,lower.tail= TRUE),4)

# 자유도 무한대의 분위수
round(pnorm(1.645, lower.tail= FALSE),4)
round(pt(1.645, df= Inf, lower.tail= FALSE),4)
round(1-pt(1.645, df= Inf),4)
```

```
round(1-pt(1.645, df= Inf, lower.tail= TRUE),4)

round(pnorm(1.96, lower.tail= FALSE),4)
round(pt(1.96, df= Inf, lower.tail= FALSE),4)
round(1-pt(1.96, df= Inf),4)
round(1-pt(1.96, df= Inf, lower.tail= TRUE),4)
```

χ^2-분포

t-분포는 모평균의 추정량인 표본평균 $\overline{X}$의 분포를 구하는 데 이용되는 것에 비하여 χ^2-분포는 모분산의 추정량인 S^2의 분포를 구하는 데 이용된다. χ^2-분포에 대한 정의는 다음과 같다.

정의 5-2 χ^2-분포

확률변수 χ^2의 확률밀도함수가

$$f(x) = \frac{1}{2^{\frac{n}{2}}\Gamma\left(\frac{n}{2}\right)}(x)^{\frac{n}{2}-1}e^{-\frac{x}{2}}, \quad 0 < x < \infty$$

과 같이 주어질 때, 자유도가 n인 **χ^2-분포**를 따른다고 하고 $\chi^2 \sim \chi^2(n)$로 표현한다.

χ^2-분포의 확률밀도함수를 자유도 n에 따라 그래프를 그려보면 [그림 5.4]와 같다. 이 그림에서 보는 바와 같이 χ^2-분포는 자유도에 따라 달라지며, χ^2-분포의 모양은 비대칭형이지만 자유도 n이 클수록 정규분포에 근사해 간다. 그리고 n의 크기 여하에 관계없이 분포의 모양은 봉우리가 하나인 단봉이며 연속적이다.

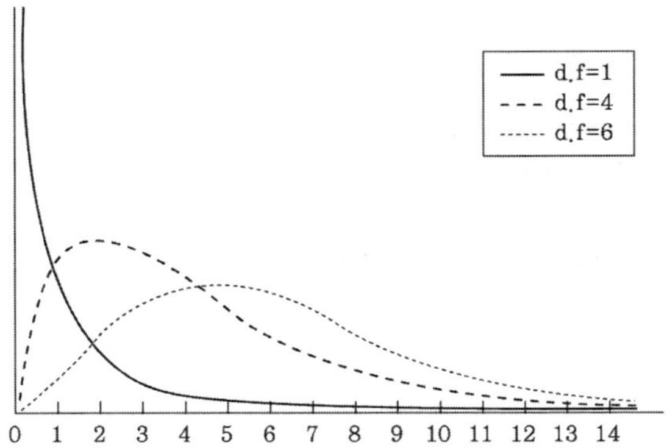

그림 5.4 자유도 변화에 따른 χ^2 − 분포의 그래프

R 시연 χ^2 **−분포의 그래프**

```
# ChiSquare-분포 자유도 5까지
par(mfrow= c(1,2))
X <- seq(0, 20, length=100)
Hx <- dchisq(X,3)

Degf <- c(1,2,4,5)
Colors1 <- c("red", "blue", "darkgreen", "gold" )
Colors2 <- c("red", "blue", "black", "darkgreen", "gold" )
Labels <- c("df=1", "df=2", "df=3", "df=4", "df=5")

plot(X, Hx, type= "l", lwd= 2, lty= 1, xlab= "X^2 value", col= "black",
     ylab= "Density", main= "자유도에 따른 ")

for (i in 1:4){lines(X, dchisq(X, Degf[i]), lwd= 2, col= Colors1[i])}

legend("topright", inset= .1, title= "Distributions",
       Labels, lwd= 2, lty= c(1, 1, 1, 1, 1), col= Colors2)

# ChiSquare-분포 자유도 5이상
X <- seq(0, 99, length=100)
Hx <- dchisq(X,5)

Degf <- c(10,20,30,40,50)
Colors <- c("red", "blue", "black", "darkgreen", "gold" )
Labels <- c("df=5", "df=10", "df=20", "df=30", "df=40")

plot(X, Hx, type= "l", lwd= 2, lty= 1, xlab= "X^2 value", col= "red",
```

```
        ylab= "Density", main= "여러가지 ChiSquare-분포들")

for (i in 2:5){lines(X, dchisq(X, Degf[i]), lwd= 2, col= Colors[i])}

legend("topright", inset= .1, title= "Distributions",
         Labels, lwd= 2, lty= c(1, 1, 1, 1, 1), col= Colors)

par(mfrow= c(1,1))
```

다음은 χ^2-분포의 여러 가지 성질들이다. 증명 없이 소개한다.

정리 5-5

자유도가 n인 χ^2-분포하에서

(a) χ^2-분포의 평균 및 분산은 각각 $E(\chi^2)=n$, $Var(\chi^2)=2n$이다.

(b) $X \sim N(0,1)$이면 X^2은 자유도 1인 χ^2-분포를 한다.

(c) $X_1, X_2, \cdots, X_n$이 표준정규분포를 하는 독립인 확률변수들이면 $Y=\sum_{i=1}^{n} X_i^2$은 자유도 n인 χ^2-분포를 한다.

(d) 평균 μ이고, 분산이 σ^2인 정규모집단 $N(\mu, \sigma^2)$으로부터 크기 n인 임의표본의 표본평균을 $\overline{X}$, 표본분산을 S^2이라 하면

(i) $\overline{X}$와 S^2은 독립이다.

(ii) 확률변수 $Y=\frac{(n-1)S^2}{\sigma^2}$은 자유도 $n-1$인 χ^2-분포를 한다.

위의 정리에 따라 다음의 사실들을 알 수 있다.

NOTE

확률변수 X가 $N(\mu,\sigma^2)$를 따를 때, $Y=\frac{X-\mu}{\sigma} \sim N(0,1)$이므로,

$$Y^2=\frac{(X-\mu)^2}{\sigma^2} \sim \chi^2(1)$$

이다.

NOTE

확률변수 $X_1, X_2, \cdots, X_n$이 서로 독립이고 모두 $N(\mu, \sigma^2)$인 분포를 따르면

$$Y_i = \frac{X_i - \mu}{\sigma} \sim N(0,1),\ i = 1,2,\cdots,n$$

이므로,

$$\sum_{i=1}^{n} Y_i^2 = \sum_{i=1}^{n} (\frac{X_i - \mu}{\sigma})^2 = \frac{1}{\sigma^2} \sum_{i=1}^{n} (X_i - \mu)^2 \sim \chi^2(n)$$

이다.

NOTE

$(X_1, X_2, \cdots, X_n)$을 $N(\mu, \sigma^2)$으로부터의 확률표본이라고 할 때, 표본평균 $\overline{X}$의 분포는 $\overline{X} \sim N(\mu, \frac{\sigma^2}{n})$이므로,

$$Y = \frac{\overline{X} - \mu}{\sigma / \sqrt{n}} \sim N(0,1)$$

이고 따라서,

$$Y^2 = \frac{(\overline{X} - \mu)^2}{\sigma^2 / n} \sim \chi^2(1)$$

이다.

NOTE

χ^2–분포의 정의 및 [정리 5–5]에 의하여, 다음과 같은 확률변수 χ^2는

$$\chi^2 = \frac{(n-1)S^2}{\sigma^2} = \frac{1}{\sigma^2} \sum_{i=1}^{n} (X_i - \overline{X})^2 \sim \chi^2(n-1)$$

임을 알 수 있다.

χ^2−분포가 정규분포나 t−분포와 다른 점은 정규분포와 t−분포는 가능한 값의 영역이 $-\infty$에서 ∞까지 모든 실수구간인 데 비하여, χ^2−분포는 양의 실수에서만 정의된다. 이는 χ^2−분포가 정규확률변수의 제곱합에 의하여 정의되기 때문이다.

[부록]의 표에는 각각의 자유도에 따르는 χ^2−분포의 확률이 주어져 있는데, t−분

포에서와 같이 $\chi^2_\alpha(n)$는 자유도 n인 χ^2-분포에서 그 값 이상의 확률이 α인 값으로

$$P\left(\chi^2 \geqq \chi^2_\alpha(n)\right) = \alpha$$

와 같이 표현할 수 있다. 즉, $\chi^2_{0.95}(n)$이란 자유도 n인 χ^2-분포에서 그 값 이상의 확률이 95%인 점의 위치를 의미한다. [부록]의 표에서 자유도가 5인 경우

$$P(\chi^2 \geqq 1.145476) = 0.95, \qquad P(\chi^2 \geqq 11.0705) = 0.05$$

임을 알 수 있다.

R 시연

```
#chisq_alpha(d.f.)
round(qchisq(0.05,5,lower.tail= FALSE),2)
round(qchisq(0.95,5),2)
round(qchisq(0.95,5,lower.tail= TRUE),2)

round(qchisq(0.95,5,lower.tail= FALSE),3)
round(qchisq(0.05,5),3)
round(qchisq(0.05,5,lower.tail= TRUE),3)

# 분위수
round(pchisq(11.07,5,lower.tail= FALSE),2)
round(1-pchisq(11.07,5),2)
round(1-pchisq(11.07,5,lower.tail= TRUE),2)

round(pchisq(1.145,5,lower.tail= FALSE),2)
round(1-pchisq(1.145,5),2)
round(1-pchisq(1.145,5,lower.tail= TRUE),2)
```

F-분포

정의 5-3 *F*-분포

확률변수 X의 확률밀도함수가

$$f(x) = \frac{\Gamma\left(\frac{n_1+n_2}{2}\right)}{\Gamma\left(\frac{n_1}{2}\right)\Gamma\left(\frac{n_2}{2}\right)} \left(\frac{n_1}{n_2}\right)^{\frac{n_1}{2}} x^{\frac{n_1}{2}-1} \left(1+\frac{n_1}{n_2}x\right)^{-\frac{n_1+n_2}{2}}, \qquad 0 \le x < \infty$$

일 때, X는 자유도 (n_1, n_2)인 $F-$분포(F-distribution)을 따른다고 하며,

$$X \sim F(n_1, n_2)$$

로 표현한다.

R 시연 ***F*－분포의 그래프**

```
library(ggplot2)
ggplot(data.frame(X= c(0, 5)), aes(x= X)) +
        stat_function(fun= df, args= list(df1=   5, df2=  10),
                    colour= "blue",    size= 1) +
        stat_function(fun= df, args= list(df1=  10, df2=  30),
                    colour= "red",     size= 1) +
        stat_function(fun= df, args= list(df1=  50, df2=  50),
                    colour= "black",   size= 1) +
        stat_function(fun= df, args= list(df1= 100, df2= 100),
                    colour= "yellow", size= 1) +
        annotate("segment", x= 3, xend= 3.5, y=1.4, yend= 1.4,
                 colour= "blue",    size= 1) +
        annotate("segment", x= 3, xend= 3.5, y=1.2, yend= 1.2,
                 colour= "red",     size= 1) +
        annotate("segment", x= 3, xend= 3.5, y=1.0, yend= 1.0,
                 colour= "black",   size= 1) +
        annotate("segment", x= 3, xend= 3.5, y=0.8, yend= 0.8,
                 colour= "yellow", size= 1) +
        annotate("text", x= 4.3, y= 1.4, label= "F(df1=5, df2=10)") +
        annotate("text", x= 4.3, y= 1.2, label= "F(df1=10, df2=30)") +
        annotate("text", x= 4.3, y= 1.0, label= "F(df1=50, df2=5)") +
        annotate("text", x= 4.3, y= 0.8, label= "F(df1=100, df2=100)") +
        ggtitle("F-분포")
```

다음은 F-분포의 여러 가지 성질들이다. 증명 없이 소개하기로 한다.

정리 5-6

확률변수 X_1과 X_2가 서로 독립이며 각각 자유도가 n_1과 n_2를 갖는 χ^2-분포를 따를 때, 즉 $X_1 \sim \chi^2(n_1)$, $X_2 \sim \chi^2(n_2)$이면, 다음과 같이 정의된 확률변수 $F=\dfrac{X_1/n_1}{X_2/n_2}$는 자유도가 (n_1, n_2)인 F-분포를 따른다.

위 식에서 F의 값은 $\dfrac{X_1}{n_1}$의 값이 아주 작고, $\dfrac{X_2}{n_2}$의 값이 아주 크면 0에 접근하고, 이와 반대의 경우에는 ∞에 접근하게 되므로 F의 값은 $0 < F < \infty$이 된다.

F-분포의 모수는 두 χ^2-분포의 자유도이며 분자의 자유도 n_1을 앞에 쓰고, 분모의 자유도 n_2를 뒤에 쓴다. F-분포는 비대칭형이며 분포의 형태는 분자의 자유도 n_1과 분모의 자유도 n_2에 의하여 결정된다. χ^2-분포곡선과 마찬가지로 비대칭이다.

그러므로 [정리 5-6]의 결과와 [정리 5-5]의 (d)-(ii)에 의하면 다음의 결과를 얻을 수 있다.

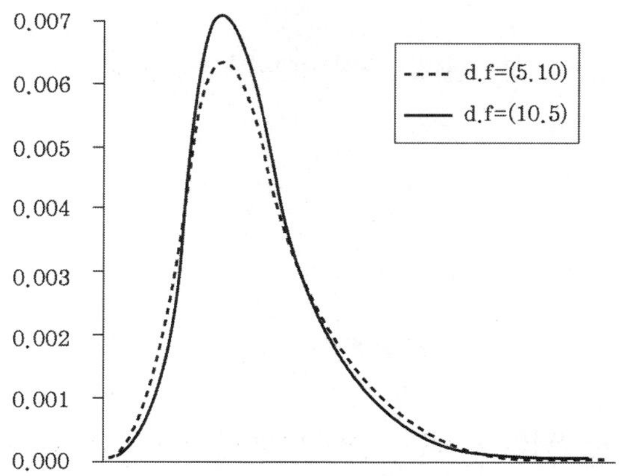

그림 5.5 자유도 변화에 따른 F-분포의 그래프

정리 5-7

두 정규모집단 $N(\mu_1, \sigma_1^2)$, $N(\mu_2, \sigma_2^2)$으로부터 추출한 크기 n_1, n_2인 독립표본의 표본분산을 각각

$$S_1^2 = \frac{1}{n_1 - 1}\sum_{i=1}^{n_1}(X_{1i} - \overline{X}_1)^2, \qquad S_2^2 = \frac{1}{n_2 - 1}\sum_{j=1}^{n_2}(X_{2j} - \overline{X}_2)^2$$

이라 하면 통계량

$$X = \frac{S_1^2/\sigma_1^2}{S_2^2/\sigma_2^2}$$

는 자유도 $(n_1 - 1, n_2 - 1)$인 F–분포를 한다.

정리 5-8

확률변수 F의 기댓값과 분산은 다음과 같다.

$$E(F) = \frac{n_2}{n_2 - 2}, \qquad Var(F) = \frac{2\,n_2^2(n_1 + n_2 - 2)}{n_1(n_2 - 2)^2(n_2 - 4)}$$

단, 기댓값은 $n_2 > 2$, 분산은 $n_2 > 4$이어야 각각 존재한다.

$F_\alpha(n_1, n_2)$값을

$$P(F > F_\alpha(n_1, n_2)) = \alpha$$

와 같이 정의하며, [부록]의 표에는 여러 가지 n_1과 n_2값에 대하여 $F_\alpha(n_1, n_2)$값을 제시하고 있다. 예를 들어 분자의 자유도 $n_1 = 7$이고 분모의 자유도 $n_2 = 9$인 경우 $F_{0.05}(7, 9) = 3.29$이다. 즉, $P(F > 3.29) = 0.05$를 의미한다.

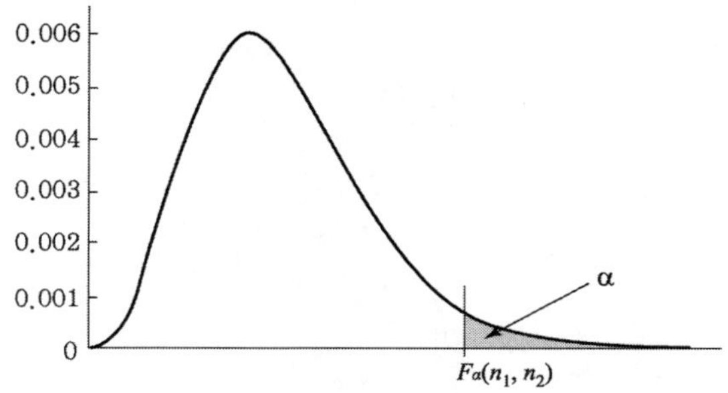

그림 5.6 $F_\alpha(7,9)$의 예

R 시연

```
#F_alpha(d.f.)
round(qf(0.05,7,9,lower.tail= FALSE),2)
round(qf(0.95,7,9),2)
round(qf(0.95,7,9,lower.tail= TRUE),2)

# 분위수
round(pf(3.29,7,9,lower.tail= FALSE),2)
round(1-pf(3.29,7,9),2)
round(1-pf(3.29,7,9,lower.tail= TRUE),2)
```

정리 5-9

분모의 자유도와 분자의 자유도의 위치에 변화에 따라 다음의 결과가 성립한다.

$$F_\alpha(n_1, n_2) = \frac{1}{F_{1-\alpha}(n_2,\, n_1)}$$

R 시연

```
# F-분포의 성질
round(qf(0.05,7,9,lower.tail= FALSE),2)
round(1/qf(0.95,9,7,lower.tail= FALSE),2)

round(qf(0.95,7,9),2)
round(1/qf(0.05,9,7),2)
```

6장

추정

모집단의 특성을 나타내는 모수의 정확한 값을 모르는 경우 표본을 기초로 하여 모집단에 관한 정보를 얻으려고 하는 것을 **통계적 추론**(statistical inference)이라 한다. 통계적 추론에서 가장 중요한 부분은 **추정**(estimation)과 **검정**(test of hypothesis) 이론을 들 수 있다. 이 장에서는 먼저 추정이론을 다루기로 한다. 앞 장에서는 확률표본들의 특성들로부터 그 모집단의 특성을 알아왔다. 예를 들면, 표본평균 $\overline{X_n}$는 모평균 μ를 알아보기 위해 사용했고, 표본분산 S_n^2은 모분산 σ^2을 알아보는데 사용될 수 있는 것이다. 여기서 미지의 모평균, 모분산 등을 **모수**(parameter)라 하고 모수 θ의 모든 가능한 값의 집합 Ω를 **모수공간**(parameter space)이라 한다. 이러한 미지의 모수들을 가능한 한 정확히 예측(추정)하고자 하는 것이 우리의 주된 목적이다. 그러면 그와 같은 모수를 어떠한 도구로 어떻게 예측(추정)할 것인가?

모집단으로부터 추출된 표본을 이용하여 하나의 값으로 모수를 추정하는 것을 **점추정**(point estimation)이라 하고, 모수가 속하는 구간을 추정하는 것을 **구간추정**(interval estimation)이라 한다.

6.1 점추정 및 점추정량의 성질

확률변수 X의 확률밀도함수는 알려져 있는 함수 형태로서 임의의 값을 갖는 미지의 모수 θ에 의존한다고 하며 $f(x;\theta)$, $\theta \in \Omega$와 같이 표시하기로 하자. 이때 모수공간 전체에 대한 확률함수 또는 확률밀도함수들의 집합$\{f(x;\theta);\theta \in \Omega\}$를 **분포족**(family of distributions)이라 한다. 우리는 때때로 이러한 분포족으로부터 확률변수의 확률함수 또는 확률밀도함수 하나를 정확하게 선택해야 할 필요가 있다. 이때 모수 θ에 대한 점추정치, 즉 선택된 확률밀도함수에 대응하는 모수값이 필요한 것이다.

$X_1, X_2, \cdots, X_n$을 분포족 $\{f(x;\theta);\theta \in \Omega\}$의 원소인 확률함수 또는 확률밀도함수를 갖는 분포로부터 추출한 확률표본이라 하자. 이제 이 표본들의 관측치 $x_1, x_2, \cdots, x_n$을 이용하여 모수 θ의 값을 추정하려 하고, 모수 θ를 추정하기 위해 사용되는 확률표본(random sample) $X_1, X_2, \cdots, X_n$들의 함수인 통계량 $Y = u(X_1, X_2,$

$\cdots, X_n)$을 모수 θ의 **추정량**(estimator)이라 하고 $\hat{\theta}$으로 표기하며, 특정표본 $x_1, x_2, \cdots, x_n$으로부터 구한 추정량의 구체적인 값 $y = u(x_1, x_2, \cdots, x_n)$을 **추정치**(estimate)라고 한다. 그러면 이 추정량 $Y = u(X_1, X_2, \cdots, X_n)$가 모수 θ의 정확한 추정량이 되려면 어떤 성질들을 갖추어야 하겠는가? 추정량은 추출된 표본에 따라 변하는 통계량이고, 미지모수 θ에 대한 통계량은 여러 가지가 있을 수 있다.

예) 모평균 μ의 추정량으로 생각할 수 있는 통계량들;

- 표본평균: $\overline{X_n} = \dfrac{1}{n}\sum_{i=1}^{n} X_i$
- 중앙값: $\widetilde{X} = \begin{cases} X_{(\frac{n+1}{2})}, & n\text{이 홀수일 때}, \\ \dfrac{X_{(\frac{n}{2})} + X_{(\frac{n}{2}+1)}}{2}, & n\text{이 짝수일 때}, \end{cases}$
- 최댓값: $X_{(n)} = \max(X_1, X_2, \cdots, X_n)$
- 최솟값: $X_{(1)} = \min(X_1, X_2, \cdots, X_n)$
- 최솟값과 최댓값의 평균: $M = \dfrac{1}{2}(X_{(1)} + X_{(n)})$

따라서 어떤 추정량 $\hat{\theta}$가 좋고 나쁜지는 추정량의 표본분포가 모수 θ 주위에 어떤 형태로 분포되어 있는가에 달려 있다고 할 수 있다. 모수에 대한 점추정을 할 때 쓰는 점추정량으로는 **표본평균**, **중앙값**, **최빈치** 등 여러 가지가 있을 수 있는데 이 중 좋은 성질을 가지고 있는 추정량을 사용하는 것이 바람직하다. 좋은 추정량 $\hat{\theta}$이 갖는 성질로 다음과 같은 몇 가지로 생각할 수 있다.

1) 추정량의 기댓값이 모수의 참값과 같아야 하는 **불편성**(unbiasedness)
2) 추정량이 다른 추정량과 비교하여 상대적으로 작은 분산을 갖는 **유효성**(efficiency)
3) 표본으로부터 이용 가능한 정보를 모두 사용하는 **충분성**(sufficiency)
4) 표본의 크기가 매우 크다면 참값에 매우 가까운 추정량을 거의 항상 얻게 되는 **일치성**(consistency)

정의 6-1 불편추정량(unbiased estimator)

통계량 $u(X_1, X_2, \cdots, X_n)$이 모수 θ의 추정량이라 하자. 만일

$$E[u(X_1, X_2, \cdots, X_n)] = \theta$$

이면 통계량 $u(X_1, X_2, \cdots, X_n)$은 θ의 **불편추정량**이라 한다. 그렇지 않으면 $\hat{\theta}$는 편의(偏倚)되었다고 하고 $\hat{\theta}$이 θ의 편의추정량이면 $b(\hat{\theta}) = E(\hat{\theta}) - \theta$를 **편의**(bias)라고 한다.

보기 6.1 $X_1, X_2, \cdots, X_n$이 $B(1, p)$로부터의 확률표본이라 하자. 그러면 통계량 $Y = \sum_{i=1}^{n} X_i$는 $B(n, p)$를 따르며, 이때 통계량 $\overline{X} = Y/n$는

$$\begin{aligned} E[\overline{X}] &= E[\frac{X_1 + X_2 + \cdots + X_n}{n}] \\ &= \frac{1}{n} E[X_1 + X_2 + \cdots + X_n] \\ &= \frac{1}{n}(E[X_1] + E[X_2] + \cdots + E[X_n]) \\ &= \frac{1}{n}(p + p + \cdots + p) \\ &= p \end{aligned}$$

이므로 $\overline{X}$는 모수 p의 불편추정량이다.

n개의 표본을 반복하여 추출할 때 추정량이 갖는 값들은 서로 근사한 값들을 가져야 한다. 다시 말하면 어떤 특별한 표본을 이용하여 얻은 추정치가 다른 표본을 이용하여 얻은 추정치와 많은 차이를 갖지 않는 추정량이 바람직하다. 이러한 성질은 추정량의 분산이 작아야 함을 요구하며 분산이 작으면 추정량의 분포가 널리 퍼져 있지 않다는 의미이다.

정의 6-2 **유효추정량(efficient estimator)**

모수 θ에 대한 두 불편추정량을 $\hat{\theta}_1, \hat{\theta}_2$라 하고, 각각의 분산을 $Var(\hat{\theta}_1)$, $Var(\hat{\theta}_2)$라 할 때

$$Var(\hat{\theta}_1) < Var(\hat{\theta}_2)$$

이면 $\hat{\theta}_1$은 $\hat{\theta}_2$보다 **더 유효한 추정량**(more efficient estimator)이라 한다.

NOTE 모수 θ의 가능한 모든 불편추정량 중에서 가장 작은 분산을 갖는 추정량을 **최우량불편추정량**(best unbiased estimator) 또는 **최소분산불편추정량**(minimum variance unbiased estimator)이라 한다.

예제 6.1

미지의 평균 μ와 기지의 분산 σ^2을 갖는 분포에서 크기 3인 확률표본을 관측하였다. 이때 μ를 추정하기 위하여 추정량으로 $Y_1 = \overline{X}_3$와 $Y_2 = \dfrac{X_1 + 2X_2 + 2X_3}{5}$를 사용한다고 할 때, 어느 것이 더 유효한 추정량이라고 할 수 있겠는가?

풀이 두 추정량의 기댓값을 구하면,

$$E(Y_1) = \frac{1}{3}E(X_1 + X_2 + X_3) = \frac{1}{3}(\mu + \mu + \mu) = \mu$$

이고

$$E(Y_2) = \frac{1}{5}E(X_1 + 2X_2 + 2X_3) = \frac{1}{5}(\mu + 2\mu + 2\mu) = \mu$$

이므로 모두 불편추정량이다. 그러나 두 추정량의 분산을 구하면,

$$Var(Y_1) = (\frac{1}{3})^2\sigma^2 + (\frac{1}{3})^2\sigma^2 + (\frac{1}{3})^2\sigma^2 = \frac{\sigma^2}{3}$$

이고,

$$Var(Y_2) = (\frac{1}{5})^2\sigma^2 + (\frac{2}{5})^2\sigma^2 + (\frac{2}{5})^2\sigma^2 = \frac{9}{25}\sigma^2$$

이므로

$$Var(Y_1) < Var(Y_2)$$

이다. 따라서 Y_1은 Y_2보다 더 유효한 추정량이다.

표본의 크기가 변하면 추정량의 분포도 변하기 때문에 $n \to \infty$일 때의 극한 추정량의 성질은 중요하다. 모집단이 균등분포일 경우, 표본의 크기 $n=1$이면 $\overline{X}$의 분포는 모집단의 분포와 동일한 균등분포이다. 표본의 크기 $n=2$이면 $\overline{X}$의 분포는 삼각형 모양의 분포이다. $n=30$이면 $\overline{X}$의 분포는 점점 더 정규분포에 가까워짐을 알 수 있다. 추정량에 요구되는 또 다른 성질로서, 표본의 크기가 매우 크다면 참값에 매우 가까운 값을 거의 항상 얻게 되기를 요구할 수 있다. 이러한 성질을 일치성이라고 한다.

정의 6-3 일치추정량(consistent estimator)

모수 θ의 추정량을 $\hat{\theta}_n$라 할 때, 임의의 양수 ϵ에 대하여 $\hat{\theta}_n$이 θ에 확률 수렴하면, 즉

$$\lim_{n \to \infty} P(|\hat{\theta}_n - \theta| < \epsilon) = 1 \quad \text{또는} \quad \lim_{n \to \infty} P(|\hat{\theta}_n - \theta| \ge \epsilon) = 0$$

이 성립하면 $\hat{\theta}_n$을 θ의 **일치추정량**이라 한다.

이제 모집단의 대표적인 모수들인 **모평균**, **모분산**과 **모표준편차** 그리고 **모비율**에 대한 점추정에 대하여 살펴보자.

모평균 μ**의 추정량**으로 앞에 언급된 예들과 같이 여러 가지 통계량이 사용될 수

있으나, 그 중 가장 대표적인 것은 **표본평균**(sample mean)이다. 모집단으로부터 추출한 크기 n인 임의표본을 $X_1, X_2, \cdots, X_n$이라 할 때, 모평균의 추정량인 표본평균은 다음과 같이 정의되는 값이고

$$\overline{X} = \overline{X}_n = \frac{1}{n}\sum_{i=1}^{n} X_i$$

모평균이 μ이고 모분산이 σ^2인 무한모집단으로부터 크기 n인 표본을 복원추출할 때, 표본평균 $\overline{X}$는 다음과 같은 성질을 갖는 것을 알고 있다.

$$E(\overline{X}) = \mu, \qquad Var(\overline{X}) = \frac{\sigma^2}{n} = \sigma^2_{\overline{X}}$$

따라서 $\overline{X}$는 모평균 μ의 불편추정량이고, $\overline{X}$의 분산이 $\dfrac{\sigma^2}{n}$이므로 그 표준편차는 $\dfrac{\sigma}{\sqrt{n}}$이다.

모분산(population variance)**의 추정량**은 다음과 같이 정의되는 **표본분산**(sample variance) S^2을 이용한다.

$$S^2 = \frac{1}{n-1}\sum_{i=1}^{n}(X_i - \overline{X})^2$$

n개의 편차들의 합 $\sum_{i=1}^{n}(X_i - \overline{X})$은 항상 "0"의 값을 갖는다. 따라서 "$n-1$"개의 값이 주어지면 나머지 하나는 자동으로 결정됨을 알 수 있다. 이러한 개념을 **자유도**(degree of freedom; d.f.)라고 하며, 흔히 편차의 제곱 합을 자유도로 나눈 것을 산포의 측도로 이용한다. 위와 같이 정의된 표본분산은 무한 모집단의 경우 모분산 σ^2의 불편추정량이 된다. 즉,

$$E(S^2) = \sigma^2$$

이 성립한다.

한편, **모표준편차** σ**에 대한 추정량**으로는 다음과 같이 정의된 **표본표준편차**(sample standard deviation) "s"를 이용한다.

$$s = \sqrt{\frac{1}{n-1}\sum_{i=1}^{n}(X_i - \overline{X})^2}$$

유의해야 할 점은 S^2는 σ^2의 불편추정량이지만, s는 σ의 불편추정량이 아니며, $E(s) < \sigma$가 성립한다는 것이다. 그러나 이와 같은 편의는 표본의 크기가 10 정도만 되어도 무시할 수 있을 정도로 작은 것이 보통이다. 따라서 흔히 s를 수정하지 않고 그대로 σ의 추정량으로 사용한다.

모비율(population proportion)은 어떤 정부 시책에 대한 국민의 지지율이나 어떤 상품의 시장 점유율 또는 부품 생산에 있어서 불량률 등과 같이 모집단에서 어떤 특정 속성을 갖는 비율을 의미한다. 따라서 모비율의 추정은 여론조사, 시장조사, 품질관리분야에서 많이 요구되고 있다. 어떤 특정한 속성에 대한 모비율이 p인 무한모집단으로부터 n개의 임의표본을 추출하였을 때, 특정한 속성을 가지고 있는 개체의 총 수를 X라 하면 X는 이항분포 $B(n, p)$를 따른다. 이때 모비율의 추정량인 **표본비율**(sample proportion)은 다음과 같이 정의된다.

$$\hat{p} = \frac{X}{n}$$

X가 이항분포 $B(n, p)$를 따를 때,

$$E(X) = np, \qquad Var(X) = np(1-p)$$

이 성립되므로, 표본비율 $\hat{p}$의 기댓값과 분산은 다음과 같다.

$$E(\hat{p}) = p, \qquad Var(\hat{p}) = \frac{p(1-p)}{n}$$

6.2 구간추정

구간추정이란 미지 모수 θ의 참값이 속할 것으로 기대되는 구간을 추정하는 것이다. 미지 모수 θ의 구간추정을 위하여 표본으로부터 계산한 추정량 $\widehat{\theta_1}$과 $\hat{\theta}_2$을 정하

고 주어진 양수 α $(0 < \alpha < 1)$에 대하여

$$P(\hat{\theta}_1 < \theta < \hat{\theta}_2) = 1 - \alpha$$

가 만족될 때, 구간 $(\hat{\theta}_1, \hat{\theta}_2)$를 θ의 $(1-\alpha)100\%$ **신뢰구간**(confidence interval) 또는 **구간추정량**(interval estimator)이라 하고, $(1-\alpha)$를 **신뢰계수**(confidence coefficient) 또는 **신뢰도**(degree of confidence)라 한다. 그리고 $\hat{\theta}_1$와 $\hat{\theta}_2$를 **신뢰한계**(confidence limits)라 하며, $\hat{\theta}_1$을 **신뢰하한**(confidence lower limit), $\hat{\theta}_2$을 **신뢰상한**(confidence upper limit)이라 한다.

6.2.1 모평균의 구간추정

모평균 μ, 분산 σ^2인 모집단에서 확률표본 $X_1, X_2, \cdots, X_n$을 추출하여 표본평균 $\overline{X}$를 구하면, $\overline{X}$는 확률변수이며, $\overline{X}$의 분포는 다음과 같은 성질을 갖는다.

(a) 모집단이 정규분포를 이루면, $\overline{X}$는 정규분포 $N\left(\mu, \dfrac{\sigma^2}{n}\right)$을 따른다. 여기에서 표본평균 $\overline{X}$를 표준화하면 $Z = \dfrac{\overline{X} - \mu}{\sigma/\sqrt{n}}$이며, 이 Z의 분포는 표준정규분포 $N(0, 1^2)$를 따른다.

(b) 모집단이 비정규분포를 이룬다면, $\overline{X}$는 n이 증가함에 따라 근사적으로 $N(\mu, \sigma^2_{\overline{X}})$에 따른다. 또한 $\dfrac{\overline{X} - \mu}{\sigma_{\overline{X}}}$도 근사적으로 $N(0, 1^2)$에 따른다. 이는 **중심극한정리**에 기초를 둔 내용이다.

모분산 σ^2을 아는 경우 모평균 μ의 구간추정

정규모집단 $N(\mu, \sigma^2)$에서 모분산 σ^2을 알고 있을 때, 미지의 모평균 μ의 신뢰구간을 구해 보자. 정규모집단으로부터 추출한 크기가 n인 임의표본의 표본평균 $\overline{X}$는 정규분포 $N\left(\mu, \dfrac{\sigma^2}{n}\right)$를 따르므로 이것을 표준화한 $Z-$통계량 $Z = \dfrac{\overline{X} - \mu}{\sigma/\sqrt{n}}$는 표준정규분포 $N(0,1)$을 따른다. 따라서 표준정규분포의 성질로부터 임의의 양수 α $(0 < \alpha < 1)$에 대하여

$$P(-z_{\alpha/2} < Z < z_{\alpha/2}) = 1-\alpha \tag{1}$$

가 성립한다. 여기서 $z_{\alpha/2}$는 표준정규분포 $N(0,1)$에서 오른쪽 꼬리의 면적이 $\dfrac{\alpha}{2}$인 점을 나타내며, 구간추정에서 $z_{\alpha/2}$ 값으로

$$z_{0.1/2} = z_{0.05} = 1.645, \quad z_{0.05/2} = z_{0.025} = 1.96, \quad z_{0.01/2} = z_{0.005} = 2.576$$

이 주로 사용된다.

위의 식 (1)에 $Z-$통계량을 대입하면

$$P\left(-z_{\alpha/2} < \frac{\overline{X}-\mu}{\sigma/\sqrt{n}} < z_{\alpha/2}\right) = 1-\alpha$$

이므로, 좌변 항의 괄호 속의 부등식을 μ에 관해 풀어 정리하면 다음과 같다.

$$P\left(\overline{X}-z_{\alpha/2}\frac{\sigma}{\sqrt{n}} < \mu < \overline{X}+z_{\alpha/2}\frac{\sigma}{\sqrt{n}}\right) = 1-\alpha$$

따라서 모평균 μ에 대한 $100(1-\alpha)\%$ 신뢰구간은 다음과 같다.

$$\left(\overline{X}-z_{\alpha/2}\frac{\sigma}{\sqrt{n}},\ \overline{X}+z_{\alpha/2}\frac{\sigma}{\sqrt{n}}\right)$$

이것은 모평균 μ가 위 구간에 포함될 것을 $100(1-\alpha)\%$ 신뢰할 수 있음을 의미한다. 또한, 모집단의 분포가 정규분포가 아닌 임의의 모집단에서 모분산 σ^2을 알고 있을 때 미지의 모평균 μ의 신뢰구간은 n이 대표본일 경우 중심극한정리에 의해 위의 식을 그대로 사용한다.

예제 6.2

어느 회사에서 생산하는 비누 무게는 분산이 $\sigma^2 = 4(g)$인 정규분포를 따른다고 한다. 25개의 비누를 임의추출하였을 때 그 평균무게의 값은 $\overline{X} = 97(g)$이었다. 실제 평균무게 μ에 대한 95% 신뢰구간을 구하여라.

풀이 $z_{\alpha/2} = z_{0.025} = 1.96$이고, $\sigma = 2$, $n = 25$이므로 μ에 대한 95% 신뢰구

간은 다음과 같다.

$$97-1.96\frac{2}{\sqrt{25}} < \mu < 97+1.96\frac{2}{\sqrt{25}}$$

$$\text{즉,}\quad 96.216 < \mu < 97.784$$

예제 6.3

한 사람이 자신의 몸무게를 반복 측정하여 다음과 같은 얻었다고 하자.

175 176 173 175 174 173 173 176 173 179

몸무게의 분포는 표준편차가 1.5인 정규분포를 따른다고 가정하자. 실제 평균 무게 μ에 대한 95% 신뢰구간을 구하여라.

풀이 $z_{\alpha/2}=z_{0.025}=1.96$, $\sigma=1.5$, $n=10$이고, 표본평균 $\overline{X}=174.7$이므로 μ에 대한 95% 신뢰구간은 다음과 같다.

$$174.7-1.96\frac{1.5}{\sqrt{10}} < \mu < 174.7+1.96\frac{1.5}{\sqrt{10}}$$

$$\text{즉,}\quad 173.77 < \mu < 175.63$$

R 시연

```
X <- c(175, 176, 173, 175, 174, 173, 173, 176, 173, 179)
Sd = 1.5             #기지의 표준편차
Num = length(X)      #자료의 수
Mean = mean(X)       #평균
z_0.025 = round(qnorm(0.975),2)
# 하한과 상한의 계산
round(Mean-z_0.025*Sd/sqrt(Num),2)
round(Mean+z_0.025*Sd/sqrt(Num),2)

# 검정 함수 이용
install.packages("TeachingDemos")
library(TeachingDemos)
```

```
Z.test <- z.test(X, 175, sd= Sd, alternative= c("two.sided"))
names(Z.test)
Z.test$conf.int[1]; Z.test$conf.int[2]
Z.test$conf.int
```

모분산 σ^2을 모르는 경우 모평균 μ의 구간추정

모분산을 아는 경우에는 모집단이 정규분포를 하거나, 모집단이 정규분포가 아니라 하더라도 대표본의 경우에는 앞에서 보인 바와 같이 정규분포를 이용하여 모평균의 신뢰구간을 추정할 수 있다. 그러나 현실적으로는 모집단의 분산을 모르는 경우가 대부분이며, 또는 표본의 수가 적어 중심극한의 정리를 적용하지 못하게 되는 경우가 흔히 발생한다. 이때 t-분포를 이용하여 모평균의 신뢰구간을 구한다. t-통계량 정의에 따라서

$$T = \frac{\overline{X} - \mu}{s/\sqrt{n}}$$

은 자유도 $n-1$인 t-분포를 따르며, $t_{\alpha}(n-1)$의 정의로부터 다음의 등식이 성립한다.

$$P\left(-t_{\alpha/2}(n-1) < \frac{\overline{X} - \mu}{s/\sqrt{n}} < t_{\alpha/2}(n-1)\right) = 1 - \alpha$$

위 식 좌변 괄호 속의 부등식을 μ에 관해서 정리하면

$$P\left(\overline{X} - t_{\alpha/2}(n-1) \cdot \frac{s}{\sqrt{n}} < \mu < \overline{X} + t_{\alpha/2}(n-1) \cdot \frac{s}{\sqrt{n}}\right) = 1 - \alpha$$

가 되며, 모분산을 모르는 경우의 모평균 μ의 $100(1-\alpha)\%$ 신뢰구간은 다음과 같다.

$$\left(\overline{X} - t_{\alpha/2}(n-1) \cdot \frac{s}{\sqrt{n}},\quad \overline{X} + t_{\alpha/2}(n-1) \cdot \frac{s}{\sqrt{n}}\right)$$

예제 6.4

어떤 제품의 품질특성을 조사하기 위하여 10개의 표본을 추출하여 측정한 결과 다음과 같은 값들을 얻었다. 모평균에 대한 95% 신뢰구간을 구하여라. 단 모집단은 정규분포를 따른다고 가정한다.

17.2, 16.9, 17.6, 18.0, 17.4, 16.3, 15.8, 17.2, 17.3, 16.0

풀이 자료로부터 다음을 계산할 수 있다.

$$\bar{x}=\frac{1}{10}\sum_{i=1}^{10}x_i=\frac{169.7}{10}=16.97,$$

$$\sum_{i=1}^{10}x_i^2-\frac{1}{10}(\sum_{i=1}^{10}x_i)^2=2884.43-\frac{(169.7)^2}{10}=4.621,$$

$$s=\sqrt{\frac{1}{n-1}\sum(x_i-\bar{x})^2}=\sqrt{\frac{1}{n-1}\left[\sum x_i^2-\frac{1}{n}(\sum x_i)^2\right]}=\sqrt{\frac{4.621}{9}}=0.717$$

한편, t-분포에서 $t_{0.025}(9)=2.262$이므로 모평균의 95% 신뢰구간은 다음과 같다.

$$\begin{aligned}&\bar{x}\pm t_{\alpha/2}(n-1)\cdot\frac{S}{\sqrt{n}}\\&=16.97\pm(2.262)\cdot\frac{0.717}{\sqrt{10}}\\&=16.97\pm0.51=(16.46, 17.48)\end{aligned}$$

R 시연

```
X <- c(17.2, 16.9, 17.6, 18.0, 17.4, 16.3, 15.8, 17.2, 17.3, 16.0)
Num = length(X)      #자료의 수
D.F. = Num - 1       #자유도
Mean = mean(X)       #평균
Sd = sd(X)           #표준편차

# 하한과 상한의 계산
t_0.025 = round(qt(0.975,D.F.),3)
round(Mean - t_0.025*Sd/sqrt(Num),2)
round(Mean + t_0.025*Sd/sqrt(Num),2)

# 검정 함수 이용
T.test <- t.test(X)
```

```
names(T.test)
T.test$conf.int[1]; T.test$conf.int[2]
T.test$conf.int
```

예제 6.5

예제 6.3의 자료에서 표준편차가 알려져 있지 않은 경우, 95%의 신뢰구간을 구하여라.

풀이 표본평균과 표본분산 및 표본표준편차를 정의에 의해 구하면 각각 $\overline{x} = 174.7$, $S^2 = 3.79$, $s = 1.95$이다.

한편, t-분포에서 $t_{0.025}(9) = 2.262$이므로 95% 신뢰구간은 다음과 같다.

$$\begin{aligned} &\overline{x} \pm t_{\alpha/2}(n-1) \cdot \frac{s}{\sqrt{n}} \\ &= 174.7 \pm (2.262) \cdot \frac{1.95}{\sqrt{10}} \\ &= 174.7 \pm 1.40 = (173.3, 176.1) \end{aligned}$$

R 시연

```
X <- c(175, 176, 173, 175, 174, 173, 173, 176, 173, 179)
Num = length(X)     #자료의 수
D.F. = Num - 1      #자유도
Mean = mean(X)      #평균
Sd = round(sd(X),2) #표준편차

# 하한과 상한의 계산
t_0.025 = round(qt(0.975,D.F.),3)
round(Mean - t_0.025*Sd/sqrt(Num),1)
round(Mean + t_0.025*Sd/sqrt(Num),1)

# 검정 함수 이용
T.test <- t.test(X)
names(T.test)
T.test$conf.int[1]; T.test$conf.int[2]
T.test$conf.int
```

연습문제 11

1 정규 모집단에서 15개의 표본을 추출했을 때, $P(k < T < -1.761) = 0.045$를 만족하는 k의 값을 구하여라.

2 어떤 배터리 제조업자는 자기회사에서 제조한 배터리의 수명이 평균 3년, 표준편차는 1년이라고 주장한다. 이 회사에서 제조된 5개의 배터리를 임의로 추출하여 시험한 결과 그 수명이 각각 1.9년, 2.4년, 3.0년, 3.5년, 4.2년이었다. 이 결과를 가지고 제조업자가 주장하는 표준편차가 1년이라는 것을 믿을 수 있는지를 판단하여라. 배터리의 수명은 정규분포를 따른다고 가정하자.

3 ROM CHIP 제조공정에 사용되는 오븐의 최고온도의 평균을 알고자 8개의 표본을 추출하여 표본평균을 구한 결과 492°C로 나타났다. 또, 오븐 온도는 최고온도에서 표준편차가 12°C를 갖는다고 한다. 모평균 μ에 대한 95% 및 99% 신뢰구간을 각각 구하여라(단, 오븐의 최고 온도는 정규분포를 따른다고 한다).

4 어떤 페인트 제조업자가 새로운 내장벽 페인트의 평균 건조시간을 결정하려고 한다. 크기가 같은 면적 12곳을 시험하여 평균 건조시간 66.3분, 표준편차 8.4분을 얻었다면 모평균 μ의 95% 및 99% 신뢰구간을 각각 구하여라(단, 내장벽 페인트의 건조시간은 정규분포를 따른다고 한다).

5 한 설탕공장에서 커피용으로 생산되는 소단위 설탕 한 봉지의 무게는 정규분포를 따른다고 한다. 평균무게 μ를 구간 추정하기 위하여 다음과 같이 크기 $n = 9$인 표본을 얻었다.

7.0, 7.1, 6.8. 7.1, 7.0. 7.4, 7.2, 6.8, 6.6

평균무게 μ의 95% 및 99% 신뢰구간을 각각 구하여라.

6 평균이 μ, 분산이 σ^2인 모집단으로부터 추출된 확률표본 $X_i(\ i = 1, 2, \cdots, n)$의 표본분산($S^2$)이 모분산($\sigma^2$)의 불편추정량임을 보여라.

6.2.2 모비율의 구간추정

이항모집단의 모비율 p의 점추정량은 $\hat{p} = \frac{X}{n}$이며, 여기서 X를 어떤 특정한 속성을 가지고 있는 개체의 총수라 하면 X는 이항분포 $B(n, p)$를 따른다. 또한, 표본의 크기 n이 대표본일 때, X의 분포는 근사적으로 $N(np, np(1-p))$을 따른다. 이때, 대표본의 기준은 일반적으로 $n\hat{p} > 5$이고, $n(1-\hat{p}) > 5$로서 n이 충분히 큰 경우를 의미한다. 따라서

$$Z = \frac{X-np}{\sqrt{np(1-p)}} = \frac{(X-np)/n}{\sqrt{np(1-p)}/n} = \frac{\frac{X}{n}-p}{\sqrt{p(1-p)/n}}$$
$$\approx \frac{\hat{p}-p}{\sqrt{\hat{p}(1-\hat{p})/n}}$$

는 근사적으로 표준정규분포를 따르므로, 임의의 양수 $\alpha\ (0 < \alpha < 1)$에 대하여

$$P\left(-z_{\alpha/2} < \frac{\hat{p}-p}{\sqrt{\hat{p}(1-\hat{p})/n}} < z_{\alpha/2}\right) = 1-\alpha$$

가 성립한다. 위의 식에서 분모에 $\sqrt{p(1-p)/n}$ 대신 식의 간편성 때문에 $\sqrt{\hat{p}(1-\hat{p})/n}$을 대신 사용한다. 이때 $\sqrt{\hat{p}(1-\hat{p})/n}$를 **"표본오차"**라고 하며, 보통은 "SE"로 표시하기도 한다. 그러므로 좌변 항의 괄호속 부등식을 p에 관해 풀어서 정리하면 다음과 같이 쓸 수 있다.

$$P\left(\hat{p}-z_{\alpha/2}\sqrt{\frac{\hat{p}(1-\hat{p})}{n}} < p < \hat{p}+z_{\alpha/2}\sqrt{\frac{\hat{p}(1-\hat{p})}{n}}\right) = 1-\alpha$$

따라서 표본의 크기 n이 대표본일 때, 모비율 p에 대한 $100(1-\alpha)\%$ 신뢰구간은 다음과 같다.

$$\left(\hat{p}-z_{\alpha/2}\sqrt{\frac{\hat{p}(1-\hat{p})}{n}},\ \hat{p}+z_{\alpha/2}\sqrt{\frac{\hat{p}(1-\hat{p})}{n}}\right) \tag{2}$$

예제 6.6

어떤 공정에서 제조된 최근의 로트로부터 100개의 샘플을 취해서 검사해 보니 2개의 불량품이 나왔다. 모불량률 p의 95% 신뢰구간을 구하여라.

풀이 $\hat{p} = 2/100 = 0.02$ 이고 $z_{\alpha/2} = z_{0.025} = 1.96$ 이므로 모불량률 p의 95% 신뢰구간은 다음과 같다.

$$0.02 - 1.96\sqrt{\frac{0.02 \times 0.98}{100}} < p < 0.02 + 1.96\sqrt{\frac{0.02 \times 0.98}{100}}$$

즉 $0.02 - 0.02744 < p < 0.02 + 0.02744$ 이고 따라서 "$0 < p < 0.04744$"이다.

R 시연

```
Data <- read.csv(file='6장_예제6.6.csv', header = TRUE)
attach(Data)
str(Data)
# 하한과 상한의 계산
Num = length(Lot)
Num_F = length(Lot[Lot=="F"]);
P.hat <- Num_F/Num
z_0.025 = round(qnorm(0.975),2)
Lower <- P.hat - z_0.025*sqrt(P.hat*(1-P.hat)/Num)
if(Lower < 0){Lower = 0} else{ Lower = Lower }
Lower
Upper <- P.hat + z_0.025*sqrt(P.hat*(1-P.hat)/Num)
Upper

# 검정 함수 이용(0) : z.test
install.packages("TeachingDemos")
library(TeachingDemos)
X=0
for(i in 1:100){if(Lot[i]=="F"){X[i]=1} else{X[i]=0}}
Sd = sqrt(0.02*0.98)
z.test(X, sd = Sd)

# 검정 함수 이용(1)
Prop.test <- prop.test(Num_F, Num)
```

```
Prop.test$conf.int[1]; Prop.test$conf.int[2]
Prop.test$conf.int

# 검정 함수 이용(2)
Prop.test <- prop.test(Num_F, Num, correct = FALSE)
Prop.test$conf.int[1]; Prop.test$conf.int[2]
Prop.test$conf.int

# 검정 함수 이용(3)
Binom.test <- binom.test( c(Num_F, Num-Num_F))
Binom.test$conf.int[1]; Binom.test$conf.int[2]
Binom.test$conf.int

detach(Data)
```

NOTE

함수 "prop.test()"의 신뢰구간 결과는 일반적으로 통계학 교재에서 언급된 간편성을 위하여 사용하였던 $\hat{p} \pm z_{\alpha/2}\sqrt{\frac{\hat{p}(1-\hat{p})}{n}}$ 또는 연속성 수정시 $\hat{p} \pm \left(\frac{0.5}{n} + z_{\alpha/2}\sqrt{\frac{\hat{p}(1-\hat{p})}{n}}\right)$인 결과와는 다소 다르다. 즉 "R"의 내장함수 "prop.test()"에서는 Edwin Bidwell Wilson(1927)이 고안한 "Wilson score interval"라고 하는 다음의 신뢰구간을 사용한다.

1) 연속성 수정을 하지 않은 경우:

$$\frac{1}{1+\frac{1}{n}z_{\alpha/2}^2}\left[\hat{p}+\frac{1}{2n}z_{\alpha/2}^2 \pm z_{\alpha/2}\sqrt{\frac{1}{n}\hat{p}(1-\hat{p})+\frac{1}{4n^2}z_{\alpha/2}^2}\right]$$

2) 연속성 수정을 한 경우: (ω^-, ω^+)

$$\omega^- = \max\left\{0, \frac{2n\hat{p}+z_{\alpha/2}^2-\left[z_{\alpha/2}\sqrt{z_{\alpha/2}^2-\frac{1}{n}+4n\hat{p}(1-\hat{p})(4\hat{p}-2)}+1\right]}{2(n+z_{\alpha/2}^2)}\right\}$$

$$\omega^+ = \min\left\{1, \frac{2n\hat{p}+z_{\alpha/2}^2+\left[z_{\alpha/2}\sqrt{z_{\alpha/2}^2-\frac{1}{n}+4n\hat{p}(1-\hat{p})(4\hat{p}-2)}+1\right]}{2(n+z_{\alpha/2}^2)}\right\}$$

NOTE

이항분포 검정: 모비율의 추정 및 검정에서 정규분포로의 근사를 이용하지 않고, 바로 이항분포를 이용하여 추정 및 검정을 할 수도 있다. "R"에서는 함수 "binom.test()"을 사용한다.

예제 6.7

어느 상표에 대한 선호도를 조사한 결과 100명 중 42명이 그 상표에 대해 선호하는 것으로 나타났다. 모선호도 p의 95% 신뢰구간을 구하여라.

풀이 $\hat{p} = 42/100 = 0.42$ 이고 $z_{\alpha/2} = z_{0.025} = 1.96$ 이므로 모선호도 p의 95% 신뢰구간은 다음과 같다.

$$0.42 - 1.96\sqrt{\frac{0.42 \times 0.58}{100}} < p < 0.42 + 1.96\sqrt{\frac{0.42 \times 0.58}{100}}$$

즉 $0.42 - 0.0967 < p < 0.42 + 0.0967$ 이고, 따라서 $(0.3233, 0.5167)$이다.

R 시연

```
Data <- read.csv(file='6장_예제6.7.csv', header = TRUE)
attach(Data)
str(Data)
# 하한과 상한의 계산
Num = length(Preference)
Num_F = length(Preference[Preference=="favor"]);
P.hat <- Num_F/Num
z_0.025 = round(qnorm(0.975),2)
Lower <- P.hat - z_0.025*sqrt(P.hat*(1-P.hat)/Num)
if(Lower < 0){Lower = 0} else{ Lower = Lower }
Lower
Upper <- P.hat + z_0.025*sqrt(P.hat*(1-P.hat)/Num)
Upper

# 검정 함수 이용(0) : z.test & t.test
install.packages("TeachingDemos")
library(TeachingDemos)
X=0
```

```
for(i in 1:100){if(Preference[i]=="favor"){X[i]=1} else{X[i]=0}}
Sd = sqrt(0.42*0.58)
z.test(X, sd = Sd)
t.test(X)

# 검정 함수 이용(1)
Prop.test <- prop.test(Num_F, Num)
Prop.test$conf.int[1]; Prop.test$conf.int[2]
Prop.test$conf.int

# 검정 함수 이용(2)
Prop.test <- prop.test(Num_F, Num, correct = FALSE)
Prop.test$conf.int[1]; Prop.test$conf.int[2]
Prop.test$conf.int

# 검정 함수 이용(3)
Binom.test <- binom.test( c(Num_F, Num-Num_F))
Binom.test$conf.int[1]; Binom.test$conf.int[2]
Binom.test$conf.int

detach(Data)
```

NOTE

식의 간편화를 위하여 도입한 $\frac{\hat{p}-p}{\sqrt{\hat{p}(1-\hat{p})/n}}$ 을 사용하지 않고, 원 식의 $\frac{\hat{p}-p}{\sqrt{p(1-p)/n}}$ 을 사용하여 계산을 하면 95%의 신뢰구간의 결과는 (0.3233236, 0.5228954)로 예제 6.7의 결과와는 약간의 차이가 있다.

연습문제 12

1 어느 전자부품 제조회사에서 반도체를 생산하고 있다. 이 회사에서 생산되는 반도체 중 200개의 표본을 취한 결과 24개가 불량품으로 나타났다. 불량률에 대한 95% 신뢰구간을 구하여라.

2 인구 10만인 어느 시에 공장을 유치해 오는 문제에 대한 여론조사를 하였다. 전

체 시민 중에서 2,400명을 임의추출하여 조사하였더니, 찬성자가 40%이었다고 할 때, 전 시민의 몇 %가 찬성한다고 추정할 수 있는가? 95%의 신뢰도로 추정하여라.

3 W 대학의 학생 856명 중에서 360명이 지난주에 담배 한 갑을 피웠다. 지난 주에 최소한 담배 한 갑을 피운 학생의 모비율에 대한 95%의 신뢰구간을 구하여라.

4 어느 여론조사기관에서 정부의 시책에 대한 여론조사를 위하여 500명의 표본을 추출하여 결과를 조사하였다. 그 결과 340명이 찬성, 나머지는 반대하는 것으로 나타났다. 이 정책에 대한 95% 신뢰구간을 구하여라.

6.2.3 모분산의 구간추정

모평균 μ를 아는 경우 모분산 σ^2의 구간추정

χ^2-통계량의 정의에 따라

$$\chi^2 = \sum_{i=1}^{n} \frac{(X_i - \mu)^2}{\sigma^2}$$

은 자유도가 n인 χ^2-분포를 한다. 따라서 임의의 양수 $\alpha\,(0 < \alpha < 1)$에 대하여 다음이 성립한다.

$$P\left(\chi^2_{1-\alpha/2}(n) < \chi^2 < \chi^2_{\alpha/2}(n)\right) = 1 - \alpha$$

여기서, $\chi^2_{1-\alpha/2}(n)$와 $\chi^2_{\alpha/2}(n)$는 꼬리부분의 비율이 각각 $(1-\frac{\alpha}{2})100\%$인 점과 $(\frac{\alpha}{2})100\%$ 점이다. 위의 식에 χ^2-통계량을 대입하면,

$$P\left(\chi^2_{1-\alpha/2}(n) < \sum_{i=1}^{n}(x_i - \mu)^2/\sigma^2 < \chi^2_{\alpha/2}(n)\right) = 1 - \alpha$$

이므로, 좌변 항의 괄호 속 부등식을 σ^2에 관해 풀어 정리하면

$$P\left(\frac{\sum_{i=1}^{n}(x_i-\mu)^2}{\chi^2_{\alpha/2}(n)} < \sigma^2 < \frac{\sum_{i=1}^{n}(x_i-\mu)^2}{\chi^2_{1-\alpha/2}(n)}\right) = 1-\alpha$$

이다. 따라서 모분산 σ^2에 대한 $100(1-\alpha)\%$ 신뢰구간은 다음과 같다.

$$\left(\frac{\sum_{i=1}^{n}(x_i-\mu)^2}{\chi^2_{\alpha/2}(n)},\ \ \frac{\sum_{i=1}^{n}(x_i-\mu)^2}{\chi^2_{1-\alpha/2}(n)}\right)$$

모평균 μ를 모르는 경우 모분산 σ^2의 구간추정

다음과 같이 정의되는 χ^2 −통계량

$$\chi^2 = \frac{\sum_{i=1}^{n}(X_i-\overline{X}_n)^2}{\sigma^2} \qquad \left(= \frac{(n-1)S^2}{\sigma^2}\text{로 표현하여 주로 사용}\right)$$

은 자유도가 $n-1$인 χ^2 −분포를 한다.

따라서 임의의 양수 α $(0<\alpha<1)$에 대하여 다음이 성립한다.

$$P\left(\chi^2_{1-\alpha/2}(n-1) < \chi^2 < \chi^2_{\alpha/2}(n-1)\right) = 1-\alpha$$

여기서 $\chi^2_{1-\alpha/2}(n-1)$와 $\chi^2_{\alpha/2}(n-1)$는 $(1-\frac{\alpha}{2})100\%$인 점과 $(\frac{\alpha}{2})100\%$ 점이다.

위의 식에 χ^2−통계량을 대입하면,

$$P\left(\chi^2_{1-\alpha/2}(n-1) < \frac{(n-1)S^2}{\sigma^2} < \chi^2_{\alpha/2}(n-1)\right) = 1-\alpha$$

이므로, 좌변 항의 괄호 속 부등식을 σ^2에 관해 풀어 정리하면

$$P\left(\frac{(n-1)S^2}{\chi^2_{\alpha/2}(n-1)} < \sigma^2 < \frac{(n-1)S^2}{\chi^2_{1-\alpha/2}(n-1)}\right) = 1-\alpha$$

이다.

따라서 모분산 σ^2에 대한 $(1-\alpha)100\%$ 신뢰구간은 다음과 같다.

$$\left(\frac{(n-1)S^2}{\chi^2_{\alpha/2}(n-1)},\quad \frac{(n-1)S^2}{\chi^2_{1-\alpha/2}(n-1)} \right)$$

예제 6.8

어떤 제품의 정확한 무게를 알아보기 위하여 7개의 제품을 임의로 추출하여 무게를 측정한 결과 다음과 같다.

45, 47, 44, 46, 45, 47, 48

이 측정치는 정규분포를 따른다고 가정하자. 분산에 대한 95% 신뢰구간을 구하여라.

풀이 $\overline{x}=46$, $S^2=2$, $\chi^2_{0.975}(6)=1.24$, $\chi^2_{0.025}(6)=14.45$이므로 σ^2에 대한 95% 신뢰구간은 다음과 같다.

$$\frac{(7-1)\times 2}{14.45} < \sigma^2 < \frac{(7-1)\times 2}{1.24} \quad \rightarrow \quad 0.83 < \sigma^2 < 9.68$$

R 시연

```
X <- c(45, 47, 44, 46, 45, 47, 48)
Num = length(X)      #자료의 수
D.F. = Num - 1       #자유도
Mean = mean(X)       #표본평균
Var = var(X)         #표본분산

# 하한과 상한의 계산
chi_0.025 = round(qchisq(0.975,D.F.),2)
chi_0.975 = round(qchisq(0.025,D.F.),2)
round(D.F.*Var/chi_0.025,2)              #하한
round(D.F.*Var/chi_0.975,2)              #상한

# 검정 함수 이용
install.packages("TeachingDemos")
library(TeachingDemos)
```

```
Sigma.test <- sigma.test(X)
Sigma.test$conf.int[1]; Sigma.test$conf.int[2]
Sigma.test$conf.int
```

연습문제 13

1 어느 제과공장에서 기계에 의하여 자동적으로 생산되는 과자의 무게를 알아보려고 한다. 어느 날 점검에서 10개의 과자를 랜덤하게 추출하여 그 무게를 측정한 결과가 mg 단위로 다음과 같다.

713, 723, 718, 704, 721, 717, 710, 720, 715, 707

과자의 무게의 분산 σ^2과 표준편차 σ를 추정하여라.

2 어느 전자회사가 텔레비젼의 평균수명을 알려고 한다. 판매되는 텔레비전 중 20개를 랜덤하게 추출하여 그 수명시간을 기록한 결과가 다음과 같다.

10, 5, 6, 3, 4, 5, 6, 7, 12, 6,
8, 9, 3, 6, 4, 5, 8, 11, 8, 10

텔레비전의 수명의 분포가 정규분포라고 가정하고, 주어진 자료를 이용하여 모표준편차에 대한 95% 신뢰구간을 구하여라.

3 다음은 어느 공장에서 제조한 부품 10개의 무게를 측정한 값이다(단위: g).

46.4, 46.1, 45.8, 47.0, 46.1, 45.9, 45.8, 46.9, 52.2, 46.0

이 공장에서 제조된 부품의 무게의 분산에 대한 95% 신뢰구간을 구하여라. 단, 부품의 무게는 정규분포를 따른다고 한다.

6.2.4 표본의 크기 결정

모수를 추정하기 위하여 표본을 추출하는데, 이때 표본의 크기를 얼마로 하여야 할 것인가를 결정해야만 한다. 일반적으로, 표본의 크기가 클수록 시간 및 비용이 많이 드는 반면 정밀도는 높아진다. 반대로 표본의 수가 너무 적으면 오차가 큰 정보를 획득할 수밖에 없다. 따라서 주어진 정밀도를 만족시키기 위한 표본의 크기를 결정하는 것이 필요하다.

모평균의 추정에서 표본크기 결정

$X_1, X_2, \cdots, X_n$이 평균이 μ, 분산이 σ^2인 모집단에서의 확률표본일 때, 모평균 μ의 $(1-\alpha)100\%$ 신뢰구간을 생각하자(우선 모분산이 알려진 경우로 제한).

$$P\left(\overline{X} - z_{\alpha/2}\frac{\sigma}{\sqrt{n}} < \mu < \overline{X} + z_{\alpha/2}\frac{\sigma}{\sqrt{n}}\right) = 1-\alpha$$

이므로 좌변식의 괄호를 $\overline{X}-\mu$에 대해 정리하면 다음과 같다.

$$P\left(-z_{\alpha/2}\frac{\sigma}{\sqrt{n}} < \overline{X} - \mu < z_{\alpha/2}\frac{\sigma}{\sqrt{n}}\right) = 1-\alpha$$

$$\therefore \quad P\left(\left|\overline{X} - \mu\right| < z_{\alpha/2}\frac{\sigma}{\sqrt{n}}\right) = 1-\alpha$$

이때 $z_{\alpha/2} \cdot \dfrac{\sigma}{\sqrt{n}}$의 의미는 추정량과 모수의 차이의 한계이다. 즉 오차가 이것보다 작을 가능성이 $100(1-\alpha)\%$임을 말해준다. 이와 같은 의미에서 $z_{\alpha/2} \cdot \dfrac{\sigma}{\sqrt{n}}$를 μ의 추정에서 $100(1-\alpha)\%$ **오차의 한계**(limit of error)라고 한다. 따라서 과거의 자료로부터 σ^2을 알 수 있을 경우에는, 오차 한계를 d로 하기 위한, 즉 신뢰구간의 길이를 $2d$로 하기 위한 표본의 크기 n은 다음의 등식을 만족한다.

$$z_{\alpha/2} \cdot \frac{\sigma}{\sqrt{n}} = d$$

따라서 위 식을 n에 관하여 풀어 정리하면 다음의 식을 얻는다.

$$n = \left(z_{\alpha/2} \cdot \frac{\sigma}{d}\right)^2$$

즉, $n=(z_{\alpha/2}\cdot\dfrac{\sigma}{d})^2$을 만족하는 최소의 정수 n값이 신뢰구간의 길이가 $2d$ 이내가 되도록 하기 위한 표본의 크기이다.

위의 공식은 모표준편차 σ를 알고 있을 때에만 적용 가능하다. 그러나 실제로는 모표준편차를 모르는 경우가 대부분이며, 이때에는 작은 크기의 예비표본을 미리 추출하여 σ를 추정하고, 이를 이용하여 n값을 구할 수 있다. 이때의 n값은 $100(1-\alpha)\%$ 오차한계를 정확하게 d가 되도록 하지는 않지만 이러한 방법을 이용하는 편이 좋다.

예제 6.9

어느 공장에서 생산되고 있는 제품은 평균 사용시간이 2,000(시간)이고, 표준편차는 200(시간)으로 품질관리를 하고 있다. 현재 생산되고 있는 제품의 평균 사용시간의 95% 추정 오차한계가 40시간 이내가 되기 위해서 필요한 표본의 크기를 구하여라.

풀이 $n\geq(z_{0.025}\dfrac{\sigma}{d})^2=(1.96\times\dfrac{200}{40})^2=96.04$, 따라서, 필요한 표본의 크기는 $n=97$이다.

예제 6.10

어떤 물건의 무게를 알기 위하여 이 물건을 5회 측정하여 다음을 얻었다(단위: g).

18.5 17.8 20.7 18.9 20.7

(1) 이 물건의 무게의 참값을 추정하여라. 또 이 추정값의 오차는 얼마일까?

(2) 추정값의 정도를 다소 높여서 확률 95%로서 추정값의 오차를 0.5 이하로 되게 하기 위해서는 표본을 얼마나 더 필요로 할까?

풀이 (1) 이 물건의 무게의 측정값은 정규분포 $N(\mu, \sigma^2)$으로 볼 수 있다. 여기서 μ가 이 물건의 무게의 참값이다. 5개의 측정값은 $N(\mu, \sigma^2)$로부터 크기 $n=5$인 표본이고, 문제는 이 표본을 기초로 하여 μ를 추정하는 것이다. μ의 최소분산불편추정량은 $\overline{X}$이므로, $\overline{X}$를 가지고 μ를 추정한다. $\overline{x}=19.32$이므로 참값 μ는 19.32로 추정된다.

추정량 $\overline{X}$는 평균 μ, 표준편차 $\frac{\sigma}{\sqrt{n}}$인 정규분포를 따르므로 정규분포의 성질에 의하여 추정 값 $\overline{x}$는 95% 확률로서 구간

$$\left(\mu - 1.96\frac{\sigma}{\sqrt{n}}, \mu + 1.96\frac{\sigma}{\sqrt{n}}\right)$$

내의 값을 취한다. 이것으로부터 $\overline{X}$로 μ를 추정할 때 이 추정의 오차는 "확률 95%로 $1.96\frac{\sigma}{\sqrt{n}}$ 이하이다"라고 말할 수 있다. 따라서 추정값 19.32의 오차는 확률 95%로 $1.96\frac{\sigma}{\sqrt{n}}$ 이하이다. 그런데 σ의 값을 모르므로 오차의 크기를 알 수 없다. σ의 값에 대하여 다음과 같이 추정한다.

$$\hat{\sigma} = \sqrt{\frac{1}{4}\sum_{i=1}^{5}(x_i - \overline{x})^2} = 1.32$$

따라서 $1.96\frac{\hat{\sigma}}{\sqrt{n}} \doteqdot 1.16$이다. 결국 추정값 19.32의 오차는 확률 95%로서 1.16 이하라고 할 수 있다.

(2) 추정값의 오차를 확률 95%로 0.5 이하로 하기 위하여 필요한 표본의 크기 n은 $1.96\frac{\sigma}{\sqrt{n}} \le 0.5$를 만족하는 n이다. 즉 $n \ge \left(\frac{1.96\sigma}{0.5}\right)^2$이다. σ의 값을 모르므로 추정값 $\hat{\sigma} = 1.32$를 대입하면 $n \ge 27$이 얻어진다.

모비율의 추정에서 표본크기의 결정

모비율 p의 $100(1-\alpha)\%$ 신뢰구간을 생각하자.

$$P\left(\hat{p} - z_{\alpha/2}\sqrt{\frac{\hat{p}(1-\hat{p})}{n}} < p < \hat{p} + z_{\alpha/2}\sqrt{\frac{\hat{p}(1-\hat{p})}{n}}\right) = 1-\alpha$$

이므로, 좌변식의 괄호를 $\hat{p} - p$에 대해 정리하면 다음과 같다.

$$P\left(-z_{\alpha/2}\sqrt{\frac{\hat{p}(1-\hat{p})}{n}} < \hat{p} - p < z_{\alpha/2}\sqrt{\frac{\hat{p}(1-\hat{p})}{n}}\right) = 1-\alpha$$

$$\therefore \quad P\left(|\hat{p} - p| < z_{\alpha/2}\sqrt{\frac{\hat{p}(1-\hat{p})}{n}}\right) = 1-\alpha$$

이때 오차한계는

$$z_{\alpha/2}\sqrt{\frac{\hat{p}(1-\hat{p})}{n}}$$

로 주어진다.

따라서 오차의 한계를 d 이내로 하기 위한 표본의 크기 n은 등식

$$z_{\alpha/2}\sqrt{\frac{\hat{p}(1-\hat{p})}{n}} = d$$

를 만족하며, 위 식을 n에 관하여 풀면 다음과 같다.

$$n = \hat{p}(1-\hat{p})(\frac{z_{\alpha/2}}{d})^2$$

이때 $\hat{p}$는 과거의 경험에 의해 추정된 p값이거나, 사전조사에 의해 추정된 p값이다. 그러나 p값에 대한 정보가 전혀 없거나 사전조사도 어려울 때에는 $\hat{p}(1-\hat{p})$의 최댓값을 사용할 수 있다.

즉, $\hat{p}+(1-\hat{p})=1$이므로 $\hat{p}(1-\hat{p})$의 최댓값은 $\hat{p}=1/2$일 때, $\frac{1}{4}$이다. 따라서 이때의 표본의 크기는 다음과 같다.

$$n = \frac{1}{4}(\frac{z_{\alpha/2}}{d})^2$$

예제 6.11

어느 광고회사에서 새로 나온 신제품에 대한 불량률을 조사하고자 한다. 신제품에 대한 불량률의 95% 추정 오차한계가 3% 이내가 되기 위해서 필요한 표본의 크기를 구하여라.

풀이 신제품이기 때문에 불량률에 대한 사전 정보가 없으므로

$$n \geq \frac{1}{4}(\frac{z_{\alpha/2}}{d})^2 = \frac{1}{4}(\frac{z_{0.025}}{d})^2 = \frac{1}{4}(\frac{1.96}{0.03})^2 = 1067.111$$

이므로, 필요한 표본의 최소한의 개수는 $n=1,068$이다.

연습문제 14

1 어떤 공장에서 생산되는 전구의 수명의 표준편차는 100시간이라고 한다. 전구 100개의 평균수명이 1,800시간일 때,

① 모집단의 평균을 95%의 신뢰도로 추정하여라.

② 모집단의 평균을 99%의 신뢰도로 추정하려고 할 때, 신뢰구간의 폭을 95%의 경우와 같은 정도로 억제하기 위해서는 몇 개 이상의 전구의 평균을 구하면 되는가?

2 정규모집단에서 표본을 추출하여 표본평균으로 모평균을 추정할 때, 신뢰도 95%인 신뢰구간의 길이를 모표준편차의 $\frac{1}{5}$ 이하로 하고자 한다. 이때, 최소한의 표본의 크기를 구하여라.

3 정규모집단으로부터 크기 n인 임의표본을 추출하는 경우와 크기 $4n$인 임의표본을 추출하는 경우에는 같은 신뢰도의 모집단의 평균의 신뢰구간은 어떻게 다른지 구하여라.

4 술을 마셨을 때 자제력을 잃는 사람들에 대한 비율을 추정하고자 한다. 최대오차는 0.02 그리고 96% 신뢰도를 원한다. 과거의 조사결과 $p=0.85$라면 표본의 크기는 얼마인지 구하여라.

5 A 공장에서 생산된 전구의 수명의 표준편차는 15시간임이 알려져 있다. 25개의 표본의 평균수명이 1,800시간일 때 A 공장에서 생산된 전구의 평균수명을 신뢰도 95%로 추정할 때 오차의 한계를 구하여라.

6 크기 n인 표본에 의하여 신뢰도 95%로 모평균을 추정할 때 오차의 한계를 ϵ으로 한다. 만일 오차의 한계를 $\frac{\epsilon}{2}$되게 하려면 표본의 크기는 얼마인지 구하여라.

6.2.5 모평균 차이에 대한 구간추정

두 모분산 σ_1^2과 σ_2^2을 아는 경우의 $\mu_1-\mu_2$의 구간추정

두 정규모집단 $N(\mu_1,\sigma_1^2)$, $N(\mu_2,\sigma_2^2)$으로부터 크기가 n_1, n_2인 서로 독립인 확률표본의 표본평균을 각각 $\overline{X}$, $\overline{X}_2$라 하면, 통계량 $\overline{X}_1-\overline{X}_2$의 기댓값과 분산은 각각 다음과 같다.

$$E(\overline{X}_1-\overline{X}_2)=\mu_1-\mu_2$$

$$Var(\overline{X}_1-\overline{X}_2)=\frac{\sigma_1^2}{n_1}+\frac{\sigma_2^2}{n_2}$$

$\overline{X}_1-\overline{X}_2$를 표준화한 Z-통계량은 표준정규분포를 따른다.

$$Z=\frac{(\overline{X}_1-\overline{X}_2)-(\mu_1-\mu_2)}{\sqrt{\frac{\sigma_1^2}{n_1}+\frac{\sigma_2^2}{n_2}}}\ \sim\ N(0,1)$$

따라서 표준정규분포의 성질로부터 임의의 양수 α에 대하여

$$P(-z_{\alpha/2}<Z<z_{\alpha/2})=1-\alpha$$

가 성립한다.

위의 식에 Z-통계량을 대입하여 좌변 괄호 속을 $\mu_1-\mu_2$에 관하여 정리하면 다음과 같이 쓸 수 있다.

$$P\left((\overline{X}_1-\overline{X}_2)-z_{\alpha/2}\sqrt{\frac{\sigma_1^2}{n_1}+\frac{\sigma_2^2}{n_2}}<\mu_1-\mu_2<(\overline{X}_1-\overline{X}_2)+z_{\alpha/2}\sqrt{\frac{\sigma_1^2}{n_1}+\frac{\sigma_2^2}{n_2}}\right)=1-\alpha$$

따라서 두 모평균의 차인 $\mu_1-\mu_2$에 대한 $100(1-\alpha)\%$ 신뢰구간은 다음과 같다.

$$\left((\overline{X}_1-\overline{X}_2)-z_{\alpha/2}\sqrt{\frac{\sigma_1^2}{n_1}+\frac{\sigma_2^2}{n_2}},\quad (\overline{X}_1-\overline{X}_2)+z_{\alpha/2}\sqrt{\frac{\sigma_1^2}{n_1}+\frac{\sigma_2^2}{n_2}}\right)$$

또한, 두 모집단의 분포가 정규분포가 아닌 임의의 두 모집단에서 두 모분산 σ_1^2, σ_2^2을 알고 있을 때, 두 모평균의 차이에 대한 신뢰구간은 n_1, n_2가 대표본일 경우 중심극한정리에 의하여 위의 식을 그대로 사용한다.

예제 6.12

A 회사에서 만든 제품 30개를 임의추출하여 사용시간의 표본평균을 구한 결과 $\overline{X}_1 = 600$(시간)이었고, B 회사에서 만든 제품의 40개를 임의추출하여 사용시간의 표본평균을 구한 결과는 $\overline{X}_2 = 550$(시간)이었다. 모표준편차는 각각 $\sigma_1 = 10$, $\sigma_2 = 15$로 알려져 있을 때, 이 제품의 두 모평균의 차 $\mu_1 - \mu_2$에 대한 95% 신뢰구간을 구하여라. 두 모집단은 정규분포를 따른다고 가정하자.

풀이

$$(600-550) - 1.96 \times \sqrt{\frac{10^2}{30} + \frac{15^2}{40}} < \mu_1 - \mu_2 < (600-550) + 1.96 \times \sqrt{\frac{10^2}{30} + \frac{15^2}{40}}$$

$$\rightarrow \quad 50 - 5.866 < \mu_1 - \mu_2 < 50 + 5.866$$

$$\rightarrow \quad 44.134 < \mu_1 - \mu_2 < 55.866$$

두 모분산 σ_1^2과 σ_2^2을 모르는 경우의 $\mu_1 - \mu_2$의 구간추정

두 정규모집단 $N(\mu_1, \sigma_1^2)$, $N(\mu_2, \sigma_2^2)$에서, 두 모분산 σ_1^2, σ_2^2을 모를 때, 추출한 표본의 크기 n_1, n_2가 대표본($n_1 \geq 30$, $n_2 \geq 30$)일 경우 두 모평균의 차 $\mu_1 - \mu_2$에 대한 $100(1-\alpha)\%$ 신뢰구간은 모표준편차 σ_1과 σ_2 대신 표본표준편차 s_1과 s_2를 대입하여 다음과 같이 구할 수 있다.

$$\left((\overline{X}_1 - \overline{X}_2) - z_{\alpha/2}\sqrt{\frac{S_2^2}{n_1} + \frac{S_2^2}{n_2}},\quad (\overline{X}_1 - \overline{X}_2) + z_{\alpha/2}\sqrt{\frac{S_1^2}{n_1} + \frac{S_2^2}{n_2}} \right)$$

또한, 두 모집단의 분포가 정규분포가 아닌 임의의 모집단에서 n_1, n_2가 대표본일 경우 중심극한정리에 의하여 $\overline{X_1} - \overline{X_2}$는 근사적으로 정규분포를 따르므로 모표준편차는 표본표준편차로 추정할 수 있으므로 $\mu_1 - \mu_2$의 구간추정은 위의 식을 그대로 사용할 수 있다.

예제 6.13

A 고등학교와 B 고등학교의 수학성적을 비교하기 위하여, 각 학교에서 50명씩을 무작위로 뽑아 같은 수학 시험을 치른 결과 다음과 같다고 한다.

$$\text{A 고등학교: } n_1 = 50, \quad \overline{X_1} = 75.0, \quad S_1^2 = 80$$

$$\text{B 고등학교: } n_2 = 50, \quad \overline{X_2} = 71.2, \quad S_2^2 = 100$$

수학 평균성적의 차 $\mu_1 - \mu_2$의 95% 신뢰구간을 구하여라.

풀이

$$\left((\overline{X_1} - \overline{X_2}) - z_{\alpha/2}\sqrt{\frac{S_1^2}{n_1} + \frac{S_2^2}{n_2}}, \quad (\overline{X_1} - \overline{X_2}) + z_{\alpha/2}\sqrt{\frac{S_1^2}{n_1} + \frac{S_2^2}{n_2}} \right)$$

$$= \left((75.0 - 71.2) - 1.96\sqrt{\frac{80}{50} + \frac{100}{50}}, \; (75.0 - 71.2) + 1.96\sqrt{\frac{80}{50} + \frac{100}{50}} \right)$$

$$= (3.8 - 1.96 \times 1.90, \; 3.8 + 1.96 \times 1.90) = (0.08, \; 7.52)$$

그러나 소표본의 경우 두 모평균의 차에 대한 추정에서는 $\overline{X}_1 - \overline{X}_2$를 표준화한 Z−통계량을 사용할 수 없으며, 이때에는 t−분포를 이용하게 되며 다음 두 가지 경우로 나누어 생각할 수 있다.

(1) 두 모분산이 같은 경우 ($\sigma_1^2 = \sigma_2^2$)

두 집단의 모분산은 모르지만, 같다고 가정할 수 있는 경우에는 공통분산의 추정은 다음의 합동분산추정량을 사용한다.

$$S_p^2 = \frac{(n_1 - 1)S_1^2 + (n_2 - 1)S_2^2}{n_1 + n_2 - 2}$$

$$= \frac{\sum_{i=1}^{n_1}(X_{1i} - \overline{X}_1)^2 + \sum_{i=1}^{n_2}(X_{2i} - \overline{X}_2)^2}{(n_1 - 1) + (n_2 - 1)}$$

따라서 합동분산추정량 S_p^2을 이용하여 $\overline{X}_1 - \overline{X}_2$를 표준화시킨 t-통계량은

$$t = \frac{(\overline{X}_1 - \overline{X}_2) - (\mu_1 - \mu_2)}{S_p\sqrt{\frac{1}{n_1} + \frac{1}{n_2}}}$$

이며, 이 통계량 t는 자유도 $n_1 + n_2 - 2$인 t-분포를 따른다. 그러므로 임의의 양수 α에 대하여,

$$P\left(-t_{\alpha/2}(n_1 + n_2 - 2) < \frac{(\overline{X}_1 - \overline{X}_2) - (\mu_1 - \mu_2)}{S_p\sqrt{1/n_1 + 1/n_2}} < t_{\alpha/2}(n_1 + n_2 - 2)\right) = 1 - \alpha$$

가 성립한다. 위의 식의 좌변항의 괄호 속의 부등식을 $\mu_1 - \mu_2$에 대해 정리하면 다음과 같다. $t^* = t_{\alpha/2}(n_1 + n_2 - 2)$라고 하면,

$$P\left((\overline{X}_1 - \overline{X}_2) - t^* \cdot S_p\sqrt{\frac{1}{n_1} + \frac{1}{n_2}} < \mu_1 - \mu_2 < (\overline{X}_1 - \overline{X}_2) + t^* \cdot S_p\sqrt{\frac{1}{n_1} + \frac{1}{n_2}}\right)$$
$$= 1 - \alpha.$$

따라서 소표본에서 두 모평균의 차인 $\mu_1 - \mu_2$에 대한 $100(1-\alpha)\%$ 신뢰구간은 다음과 같다.

$$\left((\overline{X}_1 - \overline{X}_2) - t^* \cdot S_p\sqrt{\frac{1}{n_1} + \frac{1}{n_2}}\ ,\ \ (\overline{X}_1 - \overline{X}_2) + t^* \cdot Sp\sqrt{\frac{1}{n_1} + \frac{1}{n_2}}\right)$$

예제 6.14

두 종류의 휘발유 첨가제 A, B가 주행거리에 영향을 주는지 조사하고자 한다. 10종류의 자동차를 임의로 두 그룹으로 나누어서 실험을 실시하여 1리터당 주행거리를 조사하여 다음과 같은 자료를 얻었다. 이때, 휘발유 첨가제에 따른 자동차 주행거리는 분산이 서로 같은 정규분포를 따른다고 가정한다.

A 첨가제:	13	14	9	11	13
B 첨가제:	9	10	12	11	8

두 휘발유 첨가제의 모평균의 차 $\mu_1 - \mu_2$에 대한 95% 신뢰구간을 구하여라.

풀이

$$\overline{X}_1 = \frac{1}{5}(13+14+9+11+13) = 12,$$

$$\overline{X}_2 = \frac{1}{5}(9+10+12+11+9) = 10,$$

그러므로 $\mu_1 - \mu_2$의 추정값은 $\overline{X}_1 - \overline{X}_2 = 12 - 10 = 2$이다. 한편

$$S_1^2 = \frac{1}{5-1}[(13-12)^2 + (14-12)^2 + \cdots + (13-12)^2] = 4,$$

$$S_2^2 = \frac{1}{5-1}[(9-10)^2 + (10-10)^2 + \cdots + (8-10)^2] = 2.5$$

이므로, 합동분산추정량은

$$S_p^2 = \frac{(5-1)\times 4 + (5-1)\times 2.5}{5+5-2} = 3.25$$

이고, $S_p = 1.80$이다.

t-분포표에 의하면 $t_{0.025}(8) = 2.306$이므로, $\mu_1 - \mu_2$에 대한 95% 신뢰구간은 다음과 같다.

$$(12-10) - (2.306)(1.80)\sqrt{\frac{1}{5}+\frac{1}{5}} < \mu_1 - \mu_2$$

$$< (12-10) + (2.306)(1.80)\sqrt{\frac{1}{5}+\frac{1}{5}}$$

$$\rightarrow \quad 2 - 2.629 < \mu_1 - \mu_2 < 2 + 2.629$$

$$\rightarrow \quad -0.629 < \mu_1 - \mu_2 < 4.629.$$

R 시연

```
X_1 = c(13, 14, 9, 11, 13)
X_2 = c(9, 10, 12, 11, 8)
Num_1 = length(X_1); D.F._1 = Num_1 - 1;
Num_2 = length(X_2); D.F._2 = Num_2 - 1;
Pool.Var = (D.F._1*var(X_1)+D.F._2*var(X_2))/(D.F._1+D.F._2)        #공동분산
```

```
# 하한과 상한의 계산
t_0.025 = round(qt(0.975,D.F._1+D.F._2),3)
round((mean(X_1)-mean(X_2))-t_0.025*sqrt(Pool.Var)*sqrt(1/Num_1+1/Num_2),3)
round((mean(X_1)-mean(X_2))+t_0.025*sqrt(Pool.Var)*sqrt(1/Num_1+1/Num_2),3)

# 검정 함수 이용 - 두 모분산이 같은 경우
T.test <- t.test(X_1,X_2, var.equal = TRUE)
T.test$conf.int[1]; T.test$conf.int[2]
T.test$conf.int
T.test$parameter

# 검정 함수 이용 - 두 모분산이 다른 경우
T.test <- t.test(X_1,X_2, var.equal = FALSE)
T.test$conf.int[1]; T.test$conf.int[2]
T.test$conf.int
T.test$parameter
```

(2) 두 모분산이 다른 경우 ($\sigma_1^2 \neq \sigma_2^2$)

두 모분산이 다른 경우, 다음의 t-통계량

$$t = \frac{(\overline{X}_1 - \overline{X}_2) - (\mu_1 - \mu_2)}{\sqrt{\dfrac{S_1^2}{n_1} + \dfrac{S_2^2}{n_2}}}$$

가 근사적으로 자유도 n^*인 t-분포를 따른다는 성질을 이용하면 $\mu_1 - \mu_2$에 대한 $100(1-\alpha)\%$ 신뢰구간은 다음과 같다.

$$\left((\overline{X}_1 - \overline{X}_2) - t_{\alpha/2}(n^*)\sqrt{\frac{S_1^2}{n_1} + \frac{S_2^2}{n_2}}, \quad (\overline{X}_1 - \overline{X}_2) + t_{\alpha/2}(n^*)\sqrt{\frac{S_1^2}{n_1} + \frac{S_2^2}{n_2}} \right)$$

여기서 자유도 n^*는 근사적으로 다음과 같은 값이다.

$$n^* = \frac{\left[\dfrac{S_1^2}{n_1} + \dfrac{S_2^2}{n_2}\right]^2}{\dfrac{(S_1^2/n_1)^2}{n_1 - 1} + \dfrac{(S_2^2/n_2)^2}{n_2 - 1}}$$

짝비교(paired comparison)에 의한 모평균 차이의 구간추정

두 모평균의 비교에 있어서 두 모집단이 서로 독립이 아닌 경우로서 한 개체에서 실험의 전과 후에 대한 비교를 할 때, **짝을 이룬 표본**이라 한다. 짝 비교에서 자료의 구조는 다음과 같다.

짝	X	Y	차($D=X-Y$)
1	X_1	Y_1	$D_1=X_1-Y_1$
2	X_2	Y_2	$D_2=X_2-Y_2$
⋮	⋮	⋮	⋮
n	X_n	Y_n	$D_n=X_n-Y_n$

X와 Y가 정규분포를 따른다고 가정할 때, $D=X-Y$는 $N(\mu_1-\mu_2, \sigma_D^2)$을 따른다. 이때 σ_D^2은 알고 있다고 가정한다. 또한 짝(X_i, Y_i)들은 서로 독립적이라고 가정한다. 일반적으로 X_i와 Y_i는 강한 양의 상관관계를 갖게 된다.

$D_1, D_2, \cdots, D_n$의 표본평균 $\overline{D}=\frac{1}{n}\sum_{i=1}^{n} D_i$는 $N(\mu_1-\mu_2, \frac{\sigma_D^2}{n})$를 따르고, 이를 표준화한 Z-통계량인

$$Z=\frac{\overline{D}-(\mu_1-\mu_2)}{\sigma_D/\sqrt{n}}$$

는 표준정규분포를 따른다. 따라서 표준정규분포의 성질로부터 임의의 양수 α에 대하여

$$P(-z_{\alpha/2}<Z<z_{\alpha/2})=1-\alpha$$

가 성립한다. 위의 식에 Z-통계량을 대입하여 좌변 항의 괄호 속 부등식을 $\mu_1-\mu_2$에 대하여 정리하면 다음의 식을 얻는다.

$$P\left(\overline{D}-z_{\alpha/2}\frac{\sigma_D}{\sqrt{n}}<\mu_1-\mu_2<\overline{D}+z_{\alpha/2}\frac{\sigma_D}{\sqrt{n}}\right)=1-\alpha$$

따라서 두 모평균의 차 $\mu_1 - \mu_2$에 대한 $100(1-\alpha)\%$ 신뢰구간은 다음과 같다.

$$\left(\overline{D} - z_{\alpha/2}\frac{\sigma_D}{\sqrt{n}},\quad \overline{D} + z_{\alpha/2}\frac{\sigma_D}{\sqrt{n}}\right)$$

σ_D^2를 모르는 경우에는, t-통계량

$$t = \frac{\overline{D} - (\mu_1 - \mu_2)}{S_D/\sqrt{n}}$$

을 이용하며, 이 통계량은 자유도 $n-1$인 t-분포를 따른다. 이 경우에 두 모평균의 차 $\mu_1 - \mu_2$에 대한 $100(1-\alpha)\%$ 신뢰구간은 다음과 같이 구할 수 있다.

$$\left(\overline{D} - t_{\alpha/2}(n-1)\frac{S_D}{\sqrt{n}},\quad \overline{D} + t_{\alpha/2}(n-1)\frac{S_D}{\sqrt{n}}\right)$$

여기서 $S_D^2 = \frac{1}{n-1}\sum_{i=1}^{n}(D_i - \overline{D})^2$이다.

예제 6.15

두 가지 두통약 A, B의 약효를 조사하기 위하여 4명의 환자에게 한번은 A약을, 다음번은 B약을 투약하였다. 약의 복용순서는 랜덤하게 결정한다. 다음은 두 가지 두통약 복용 후 두통이 해소되는 데 걸리는 시간이다. 모집단은 정규분포를 가정한다.

환자	두통약		효과의 차이
	A	B	A–B
1	68	60	8
2	82	74	8
3	80	84	−4
4	88	84	4
차이의 합: 16			

두 평균의 차이 $\mu_1 - \mu_2$에 대한 95% 신뢰구간을 구하여라.

풀이 $\overline{D} = 4$, $S_D^2 = 32$이므로, 95% 신뢰구간은 다음과 같다.

$$(4-3.182\times\frac{\sqrt{32}}{\sqrt{4}},\ 4+3.182\times\frac{\sqrt{32}}{\sqrt{4}}) = (-5.00,\ 13.00)$$

R 시연

```
X_1 = c(68, 82, 80, 88)
X_2 = c(60, 74, 84, 84)
X = X_1 - X_2
Num = length(X); D.F. = Num - 1;
Var = var(X)
Sd = sd(X)

# 하한과 상한의 계산
t_0.025 = round(qt(0.975,D.F.),3)
round(mean(X)-t_0.025*Sd/sqrt(Num),3)
round(mean(X)+t_0.025*Sd/sqrt(Num),3)

# 검정 함수 이용
T.test <- t.test(X_1, X_2,paired = TRUE)
T.test$conf.int[1]; T.test$conf.int[2]
T.test$conf.int
```

연습문제 15

1 당뇨병 환자들이 식사 전에 복용하는 두 가지 약을 비교한다. 약을 복용하고 몇 분 후에 효과가 나타나는지를 실험한 결과 다음의 자료를 구했다.

X	68	82	80	88
Y	60	74	84	84

모분산의 값이 각각 80과 100으로 알려졌을 때, 두 모평균의 차이인 $\mu_1-\mu_2$에 대한 95% 신뢰구간을 구하여라. 모집단은 정규분포를 가정한다.

2 연습문제 1번의 경우에서는 두 모집단의 분산이 알려져 있다는 가정하에서 신뢰

구간을 구하였다. 모분산을 모르는 경우에 있어서의 두 모집단 평균의 차이 $\mu_1 - \mu_2$에 대한 95%신뢰구간을 구하여라. 이때 두 모분산은 동일하다고 가정한다.

3 두 종류의 사료가 젖소의 우유생산량에 미치는 영향을 조사하려고 한다. 18마리의 젖소를 랜덤하게 두 그룹으로 나누어, 한 그룹에는 사료 A를 주고, 나머지 그룹에는 사료 B를 주어 1주일간 조사한 결과 다음의 데이터를 얻었다.

사료 A	13	19	14	12	21	14	17	20	17
사료 B	18	23	17	17	16	19	22	24	19

사료에 따른 우유생산량 차이의 95% 신뢰구간을 구하여라. 단, 두 종류의 사료를 사용할 때의 우유생산량은 분산이 서로 같은 정규분포를 따른다.

4 연습문제 1번의 약 효과에 대한 자료가 짝을 이루어 관찰된 경우라고 가정하고, 두 평균의 차이 $\mu_1 - \mu_2$에 대한 95% 신뢰구간을 구하여라.

6.2.6 모비율 차이에 대한 구간추정

두 이항모집단으로부터 크기가 n_1, n_2인 서로 독립인 확률표본의 표본비율을 각각 $\hat{p}_1, \hat{p}_2$라 하면, 통계량 $\hat{p}_1 - \hat{p}_2$의 기댓값과 분산은 각각 다음과 같다.

$$E(\hat{p}_1 - \hat{p}_2) = p_1 - p_2$$

$$Var(\hat{p}_1 - \hat{p}_2) = \frac{p_1(1-p_1)}{n_1} + \frac{p_2(1-p_2)}{n_2}$$

독립인 두 표본의 크기 n_1, n_2가 충분히 클 때, $\hat{p}_1 - \hat{p}_2$을 표준화한 Z-통계량인

$$Z = \frac{(\hat{p}_1 - \hat{p}_2) - (p_1 - p_2)}{\sqrt{\hat{p}_1(1-\hat{p}_1)/n_1 + \hat{p}_2(1-\hat{p}_2)/n_2}}$$

는 근사적으로 표준정규분포를 따른다. 그러므로 임의의 양수 α에 대하여

$$P\left(-z_{\alpha/2} < \frac{(\hat{p}_1 - \hat{p}_2) - (p_1 - p_2)}{\sqrt{\hat{p}_1(1-\hat{p}_1)/n_1 + \hat{p}_2(1-\hat{p}_2)/n_2}} < z_{\alpha/2} \right) = 1-\alpha$$

을 만족한다. 위 식을 정리하기 위하여

$$\hat{\sigma}_{p^*} = \sqrt{\frac{\hat{p}_1(1-\hat{p}_1)}{n_1} + \frac{\hat{p}_2(1-\hat{p}_2)}{n_2}}$$

이라고 하고, $p_1 - p_2$에 의하여 정리를 하면

$$P\left((\hat{p}_1 - \hat{p}_2) - z_{\alpha/2} \cdot \hat{\sigma}_{p^*} < p_1 - p_2 < (\hat{p}_1 - \hat{p}_2) + z_{\alpha/2} \cdot \hat{\sigma}_{p^*} \right) = 1-\alpha$$

따라서 두 모비율의 차인 $p_1 - p_2$에 대한 $100(1-\alpha)\%$ 신뢰구간은 다음과 같다.

$$\left((\hat{p}_1 - \hat{p}_2) - z_{\alpha/2} \cdot \hat{\sigma}_{p^*},\quad (\hat{p}_1 - \hat{p}_2) + z_{\alpha/2} \cdot \hat{\sigma}_{p^*} \right)$$

예제 6.16

어떤 제조회사에서 자사제품의 개발을 위하여 소비자들의 반응을 알아보고자 표본조사를 실시하였다. 기혼자들과 미혼자들 각각 1,000명씩을 표본조사하여, 연구제품에 대한 구매의사를 조사한 결과 다음과 같다.

구분	기혼자	미혼자
조사 대상 인원	1,000	1,000
구매 예정 인원	40	20

두 집단 간 구매비율의 차이에 대한 95% 신뢰구간을 구하여라.

풀이 $\hat{p}_1 = 0.04$, $\hat{p}_2 = 0.02$이므로, 95% 신뢰구간은 다음과 같다.

$$0.04 - 0.02 \pm 1.96\sqrt{\frac{0.04 \cdot 0.96}{1000} + \frac{0.02 \cdot 0.98}{1000}} = 0.02 \pm 0.015$$

R 시연

```
Buy = c(40, 20)
Total = c(1000, 1000)
Prob = Buy/Total

# 하한과 상한의 계산
z_0.025 = round(qnorm(0.975),2)
Se = sqrt(Prob[1]*(1-Prob[1])/Total[1] + Prob[2]*(1-Prob[2])/Total[2])
round((Prob[1]-Prob[2])-z_0.025*Se ,3)
round((Prob[1]-Prob[2])+z_0.025*Se ,3)

# 검정 함수 이용(1)
Prop.test <- prop.test(Buy, Total)
Prop.test$conf.int[1]; Prop.test$conf.int[2]
Prop.test$conf.int

# 검정 함수 이용(2)
Prop.test <- prop.test(Buy, Total, correct = FALSE)
Prop.test$conf.int[1]; Prop.test$conf.int[2]
Prop.test$conf.int
```

연습문제 16

1 어느 정치현안에 대한 A, B 두 지역의 찬성자수를 조사한 결과가 다음의 표와 같다. 정치현안에 대한 찬성율의 차에 대한 95% 신뢰구간을 구하여라.

	조사자수	찬성자수
A 지역	550	293
B 지역	708	341

2 어떤 화학적인 처리가 씨의 발아 비율을 높이는 데 효과가 있는가를 알아보기 위해서 100개의 화학적으로 처리된 씨와 150개의 처리되지 않은 보통의 씨를 파종하여 발아되는 것을 관찰하였다. 그 결과 화학적으로 처리된 씨 중에서는 88개, 보통의 씨 중에서는 126개가 발아되었다. 화학적으로 처리된 씨와 처리

되지 않은 보통의 씨의 발아비율의 차이에 대한 95% 신뢰구간을 구하여라.

3 어느 공정과정에서 부품의 조립순서에 따른 불량률을 각각 현재의 방법과 새로운 방법에 대하여 비교하여 그 결과에 따라 조립순서를 변경하려고 한다. 현재의 방법으로 조립된 1,500개의 부품을 조사하였더니 불량품이 75개, 새로운 방법에 의해 조립된 2,000개의 부품 중에서는 불량품이 80개로 나타났다. 현재 방법과 새로운 방법과의 불량률의 차이에 대한 90% 신뢰구간을 구하여라.

6.2.7 모분산 비율에 대한 구간추정

두 정규모집단 $N(\mu_1, \sigma_1^2)$, $N(\mu_2, \sigma_2^2)$으로부터 크기가 n_1, n_2인 서로 독립인 확률표본의 표본분산을 S_1^2, S_2^2이라 하면 다음의 통계량

$$F = \frac{S_1^2/\sigma_1^2}{S_2^2/\sigma_2^2}$$

은 자유도 $(n_1 - 1,\, n_2 - 1)$인 F–분포를 따른다는 사실로부터 다음과 같이 신뢰구간을 구할 수 있다. 임의의 양수 α에 대하여,

$$P\left(F_{1-\alpha/2}(n_1 - 1, n_2 - 1) < \frac{S_1^2/\sigma_1^2}{S_2^2/\sigma_2^2} < F_{\alpha/2}(n_1 - 1, n_2 - 1)\right) = 1 - \alpha$$

이므로 위 식의 좌변항의 $\dfrac{\sigma_1^2}{\sigma_2^2}$에 관해 정리하면 다음과 같다.

$$P\left(\frac{S_1^2}{S_2^2}\frac{1}{F_{\alpha/2}(n_1 - 1, n_2 - 1)} < \frac{\sigma_1^2}{\sigma_2^2} < \frac{S_1^2}{S_2^2}\frac{1}{F_{1-\alpha/2}(n_1 - 1, n_2 - 1)}\right) = 1 - \alpha$$

따라서 모분산의 비 $\dfrac{\sigma_1^2}{\sigma_2^2}$에 대한 $100(1-\alpha)\%$ 신뢰구간은

$$\left(\frac{S_1^2}{S_2^2}\frac{1}{F_{\alpha/2}(n_1 - 1, n_2 - 1)},\ \frac{S_1^2}{S_2^2}\frac{1}{F_{1-\alpha/2}(n_1 - 1, n_2 - 1)}\right)$$

이며, 위의 식은 F-분포의 성질([정리 5-9])을 이용하면 다음과 같은 표현이 가능하다.

$$\left(\frac{S_1^2}{S_2^2} \times F_{1-\alpha/2}(n_2-1, n_1-1), \quad \frac{S_1^2}{S_2^2} \times F_{\alpha/2}(n_2-1, n_1-1) \right)$$

예제 6.11

두 가지 담배 A와 B의 니코틴 함량(단위: mg)을 비교하기 위하여 담배를 임의로 추출하여 조사한 결과가 다음과 같다고 할 때, 니코틴 함량의 모분산의 비 $\frac{\sigma_1^2}{\sigma_2^2}$에 대한 95% 신뢰구간을 구하여라. 이때 확률표본은 정규모집단으로 추출된다고 가정한다.

종류	표본크기	표본평균	표준편차
A	10	4.2	0.9
B	8	3.6	0.7

풀이 $F_{0.025}(10-1, 8-1) = 4.82, \quad F_{0.025}(8-1, 10-1) = 4.20$이므로,

$\frac{\sigma_1^2}{\sigma_2^2}$에 대한 95% 신뢰구간은 다음과 같다.

$$\frac{0.9^2}{0.7^2} \times \frac{1}{4.82} < \frac{\sigma_1^2}{\sigma_2^2} < \frac{0.9^2}{0.7^2} \times 4.20 \quad \rightarrow \quad 0.3430 < \frac{\sigma_1^2}{\sigma_2^2} < 6.9429$$

R 시연

```
Data <- read.csv(file='6장_예제6.17.csv', header = TRUE)
attach(Data)
str(Data)

A = subset(Data, Class == "A")
B = subset(Data, Class == "B")

Num_A = length(A$Nicotin);          Num_B = length(B$Nicotin)
D.F._A = Num_A - 1;                 D.F._B = Num_B - 1
```

```
Mean_A = mean(A$Nicotin);              Mean_B = mean(B$Nicotin)
Sd_A = round(sd(A$Nicotin),1);         Sd_B = round(sd(B$Nicotin),1)

# 하한과 상한의 계산
f_0.025 = round(qf(0.975,D.F._A,D.F._B),2)
f_0.975 = round(qf(0.975,D.F._B,D.F._A),2)     # or
#f_0.975 = round(1/qf(0.025,D.F._A,D.F._B),2)
round(Sd_A^2/Sd_B^2/f_0.025,4)
round(Sd_A^2/Sd_B^2*f_0.975,4)

# 검정 함수 이용
Var.test <- var.test(A$Nicotine, B$Nicotine)
Var.test$conf.int[1]; Var.test$conf.int[2]
Var.test$conf.int

detach(Data)
```

연습문제 17

1 두 지역의 대기오염 수준의 차이를 확인하기 위해 관측된 아황산가스(SO_2) 농도의 자료를 이용하였다. 지역 A에서 최근 10일간 관측된 자료에서 $\overline{X}_1 = 4.79$, $S_1^2 = (3.17)^2$이 주어지고, 또 지역 B에서 최근 9일간 관측된 자료에서 $\overline{X}_2 = 2.58$, $S_2^2 = (0.92)^2$이 주어졌다. 두 모분산의 비 $\frac{\sigma_1^2}{\sigma_2^2}$에 대한 95% 신뢰구간을 구하여라.

2 칼슘의 효과가 혈압에 어떤 영향을 미치는가를 알아보기 위하여 두 집단을 조사한 결과의 요약된 자료가 다음과 같다. 두 집단의 분산의 비 $\frac{\sigma_1^2}{\sigma_2^2}$에 대한 90% 신뢰구간을 구하여라.

	표본의 크기	분산
집단 A	13	66.4
집단 B	11	34.8

7장

검정

7.1 검정의 기본 원리

모집단으로부터 추출된 표본에 근거하여 모집단에 관한 결정을 내리는 것을 **통계적 결정**(statistical decision)이라 한다. 통계적 결정은 우선 모집단에 대하여 서로 반대되는 두 개의 가설(주장) 중에서 하나를 선택하는 방법으로 진행한다. 통계적 결정을 하기 위해 세우는 이러한 가설은 참일 수도 거짓일 수도 있다. 가설을 부정할 때 그 가설을 **기각**(reject)**한다**고 하며, 부정하지 못할 때 그 가설을 **채택**(accept)한다고 한다.

예를 들어, 어떤 회사에서 생산한 전자제품의 평균 사용시간이 10,000(시간)이라고 주장할 때 이 주장이 타당성이 있는지, 또는 어떤 업체로부터 들어온 부품이 양품인지 불량품인지를 판단하기 위해서는 가설을 세워 검정을 해 보아야 한다. 일반적으로 가설을 반증적인 방법으로 증명하기 위하여 기각할 것을 바라면서 가설을 세우게 되는데 이러한 가설을 **귀무가설**(null hypothesis)이라 하며, "H_0"로 표시한다. 귀무가설이라는 용어는 원래 가설검정 연구의 초기 단계에서 지어진 이름으로 연구자가 기각되기를 바라는 또는 무효가 되기를 희망하는 가설이라는 데에서 연유된 명칭이다. 귀무가설과 대립되거나 이를 부정하는 가설로서, 강력한 증거에 의하여 입증하고자 하는 가설을 **대립가설**(alternative hypothesis)이라 하며, "H_1"으로 표시한다. 즉, 귀무가설은 연구자가 모수의 참값이 아니라고 생각하는 값으로 정의하고, 반대로 대립가설은 모수가 실제 취하리라고 예상하는 값으로 설정하여 관측된 표본자료를 이용하여 귀무가설을 기각하기를 희망한다고 하겠다.

따라서 자신이 입증하고자 하는 가설을 대립가설로 세우고 기각되기를 바라는 가설을 귀무가설로 세운다. 하나의 귀무가설과 대립가설을 설정하여 놓고 이의 참·거짓을 결정하려 할 때, 그 판단의 기준으로 임의의 표본으로부터 얻은 관측값들과 표본통계량의 확률분포를 사용하게 된다.

이와 같이 귀무가설과 대립가설 중 어느 하나를 택하는데 사용되는 표본통계량을 **검정통계량**(test statistic)이라 한다. 검정통계량의 값에 따라 귀무가설 H_0를 기각하든지 또는 채택하든지를 결정하게 되므로, 귀무가설 H_0를 기각하게 되는 검정통계량 값의 영역을 **기각역**(rejection region 또는 critical region)이라 한다. 반대로 채택하게 되는 검정통계량 값의 영역을 **채택역**(acceptance region)이라 한다. 가설의 기각역 또는 채택역은 판단기준을 어떻게 취하느냐에 따라서 다르게 된다. 이상으로부터 **통계적 가설검정**(testing a statistical hypothesis)이란 모집단의 모수의 값이나 확률분포에 대하여 어떤 가설을 설정하고 이 가설의 참·거짓 여부를 표본통계량에 의하여 확률적으로 확정하여 통계적 결정을 내리는 것이다.

모수에 대한 추정과정과 마찬가지로 가정된 모수 값의 참과 거짓을 판정하는 가설의 검정과정 또한 한정된 표본정보를 기초로 이루어지므로 그 결과는 오류가 발생할 가능성을 항상 가지고 있다. 가설검정의 결과를 나누어 보면 [표 7.1]에서 보는 바와 같이, 귀무가설이 참인 경우에 이를 채택하거나 기각하는 두 가지의 결정이 있고, 귀무가설이 거짓인 경우에 이를 채택하거나 기각하는 두 가지 결정이 있다. 따라서 가설검정에는 2가지의 오류를 범할 수 있는데, 하나는 귀무가설이 참임에도 불구하고 귀무가설을 기각함으로써 발생되는 오류를 **제1종 오류**(type I error)라 하고, 제1종 오류를 범할 확률의 최대허용한계를 **유의수준**(significance level) 또는 **임계값**(critical value)이라 하며 α로 표시한다. 나머지 하나는, 귀무가설이 거짓임에도 불구하고 귀무가설을 채택함으로써 발생되는 오류를 **제2종 오류**(type Ⅱ error)라 하며, 제2종 오류를 범할 확률을 β로 나타낸다.

표 7.1 가설검정의 결과 오류 분류표

검정결과 \ 실제 현상	귀무가설이 참	귀무가설이 거짓
귀무가설 채택	옳은 결정	제2종 오류(β)
귀무가설 기각	제1종 오류(α)	옳은 결정

제1종 오류와 제2종 오류를 동시에 줄이는 검정이 바람직한 검정법이지만 표본의 크기가 고정되어 있을 때 제1종 오류를 줄이면 제2종 오류가 커지게 되므로, 이런 경우에 두 종류의 오류를 줄이기 위해서는 표본의 크기 n을 크게 해야 한다. 그러나 이 경우에는 증가되는 비용 문제가 고려되어야 하므로 두 개의 오류 중 어느 것에 우선적인 배려를 해야 하는지에 관한 판단기준의 설정이 필요하게 된다. 전통적으로 기각되기를 희망하는 가설을 귀무가설로 설정하고 이때 희망대로 기각할 수 있는 기각역을 선정하는 것이 고전적인 가설검정의 방법이며, 따라서 통계적 가설검정에서

는 유의수준 α를 고정시키고, 제2종 오류를 범할 확률을 최소가 되도록 하는 것이 보통이다. 이 방법은 귀무가설이 실제로는 사실인 데도 불구하고 이를 기각하게 될 위험수준을 중요시하여 제1종 오류수준을 먼저 임의 선정한 후 β의 크기를 고려한다는 것이다. 이러한 가설검정방법론은 귀무가설이 기각되기를 기대하는 의지를 대변하도록 하여 통상적으로 대립가설이 채택되기를 희망하는 것에서 기인한다.

그러나 제1종 오류의 수준을 나타내는 α의 값은 연구자가 사실인 귀무가설을 부당하게 기각하는 가능성을 대변하는 것이며, 이 가능성은 상당히 중요한 의미를 가질 수도 있다. 예를 들어 "새로 개발된 암 치료약이 유해하다"는 귀무가설을 선정하였고, 또 그것이 사실임에도 불구하고 귀무가설이 기각되기를 기대하는 욕심에서 기각역을 넓게 선정하여 이를 기각했다고 하자. 이는 이 약이 실제로는 유해한 것인데도 불구하고 무해하다고 하고 나아가서는 암 치료에 효능이 있다는 대립가설을 채택하였다는 의미가 된다. 이러한 결과가 인명에 미치는 가공할 만한 결과를 상상해 보면 유의수준 α의 중요성은 이해될 수 있을 것이다. 따라서 α수준은 일반적으로 5% 이하의 작은 값으로 설정되는 것이다.

그러면 α값이 먼저 선정되었든 아니면 β와 동시에 고려되어 선정되든 α값이 저수준의 값을 갖게 되는 상황에서 어떻게 하면 β값을 최소화할 수 있는 기각역을 선정할 수 있을 것인가? 이 문제의 해결은 귀무가설이 허위일 때 이를 제대로 기각할 수 있는 힘을 측정할 수 있는 소위 검정력 함수를 이용하여 달성할 수 있다. 일반적으로 대립가설은 복합가설이므로 대립가설이 참일 때는 하나의 확정된 β값이 존재하지 않으며 따라서 β는 고정된 값이 아니다. β는 모수의 함수관계로 표시할 수 있으며, 특히 $(1-\beta)$를 **검정력 함수**(power function) 또는 **검정력**(power)이라 하고 γ로 표시하며, 이는 귀무가설이 틀린 경우에 이를 기각하는 확률이 된다.

일반적으로 모수 θ에 대한 가설을 다음과 같이 나타낼 수 있다.

*** 모수 θ에 대한 일반적인 가설의 형태**

① $H_0: \theta = \theta_0$ (또는 $\theta \le \theta_0$) v.s. $H_1: \theta > \theta_0$

② $H_0: \theta = \theta_0$ (또는 $\theta \ge \theta_0$) v.s. $H_1: \theta < \theta_0$

③ $H_0: \theta = \theta_0$ v.s. $H_1: \theta \ne \theta_0$

①, ②와 같이 귀무가설 H_0에 대해 대립가설 H_1이 단측(one-sided)으로 주어질 때의 통계적 가설검정을 **단측검정**(one-sided test) 또는 **한쪽검정**이라 하며, 특히 대립가설이 ①과 같은 형태를 취할 때는 **우단측검정** 또는 **상단측검정**이라 하고, ②와 같을 때는 **좌단측검정** 또는 **하단측검정**이라 한다. 한편, 대립가설이 ③과 같이 양측(two-sided)으로 주어질 때는 **양측검정**(two-sided test)이라 한다.

대립가설의 형태에 따라 기각역도 비슷한 형태를 취하게 되는데 우단측검정일 때는 검정통계량 분포의 우측에, 좌단측검정일 때에는 좌측에, 양측검정인 경우에는 양측에 기각역이 설정된다. 즉, 유의수준을 α라 하고, $\hat{\theta}$을 가설의 검정통계량이라 할 때 각각의 기각역은 다음과 같다.

*** 가설의 형태에 따른 기각역의 형태**

① 우단측검정일 때의 기각역: $\hat{\theta} > c_1$

② 좌단측검정일 때의 기각역: $\hat{\theta} < c_2$

③ 양측검정일 때의 기각역: $\hat{\theta} > c_3$ 또는 $\hat{\theta} < c_4$

여기서 c_1은 검정통계량 $\hat{\theta}$가 귀무가설하에서 우측확률을 $P(\hat{\theta} > c_1) = \alpha$로 갖는 기각값이고, c_2는 $\hat{\theta}$가 귀무가설하에서 좌측확률을 $P(\hat{\theta} < c_2) = \alpha$로 갖는 기각값이다. 또한, c_3는 우측확률을 $\alpha/2$로 갖는 기각값이며, c_4는 좌측확률을 $\alpha/2$로 갖는 기각값이다. 즉, $P(\hat{\theta} > c_3) = \alpha/2$, $P(\hat{\theta} < c_4) = \alpha/2$.

가설검정문제를 다룰 때는 다음과 같이 5단계로 정리하는 것이 편리하다.

① 귀무가설과 대립가설을 세운다.

② 유의수준 α를 결정한다.

③ 검정통계량을 선택한다.

④ 기각역을 구한다.

⑤ 주어진 자료로부터 유의성을 판정하고, 결과를 해석한다.

7.2 모평균의 검정

7.2.1 단일 집단의 모평균의 검정

귀무가설 $H_0 : \mu = \mu_0$ (μ_0는 어떤 정해진 값)를 검정한다고 할 때, 이 검정을 모평균의 검정이라고 한다. 모평균 μ의 검정에서는 표본평균 $\overline{X}$을 이용하는데 이를 위해서는 $\overline{X}$의 분포를 알아야 한다. 모분산이 알려져 있는 정규모집단 $N(\mu, \sigma^2)$으로부터 추출한 크기가 n인 임의표본의 표본평균 $\overline{X}$는 정규분포 $N(\mu,\ \sigma^2/n)$를 따르므로 이것을 표준화한 $Z-$통계량

$$Z = \frac{\overline{X} - \mu}{\sigma / \sqrt{n}}$$

는 표준정규분포 $N(0,1)$을 따른다.

그러므로 귀무가설이 참이라는 가설하에서 얻은 검정통계량은 $Z = \dfrac{\overline{X} - \mu_0}{\sigma / \sqrt{n}}$이다. 정규분포의 성질에 의하여,

$$P(-z_{\alpha/2} < Z < z_{\alpha/2}) = 1 - \alpha$$

$$P(Z < z_{\alpha}) = 1 - \alpha$$

$$P(-z_{\alpha} < Z) = 1 - \alpha$$

임을 알 수 있다.

- **대립가설이** $H_1 : \mu \neq \mu_0$인 양측검정인 경우의 기각역은

  $Z < -z_{\alpha/2}$ 또는 $Z > z_{\alpha/2}$이고,
- **대립가설이** $H_1 : \mu < \mu_0$인 단측검정인 경우의 기각역은 $Z < -z_{\alpha}$이고,
- **대립가설이** $H_1 : \mu > \mu_0$인 단측검정인 경우의 기각역은 $Z > z_{\alpha}$이다.

이를 그래프로 나타내면 다음과 같다.

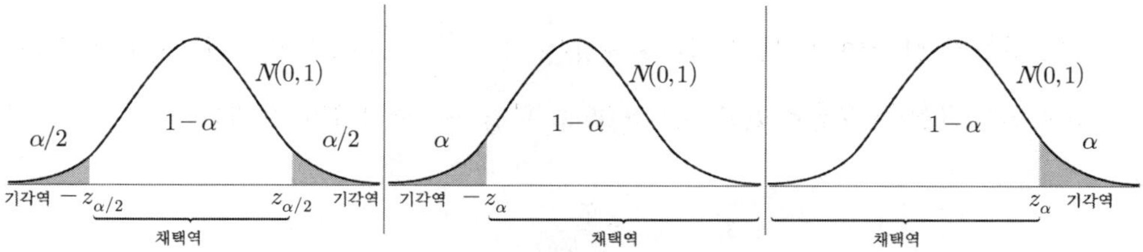

그림 7.1 양측검정, 좌단측검정 및 우단측검정의 채택역 및 기각역

모분산을 아는 경우, 모평균 μ에 대한 검정방법을 요약하면 다음과 같다.

(1) 모분산을 아는 경우 모평균 μ에 대한 검정방법

① 귀무가설설정 − H_0 : $\mu = \mu_0$

② 검정통계량 − $Z_0 = \dfrac{\overline{X} - \mu_0}{\sigma / \sqrt{n}}$

③ 가설검정 −

H_1 : $\mu > \mu_0$ 일 때, $Z_0 > z_\alpha$ 이면, H_0를 기각한다.

H_1 : $\mu < \mu_0$ 일 때, $Z_0 < -z_\alpha$ 이면, H_0를 기각한다.

H_1 : $\mu \neq \mu_0$ 일 때, $|Z_0| > z_{\alpha/2}$ 이면, H_0를 기각한다.

이와 같이 검정하고자 하는 가설의 검정통계량이 정규분포를 따를 때, 가설의 기각역은 정규분포를 이용하여 구하게 되는데 이러한 검정을 **정규분포검정(Z–test)**이라고 한다.

보기 7.1 포장할 때 사용하는 고무 고리의 개수가 1 상자당 평균 몇 개씩 들어있는가를 조사하고자 할 때 모든 상자를 다 조사하는 것은 무리이다. 공정이 정상적인 관리하에 있을 때 각 상자에 들어있는 고무 고리의 수는 평균이 1,000이고, 표준편차가 37.5인 정규분포를 따른다고 가정하자.
이 경우 회사는 가설

H_0 : $\mu = 1{,}000$(공정이 관리 상태에 있다),

H_1 : $\mu \neq 1{,}000$(공정이 관리 상태에 있지 않다)

을 검정하고자 할 것이며 이때 검정통계량은 $Z = \dfrac{\overline{X} - \mu_0}{\sigma/\sqrt{n}}$이 된다. 회사측이 무작위로 $n = 9$의 표본을 추출하였고 $\alpha = 0.05$로 했을 때 채택역의 경계점은

$$\begin{aligned}&\mu_0 \pm z_{\alpha/2} \cdot \frac{\sigma}{\sqrt{n}}\\ &= 1{,}000 \pm 1.96\left(\frac{37.5}{\sqrt{9}}\right) = 1{,}000 \pm 24.5\\ &= (975.5,\ 1024.5)\end{aligned}$$

가 된다.

이 문제에 대하여 C를 기각역이라고 하면 β는 다음과 같이 계산할 수 있다.

$$\beta(\mu) = P(H_0 \text{ 채택} \mid \mu \neq 1{,}000) = 1 - P(Z \in C \mid \mu \neq 1{,}000) \tag{1}$$

예를 들어, $\mu = 990$, $\sigma = 37.5$, $n = 9$일 때

$$\begin{aligned}\beta(\mu) &= P(975.5 \leq \overline{X} \leq 1024.5)\\ &= P\left(\frac{975.5 - 990}{37.5/3} \leq \frac{\overline{X} - \mu_0}{\sigma/\sqrt{n}} \leq \frac{1024.5 - 990}{37.5/3}\right)\\ &= 0.8741\end{aligned}$$

즉, 제2종 오류를 범할 확률은 0.8741이다. 이는 참값 $\mu = 990$일 때 $H_0 : \mu = 1{,}000$을 채택하는 오류를 범하는 경우가 87.41% 정도 된다는 의미이며, 이 검정의 검정력 함수는 $\gamma(990) = 0.1259$이다. 이는 이 검정이 거짓인 귀무가설을 제대로 판단하여 기각하는 경우가 12.59% 정도 된다는 의미이다.

만약 참값 $\mu = 1{,}010$이면 $\beta(\mu)$는 어떻게 될까? 계산해 보면 역시 0.8741이 나온다. 즉, $\beta(1{,}000 - 10) = \beta(1{,}000 + 10)$이 되며 $\mu = 1{,}000$일 때는 당연하게도 β의 값은 존재하지 않는다. 여러 가지 μ값에 대하여 검정력을 구해 보면 [표 7.2]와 같다.

표 7.2 μ에 대한 검정력과 β

μ	β	$1-\beta$
950	0.0207	0.9793
970	0.3300	0.6700
980	0.6406	0.3594
990	0.8741	0.1259
1,010	0.8741	0.1259
1,020	0.6406	0.3594
1,030	0.3300	0.6700
1,050	0.0207	0.9793

다음으로 표본크기가 일정할 때, 왜 α를 줄이면 β가 증가하게 되고 β를 줄이면 α가 증가하게 되는지를 알아보자. 직관적으로 생각해 보면 (1)번 식에서 보는 바와 같이 기각역이 커지면 β는 작아지게 된다. 기각역이 커진다는 것은 유의수준 α를 증가시킨다는 것이다. α를 0.05에서 0.10으로 증가시키면 β를 줄일 수 있게 된다. 이 경우 $979.5 \le \overline{X} \le 1020.5$이면 귀무가설을 채택하게 되는데 만약 참값을 $\mu=970$이라고 하면 $\beta(970)=0.2236$으로 $\alpha=0.05$를 사용했을 때의 $\beta(970)=0.3300$보다 작아졌다. 같은 방법으로 다른 μ의 값들에 대하여 조사해 보면 같은 사실을 확인할 수 있다. 즉 α를 증가시킬수록 좁은 채택역을 갖게 되고 검정을 더욱 강력하게 할 수 있다. 그렇다고 α를 너무 크게 할 수는 없을 것이다. 이제 $\alpha=0.05$로 다시 줄이고 참값이 $\mu=970$일 때 n을 9에서 36으로 증가시켜보면 β는 0.2236 $(\mu=970,\ n=9,\ \alpha=0.05)$에서 $0.0023(\mu=970, n=36, \alpha=0.05)$으로 감소했다. 그러나 대부분의 경우 표본의 크기를 늘리면 많은 비용을 부담해야 하므로 잘못된 결정을 했을 때, 추가비용과 시간이 상쇄될 수 있는지 또는 어느 한쪽이 손실을 보게 되는지를 잘 고려해야 한다.

예제 7.1

어느 공장에서 제조되는 특수제품은 공정온도 100℃에서 만들어지며, 이때 제품의 강도는 정규분포 $N(60, 2^2)$를 따른다고 알려져 있다고 하자. 공정온도를 변화시키면서 제품을 생산하였더니 표준편차에는 변함이 없었으나 평균 강도에는 차이가 있어 보여서 변화시킨 공정온도에서 생산된 제품들 중 20개를 임의로 추출하였다. 추출된 제품들의 강도를 측정하여 표본평균을 계산한 결과 62이었다. 공정온도가 변화함에 따라 생산되는 제품의 평균 강도가 달라진다고 할 수 있는지를 유의수준 5%에서 검정하여라.

풀이 ① H_0 : $\mu = 60$ v.s. H_1 : $\mu \neq 60$

② $\alpha = 0.05$ 이므로 $z_{0.025} = 1.96$ 이다.

③ 검정통계량은 $Z = \dfrac{(\overline{X} - \mu_0)}{\sigma / \sqrt{n}}$

④ 기각역은 $|Z| > z_{0.025} = 1.96$

⑤ 검정통계량의 관측값은 $Z_0 = 4.472$ 으로서,

$z_0 = 4.472 > z_{0.025} = 1.96$ 이므로 H_0 를 기각하고 대립가설 H_1을 채택한다. 따라서 제품의 강도는 공정온도의 변화에 따라 평균 강도가 달라진다고 할 수 있다.

참고로 검정통계량 Z의 관측값 $Z_0 = 4.472$에 대하여 표준정규분포 확률변수가 관측값(4.472)보다 클 확률은

$$P(Z \geq Z_0 = 4.472) = 3.874571e-06$$

로서 거의 "0"에 가까운 값으로 유의수준 $\alpha = 0.05$보다 작다.

NOTE

$p-value$?

귀무가설이 참이라는 전제하에서 표본으로부터 계산된 검정통계량을 포함하여 더 극단적인 값을 얻게 될 확률을 "$p-value$"라고 한다. 예를 들어, 검정통계량(Z)의 관측값이 Z_0일 때, 귀무가설 H_0 : $\mu = \mu_0$에 대하여 대립가설이 다음과 같이 주어질 때의 $p-value$는 다음과 같이 주어진다.

(1) H_1 : $\mu > \mu_0$일 때, $p-value = P\{Z > Z_0 \mid H_0 \; is \; true\}$

(2) H_1 : $\mu < \mu_0$일 때, $p-value = P\{Z < Z_0 \mid H_0 \; is \; true\}$

(3) H_1 : $\mu \neq \mu_0$일 때, $p-value = P\{|Z| > |Z_0| \mid H_0 \; is \; true\}$

즉, $p-value$가 미리 정한 유의수준 α보다 작다는 것은 바로 귀무가설 H_0를 기각하게 됨을 의미한다.

(2) 모분산을 모르는 경우 모평균 μ에 대한 검정방법

모분산(σ^2)을 모르고 n이 충분히 큰 경우($n \geq 30$)에는 σ를 표본의 표준편차 S로 대체하면 표본평균 $\overline{X}$는 근사적으로 정규분포를 따른다. 그러나 모집단이 정규분포를 따르지만, σ^2가 알려져 있지 않으며 n이 작은 경우 ($n < 30$)에 모평균 μ를 검정할 때는 t −분포를 사용한다. 정규모집단 $N(\mu, \sigma^2)$에서 크기 $n\,(n < 30)$인 표본을 임의추출하여 그 표본평균을 $\overline{X}$, 표본표준편차를 S라 하면 다음의 통계량

$$T = \frac{\overline{X} - \mu}{S / \sqrt{n}}$$

는 자유도 $n-1$인 t −분포를 따르므로, 따라서 모평균에 대한 가설검정을 실시함에 있어서 소표본을 사용할 경우에는 위의 T통계량을 적용하여 앞서 설명한 검정순서대로 검정하면 된다. 즉, $H_0 : \mu = \mu_0 \quad v.s. \quad H_1 : \mu \neq \mu_0$의 양쪽검정을 실시한다고 하면, 다음의 값을 이용하여 판단할 수 있다.

$$P\left(-t_{\alpha/2}(n-1) < \frac{\overline{X} - \mu_0}{S/\sqrt{n}} < t_{\alpha/2}(n-1)\right) = 1 - \alpha$$

부록의 t −분포표에서 자유도와 α의 값을 이용하여 $t_{\alpha/2}(n-1)$를 구한다.

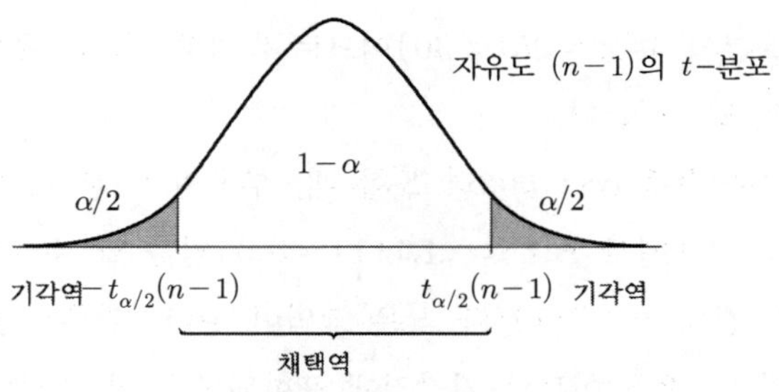

그림 7.2 양측검정의 채택역 및 기각역

모분산을 모르는 경우, 모평균 μ에 대한 검정방법을 요약하면 다음과 같다.

① 귀무가설 설정 – $H_0: \mu = \mu_0$

② 검정통계량 – $T_0 = \dfrac{\overline{X} - \mu_0}{s/\sqrt{n}}$

③ 가설검정 –

$H_1: \mu > \mu_0$ 일 때, $T_0 > t_\alpha(n-1)$ 이면, H_0를 기각한다.

$H_1: \mu < \mu_0$ 일 때, $T_0 < -t_\alpha(n-1)$ 이면, H_0를 기각한다.

$H_1: \mu \neq \mu_0$ 일 때, $|T_0| > t_{\alpha/2}(n-1)$ 이면, H_0를 기각한다.

예제 7.2

한 담배 제조회사에서는 새로 개발된 담배의 타르(Tar) 함량이 평균 4mg 미만이라고 주장하였다. 그 주장이 사실인가를 알아보기 위하여 25개의 담배를 랜덤하게 추출하여 분석한 결과 $\overline{X} = 3.90$mg, $S = 0.14$mg을 얻었다. 담배제조회사의 주장이 타당한지를 유의수준 5%에서 검정하여라.

풀이 (1) 가설의 설정: 담배에 포함된 타르의 평균이 4mg 미만인가에 관심이 있으므로 H_0와 H_1은 각각 $H_0: \mu = 4$mg $v.s.$ $H_1: \mu < 4$mg과 같다.

(2) 검정통계량과 분포: 귀무가설하에서 검정통계량은

$$T = \frac{\overline{X} - \mu_0}{s/\sqrt{n}} = \frac{3.90 - 4.0}{0.14/\sqrt{25}} = -3.57$$

이고, 표본의 수 $n = 25(< 30)$이므로 통계량 T는 자유도가 $25 - 1 = 24$인 t–분포를 따른다.

(3) 검정: 유의수준 $\alpha = 0.05$라고 할 때, 부록의 t–분포표에 의하여 자유도 24인 t–분포에서 $P(t \leqq -1.711) = 0.05$임을 알 수 있다. 따라서 기각역은 t–값이 -1.711보다 작은 영역이 된다. 귀무가설하에서 검정통계량의 값은 -3.57이므로 기각역에 포함되므로 귀무가설은 기각된다. 즉, 5%의 유의수준하에서 새로운 담배에 포함된 타르의 평균이 4mg 미만이라는 담배회사의 주장은 타당하다고 할 수 있다.

R 시연

```
Data <- read.csv(file='7장_예제7.2.csv', header = TRUE)
attach(Data)
mean(Tar)
sd(Tar)  #교재의 예는 0.14로 한 예이다.
D.F. <- length(Data$Tar)-1
Alpha = 0.05
T.test <- t.test(Data$Tar, mu=4, alternative = "less")
T.test
t_0.95 = round(qt(Alpha, D.F.),3)
if (T.test$statistic < t_0.05) {"Reject Ho"} else{"Ho:  Accpet"}
if (T.test$p.value < Alpha) {"Reject Ho"} else{"Ho:  Accpet"}
```

7.2.2 두 집단의 모평균의 동일성에 대한 검정

귀무가설 $H_0 : \mu_1 = \mu_2$를 검정한다고 할 때, 이 검정을 모평균의 차의 검정이라고 한다. 두 모평균의 차 $\mu_1 - \mu_2$의 검정에서는 추정량 $\overline{X}_1 - \overline{X}_2$을 이용하는데 이를 위해서는 $\overline{X}_1 - \overline{X}_2$의 분포를 알아야 한다. 다음의 두 가지 경우에 따라 각각의 검정 방법을 알아보자.

(1) 두 모분산을 아는 경우

6.2.5절에서의 두 모분산을 아는 경우 두 모평균 차이에 대한 구간추정을 이용하여 두 모평균의 차 $\mu_1 - \mu_2$에 대한 검정방법을 요약하면 다음과 같다.

① 귀무가설 설정 – $H_0 : \mu_1 = \mu_2$

② 검정통계량 – $Z_0 = \dfrac{\overline{X_1} - \overline{X_2}}{\sqrt{\sigma_1^2/n_1 + \sigma_2^2/n_2}}$

③ 가설검정 –

$H_1 : \mu_1 > \mu_2$일 때, $Z_0 > z_\alpha$이면, H_0를 기각한다.

$H_1 : \mu_1 < \mu_2$일 때, $Z_0 < -z_\alpha$이면, H_0를 기각한다.

$H_1 : \mu_1 \neq \mu_2$일 때, $|Z_0| > z_{\alpha/2}$이면, H_0를 기각한다.

예제 7.3

대학의 통계학 수강학생 2개 반에 대하여 수업방식에 대한 성취도의 차이가 존재하는지를 알아보고자 한다. 각각 11명과 9명의 표본을 임의로 추출하여 성취도를 조사한 결과가 다음과 같다.

A반: 8.0 7.8 8.1 7.7 7.9 8.0 8.1 7.9 8.4 8.3 7.8
B반: 8.0 8.1 7.9 7.8 7.6 7.7 8.0 7.9 8.1

두 반의 모집단은 서로 독립이고 정규분포를 따르며, A반의 모포준편차는 4.2이고, B반의 모표준편차는 3.0으로 알려져 있다고 가정하자. 이때, 두 반의 학업성취도에 대한 차이가 있는지를 유의수준 5%에서 검정하여라.

풀이 (1) 가설의 설정: $H_0 : \mu_1 = \mu_2 \quad v.s. \quad H_1 : \mu_1 \neq \mu_2$

(2) 검정통계량과 분포: 귀무가설하에서의 검정통계량은

$$Z_0 = \frac{\overline{X}_1 - \overline{X}_2}{\sqrt{\sigma_1^2/n_1 + \sigma_2^2/n_2}} = \frac{8.0 - 7.9}{\sqrt{\frac{(4.2)^2}{11} + \frac{(3.0)^2}{9}}} = 0.062$$

(3) $\alpha = 0.05$이므로 $z_{0.025} = 1.96$이다.

(4) $|Z_0| = 0.062 < z_{0.05/2} = 1.96$이므로 귀무가설을 기각하지 못한다. 즉, 두 반의 학업성취도는 수업방법에 의한 차이가 있다고 할 수 없다.

---

(2) 두 모분산을 모르는 경우

6.2.5절에서의 두 모분산을 모르는 경우의 두 모평균 차이에 대한 구간추정을 이용한 두 모평균의 차 $\mu_1 - \mu_2$에 대한 검정방법은 다음과 같다.

두 정규모집단 $N(\mu_1, \sigma_1^2)$, $N(\mu_2, \sigma_2^2)$에서 모평균의 차이를 검정하려고 할 때, 두 모분산은 모르고 또한 **두 모분산이 같다는 근거가 없을 때**, 표본의 크기 n_1, n_2가 대표본일 경우 모표준편차 대신 표본표준편차를 대입한 다음과 같은 통계량을 사용하고, 이 검정에서의 기각역은 모분산을 아는 경우와 같이 동일하다.

$$Z = \frac{(\overline{X}_1 - \overline{X}_2) - (\mu_1 - \mu_2)}{\sqrt{\dfrac{S_1^2}{n_1} + \dfrac{S_2^2}{n_2}}}$$

반면, 대 표본하에서 두 분산은 모르지만 **두 모분산이 같다고 가정할 수 있을 때는** 다음의 통계량을 사용한다.

$$T = \frac{(\overline{X}_1 - \overline{X}_2) - (\mu_1 - \mu_2)}{S_p\sqrt{1/n_1 + 1/n_2}}$$

여기에서, S_p^2는 합동분산추정량으로서 다음과 같이 주어진다.

$$S_p^2 = \frac{(n_1 - 1)S_1^2 + (n_2 - 1)S_2^2}{n_1 + n_2 - 2}$$

이 경우 통계량 T는 근사적으로 표준정규분포를 따른다.

두 모분산을 모르는 경우(그러나 두 모분산이 같다고 가정할 수 있을 때), 두 모평균의 차 $\mu_1 - \mu_2$에 대한 검정방법은 다음과 같다.

① 귀무가설 설정 – $H_0: \ \mu_1 = \mu_2$

② 검정통계량 – $T_0 = \dfrac{\overline{X}_1 - \overline{X}_2}{S_p\sqrt{1/n_1 + 1/n_2}}$

③ 가설검정 –

$H_1: \ \mu_1 > \mu_2$ 일 때, $T_0 > z_\alpha$이면, H_0를 기각한다.

$H_1: \ \mu_1 < \mu_2$ 일 때, $T_0 < -z_\alpha$이면, H_0를 기각한다.

$H_1: \ \mu_1 \neq \mu_2$ 일 때, $|T_0| > z_{\alpha/2}$이면, H_0를 기각한다.

예제 7.4

서울시내 남녀 고등학생들의 학력수준에 차이가 있는지를 알아보기 위하여 남녀 고등학생 각각 100명씩을 뽑아 임의로 선발한 뒤 학력시험을 실시하여 다음의 결과를 얻었다.

남학생: $\overline{X}_1 = 82$점, $S_1 = 20$점, 여학생: $\overline{X}_2 = 78$점, $S_2 = 18$점

두 집단의 모분산이 동일하다고 할 때, 남녀학생들의 학력수준에 차이가 있는지 유의수준 5%하에서 검정하여라.

풀이 (1) 가설의 설정: $H_0 : \mu_1 = \mu_2 \quad v.s. \quad H_1 : \mu_1 \neq \mu_2$

(2) 검정통계량과 분포: 두 모분산이 같으므로, 합동추정량 S_p^2는 다음과 같다.

$$S_p^2 = \frac{(n_1-1)S_1^2 + (n_2-1)S_2^2}{n_1+n_2-2} = \frac{99 \times 20^2 + 99 \times 18^2}{100+100-2} = 362$$

그러므로 $S_p = 19.026$이다. 따라서 귀무가설하에서 검정통계량의 값은

$$T_0 = \frac{\overline{X}_1 - \overline{X}_2}{S_p(1/n_1 + 1/n_2)} = \frac{82-78}{19.026\sqrt{\frac{1}{100}+\frac{1}{100}}} = \frac{4}{2.6907} = 1.487$$

이 되며, $n_1 + n_2 = 200(>30)$이므로 T_0는 근사적으로 표준정규분포를 따른다고 할 수 있다.

(3) 검정: 양측검정에서 유의수준 0.05에 대한 기각역은 $z_{0.05/2} = 1.96$이고, $|T_0| = 1.487 < z_{0.05/2} = 1.96$으로서 기각역에 속하지 않으므로 귀무가설을 기각할 수 없다. 즉, 남녀 고등학교 학생들의 평균성적은 유의수준 5%하에서 동일하다고 볼 수 있다.

그러나 소표본의 경우에는 다음 두 가지 경우에 따라 검정을 진행하게 된다.

(a) 두 모집단의 모분산이 같다는 가정하에서는 다음의 검정통계량을 이용한다.

$$T = \frac{(\overline{X}_1 - \overline{X}_2) - (\mu_1 - \mu_2)}{S_p\sqrt{1/n_1 + 1/n_2}}$$

이 경우 통계량 T 는 근사적으로 자유도가 $n_1 + n_2 - 2$인 t-분포를 따른다.

그러므로 다음과 같이 검정방법을 요약할 수 있다.

① 귀무가설 설정 – $H_0: \mu_1 = \mu_2$

② 검정통계량 – $T_0 = \dfrac{\overline{X_1} - \overline{X_2}}{S_p\sqrt{\dfrac{1}{n_1} + \dfrac{1}{n_2}}}$

③ 가설검정 –

$H_1: \mu_1 > \mu_2$ 일 때, $T_0 > t_\alpha(n_1+n_2-2)$ 이면, H_0를 기각한다.

$H_1: \mu_1 < \mu_2$ 일 때, $T_0 < -t_\alpha(n_1+n_2-2)$ 이면, H_0를 기각한다.

$H_1: \mu_1 \neq \mu_2$ 일 때, $|T_0| > t_{\alpha/2}(n_1+n_2-2)$ 이면, H_0를 기각한다.

예제 7.5

신약에 의한 치료시간: 등분산을 가정한 경우의 예

개발된 신약의 효과를 측정하기 위하여 환자집단을 두 집단으로 나누어 한 집단은 신약을 조제하여 치료를 하고, 나머지 한 집단은 가짜(placebo)약(또는 위약)을 제공한 후 환자들의 치료효과가 나타나는 시간을 측정한 결과가 다음과 같다고 한다. 여기서 두 집단 모두 정규분포를 따르며, **분산은 같다고 가정**하기로 한다.

신약치료집단:	15	10	13	7	9	8	21	9	14	8
위약치료집단:	15	14	12	8	14	7	16	10	15	12

신약은 효과가 있다고 할 수 있는지를 유의수준 5%하에서 검정하여라.

풀이 μ_1: 신약치료 집단의 모평균, μ_2: 위약 치료 집단의 모평균이라고 하자. 신약의 효과를 입증하고 싶은 것이므로 다음과 같이 좌단측 검정을 실시한다.

(1) 가설의 설정: $H_0: \mu_1 = \mu_2 \quad v.s. \quad H_1: \mu_1 < \mu_2$

(2) 검정통계량과 분포: 두 모분산이 같으므로, 합동추정량 S_p^2는 다음과 같다.

$$S_p^2 = \frac{(n_1-1)S_1^2 + (n_2-1)S_2^2}{n_1+n_2-2} = \frac{9\times 4.35^2 + 9\times 3.09^2}{10+10-2} = 14.24$$

그러므로 $S_p = 3.77$ 이다. 따라서 귀무가설하에서 검정통계량의 값은

$$T_0 = \frac{\overline{X}_1 - \overline{X}_2}{S_p(1/n_1 + 1/n_2)} = \frac{11.4 - 12.3}{3.77\sqrt{\dfrac{1}{10}+\dfrac{1}{10}}} = \frac{-0.9}{1.69} = -0.53$$

이 되며, T_0는 근사적으로 자유도가 18인 $t-$분포를 따른다.

(3) 검정: 좌단측검정에서 유의수준 0.05에 대한 기각역은 $t_{0.95}(18)=-1.734$ 이고, 이는 $T_0=-0.53>t_{0.95}(18)=-1.734$으로 이는 기각역에 속하지 않으므로 귀무가설을 기각할 수 없다. 즉, 신약의 효과는 유의수준 5% 하에서 있다고 할 수 없다는 통계적 결론을 얻게 된다.

(b) 두 집단의 모분산이 같다는 보장이 없을 때 다음의 검정통계량을 이용한다.

$$T=\frac{(\overline{X}_1-\overline{X}_2)-(\mu_1-\mu_2)}{\sqrt{S_1^2/n_1+S_2^2/n_2}}$$

이 경우의 통계량 T는 근사적으로 자유도가 n^*인 $t-$분포를 따른다. 여기서, 자유도 n^*는 근사적으로 다음과 같이 정의된 값이다. 사실 자유도가 항상 정수일 필요는 없는 것이다.

$$n^*=\frac{\left[\dfrac{S_1^2}{n_1}+\dfrac{S_2^2}{n_2}\right]^2}{\dfrac{(S_1^2/n_1)^2}{n_1-1}+\dfrac{(S_2^2/n_2)^2}{n_2-1}}$$

그러므로 다음과 같이 검정방법을 요약할 수 있다.

① 귀무가설 설정 – $H_0: \mu_1=\mu_2$

② 검정통계량 – $T_0=\dfrac{\overline{X}_1-\overline{X}_2}{\sqrt{\dfrac{S_1^2}{n_1}+\dfrac{S_2^2}{n_2}}}$

③ 가설검정 –

$H_1: \mu_1>\mu_2$일 때, $T_0>t_\alpha(n^*)$이면, H_0를 기각한다.

$H_1: \mu_1<\mu_2$일 때, $T_0<-t_\alpha(n^*)$이면, H_0를 기각한다.

$H_1: \mu_1\neq\mu_2$일 때, $|T_0|>t_{\alpha/2}(n^*)$이면, H_0를 기각한다.

R 시연

```
New <- c(15, 10, 13, 7, 9 , 8, 21, 9, 14, 8)
Placebo <- c(15, 14, 12, 8, 14, 7, 16, 10, 15, 12)
t.test(New, Placebo, var.equal = TRUE)
```

예제 7.6

신약에 의한 치료시간: 두 집단의 분산이 다른 경우

예제 7.5에서 **두 집단의 분산이 서로 다르다는 가정**을 했을 때, 신약은 효과가 있다고 볼 수 있는가? 유의수준은 5%를 이용하기로 하자.

풀이 μ_1: 신약치료 집단의 모평균, μ_2: 위약 치료 집단의 모평균이라고 하자. 신약의 효과를 입증하고 싶은 것이므로 다음과 같이 좌단측 검정을 실시한다.

(1) 가설의 설정: $H_0 : \mu_1 = \mu_2 \quad v.s. \quad H_1 : \mu_1 < \mu_2$

(2) 검정통계량과 분포: 두 모분산이 다르므로, 귀무가설하에서 검정통계량의 값은

$$T_0 = \frac{\overline{X}_1 - \overline{X}_2}{\sqrt{S_1^2/n_1 + S_2^2/n_2}} = \frac{11.4 - 12.3}{\sqrt{18.9/10 + 9.57/10}} = -0.53$$

이 되며, T_0는 근사적으로 자유도가 $n^* = 16.25$인 $t-$분포를 따른다.

(3) 검정: 좌단측검정에서 유의수준 0.05에 대한 기각역은 $t_{0.95} = -1.746$이고, $T_0 = -0.53 > t_{0.95} = -1.746$으로서 기각역에 속하지 않으므로 귀무가설을 기각할 수 없다. 즉, 신약의 효과는 유의수준 5%하에서 있다고 할 수 없다는 통계적 결론을 얻게 된다.

R 시연

```
New <- c(15, 10, 13, 7, 9 , 8, 21, 9, 14, 8)
Placebo <- c(15, 14, 12, 8, 14, 7, 16, 10, 15, 12)
t.test(New, Placebo, var.equal = FALSE)
```

NOTE

> 예제 7.5과 예제 7.6의 경우 검정통계량의 값은 차이가 나타나지 않았으나, 자유도가 18과 약 16.25로 차이가 남에 따라 판단 기준이 되는 t의 값만 변화가 발생하였다. 각각 $p-value$를 구해 보면 각각 0.3002와 0.3006으로 약간의 변화가 있음을 알 수 있다.

7.2.3 쌍체 표본의 모평균에 대한 검정

6.2.5의 짝비교에 의한 모평균 차이의 구간추정에 의하여, 각 짝에서 얻은 관측값의 차 D를 이용하여 모평균의 차에 대한 검정을 하고자 할 때, 두 가지 경우에 따라 요약하면 다음과 같다.

(1) 모분산 σ_D^2이 알려져 있는 경우

① 귀무가설 설정 – $H_0: \mu_1 = \mu_2$

② 검정통계량 – $Z_0 = \dfrac{\overline{D}}{\sigma_D/\sqrt{n}}$

③ 가설검정 –

$H_1: \mu_1 > \mu_2$일 때, $Z_0 > z_\alpha$이면, H_0를 기각한다.

$H_1: \mu_1 < \mu_2$일 때, $Z_0 < -z_\alpha$이면, H_0를 기각한다.

$H_1: \mu_1 \neq \mu_2$일 때, $|Z_0| > z_{\alpha/2}$이면, H_0를 기각한다.

(2) 모분산 σ_D^2이 알려져 있지 않은 경우

① 귀무가설 설정 – $H_0: \mu_1 = \mu_2$

② 검정통계량 – $T_0 = \dfrac{\overline{D}}{S_D/\sqrt{n}}$, $S_D^2 = \dfrac{1}{n-1}\sum_{i=1}^{n}(D_i - \overline{D})^2$

③ 가설검정 –

$H_1: \mu_1 > \mu_2$일 때, $T_0 > t_\alpha(n-1)$이면, H_0를 기각한다.

$H_1: \mu_1 < \mu_2$일 때, $T_0 < -t_\alpha(n-1)$이면, H_0를 기각한다.

$H_1: \mu_1 \neq \mu_2$일 때, $|T_0| > t_{\alpha/2}(n-1)$이면, H_0를 기각한다.

예제 7.7

다이어트 식품제조사는 자사제품을 사용하면 체중이 감소한다고 주장한다. 10명의 여성을 상대로 다이어트 식품 복용 전, 후의 체중을 측정한 결과에 대하여, 유의수준 5%하에서 이 회사의 주장이 옳다고 할 수 있는지 검정하여라.

번호	1	2	3	4	5	6	7	8	9	10
복용 전(X)	50	45	55	60	63	48	50	70	56	44
복용 후(Y)	48	45	50	60	60	50	49	60	55	48

풀이 (1) 가설의 설정: $H_0 : \mu_1 = \mu_2 \quad v.s. \quad H_1 : \mu_1 > \mu_2$

(2) 검정통계량과 분포: 위의 자료에 의하여, D의 표본평균과 표본분산은 각각 $\overline{D}= 1.6$, $S_D^2 = 14.93$, $S_D = 3.86$이므로, 귀무가설하에서 검정통계량

$$T_0 = \frac{\overline{D}}{S_D/\sqrt{n}} \left(= \frac{1.6}{3.86/\sqrt{10}} = 1.31 \right)$$

는 자유도가 9인 $t-$분포를 따른다.

(3) 검정: $T_0 = 1.31 < t_{0.05}(9) = 1.833$이므로 검정통계량 값은 기각역에 있지 않다. 그러므로 귀무가설을 기각하지 못한다. 즉, 유의수준 5%하에서, 이 회사의 다이어트식품은 체중을 감소시킨다고 볼만한 근거가 없다.

R 시연

```
X <- c(50, 45, 55, 60, 63, 48, 50, 70, 56, 44)
Y <- c(48, 45, 50, 60, 60, 50, 49, 60, 55, 48)
t.test(X, Y, alternative= "greater", paired= TRUE)
```

연습문제 18

1 ROM CHIP 제조공정에 사용되는 오븐의 최고 온도는 500℃로 믿어진다. 또, 오븐온도는 최고 온도에서 표준편차 12℃를 갖는다고 알려져 있다. 8개의 표본

을 취하여 표본평균을 구한 결과 492°C로 나타났다. 다음과 같은 가설을 유의수준 5%로 검정하여라.

$$H_0 : \mu = 500℃ \quad v.s. \quad H_1 : \mu \neq 500℃$$

2 단위면적당 쌀 생산량이 300kg이라고 하는 어떤 지역에서 36호의 농가를 임의추출하여 그 평균생산량을 조사하였더니 272kg이었다. 이 지역의 단위면적당 쌀 생산량의 모평균은 300kg이라고 말할 수 있는가? 단, 모표준편차는 42kg이다.

3 어느 진공관 제조업자의 주장에 의하면 그가 생산하는 진공관의 평균수명이 2,516시간보다 길다고 한다. 그런데 그 진공관 중에서 36개를 임의추출하여 조사한 결과 평균수명이 2,550시간이고 표준편차가 132시간이었다. 이 자료를 근거로 하여 그 진공관 제조업자의 주장이 타당하다고 말할 수 있는가? 유의수준 $\alpha = 0.05$로 검정하여라.

4 어느 해의 단위면적당 쌀 평균생산량은 320kg이었다. 한편 어떤 지역에서 10호의 농가를 임의추출하여 단위면적당 쌀 평균생산량을 조사한 결과 330kg이었으며 그 표본분산은 7,056kg이었다. 이 지역의 단위면적당 쌀 평균생산량은 전국의 쌀 평균생산량보다 많다고 할 수 있는지를 유의수준 5%에서 검정하여라.

5 H시멘트 공장에 설치되어 있는 포장 기계가 정상적으로 가동될 때, 한 포대에 포장되는 시멘트의 중량의 평균은 40kg, 표준편차는 5kg이라 한다. 어느 날 포장된 시멘트 100포대를 임의추출하여 중량을 조사한 결과 표본평균이 38.5kg이었다. 이때 이 포장 기계는 정상적으로 가동되고 있다고 말할 수 있는가? 유의수준 5%로 검정하여라(단, 표준편차는 5kg으로 관리되고 있다고 가정한다).

6 컴퓨터 프로그램을 배우는 과정이 20주 동안에 평균 57.2시간이 걸린다. 시간을 단축하기 위해 25명의 학생들을 대상으로 새로운 교수 방법을 사용하였다. 이 학생들이 모든 과정을 끝내는 표본평균시간이 54.8이고 그 표본표준편차는 4.3시간이었다. 새로운 교수 방법이 그 과정시간을 단축시켰다고 말할 수 있는가? 유의수준 5%로 검정하여라(단, 모집단은 정규분포를 가정한다).

7 어떤 약에 들어 있는 X 성분의 양을 두 가지 측정방법에 의해서 측정한 자료는 다음과 같다(단위: %).

방법 I	7.55	7.74	7.69	7.71	7.73	7.81	7.53	7.94
방법 II	7.92	7.77	7.75	7.78	8.13	7.99	7.83	8.00

어느 것이나 모표준편차가 0.2인 정규분포에 따른다고 하자.

① 두 모집단의 평균의 차 $\mu_1 - \mu_2$ 의 95% 신뢰구간을 구하여라.

② $H_0 : \mu_1 = \mu_2$, $H_1 : \mu_1 \neq \mu_2$ 를 검정하여라. $(\alpha = 0.05)$

8 한 여성단체에서 같은 직종에 근무하는 남, 여직원을 비교하여 남녀가 같은 정도의 급여를 받고 있는지 조사하였다. 같은 직종에 근무하는 남녀 직원 중에서 무작위로 추출하여 조사한 결과 다음의 자료를 얻었다.

	남자	여자
표본의 크기	100	80
평균급여	253,000	200,800
표준편차	42,000	53,000

① 남녀 간의 평균급여의 차에 관한 90% 신뢰구간을 구하여라.

② 남자, 여자 급여의 모평균을 각각 μ_1, μ_2 라 할 때

$$H_0 : \mu_1 = \mu_2 \quad v.s. \quad H_1 : \mu_1 > \mu_2$$

를 $\alpha = 0.05$ 에서 검정하여라.

9 A, B 두 지역에서 각각 9, 10가구씩 무작위로 추출하여 일정기간의 소비지출을 조사한 결과가 아래와 같다. $\alpha = 0.05$ 및 $\alpha = 0.01$ 에서 두 지역의 소비지출이 같은지 아닌지를 검정하여라.

A 지역: 75, 72, 80, 100, 110, 125, 150, 160, 200

B 지역: 50, 60, 100, 72, 125, 90, 125, 130, 132, 170

7.3 모비율의 검정

7.3.1 단일 집단의 모비율에 대한 검정

X가 이항분포 $B(n,p)$를 따르면, 표본비율 $\hat{p} = X/n$은 표본의 크기 n이 클 때 근사적으로 $N(p,\ p(1-p)/n)$을 따르므로, 이것을 표준화한 $Z-$ 통계량 $Z = \dfrac{\hat{p}-p}{\sqrt{pq/n}}$는 근사적으로 표준정규분포 $N(0,1)$을 따른다. 그러므로 귀무가설이 참이라는 가설하에서 얻은 검정통계량을 이용하여 모비율 p에 대한 검정방법을 요약하면 다음과 같다.

*** 모비율 p에 대한 검정방법**

① 귀무가설 설정 – $H_0:\ p = p_0$

② 검정통계량 – $Z_0 = \dfrac{\hat{p}-p_0}{\sqrt{p_0 q_0/n}}$

③ 가설검정 –

$H_1:\ p > p_0$일 때, $Z_0 > z_\alpha$이면, H_0를 기각한다.

$H_1:\ p < p_0$일 때, $Z_0 < -z_\alpha$이면, H_0를 기각한다.

$H_1:\ p \neq p_0$일 때, $|Z_0| > z_{\alpha/2}$이면, H_0를 기각한다.

예제 7.8

종전의 공정에서 생산된 제품의 불량률은 0.05이었다. 새로운 공정을 도입하여 생산된 제품 중에서 100개의 제품을 임의로 추출하여 불량품을 조사한 결과 3개의 불량품이 발견되었다. 새로운 공정에 의해 불량률이 개선되었다고 할 수 있는지를 유의수준 5%에서 검정하여라.

풀이 ① $H_0:\ p = 0.05 \quad \text{v.s.} \quad H_1:\ p < 0.05$

② 유의수준 $\alpha = 0.05$

③ 검정통계량: $Z_0 = \dfrac{\hat{p}-p_0}{\sqrt{p_0 q_0/n}}$

④ 기각역 $Z \leqq -z_{0.05} = -1.645$

⑤ $\hat{p} = \frac{3}{100} = 0.03$ 이므로, 검정통계량의 관측값은

$$Z = \frac{0.03 - 0.05}{\sqrt{0.05 \times 0.95/100}} = -0.918$$

$Z = -0.918 > -z_{0.05} = -1.645$ 이므로 H_0 를 기각하지 못한다. 따라서 새로운 공정에 의해 불량률이 개선되었다고 할 수 없다. 참고로 $p-value$를 구해 보면 $P(Z < -0.918) = 0.1793094$임을 알 수 있다.

R 시연

```
Data <- read.csv(file='7장_예제7.8.csv', header = TRUE)
attach(Data)

Num = length(Product)
Num_D = length(Product[Product=="D"]);

# 검정 함수 이용(0) : z.test
install.packages("TeachingDemos")
library(TeachingDemos)
X = c( )
for(i in 1:100){ if(Product[i]=="D") {X[i]=1 } else{ X[i]=0 }}
Sd = sqrt(0.05*0.95)
z.test(X, 0.05, sd = Sd, alternative = "less")

# 검정 함수 이용(1)
prop.test(Num_D, Num, p=0.05, alternative = "less")

# 검정 함수 이용(2)
prop.test(Num_D, Num, p=0.05, alternative = "less", correct = FALSE)

# 검정 함수 이용(3)
binom.test( c(Num_D, Num-Num_D), p=0.05, alternative = "less")

detach(Data)
```

7.3.2 두 집단의 모비율의 동일성에 대한 검정

귀무가설 $H_0 : p_1 = p_2$ 를 검정할 때, 이 검정을 모비율의 동일성 또는 차의 검정

이라고 한다. 두 모비율의 동일성 검정을 하기 위해서는 추정량 $\hat{p}_1 - \hat{p}_2$을 이용한다.

6.2.6절에 의하면, 다음의 통계량

$$Z = \frac{(\hat{p}_1 - \hat{p}_2) - (p_1 - p_2)}{\sqrt{\hat{p}_1(1-\hat{p}_1)/n_1 + \hat{p}_2(1-\hat{p}_2)/n_2}}$$

가 근사적으로 표준정규분포를 따름을 알 수 있다.

그러므로 귀무가설 $H_0 : p_1 = p_2 = p$가 참이라는 가설하에서

$$Var(\hat{p}_1 - \hat{p}_2) = \frac{p_1(1-p_1)}{n_1} + \frac{p_2(1-p_2)}{n_2} = p(1-p)(\frac{1}{n_1} + \frac{1}{n_2})$$

이므로, 검정통계량은 다음과 같다.

$$Z_0 = \frac{(\hat{p}_1 - \hat{p}_2)}{\sqrt{\hat{p}(1-\hat{p})(\frac{1}{n_1} + \frac{1}{n_2})}}$$

여기서, $\hat{p}$은 미지의 공통인 모비율 p의 합동추정량으로 다음과 같이 정의된 값이다.

$$\hat{p} = \frac{n_1\hat{p}_1 + n_2\hat{p}_2}{n_1 + n_2}$$

따라서 두 모비율의 차 $p_1 - p_2$의 검정방법을 요약하면 다음과 같다.

① 귀무가설 설정 – $H_0 :\ p_1 = p_2$

② 검정통계량 – $Z_0 = \dfrac{(\hat{p}_1 - \hat{p}_2)}{\sqrt{\hat{p}(1-\hat{p})(\frac{1}{n_1} + \frac{1}{n_2})}}$

③ 가설검정 –

$H_1 :\ p_1 > p_2$일 때, $Z_0 > z_\alpha$이면, H_0를 기각한다.

$H_1 :\ p_1 < p_2$일 때, $Z_0 < -z_\alpha$이면, H_0를 기각한다.

$H_1 :\ p_1 \neq p_2$일 때, $|Z_0| > z_{\alpha/2}$이면, H_0를 기각한다.

예제 7.9

두 기계 A와 B에서 생산하는 제품의 불량률을 비교하기 위하여 각 기계로부터 100개의 제품을 랜덤 추출하여 검사한 결과 다음과 같다.

기계	표본의 수	불량품의 수
A	100	20
B	100	16

두 기계 A, B 간에 불량률의 차이가 있는지를 유의수준 5%에서 검정하여라.

풀이 ① $H_0 \ : \ p_1 = p_2 \quad \text{v.s.} \quad H_1 \ : \ p_1 \neq p_2$

② 유의수준 $\alpha = 0.05$

③ $\hat{p}_1 = \frac{20}{100}$, $\hat{p}_2 = \frac{16}{100}$, 그리고 $\hat{p} = \frac{20+16}{100+100} = 0.18$이므로,

$$Z_0 = \frac{(\hat{p}_1 - \hat{p}_2)}{\sqrt{\hat{p}(1-\hat{p})(1/n_1 + 1/n_2)}}$$

$$= \frac{0.2 - 0.16}{\sqrt{0.18(1-0.18)(1/100+1/100)}} = 0.736$$

④ 기각역 $|Z| \geq z_{0.025} = 1.96$

⑤ $|Z_0| = 0.736 < z_{0.025} = 1.96$ 이므로 H_0를 기각하지 못한다. 따라서 두 기계간에 불량률의 차이가 있다고 할 수 없다. 한편, $p-value$는 $P(|Z| > 0.793) = 0.428$로서 유의수준 0.05보다 크다.

R 시연

```
Data <- read.csv(file='7장_예제7.9.csv', header = TRUE)
attach(Data)
str(Data)

A=0; for(i in 1:100){if(ProductA[i]=="D"){A[i]=1} else{A[i]=0}}
B=0; for(i in 1:100){if(ProductB[i]=="D"){B[i]=1} else{B[i]=0}}

sum(A); sum(B)
Defect = c(sum(A), sum(B))
```

```
Total = c(length(A), length(B))
Prob = Defect/Total

# 검정 함수 이용(1)
prop.test(Defect, Total, correct = FALSE)

# 검정 함수 이용(2)
prop.test(Defect, Total)

detach(Data)
```

연습문제 19

1 어떤 지역의 농가 1,496호에 대하여 임야 소유율을 표본조사하였더니 그 소유율이 70%이었다. 한편 전국농가의 임야 소유율은 66%이다. 이 지역의 농가의 임야 소유율은 전국 농가의 임야 소유율보다 높다고 볼 수 있는가? 유의수준은 5%를 사용하여라.

2 하나의 동전을 100회 던져서 앞면이 38회 나왔다. 이 동전에 대하여 앞면이 나올 확률이 0.5라고 할 수 있는가? 유의수준 5%, 1%로 각각 검정하여라.

3 종자회사에서 판매하는 씨앗은 평균 발아율은 20%가 넘는다고 주장하고 있다. 이 씨앗을 400개를 구입하여 심은 결과 95개가 발아하였다면, 이 회사의 주장은 타당하다고 볼 수 있는가? 유의수준 0.01을 사용하여라.

4 멘델의 유전 법칙에 의하면 완두콩의 교배실험에 있어서 황색과 녹색의 종자는 3:1의 비율로 나타난다고 한다. 어떤 실험에 있어서 황색이 180, 녹색이 40개 생겼다. 이 결과가 멘델의 법칙과 일치하고 있는지 아닌지를 유의수준 5%로 검정하여라.

5 A, B 두 지역에 있어서 각각 80호 및 70호의 농가를 표본추출하여 경운기의 소

유상황을 조사하였더니 A는 10호, B는 5호가 각각 소유하고 있었다. A 지역과 B 지역의 경운기 소유율에 차이가 있는가? 유의수준 0.05를 사용하여라.

7.4 모분산의 검정

7.4.1 단일 집단의 모분산의 검정

귀무가설 $H_0 : \sigma^2 = \sigma_0^2$를 검정하는 것을 모분산의 검정이라고 한다. 모평균이 알려진 경우와 모를 때에 따라 각각 정리하자.

(1) 모평균 μ를 아는 경우 모분산 σ^2의 검정

6.2.3절의 모평균 μ을 아는 경우 모분산 σ^2의 구간추정에 의하면, 다음의 χ^2-통계량

$$\chi^2 = \sum_{i=1}^{n} \frac{(X_i - \mu)^2}{\sigma^2}$$

은 자유도가 n인 χ^2-분포를 한다. 그러므로 귀무가설이 참이라는 가설하에서 얻은 검정통계량을 이용하여 모분산에 대한 검정방법을 요약하면 다음과 같다.

① 귀무가설 설정 – $H_0 :\ \sigma^2 = \sigma_0^2$

② 검정통계량 – $\chi_0^2 = \sum_{i=1}^{n} \frac{(X_i - \mu)^2}{\sigma_0^2}$

③ 가설검정 –

$H_1 :\ \sigma^2 > \sigma_0^2$일 때, $\chi_0^2 > \chi_\alpha^2(n)$이면, H_0를 기각한다.

$H_1 :\ \sigma^2 < \sigma_0^2$일 때, $\chi_0^2 < \chi_{1-\alpha}^2(n)$이면, H_0를 기각한다.

$H_1 :\ \sigma^2 \neq \sigma_0^2$일 때, $\chi_0^2 > \chi_{\alpha/2}^2(n)$이거나 $\chi_0^2 < \chi_{1-\alpha/2}^2(n)$이면, H_0를 기각한다.

(2) 모평균 μ를 모르는 경우 모분산 σ^2의 검정

6.2.3절의 모평균 μ를 모르는 경우 모분산 σ^2의 구간추정에 의하면, 다음의 χ^2-통계량

$$\chi^2 = \frac{(n-1)S^2}{\sigma^2}$$

은 자유도가 $n-1$인 χ^2-분포를 한다. 그러므로 귀무가설이 참이라는 가설하에서 얻은 검정통계량을 이용하여 **모분산에 대한 검정방법**을 요약하면 다음과 같다.

① 귀무가설 설정 – $H_0: \ \sigma^2 = \sigma_0^2$

② 검정통계량 – $\chi_0^2 = \dfrac{(n-1)S^2}{\sigma_0^2}$

③ 가설검정 –

$H_1: \ \sigma^2 > \sigma_0^2$일 때, $\chi_0^2 > \chi_\alpha^2(n-1)$이면, H_0를 기각한다.

$H_1: \ \sigma^2 < \sigma_0^2$일 때, $\chi_0^2 < \chi_{1-\alpha}^2(n-1)$이면, H_0를 기각한다.

$H_1: \ \sigma^2 \neq \sigma_0^2$일 때, $\chi_0^2 > \chi_{\alpha/2}^2(n-1)$이거나 $\chi_0^2 < \chi_{1-\alpha/2}^2(n-1)$이면, H_0를 기각한다.

예제 7.10

모 대학 신입생들 41명에 대하여 IQ 검사를 실시한 결과 표본분산이 258이었다. 이 경우 모분산이 225라고 할 수 있는지 유의수준 5%하에서 검정하여라.

풀이 ① $H_0 \ : \ \sigma^2 = 225$ v.s. $H_1 \ : \ \sigma^2 \neq 225$

② 유의수준 $\alpha = 0.05$

③ 검정통계량

$$\chi_0^2 = \frac{(n-1)S^2}{\sigma_0^2} \quad \left(= \frac{40 \times 258}{225} = 45.867 \right)$$

④ 기각역: $\chi_0^2 < \chi_{0.975}^2(40) = 24.4$ 또는 $\chi_0^2 > \chi_{0.025}^2(40) = 59.3$

⑤ $24.4 = \chi_{0.975}^2(40) < \chi_o^2 = 45.867 < \chi_{0.025}^2(40) = 59.3$이므로 H_0를 기각하지 못한다. 따라서 유의수준 5%하에서 모분산은 225라고 할 수 있다.

R 시연

```
Data <- read.csv(file='7장_예제7.10.csv', header = TRUE)
attach(Data)
str(Data)

install.packages("TeachingDemos")
library(TeachingDemos)
Num= length(Data$IQ)
D.F.= Num - 1
SigmaSq= 225
Alpha = 0.05
Sigma.test <- sigma.test(IQ, sigmasq= 225, alternative= c("two.sided"))
Sigma.test
names(Sigma.test)
Sigma.test$statistic      # 검정통계량의 값

# 기각 기준값의 하한과 상한
Chi_Top= round(qchisq(1-Alpha/2, D.F.),2)
Chi_Bottom= round(qchisq(Alpha/2, D.F.),2)

if ( Sigma.test$statistic > Chi_Bottom & Sigma.test$statistic < Chi_Top )
{ cat('\n 귀무가설 Ho 채택!!')} else{ cat('\n 귀무가설 Ho 기각!!')}

detach(Data)
```

7.4.2 두 집단의 모분산의 동일성에 대한 검정

귀무가설 "$H_0 : \sigma_1^2 = \sigma_2^2$"를 검정할 때, 이러한 검정을 모분산의 차 또는 비율에 대한 검정이라고 한다. 두 정규모집단 $N(\mu_1, \sigma_1^2)$, $N(\mu_2, \sigma_2^2)$으로부터 크기가 n_1, n_2인 서로 독립인 임의표본의 표본분산을 S_1^2, S_2^2이라 하면 다음의 통계량

$$F = \frac{S_1^2/\sigma_1^2}{S_2^2/\sigma_2^2}$$

은 자유도 $(n_1 - 1,\ n_2 - 1)$인 F-분포를 따른다는 사실로부터, 귀무가설이 사실이라는 가설하에서 검정통계량을 이용하여 **두 집단의 모분산의 동일성에 대한 검정방법**을 정리요약하면 다음과 같다.

① 귀무가설 설정 – $H_0 :\ \sigma_1^2 = \sigma_2^2$

② 검정통계량 – $F_0 = \dfrac{S_1^2}{S_2^2}$

③ 가설검정 –

$H_1 :\ \sigma_1^2 > \sigma_2^2$일 때, $F_0 > F_{\alpha}(n_1 - 1, n_2 - 1)$이면, H_0를 기각한다.

$H_1 :\ \sigma_1^2 < \sigma_2^2$일 때, $F_0 < F_{(1-\alpha)}(n_1 - 1, n_2 - 1)$이면, H_0를 기각한다.

$H_1 :\ \sigma_1^2 \neq \sigma_2^2$일 때, $F_0 > F_{\alpha/2}(n_1 - 1, n_2 - 1)$ 이거나

$F_0 < F_{(1-\alpha/2)}(n_1 - 1, n_2 - 1)$ 이면, H_0를 기각한다.

예제 7.11

임상실험을 위하여 두 공급원 A, B로부터 공급된 흰쥐의 무게가 동일한 형태의 분포를 갖는가를 보기 위하여 조사한 결과가 다음과 같다. 두 공급원에 의하여 공급되는 흰쥐의 몸무게의 분산이 같다고 볼 수 있는지를 10% 유의수준하에서 검정하여라.

공급원	표본의 수	표본평균	표본분산
A	13	4.21g	0.049g
B	18	4.18g	0.019g

풀이

① $H_0 \ :\ \sigma_1^2 = \sigma_2^2 \quad \text{v.s.} \quad H_1 \ :\ \sigma_1^2 \neq \sigma_2^2$

② 유의수준 $\alpha = 0.1$

③ 검정통계량 $F_0 = \dfrac{S_1^2}{S_2^2} \left(= \dfrac{0.049}{0.019} = 2.58 \right)$

④ 기각역 $F > F_{0.05}(12, 17) = 2.38$

⑤ $F_0 = 2.58 > F_{0.05}(12, 17) = 2.38$이므로 H_0를 기각한다. 따라서 유의수준 10%하에서 두 집단은 모분산이 동일하다고 볼 수 없다.

예제 7.12

예제 7.5와 예제 7.6에서 사용한 자료(신약의 효과)에서 신약의 치료효과가 있는지를 비교하는데, 두 집단의 분산이 같은 경우와 다른 경우에 대해서 각각 분석 방법이 다름을 알 수 있다. 그러므로 두 집단의 분산의 차이가 있는지를 먼저 분석해야만 하는 것이다. 두 분산이

차이가 있는지를 0.05 유의수준하에서 검정하여라.

풀이 ① $H_0 :\ \sigma_1^2 = \sigma_2^2 \quad$ v.s. $\quad H_1 :\ \sigma_1^2 \neq \sigma_2^2$

② 유의수준 $\alpha = 0.05$

③ 검정통계량 $F_0 = \dfrac{S_1^2}{S_2^2} \left(= \dfrac{18.93}{9.57} = 1.98 \right)$

④ 기각역 $F > F_{0.05/2}(9,9) = 4.03$

⑤ $F_0 = 1.98 < F_{0.025}(9,9) = 4.03$이므로 H_0를 기각하지 못한다. 따라서 유의수준 5%하에서 두 집단의 모분산은 동일하다고 할 수 있다.

R 시연

```
New <- c(15, 10, 13, 7, 9 , 8, 21, 9, 14, 8)
Placebo <- c(15, 14, 12, 8, 14, 7, 16, 10, 15, 12)

Num1= length(New);              D.F.1= Num1 - 1
Num2= length(Placebo);          D.F.2= Num2 - 1
Alpha= 0.05
Var.test= var.test(New, Placebo, alternative = c("two.sided"))
Var.test

# 기각 기준값의 하한과 상한
F_Top= round(qf(1-Alpha/2,D.F.1, D.F.2),2)
F_Bottom= round(qf(Alpha/2,D.F.1,D.F.2),2)

if ( Var.test$statistic > F_Bottom & Var.test$statistic < F_Top )
{ cat('\n 귀무가설 Ho 채택!!')} else{ cat('\n 귀무가설 Ho 기각!!')}
```

보충설명 예제 7.6보다 예제 7.5의 방법으로 신약의 효과를 확인하는 방법을 사용하여야 한다.

연습문제 20

1 어떤 공장에서 생산되는 건전지의 표준편차는 52시간이다. 신제품을 개발하여 그 중에 30개의 건전지 수명을 측정한 결과, 표준편차는 60시간이었다. 유의수준 $\alpha = 0.05$로 신제품 건전지의 표준편차는 52시간이라고 할 수 있는지 검정하여라.

2 정규분포를 이루는 모집단으로부터 크기가 9인 표본을 추출하여 다음과 같은 자료를 얻었다.

112, 99, 105, 108, 102, 110, 105, 107, 106

이를 기초로 하여 $\sum(x_i - \overline{x})^2 = 124$를 얻었다. 모분산이 12라고 할 수 있는지를 유의수준 5%로 검정하여라.

3 어떤 지역의 소득분포의 모분산은 $\sigma^2 = 4400$이라고 한다. 지금 이 지역에서 11세대를 임의추출하여 그 소득분포의 표본분산을 구하였더니 $S^2 = 5610$이었다. 이 표본세대의 표본분산과 그 지역의 모분산과의 차이가 있는지를 유의수준 5%로 검정하여라.

8장

상관분석

아래 [표 8.1]의 자료는 어느 체력단련기관에서 운동하는 중년 남성들의 나이와 몸무게(Kg) 및 소요 시간(약 2,400m 거리를 달리는 데 걸리는 시간; 단위: 분)을 측정한 자료이다. 개인적 차이는 있겠지만 일반적으로 나이가 많을수록 그리고 몸무게가 무거울수록 소요시간이 많이 걸리고, 반면 나이와 몸무게는 서로 관련성이 없을 것으로 추측할 수 있을 것이다.

표 8.1 성인 남성의 나이(Age), 몸무게(Weight) 및 소요시간(run Time)

나이(A)	몸무게(W)	소요시간(T)	나이(A)	몸무게(W)	소요시간(T)
44	89.47	11.37	49	81.42	8.95
40	75.07	10.07	51	69.63	10.95
44	85.84	8.65	51	77.91	10
42	68.15	8.17	48	91.63	10.25
47	77.45	11.63	49	73.37	10.08
40	75.98	11.95	57	73.37	12.63
43	81.19	10.85	54	79.38	11.17
44	81.42	13.08	52	76.32	9.63
38	81.87	8.63	50	70.87	8.92
44	73.03	10.13	51	67.25	11.08
45	87.66	14.03	54	91.63	12.88
45	66.45	11.12	51	73.71	10.47
47	79.15	10.6	57	59.08	9.93
54	83.12	10.33	48	61.24	11.5

간단한 계산에 의하여 각 자료들의 평균, 분산과 표준편차 등 기초통계량들을 구할 수 있다.

표 8.2 단순통계량

변수	자료수	평균	표준편차	합	최솟값	최댓값
나이(A)	28	47.82	5.09	1339	38	57
몸무게(W)	28	76.88	8.41	2153	59.08	91.63
소요시간(T)	28	10.68	1.42	299.05	8.17	14.03

R 시연

```
Data <- read.csv(file='8장_[표8.1].csv', header = TRUE)
attach(Data)
str(Data)

length(Age);            length(Weight);            length(Time)
mean(Age);              mean(Weight);              mean(Time)
sd(Age);                sd(Weight);                sd(Time)
sum(Age);               sum(Weight);               sum(Time)
min(Age);               min(Weight);               min(Time)
max(Age);               max(Weight);               max(Time)

par(mfrow=c(1,3))
plot(Age, Weight, xlab="나이", ylab="몸무게" )
plot(Age, Time, xlab="나이", ylab="소요시간" )
plot(Time, Weight, xlab="소요시간", ylab="몸무게" )

detach(Data)
```

한편, 자료의 나열과 요약인 단순통계량 외에 자료의 산점도(scatter diagram)를 이용하면 자료들 간 관련성 등도 파악할 수도 있다. [그림 8.1]은 세 개의 변수 나이(Age), 몸무게(Weight) 및 소요시간(run Time)에 대한 각각의 산점도이다. 두 변수들의 표본평균값($\overline{X}_n$, $\overline{Y}_n$)들과 표준편차(s_X, s_Y)들은 산점도에 대하여 정보를 제공하고 있으나 두 변수 사이에 존재하는 관계의 정도를 설명하지는 못한다. 이때 두 변수 사이의 연관(association)에 대한 양적 측도로서 산점도의 기울기가 위로 향하

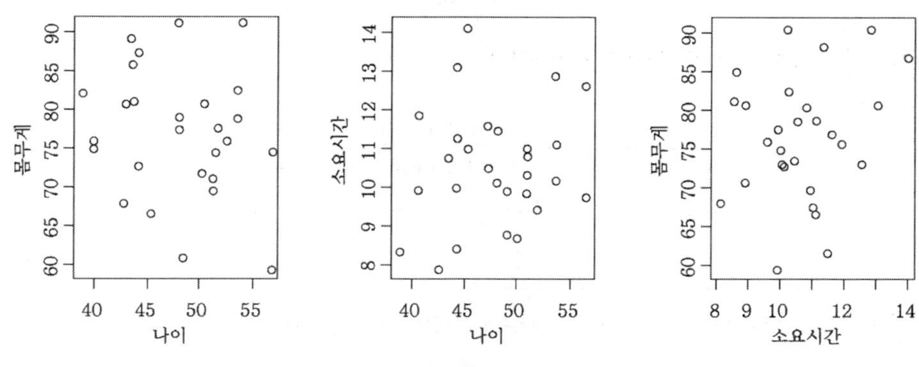

그림 8.1 세 개의 변수에 관한 산점도

는지 또는 아래로 향하는지 알려 주고, 주어진 자료들이 어떤 한 직선 주위로 어느 정도 집중되어 있는지를 설명할 수 있는 통계량이 상관계수(correlation coefficient)이다.

이변량 이상의 자료, 이를테면 어떤 한 집단에 대한 자료와 다른 집단에 대한 자료와의 수치를 비교하고 관찰할 때, 양자 사이에 존재하는 어떤 상호관계를 **상관관계**(correlation)라고 한다. 이변량 사이의 상관관계를 파악하려면 먼저 양자의 **상관도**(correlation diagram) 또는 **산점도**(scatter diagram; 산포도)를 작성해 본다. 산점도가 대체로 직선적인 경우에는 그 상관 정도를 **단순상관계수**(simple correlation coefficient) 또는 **선형상관계수**(linear correlation coefficient)라 일컬어지는 통계량의 값에 의하여 그 정도를 파악할 수 있다. 단순상관계수를 보통 상관계수라 하고 이것을 Pearson's **상관계수**라고도 한다. 3변량 또는 그 이상의 변량 간의 상관관계를 측정하는 데는 부분상관계수 및 중상관계수를 도입하여야 한다. 여기서는 이변량에 대한 단순상관계수에 대해서만 설명하기로 제한한다.

두 확률변수 X, Y에 대하여, 각각의 기대치와 분산을 $E(X)=\mu_X$, $E(Y)=\mu_Y$와 $Var(X)=E(X-\mu_X)^2=\sigma_X^2$, $Var(Y)=E(Y-\mu_Y)^2=\sigma_Y^2$이라 하자. 이때, 공분산 및 상관계수를 다음과 같이 정의한다.

정의 8-1 **공분산(covariance)**

$$\sigma_{XY}=Cov(X,Y)=E(X-\mu_X)(Y-\mu_Y)=E(XY)-\mu_X\mu_Y$$

정의 8-2 **상관계수(correlation coefficient)**

$$\rho=\rho_{XY}=\frac{Cov(X,Y)}{\sqrt{Var(X)\,Var(Y)}}=\frac{\sigma_{XY}}{\sigma_X\sigma_Y}$$

NOTE

1) 만일 두 변수 X, Y가 독립(independent)이라면 $\sigma_{XY}=0$이므로, 상관계수는 $\rho_{XY}=0$이다.

2) 두 변수 X, Y가 양적인 관계에 있다면, $\sigma_{XY} > 0$이므로, 상관계수는 $\rho_{XY} > 0$ 이고, 음적인 관계에 있다면, $\sigma_{XY} < 0$이므로, 상관계수는 $\rho_{XY} < 0$ 이다.

3) $-1 \leqq \rho_{XY} \leqq 1$

4) 만일, $\rho = 1$이라면, 두 변수가 완전하게 양의 기울기를 갖는 직선적인 관련이 있음을, $\rho = -1$이라면, 두 변수가 완전하게 음의 기울기를 갖는 직선적인 관련이 있음을 의미한다.

이변량 정규분포(bivariate normal distribution)

이변량 정규분포는 일변량 정규분포의 2차원적 확장으로서 이변량 연속형 결합분포 중 가장 중요한 분포이다. 두 변량 X, Y의 이변량 정규분포의 결합확률밀도함수는 다음과 같다.

$$f(x,y) = \frac{1}{2\pi\sigma_X\sigma_Y\sqrt{1-\rho_{XY}^2}}\exp(A)$$

여기서, $A = -\frac{1}{2(1-\rho_{XY}^2)}\left[\left(\frac{x-\mu_X}{\sigma_X}\right)^2 - 2\rho_{XY}\left(\frac{x-\mu_X}{\sigma_X}\right)\left(\frac{y-\mu_Y}{\sigma_Y}\right) + \left(\frac{y-\mu_Y}{\sigma_Y}\right)^2\right].$

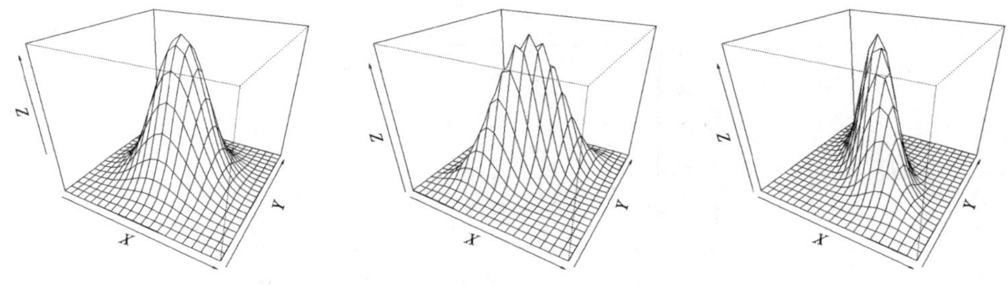

그림 8.2 이변량 정규분포의 그래프들($\rho = 0, \rho = 0.7, \rho = -0.7$인 경우)

NOTE

$\rho = 0$일 때의 그래프에서와 같이 두 변량 사이에 관련성이 없어 보이며, 즉 독립적으로 보이며, $\rho = 0.7$일 때의 그래프는 한 변량의 값이 증가함에 따라 다른 변량의 값도 증가하는 경향을 대체적으로 보이고 있으며, $\rho = -0.7$인 경우는 한 변량이 증가함에 따라 다른 변량은 감소하는 경향을 보이고 있음을 알 수 있다.

NOTE

1) X의 주변확률밀도함수(marginal probability density function)

$$f_X(x) = \frac{1}{2\pi\sigma_X}\exp\left[-\frac{1}{2}\left(\frac{x-\mu_X}{\sigma_X}\right)^2\right]$$

2) Y의 주변확률밀도함수(marginal density function)

$$f_Y(y) = \frac{1}{2\pi\sigma_Y}\exp\left[-\frac{1}{2}\left(\frac{y-\mu_Y}{\sigma_Y}\right)^2\right]$$

표본상관계수(sample coefficient of correlation)

개인의 키와 체중, 강우량과 쌀 수확량, 자동차의 속도와 연료소모량과 같이 2개의 특성을 나타내는 변량 X, Y 의 측정 자료를 동시에 고찰한다. 예를 들어 연령대별 일정 거리(약 10km)를 자전거를 타고 움직인 평균 속력에 대한 결과로 나이(X)와 평균 속력(Y)은 다음과 같다고 하자.

표 8.3 나이와 속력과의 관계 자료

나이	20	25	30	35	40	45	50	55	60
속력(km/h)	22	21	20	21	18	17	16	14	12

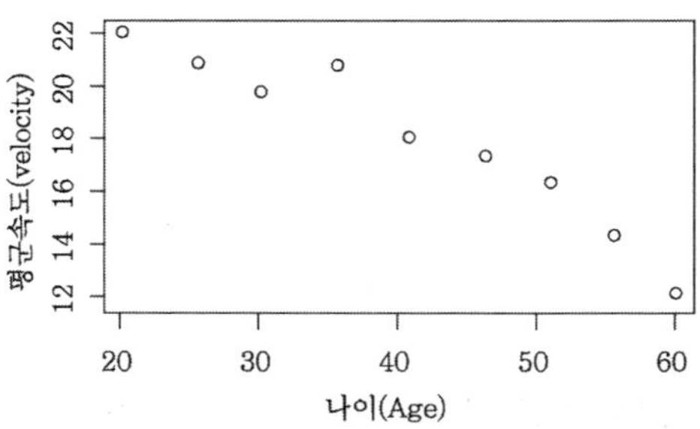

그림 8.3 [표 8.3]에 대한 산점도

나이와 속력 사이의 관련 상태와 그 정도를 조사하는 것이 관심사항이다. 이러한 것을 직관적으로 얻기 위하여 평면상에 나이를 x축에, 평균 속력을 y축에 취하고, 나이와 평균 속력을 짝으로 한 점 (20, 22), (25, 21), ⋯ 등을 평면상에 표시하면 위 그림의 상관도 또는 산포도를 얻는다.

정의 8-3 피어슨 상관계수(Pearson's correlation coefficient) $r = r_{XY}$

두 변수 X와 Y의 피어슨 상관계수는 변수 X의 값들을 $x_1, x_2, \cdots, x_n$, 변수 Y의 값들을 $y_1, y_2, \cdots, y_n$이라 할 때, 두 변수값들의 표준단위값들을 곱한 값들의 평균으로 정의한다. 즉,

$$r = r_{XY} = \frac{1}{n-1}\sum_{i=1}^{n}\frac{x_i - \overline{X_n}}{s_X} \times \frac{y_i - \overline{Y_n}}{s_Y}$$

$$= \frac{\frac{1}{n-1}\sum_{i=1}^{n}(x_i - \overline{X})(y_i - \overline{Y})}{\sqrt{\left(\frac{1}{n-1}\sum_{i=1}^{n}(x_i - \overline{X})^2\right)\left(\frac{1}{n-1}\sum_{i=1}^{n}(y_i - \overline{Y})^2\right)}}$$

NOTE

피어슨 상관계수는 곱적률상관계수(product-moment correlation coefficient) 또는 간단히 (표본)상관계수(sample correlation coefficient)라고 한다.

NOTE

$$r_{XY} = \frac{\sum_{i=1}^{n}(x_i - \overline{X})(y_i - \overline{Y})}{\sqrt{\left(\sum_{i=1}^{n}(x_i - \overline{X})^2\right)\left(\sum_{i=1}^{n}(y_i - \overline{Y})^2\right)}}$$ 에서,

$S_{xx} = \sum_{i=1}^{n}(x_i - \overline{X})^2$, $S_{yy} = \sum_{i=1}^{n}(y_i - \overline{Y})^2$ 및 $S_{xy} = \sum_{i=1}^{n}(x_i - \overline{X})(y_i - \overline{Y})$를 이용하여

$r_{XY} = \frac{S_{xy}}{\sqrt{S_{xx}S_{yy}}}$ 로 표기하기도 한다.

NOTE

표본상관계수 r_{XY} 의 성질은 다음과 같다.

(1) $r_{XY} = r_{YX}$

(2) r 의 값은 다음의 범위에 있다. $-1 \le r \le 1$

(3) $r = 0$ 또는 0에 가까울 때 두 변수는 무상관이다.

(4) $0 < r < 1$일 때 두 변수의 상관은 평행적이고 한쪽이 증가(감소)하면 다른 쪽도

증가(감소)한다. 따라서 두 변수는 양상관(positive correlation)이다.
(5) $-1 < r < 0$일 때 두 변수의 상관은 역행적이고 한쪽이 증가(감소)하면 다른 쪽은 역으로 감소(증가)한다. 따라서 두 변수는 음상관(negative correlation)이다.
(6) $r=1$일 때 두 변수는 양의 완전상관(complete correlation)이다.
(7) $r=-1$일 때 두 변수는 음의 완전상관이다.

일반적으로 상관계수의 값에 대하여 다음과 같이 판단한다.

표 8.4 상관계수의 값에 따른 해석

r의 범위	해석
$-1 \leqq r < -0.7$	강한 음적 선형관계
$-0.7 \leqq r < -0.3$	뚜렷한 음적 선형관계
$-0.3 \leqq r < -0.1$	약한 음적 선형관계
$-0.1 \leqq r < 0.1$	거의 무시될 수 있는 선형관계
$0.1 \leqq r < 0.3$	약한 양적 선형관계
$0.3 \leqq r < 0.7$	뚜렷한 양적 선형관계
$0.7 \leqq r \leqq 1$	강한 양적 선형관계

상관계수는 산점도가 직선에 얼마나 가까운가를 표현하는 선형 관계의 측도이다. 산점도의 기울기가 위로 향하고 있다면($r > 0$), 두 변수는 양의 상관관계가 있고, 산점도의 기울기가 아래로 향하고 있다면($r < 0$), 두 변수는 음의 상관관계가 있는 것이다. 두 변수의 관련성은 선형적 연관만이 유일한 것은 아닌 것이다. 변수들 사이에는 비선형(nonlinear)적인 연관도 있다. 예를 들어, 서울 지역의 월평균 강수량은 달과 관련이 있다. 매년 계절적 주기적 요인에 의한 비선형적 관계인 것이다. 상관도는 비선형 관계의 측도가 아닌 선형적 관계의 측도이다. 상관계수는 양적(quantitative) 변수들에 적당한 것이다. 순위형(ordinal) 또는 범주형(categorical) 변수들(수치적 값을 갖고 있다 하더라도)에 적합하지 않다. 이때에는 각 자료의 유형에 따라 적절한 상관계수를 적용하여야 한다. 순위형 자료 간 상관관계를 파악하고자 할 때는 스피어만 상관계수(Spearman correlation coefficient)를, 범주형 자료 간 상관관계를 파악하고자 할 때는 가트만의 예언계수(Guttman's coefficient of predictability)를 주로 사용하게 된다. [표 8.5]에 자료의 유형별 사용하게 되는 다양한 상관계수들을 요약하였다. 그러므로 자료의 유형에 따라 상관 정도를 분석하는 알맞은 통계적 도구를 알맞게 사용할 필요가 있다.

표 8.5 변수에 따른 상관계수의 사용 구분

변수 B \ 변수 A	범주형 변수	순위형 변수	양적 변수
범주형 변수	Phi계수 유관계수 Lambda 사분상관계수		
순위형 변수	등위양분상관계수	Spearman's ρ Kendall's τ Kendall's ω	
양적 변수	Cramer's V 상관비(η)		Pearson's ρ

상관도는 연관성의 측도이지 인과관계(causation)의 측도는 아니다. 예를 들어, 성인의 평균키는 수십 년 동안 매년 증가하였다. 그와는 반대로 생산공장 유형의 가지수는 감소하여 왔다. 이 두 변수들은 음의 상관관계가 있게 되지만, 그들 사이의 인과관계는 없다. 두 변수 사이의 일반적 추세는 두 변수 사이의 상관계수로서 확인된다.

상관계수(r)가 1에 가깝다는 것은 자료들이 왼쪽에서 오른쪽 방향으로 증가하는 방향을 갖는 직선에 상당히 집중되어 있음을 의미한다. 반면, 상관계수(r)가 −1에 가깝다는 것은 자료들이 왼쪽에서 오른쪽 방향으로 감소하는 방향을 갖는 직선에 상당히 집중되어 있음을 의미한다. 만일 자료들이 한 직선에 집중적이지 않은 경우에는 상관계수(r)는 0에 가깝게 된다. 심지어 강력한 비선형적 관계에 있다 하더라도 0에 가깝게 된다. 자료의 수가 2개보다 작게 되면 두 변수 사이의 상관계수는 정의될 수 없다.

많은 경우에서 두 변수 사이에 비선형 연관이 있는 곡선 모양의 산점도를 볼 수 있다. 상관계수는 비선형을 반영하지 못하고 오직 선형의 관계만을 설명할 수 있기 때문에, 비선형적 관계가 아주 강한 두 변수의 상관계수의 값은 작거나 0이 될 수도 있다. [그림 8.4]는 두 변수 사이의 관계식이 정확하게 $Y = \sin(X)$인 산점도를 나타낸 것이다. X로부터 정확하게 Y를 예측하게 되는 완벽한 연관성을 갖지만, 상관계수는 0이다. 이는 바로 순수하게 비선형이기 때문이다. 상관계수는 자료들에 어떤 경향이 있는지, 그리고 자료들의 산점도 일부가 그 경향에 의해서 설명되는 무엇인가를 측정하게 된다.

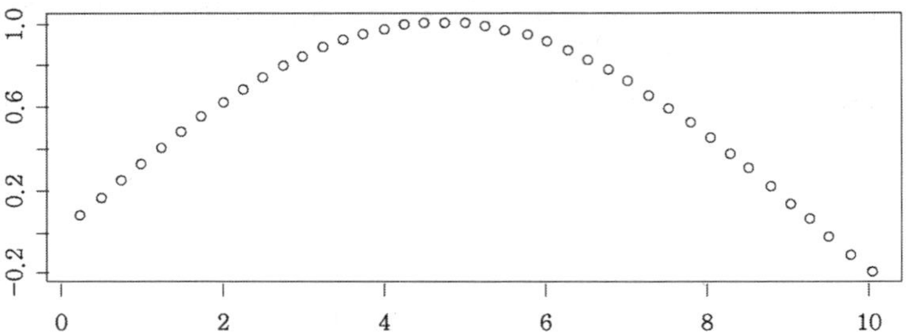

그림 8.4 상관계수가 거의 0인 완전한 비선형의 예

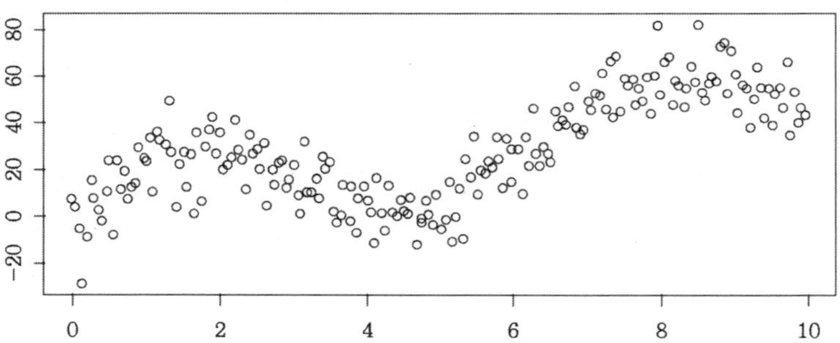

그림 8.5 상관계수는 크지만 비선형인 예

한편 [그림 8.5]에서의 상관계수($r = 0.67$)는 상당히 크다. 그러나 두 변수들의 관계의 형태가 곡선(비선형)이기 때문에 두 변수가 얼마나 강한 상관관계가 있는지를 보여 주지 못한다. 이와 같은 변수들의 연관성을 설명하는 도구로서는 상관계수는 좋은 도구가 될 수 없다.

NOTE

상관계수(r)는 자료들이 직선에 얼마나 가까이 분포되어 있는지를 나타내는 선형적 연관성을 측정하기 때문에 산점도가 비선형(곡선)의 형태인 경우에는 상관계수는 연관성을 설명하는 좋은 도구가 아니다.

등분산성(homoscedasticity)과 이분산성(heteroscedasticity)

자료가 등분산적(homoscedastic)이란 분할(slice)의 위치에 상관없이 산점도의 수직분할에서 Y의 값들의 표준편차가 같음을 의미한다. 반면, 분할의 위치에 따라서 수직분할에서 Y의 값들의 표준편차의 값이 변할 때 이를 이분산적(heteroscedastic)이라고 한다. [그림 8.6]은 이분산적인 산점도의 예이다. 오른쪽 주변의 수직분할에서의 산포(scatter)는 그래프의 왼쪽 주변의 수직분할의 산포보다 크다.

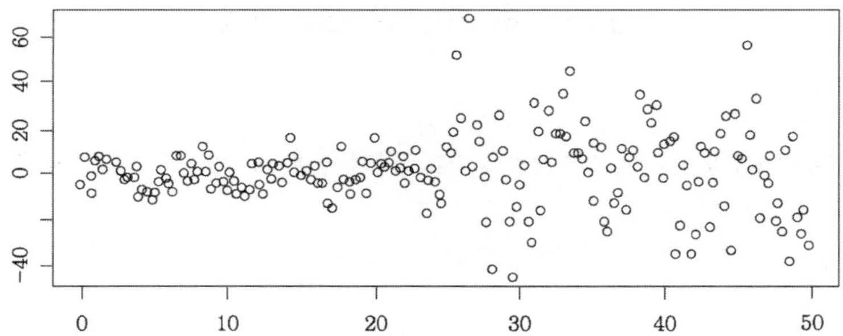

그림 8.6 이분산적인 산점도의 예

NOTE

상관과 이분산성: 상관계수(r)는 자료들이 이분산적인 경우 연관성을 설명하는 좋은 도구가 되지 못한다.

이상치(outlier)

자료의 전반적인 형식에 적합하지 않거나 좌표의 적어도 한 점에서 다른 자료들과의 표준편차가 크게 되는 자료를 이상치라고 한다. 평균값으로부터 멀리 떨어진 한 개의 이상치는 상관계수에 큰 영향을 주게 된다. [그림 8.7]은 두 개의 극단적인 예이다. 그림에서 색이 칠해져 있는 우측 상단과 하단의 점이 각각 이상치이다. 좌측의 경우 상관계수는 $r = 0.8022$로 1에 다소 가까운 값이지만, 이상치를 제거한 뒤의 상관계수는 $r = 0.078$로 0에 가까운 값이다. 반면, 우측의 경우는 상관계수는 $r = 0.610$이지만, 이상치를 제거한 뒤의 상관계수는 $r = 0.955$로 1에 상당히 가깝다.

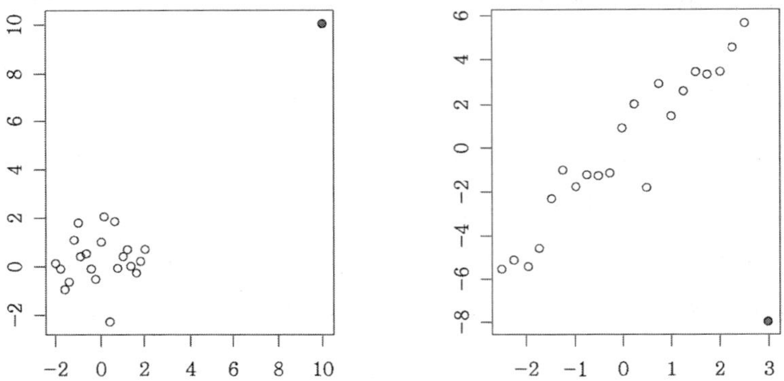

그림 8.7 이상치가 있는 자료의 산점도

> NOTE
> **상관과 이상치:** 이상치가 존재하는 자료들에서 상관계수(r)는 연관성을 설명하는 좋은 도구가 되지 못한다.

비선형적이지 않고, 이분산적이지도 않으며 이상치도 없는 산점도를 **럭비공 모양**(football-shaped; 풋볼형) **산점도**라고 한다.

> NOTE
> **풋볼형 산점도의 다섯 요약수(five-number summary):** 풋볼형 산점도는 다음의 다섯 개의 수에 의하여 요약될 수 있다; X의 평균, Y의 평균, X의 표준편차(s_X), Y의 표준편차(s_Y) 및 상관계수($r_{XY} = r$).

이제 우리는 상관계수는 두 변수의 선형 관계의 측도임을 인지하고 있다. 즉 상관계수는 비선형의 관계에 대하여는 설명하지 못하며, 자료들이 이분산적이거나 이상치를 갖는 경우에도 상관계수 r의 값은 잘못된 정보를 제공하게 된다.

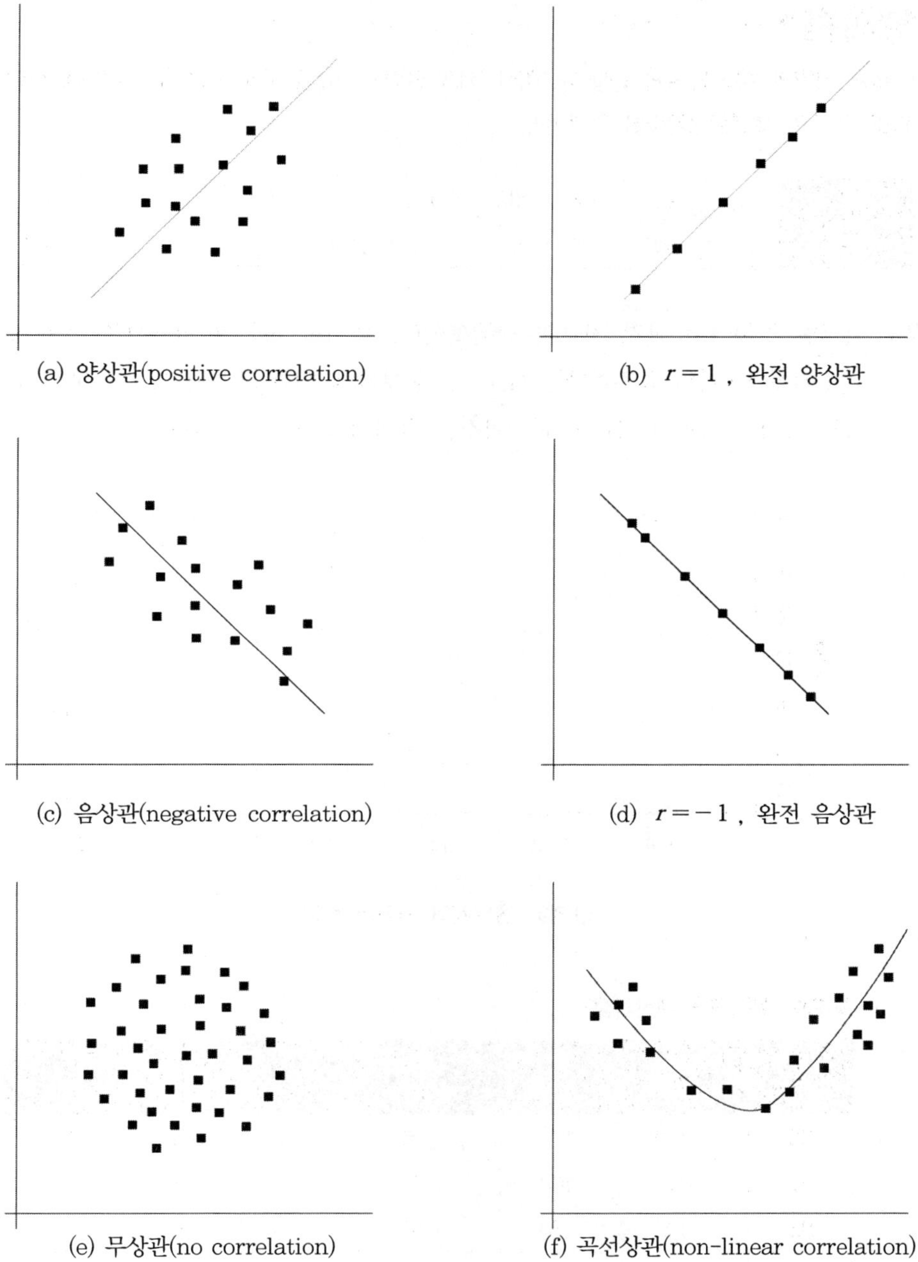

(a) 양상관(positive correlation)

(b) $r=1$, 완전 양상관

(c) 음상관(negative correlation)

(d) $r=-1$, 완전 음상관

(e) 무상관(no correlation)

(f) 곡선상관(non-linear correlation)

그림 8.8 여러 가지 모양의 상관도

이상의 성질로부터 결국 상관계수 r 은 두 변수 X와 Y 사이의 직선적인 관계가 어느 정도 있는가를 나타내는 특성 값이라고 할 수 있다. [그림 8.8]은 다양한 두 변량 사이에 나타날 수 있는 상관도들의 예이다.

예제 8.1

다음은 성인의 키와 몸무게 측정 자료이다. 키의 단위는 cm, 몸무게의 단위는 kg이다. 산점도를 그리고, 표본상관계수를 구하여라.

몸무게	83	67	92	38	95	75	70	74	100	73
키	170	168	170	142	152	145	150	163	145	163

풀이 [그림 8.9]는 주어진 자료의 산점도이다. 주어진 자료의 평균점은 (156.8, 76.7)이다. 키의 표준편차는 11.14고, 몸무게에 대한 표준편차는 17.68이다. [표 8.6]은 상관계수를 구하는 과정을 상세히 보여 주고 있다.

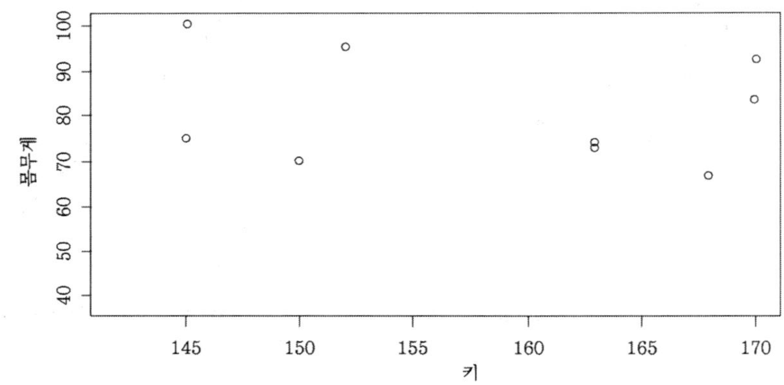

그림 8.9 몸무게와 키와의 산점도

표 8.6 상관계수 계산과정

몸무게 (kg)	몸무게의 표준단위	키 (cm)	키의 표준단위	몸무게의 표준단위와 키의 표준단위와의 곱
83	0.36	170	1.18	0.42
67	−0.55	168	1.01	−0.56
92	0.87	170	1.18	1.03
38	−2.19	142	−1.33	2.91
95	1.04	152	−0.43	−0.45
75	−0.1	145	−1.06	0.11
70	−0.38	150	−0.61	0.23
74	−0.15	163	0.56	−0.08

몸무게 (kg)	몸무게의 표준단위	키 (cm)	키의 표준단위	몸무게의 표준단위와 키의 표준단위와의 곱
100	1.32	145	−1.06	−1.4
73	−0.21	163	0.56	−0.12

키의 표준단위와 몸무게의 표준단위와의 곱의 합은 2.09이므로, 키와 몸무게 사이의 상관계수의 값은 바로 $\frac{2.09}{9} = 0.23$이다.

R 시연

```
Weight <- c(83, 67, 92, 38, 95, 75, 70, 74, 100, 73)
Height <- c(170, 168, 170, 142, 152, 145, 150, 163, 145, 163)
plot(Height, Weight, xlab="키", ylab="몸무게")
cor(Height, Weight)
```

NOTE

상관계수의 값은 다음과 같은 자료의 변환에도 변하지 않는다.

a) 두 자료 모두에 같은 값을 더한다.
b) 두 자료에 각각 서로 다른 값을 더한다.
c) 두 자료 모두에 같은 양수 값을 곱한다.
d) 두 자료에 각각 서로 다른 양수 값을 곱한다.
e) 두 자료에 각각 서로 다른 음수 값을 곱한다.

위와 같은 이유로 상관계수를 구하는 첫 번째 과정이 바로 표준단위로 바꾸는 단계인 것이다.

NOTE

상관계수는 두 변수에 대하여 같은 부호의 값을 곱하게 되는 유사변환에 의하여 영향을 받지 않는 것이다. 두 변수 중 한 변수는 음의 값을, 나머지 한 변수에는 양의 부호의 값을 곱하게 되면 상관계수의 부호만 변하게 된다. 유사변환의 다음 두 가지 성질을 이용하여 위 사실을 확인할 수 있다.

$$E(aX+b) = aE(X) + b,$$

$$\sqrt{Var(aX+b)} = |a|\sqrt{Var(X)} = |a|s_X$$

다음 임의의 변수 $Y = aX + b$에 대하여 표준단위로 변환하면,

$$\frac{Y - [aE(X) + b]}{|a|s_X} = \frac{(aX+b) - [aE(X) + b]}{|a| \times s_X}$$

$$= \left(\frac{a}{|a|}\right)\frac{X - E(X)}{s_X}$$

으로서, 이 값은 원자료 X의 표준단위의 값에 a의 부호를 곱한 결과이다. 이와 같이 유사 변환된 값의 표준단위는 음의 값을 곱하는 경우에만 부호가 바뀔 뿐 크기에는 변화가 없다.

위의 (e)의 과정에서와 같이 두 자료에 모두 표준단위로의 변환 후 음의 값을 곱하면 원자료의 표준단위에 −1을 곱한 것과 같으므로, 음인 부호인 두 자료의 곱을 구하면 양의 부호가 되므로 결국 부호의 변화가 없게 된다.

상관계수를 구하는 과정은 표준단위로 변환 후 두 값을 곱하는 과정에서 곱셈에 대한 교환법칙의 성질에 의하여, 곱하는 순서를 바꾸어도 상관없으므로, 두 변수의 상관계수에서 변수의 순서에 대한 영향력은 없다. 즉, $r_{XY} = r_{YX}$이다.

예제 8.2

다음의 자료는 10개 지역의 연평균 기온과 연강수량을 측정한 자료이다. 산점도를 그리고 표본상관계수를 구하여라.

온도(℃)	13.9	31.1	11.7	23.9	32.2	12.8	15	7.8	17.2	21.1
강수량(mm)	796	525	864	770	948	804	897	1118	762	838

풀이 (1) 위 자료의 산점도는 다음과 같다.

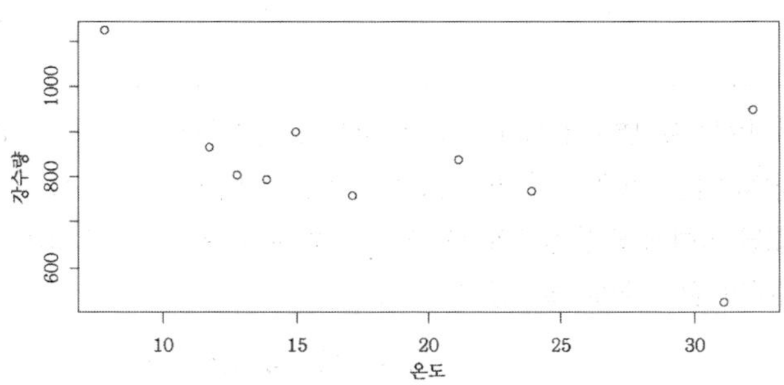

그림 8.10 강수량과 온도의 산점도

(2) 온도와 강수량의 평균은 각각 18.67℃와 832.2mm이다.

(3) 온도와 강수량의 표준편차는 각각 8.24℃와 151.15mm이다.

(4) 표준단위의 값이 다음의 표에 계산되어 있다.

표 8.7 상관계수 계산과정

온도(℃)	온도의 표준단위	강수량(mm)	강수량의 표준단위	(온도의 표준단위) ×(강수량의 표준단위)
13.9	−0.58	796	−0.24	0.14
31.1	1.51	525	−2.03	−3.07
11.7	−0.85	864	0.21	−0.18
23.9	0.63	770	−0.41	−0.26
32.2	1.64	948	0.77	1.26
12.8	−0.71	804	−0.19	0.13
15	−0.45	897	0.43	−0.19
7.8	−1.32	1118	1.89	−2.49
17.2	−0.18	762	−0.46	0.08
21.1	0.29	838	0.04	0.01

(5) 상관계수 r은 다음과 같다.

$$r = \frac{1}{n-1}\sum(\text{온도의 표준단위} \times \text{강수량의 표준단위}) = \frac{-4.57}{9} = -0.5$$

R 시연

```
Temp <- c(13.9, 31.1, 11.7, 23.9, 32.2, 12.8, 15, 7.8, 17.2, 21.1)
Rain <- c(796, 525, 864, 770, 948, 804, 897, 1118, 762, 838)
plot(Temp, Rain, xlab="온도", ylab="강수량")
cor(Temp, Rain)
```

상관분석(correlation analysis)

표본상관계수 r는 모상관계수(population correlation coefficient) ρ의 추론에

사용되는 표본통계량이다. 두 변수 사이에 선형적 상관관계가 없다면, $\rho=0$이다. 반면, $\rho \neq 0$이라면 두 변수 사이에는 선형적 관계가 있는 것이다. 모상관계수에 관한 검정에서 일반적으로 관심 있는 가설은 무상관(uncorrelated) 즉, $\rho=0$인가에 대한 확인이다. 다음의 정리를 증명 없이 도입하기로 한다.

정리 8-1

모집단이 모상관계수가 ρ인 이변량 정규분포(bivariate normal distribution)를 따른다고 하자. 이때, 표본상관계수 r은 모상관계수 ρ의 점추정량이 되며, 무상관의 귀무가설하에서 즉, $H_0 : \rho=0$일 때, 다음의 통계량

$$T_0 = \sqrt{n-2}\,\frac{r}{\sqrt{1-r^2}}$$

은 자유도 $n-2$인 $t-$분포를 따른다.

그러므로 모상관계수 ρ에 대한 검정방법을 요약하면 다음과 같다.

① 귀무가설 설정 – $H_0 :\ \rho=0$

② 검정통계량 – $T_0 = \sqrt{n-2}\,\frac{r}{\sqrt{1-r^2}}$

③ 가설검정 –

$H_1 :\ \rho > 0$일 때, $T_0 > t_\alpha(n-2)$이면, H_0를 기각한다.

$H_1 :\ \rho < 0$일 때, $T_0 < -t_\alpha(n-2)$이면, H_0를 기각한다.

$H_1 :\ \rho \neq 0$일 때, $|T_0| > t_{\alpha/2}(n-2)$이면, H_0를 기각한다.

예제 8.3

학생 10명의 통계학 점수 X와 영어점수 Y가 다음 표와 같다. 이 자료를 근거로 두 변수에 대한 상관도(scatter diagram)를 작성하고, 또 X와 Y의 상관계수 r을 구하고, 두 변수 간의 선형상관관계가 있는지를 유의수준 $\alpha=0.05$로 검정하여라.

X	50	70	70	40	90	70	60	50	80	60
Y	60	60	80	50	80	60	60	60	80	70

풀이 두 변수에 대한 산점도는 그림과 같다. 대체적으로 두 변수 사이에 양의 선형 상관관계가 있다고 판단할 수 있다.

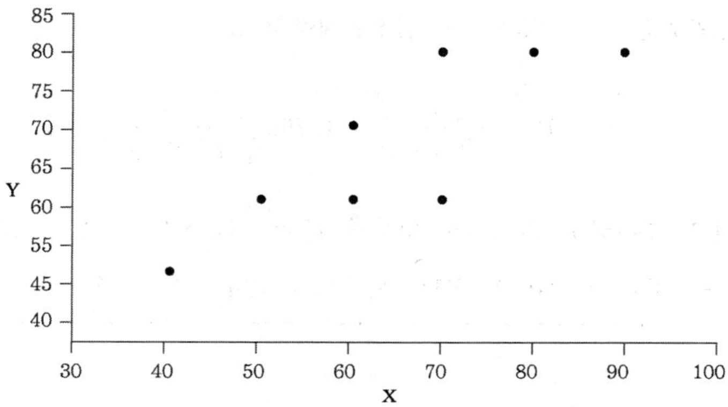

그림 8.11 두 변수에 대한 산점도

표 8.8 상관계수 계산과정

x	y	xy	x^2	y^2
50	60	3000	2500	3600
70	60	4200	4900	3600
70	80	5600	4900	6400
40	50	2000	1600	2500
90	80	7200	8100	6400
70	60	4200	4900	3600
60	60	3600	3600	3600
50	60	3000	2500	3600
80	80	6400	6400	6400
60	70	4200	3600	4900
$\sum x_i = 640$	$\sum y_i = 660$	$\sum x_i y_i = 43400$	$\sum x_i^2 = 43000$	$\sum y_i^2 = 44600$

위의 결과를 이용하여 상관계수 r 을 구하면

$$r = \frac{n\sum x_i y_i - \sum x_i \sum y_i}{\sqrt{n\sum x_i^2 - (\sum x_i)^2}\ \sqrt{n\sum y_i^2 - (\sum y_i)^2}}$$

$$= \frac{10 \times 43400 - 640 \times 660}{\sqrt{10 \times 43000 - (640)^2}\ \sqrt{10 \times 44600 - (660)^2}}$$

$$\simeq\ 0.796$$

유의수준 $\alpha = 0.05$ 일 때, 검정통계량의 값

$$T_0 = r\sqrt{\frac{n-2}{1-r^2}} = 0.796\sqrt{\frac{8}{1-0.796^2}} = 3.72$$

이고, 부록의 $t-$분포표에 의하면 $T_0 = 3.72 > t_{0.05/2}(8) = 2.306$이므로, 두 변수 X와 Y 사이에 선형상관관계가 있다고 할 수 있다.

R 시연

```
X <- c(50, 70, 70, 40,90, 70, 60, 50, 80, 60)
Y <- c(60, 60, 80, 50, 80, 60, 60, 60, 80, 70)
plot(X, Y, xlab="통계학 점수", ylab="영어 점수")

Num= length(X)
D.F.= Num-2
Alpha = 0.05
Cor.test <- cor.test(X,Y,alternative= c("two.sided"))
Cor.test
names(Cor.test)
Cor.test$statistic      # 검정통계량의 값

# 기각 기준값의 하한과 상한
T_Top= round(qt(1-Alpha/2, D.F.),4)
T_Bottom= round(qt(Alpha/2, D.F.),4)

if ( Cor.test$statistic > T_Bottom & Cor.test$statistic < T_Top )
{ cat('\n 귀무가설 Ho 채택 !!')} else{ cat('\n 귀무가설 Ho 기각!!')}
```

연습문제 21

1 학생 10명의 미분방정식과 통계학 점수가 다음과 같다. 상관도 그리고 상관계수를 구하여 선형상관관계가 있는지를 분석하여라($\alpha = 0.05$).

미분방정식	75	90	80	100	65	85	40	68	98	44
통계학	78	82	96	88	42	48	58	62	100	92

2 두 변량 X와 Y의 표본상관계수 r_{XY}는 다음 범위 내에 있음을 보여라.

$$-1 \le r_{XY} \le 1$$

9장

회귀분석

변량 사이의 관계를 분석하는 데 앞에서 논한 두 변수 또는 그 이상의 변수 사이에 동시변동의 관계를 측정하는 상관론, 특히 선형 상관관계의 유무 분석에 대하여 알아보았다. 이 장에서는 두 변수 또는 그 이상의 변수 중에서 어떤 변수의 변동에 대한 다른 변수의 평균적인 관계변동을 구하는 회귀론 등에 대하여 논하기로 한다.

9.1 회귀의 이해

표준편차직선(standard deviation line)

표준편차직선은 평균점을 지나며, 변수가 양의 상관관계에 있으면 기울기가 $\frac{s_Y}{s_X}$, 음의 상관관계에 있으면 기울기가 $-\frac{s_Y}{s_X}$인 직선으로 정의한다. 즉, 표준편차직선은 X 변수가 오른쪽으로 s_X만큼 이동할 때 s_Y만큼 증가(양의 상관관계에 있을 때) 또는 감소(음의 상관관계에 있을 때)한다. 표준편차직선의 기울기의 부호는 상관계수의 부호와 같고, 그 크기는 $\frac{s_Y}{s_X}$이다.

표준단위로 변환된 자료에서는 양의 상관관계에 있으면 표준편차직선의 기울기는 1, 음의 상관관계에 있으면 그 기울기는 −1이 된다. 명백히 s_X가 0이면 표준편차직선은 정의되지 않는다. [그림 9.1]은 풋볼형의 산점도에 표준편차직선을 같이 나타낸 하나의 예이다. 평균값 위치인 점(5.04, 2.05)을 지나고 기울기가 $\frac{s_Y}{s_X} = \frac{2.56}{2} = 1.28$인 직선이 바로 표준편차직선이다. 그림 내부에 검은 ◆이 바로 평균값의 위치를 표시한 것이다.

상관계수가 ±1이면 모든 자료가 표준편차직선 위에 있게 되고, 이 직선은 평균점은 지나지만, 원점을 반드시 지나지는 않는다. 표준편차직선은 평균점 $(\overline{X_n}, \overline{Y_n})$과 점$(\overline{X_n} \pm s_X, \overline{Y_n} \pm s_Y)$에 의한 사각형의 모서리를 지나게 된다.

표준편차직선에 의하여 자료들이 똑같이 반으로 나누어지지는 않지만, 양의 상관관계에 있으면, 평균점 왼쪽 부분에서는 표준편차직선 윗부분에 Y의 자료들 중 다수가 위치하게 되고, 평균점 오른쪽 부분에서는 표준편차직선 아래 부분에 Y의 자료들 중 다수가 위치하게 된다. 음의 상관관계에서는 그 반대 현상이 나타나게 된다.

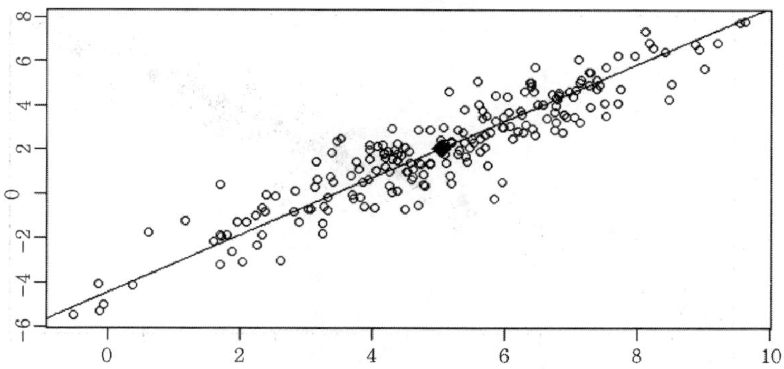

그림 9.1 풋볼형 산점도와 표준편차직선

평균점들의 그래프

평균점들의 그래프란 수평적 변수(X)의 계급구간(class interval)으로 분할하고, 각 구간의 중앙값과 그 구간 사이에 있는 수직적 변수(Y)의 평균값을 나타내는 점들로 이루어진 산점도이다. 즉, X의 값들의 각 구간에서 Y의 대푯값들을 그린 것이다. 만일 일정 구간에서 X의 값들에 대한 Y의 값들에 대한 요약값들을 알기 원한다면, 그 점들에서 Y의 평균값이 합당한 요약값이 될 것이다. 이것이 바로 평균점들의 그래프가 보여 주고자 하는 것이다. [그림 9.2]는 자료와 함께 표준편차 직선과 평균점들을 함께 보여 주고 있다.

평균점들의 그래프는 X가 평균점 왼쪽에 있을 때에는 표준편차직선 위에 위치하게 되고, 평균점 오른쪽에 있을 때에는 표준편차직선 아래에 놓이게 된다. 평균점들의 그래프의 기울기는 표준편차직선의 기울기보다 완만하게 된다. 표준편차직선은 s_X의 값의 변화에 대한 s_Y의 비율로 증가(또는 감소)한다. 반면 평균 그래프는 s_X의 변화에 대해 s_Y의 값보다 작은 비율, 즉, $r \times s_Y$와 유사한 비율로 증가(또는 감소)하는 것이다. 풋볼형의 자료들에서는 X의 평균값 근방에서의 Y의 평균값은 전체 평균값에 근사한다. 그러므로 풋볼형 자료들에서는 평균점은 평균점들의 그래프에 근사하게 된다. 평균점을 지나고 기울기가 $r \times \dfrac{s_Y}{s_X}$인 직선은 평균점들의 그래프에 보다 잘 적합하며, 산점도의 적절한 요약이기도 하다. 이 직선이 바로 회귀직선인 것이다.

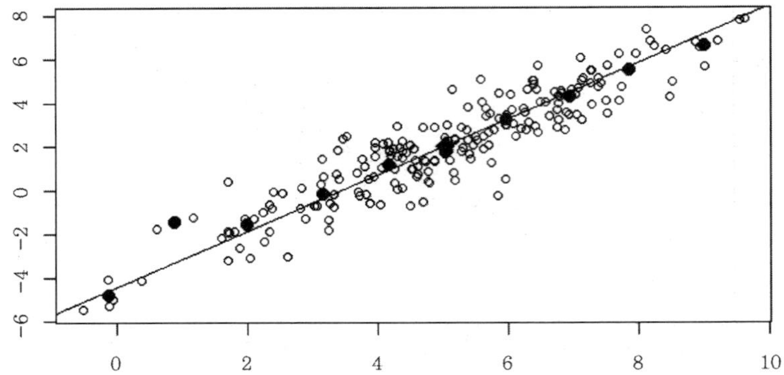

그림 9.2 풋볼형 산점도에서 표준편차직선과 평균점들의 그래프

회귀직선(regression line)

평균점들의 그래프를 확장한 개념이 회귀직선이다. 평균점을 지나고 X가 정확히 s_X만큼 변할 때 Y가 $r\times s_Y$만큼 증가(또는 감소)하는 하나의 직선을 회귀직선이라 한다. 표준편차직선의 기울기가 $\frac{s_Y}{s_X}$인 반면, 회귀직선의 기울기는 $r\times\frac{s_Y}{s_X}$이다. 상관계수의 크기는 $|r|\leqq 1$이므로 회귀직선의 기울기는 표준편차직선의 기울기보다 완만하다. [그림 9.3]에서 굵은 점선이 바로 회귀직선을 표시한 것으로 회귀직선은 표준편차직선보다 평균점들의 그래프에 더 적합하게 된다; 회귀직선의 기울기는 주어진 X의 증가에 대해서 Y의 평균적 증가량을 반영한다. 상관계수가 $r=\pm 1$일 때, 표준편차직선과 회귀직선은 일치하게 된다.

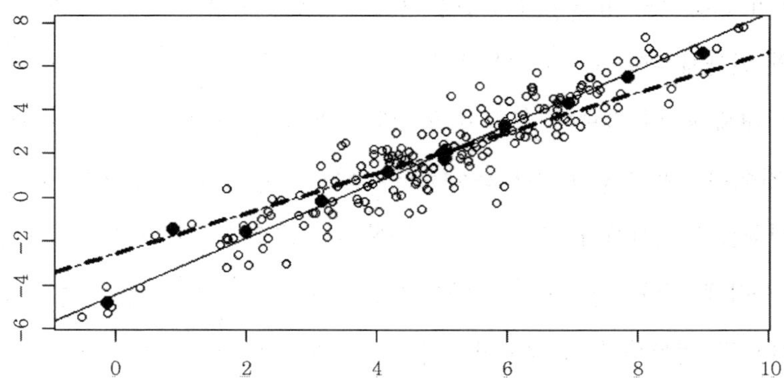

그림 9.3 표준편차직선과 회귀직선

변수의 쌍(이변량 자료)에 대한 회귀직선의 관계는 일변량 자료의 관측값에 대한 평균의 관계와 유사하다. 미지의 일변량 자료를 생각하자. 자료에 대한 정보가 전혀 없을 때는, 자료의 평균값이 변수의 값에 대한 좋은 추측값이 될 수 있다. 만일 변수 X의 정보를 알고 있다면, 변수 X의 같은 값에 대한 변수 Y의 평균값(평균 그래프의 점)이 변수 Y의 값에 대한 좋은 추측값이 될 것이다. X의 각 값에서, 회귀직선은 Y의 평균값을 추정한다. 풋볼형 산점도에서는 상당히 좋은 추정이지만, 풋볼형이 아닌 산점도에서는 평균점들의 그래프와 상당한 차이가 발생할 수도 있다. 풋볼형 산점도에서의 요약 수들인 X의 평균($\overline{X}_n$), Y의 평균($\overline{Y}_n$), X의 표준편차(s_X), Y의 표준편차(s_Y) 및 상관계수(r_{XY})들이 회귀직선을 구성하는 데 사용된다.

회귀란 말은 그리스의 수리통계학자 Karl Pearson(1857~1936)이 장성한 아들을 가진 1,078명의 아버지와 그 아들의 키를 조사한 결과 그 키의 측정값들이 모두 중심 집중적인 성향을 가지고 있다는 사실에서 유래한다. 아버지의 키를 독립변수 X로, 아들의 키를 종속변수 Y로 지정하여 다음과 같이 1차 선형함수를 도출해냈다.

$$Y = 33.73 + 0.516\,X \text{ (단위: inch)}$$

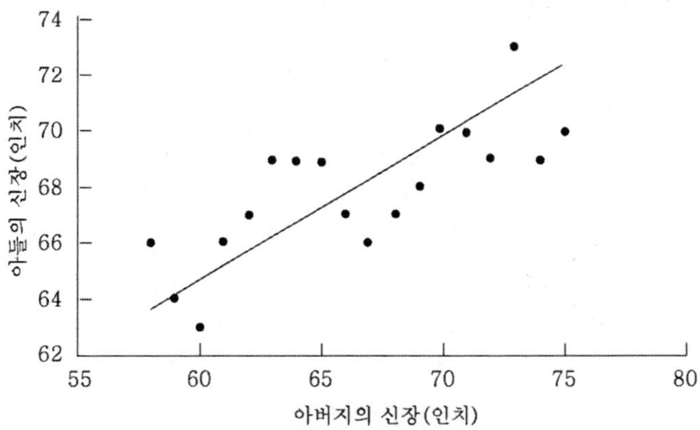

그림 9.4 아버지와 아들 간 신장의 회귀직선

[그림 9.4]에서 아버지의 신장이 60인치인 경우 아들들의 평균 신장은 약 65인치로서 아버지의 신장보다 크고, 이와 반대로 아버지의 신장이 74인치인 경우에는 아들들의 평균 신장이 약 72인치로서 아버지의 신장보다 작음을 본다. 이 직선은 X와 Y의 평균값을 지나므로 결국 아들들의 신장은 인간 전체의 평균 신장에 되돌아가려

는 경향이 있다는 것이다. 위에서와 같은 함수관계를 "regression"이라고 처음 표현한 사람이 영국의 우생학자 F. Galton(1822~1911)이며, 이것이 유래가 되어 통계학에서 변수 간의 어떤 함수관계를 표현하는 식을 **회귀방정식**(regression equation)이라는 용어로 사용하게 된 것이다.

회귀분석이란 쌍으로 관찰된 여러 연속형 변수들 사이에 어떠한 관계가 있다고 전제한 후, 변수들의 일부를 원인으로 가정하고 다른 변수들을 결과로 하여 변수들 사이의 관계식을 구하여 설명하는 통계분석방법이다. 원인의 역할을 하는 변수들을 **설명변수**(explanatory variable) 또는 **독립변수**(independent variable)라 하고, 결과를 관측하는 변수를 **반응변수**(response variable) 또는 **종속변수**(dependent variable)라고 한다. 아들의 키를 예측하는 문제에 있어서 원인으로 아버지의 키 한 변수만을 사용하여 1차원적인 관계식을 연구하는 경우를 **단순선형회귀분석**(simple linear regression analysis)이라고 하고, 여러 설명변수들로 한 반응변수의 1차원적인 설명 관계를 연구하는 것을 **다중선형회귀분석**(multiple linear regression analysis)이라고 한다. 이 밖에도, 선형관계가 아닌 비선형의 관계식을 연구하는 **비선형회귀분석**(nonlinear regression analysis) 등 여러 분야가 있지만, 여기에서는 단순선형 및 다중선형회귀분석에 대해서만 다루기로 하겠다.

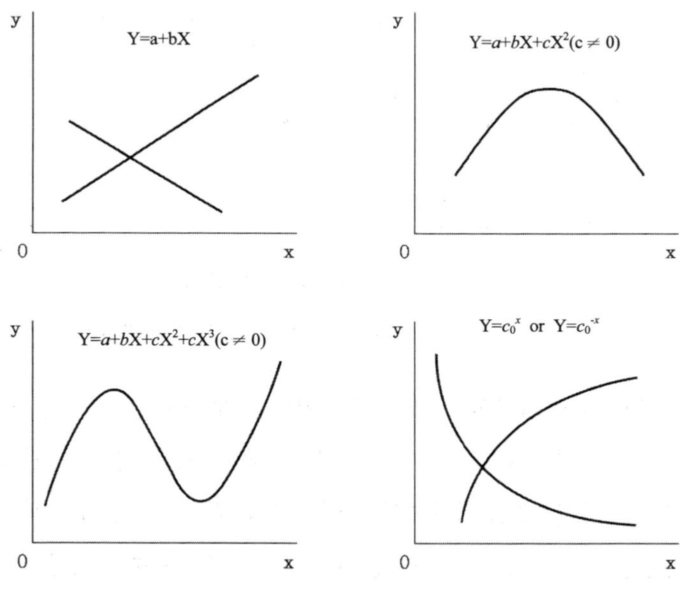

그림 9.5 여러 모양의 회귀선

회귀분석에서는 변량 X의 변동에 대한 다른 변량 Y의 평균적인 관계변동을 구하고 반응값을 추정하는 것이 목적인데, 이 평균선을 **회귀선** 또는 **회귀식**이라 한다. 회귀선은 그 모양에 따라 **회귀직선**(regression line)과 **회귀곡선**(regression curve)으로 나눈다.

중요한 회귀선의 모양을 몇 개 예시하면 [그림 9.5]와 같다.

9.2 단순선형회귀분석

회귀모형

키와 몸무게의 상관관계는 일반적으로 높으리라고 생각할 수 있으므로 키를 알면 몸무게를 짐작할 수 있을 것이다. 이때 키와 몸무게의 관계식을 만든 것이 **회귀모형**(regression model) 또는 **회귀방정식**(regression equation)이다. 몸무게를 y로 하고, 키를 x라고 나타내자.

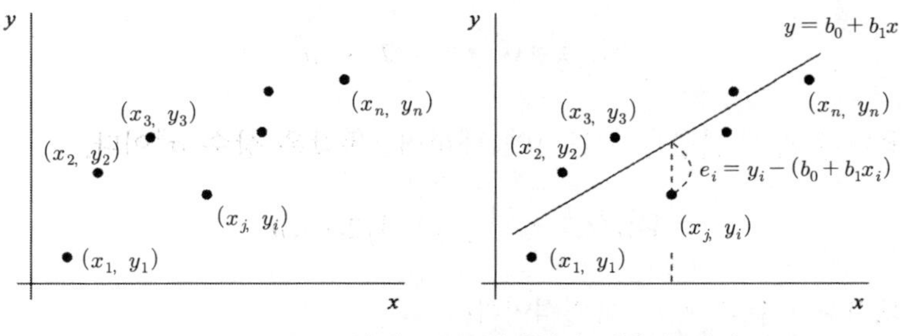

그림 9.6 산점도 및 회귀선의 적합과 잔차

[그림 9.6]의 왼쪽의 산점도(scatter plot)를 가장 잘 반영하는 직선을 찾았더니 오른쪽 그림과 같다고 하자. 즉,

$$y = b_0 + b_1 x, \text{ 여기에서 } b_0\text{는 절편, } b_1\text{은 기울기}$$

그러나 관찰값들은 직선과 정확하게 일치하지 않는다. 왜냐하면 키가 같더라도 몸

무게가 같다는 보장은 없기 때문이다. 그러므로 키만 가지고 몸무게를 정확하게 예측할 수는 없는 것이다. 그러므로 위 직선의 방정식은 관찰값을 표현하기 위하여 다소 조정되어야 할 것이다. 몸무게 y와 직선상 위의 점 $b_0 + b_1 x$의 차이인 다음의 값 $e = y - (b_0 + b_1 x)$를 오차라 하자. 이때 오차 $y - b_0 - b_1 x$는 통계적 오차로 생각할 수 있다. 즉, 오차항은 모형이 관찰값들을 정확하게 적합시키지 못하는 부분을 표현하는 것이다. 오차항은 회귀모형에 나타난 키 이외에 몸무게에 영향을 줄 수 있는 가슴둘레, 체질 등의 다른 변수에 따른 효과나 측정오차 등으로 구성될 수 있다. 그러므로 몸무게와 키와의 관계를 더욱 잘 반영시키는 모형은 오차항을 포함하여 다음과 같이 나타낼 수 있다.

$$y = \beta_0 + \beta_1 x + \epsilon$$

모수 β_0와 β_1을 자료로부터 추정하고, 필요한 가설들을 검정하기 위하여 몇 가지 모형에 관한 가정들이 필요하다. 일반적으로 독립변수 x는 확률변수가 아니고 분석자에 의하여 조정될 수 있는 결정변수로서 측정오차가 없다고 가정한다. 한편, 오차항에 대하여는 다음과 같은 가정들이 요구된다. 이는 바로 회귀모형의 가정사항들이다.

[가정 1] 오차항 ϵ_i는 확률변수로서 모든 i에 대하여, 기댓값이 0이다.

$$E(\epsilon_i) = 0, \;\; i = 1, 2, \cdots, n$$

[가정 2] 오차항 ϵ_i의 분산은 모든 i에 대하여, 똑같은 상수 σ^2이다.

$$Var(\epsilon_i) = \sigma^2, \quad i = 1, 2, \cdots, n$$

[가정 3] 오차항 ϵ_i들은 서로 독립적이다.

$$Cov(\epsilon_i, \epsilon_j) = 0, \quad i \neq j, i, j = 1, 2, \cdots, n$$

[가정 4] 오차항 ϵ_i들의 확률분포는 정규분포이다. 즉 [가정 1]과 [가정 2]를 포함하면 오차항 ϵ_i은 모든 i에서 평균이 0이고 분산이 σ^2인 정규분포를 따른다.

$$\epsilon_i \sim N(0, \sigma^2), \quad i = 1, 2, \cdots, n$$

오차항의 가정사항을 요약하면 다음과 같다: "모든 관찰값들에 대하여 확률오차 ϵ_i는 서로 독립적이며, 똑같이 정규분포 $N(0,\sigma^2)$을 갖는다."

> **NOTE** 오차항의 가정에 의하면 관찰치인 y_i에 대하여 다음과 같이 요약할 수 있다.
> (1) [가정 1]에 의하면, 주어진 x_i에 대하여, $E(y_i|x_i) = \beta_0 + \beta_1 x_i$,
> (2) [가정 2]에 의하면, $Var(y_i) = \sigma^2$, 모든 i에 대하여,
> (3) 즉 $y_i \sim N(\beta_0 + \beta_1 x_i\ ,\ \sigma^2)$, $i = 1,2,\cdots,n$.

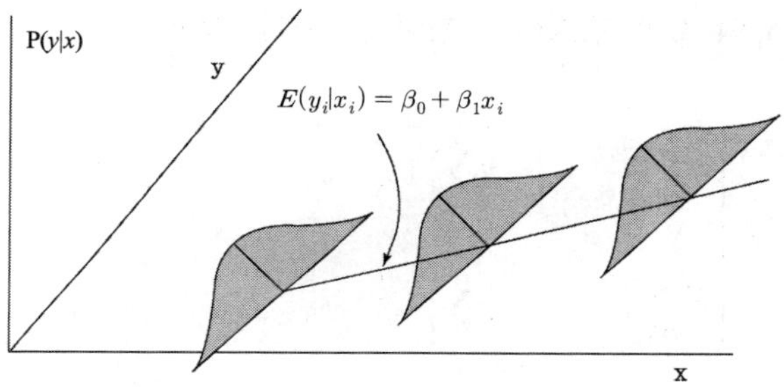

그림 9.7 회귀모형의 가정에 대한 그림

회귀계수의 추정

[그림 9.6]에서 산점도를 가장 잘 반영하는 회귀직선의 방정식을 $\hat{y} = b_0 + b_1 x$라고 하자. 이는 특정 독립변수 x_i에서의 실제 관찰값은 y_i인 데 비하여 회귀방정식에 의하여 추정되는 값이 $\hat{y_i} = b_0 + b_1 x_i$라는 것이다. 따라서 실제값과 추정값 사이에는 다음의 e_i와 같은 차이가 발생한다.

$$e_i = y_i - \hat{y_i}$$

여기서 e_i를 **잔차**(residual)라 하는데, 이는 모형에 의하여 설명되지 못하는 부분을 반영하며 오차항 ϵ_i에 대한 추정값이 된다.

회귀계수를 추정하는 방법 중 가장 흔하게 사용하는 **최소제곱추정방법**(least square estimation)이다. 최소제곱추정방법에 의한 직선의 적합이란 y_i에 대한 잔차의 제

곱합인

$$SSE = \sum_{i=1}^{n} e_i^2 = \sum_{i=1}^{n} [y_i - \hat{y}_i]^2 = \sum_{i=1}^{n} [y_i - (b_0 + b_1 x_i)]^2$$

를 최소로 하는 회귀계수의 추정량 b_0와 b_1을 구하는 방법이다.

이는 회귀직선은 SSE의 극값조건

$$\frac{\partial SSE}{\partial b_0} = 0 \text{ 및 } \frac{\partial SSE}{\partial b_1} = 0$$

을 만족하는 b_0, b_1의 값을 결정하는 것이다. 구체적으로

$$\begin{cases} \dfrac{\partial SSE}{\partial b_0} = -2\sum_{i=1}^{n}(y_i - b_0 - b_1 x_i) = 0 \\ \dfrac{\partial SSE}{\partial b_1} = -2\sum_{i=1}^{n}(y_i - b_0 - b_1 x_i)x_i = 0 \end{cases}$$

로부터 연립방정식

$$\begin{cases} \sum_{i=1}^{n} y_i = n b_0 + b_1 \sum_{i=1}^{n} x_i \\ \sum_{i=1}^{n} x_i y_i = b_0 \sum_{i=1}^{n} x_i + b_1 \sum_{i=1}^{n} x_i^2 \end{cases}$$

을 만족하는 b_0, b_1의 값을 구하면 된다. 이때 이 방정식을 **정규방정식**(normal equation)이라 부른다. 이 정규방정식을 b_0, b_1에 대하여 풀면

$$b_1 = \frac{n\sum_{i=1}^{n} x_i y_i - \sum_{i=1}^{n} x_i \sum_{i=1}^{n} y_i}{n\sum_{i=1}^{n} x_i^2 - \left(\sum_{i=1}^{n} x_i\right)^2}$$

$$b_0 = \frac{\sum_{i=1}^{n} y_i \sum_{i=1}^{n} x_i^2 - \sum_{i=1}^{n} x_i \sum_{i=1}^{n} x_i y_i}{n\sum_{i=1}^{n} x_i^2 - \left(\sum_{i=1}^{n} x_i\right)^2}$$

또는

$$b_0 = \overline{y} - b_1 \overline{x}$$

$$b_1 = \frac{\sum_{i=1}^{n}(x_i - \overline{x})(y_i - \overline{y})}{\sum_{i=1}^{n}(x_i - \overline{x})^2} = \frac{\sum_{i=1}^{n}(x_i - \overline{x})y_i}{\sum_{i=1}^{n}(x_i - \overline{x})^2} = \frac{S_{xy}}{S_{xx}} \ \left(\doteq r_{XY} \times \frac{s_Y}{s_X} \right)$$

을 얻게 된다. 여기서 구한 b_0, b_1의 값을 각각 단순선형회귀모형의 최소제곱추정방법에 의한 회귀추정량이라 하고 $b_0 = \widehat{\beta_0}$, $b_1 = \widehat{\beta_1}$으로 표기하기로 한다.

NOTE

분산 σ^2의 추정

회귀모형에서 설명한 바와 같이 x가 주어졌을 때, y는 평균 $\beta_0 + \beta_1 x$와 분산 σ^2을 갖는 정규분포를 가정하였다. 여기에서 y의 분산은

$$Var(y) = \sigma^2 = E[y - (\beta_0 + \beta_1 x)]^2 = E[\epsilon^2]$$

이고, 잔차 ϵ의 기대치는 $E(\epsilon) = 0$이므로

$$Var(y) = \sigma^2 = E[\epsilon^2] = Var(\epsilon)$$

이다. 따라서 분산 σ^2의 추정량은 오차 ϵ의 추정량인 잔차 e_i들을 이용하여 다음과 같이 구할 수 있다. 분산 σ^2의 추정량을 **평균제곱오차**(mean square error)라고 부른다.

$$\widehat{\sigma^2} = MSE = \frac{1}{n-2} SSE = \frac{1}{n-2} \sum_{i=1}^{n} (y_i - \widehat{y_i})^2$$

여기에서 분모 $n-2$는 잔차제곱합(SSE)의 자유도(degree of freedom)이다. 이 값은 위와 같은 단순선형회귀모형의 선형식에는 모수가 β_0, β_1로 2개 있으므로 표본관찰수 n에서 모수의 수 2를 뺀 값이라고 설명할 수 있다. 또는 SSE의 계산에서

$$SSE = \sum_{i=1}^{n} [y_i - \widehat{y_i}]^2 = \sum_{i=1}^{n} [y_i - (\widehat{\beta_0} + \widehat{\beta_1} x_i)]^2 = \sum_{i=1}^{n} [y_i - (b_0 + b_1 x_i)]^2$$

과 같이 두 모수의 추정량 b_0와 b_1이 주어지기 때문에 SSE의 자유도는 표본관찰수 n에서 2를 뺀 값이다.

예제 9.1

최근 6년간 수출 총계와 수입 총계가 다음 표와 같다. 이 자료를 근거로 선형상관계수를 구하고 유의수준 $\alpha = 0.01$ 일 때 수출액과 수입액의 두 변수의 관계를 분석하고 그 관계를 수식화하여라(단위: 10억 달러).

년도	96	97	98	99	00	01
수출액	16	20	27	39	56	63
수입액	2	3	4	7	11	11

풀이 주어진 자료를 다음 표와 같이 정리한다.

n	x	y	xy	x^2	y^2
1	16	2	32	256	4
2	20	3	60	400	9
3	27	4	108	729	16
4	39	7	273	1521	49
5	56	11	616	3136	121
6	63	11	693	3969	121
	$\sum x_i = 221$	$\sum y_i = 38$	$\sum x_i y_i = 1782$	$\sum x_i^2 = 10011$	$\sum y_i^2 = 320$

$(\sum x_i)^2 = 48841$, $(\sum y_i)^2 = 1444$ 이므로 위의 결과를 이용하여 상관계수 r을 구하면

$$r = \frac{n\sum x_i y_i - \sum x_i \sum y_i}{\sqrt{n\sum x_i^2 - (\sum x_i)^2}\ \sqrt{n\sum y_i^2 - (\sum y_i)^2}}$$

$$= \frac{6 \times 1782 - 221 \times 38}{\sqrt{6 \times 10011 - 48841}\ \sqrt{6 \times 320 - 1444}}$$

$$= 0.992$$

귀무가설 $H_0 : \rho = 0$ 하에서 통계량

$$T_0 = \sqrt{n-2}\,\frac{r}{\sqrt{1-r^2}} \quad \left(= \sqrt{4}\,\frac{0.992}{\sqrt{(1-0.992^2}} = 15.716\ \right)$$

은 자유도 4인 $t-$분포를 따르므로, $t_{0.01/2}(4) = 4.604$가 기각 기준값이 된

다. 검정통계량의 값 $T_0 = 15.716$은 $t_{0.01/2}(4) = 4.604$보다 크므로 귀무가설을 기각하게 된다. 그러므로 유의수준 $\alpha = 0.01$일 때 수출액과 수입액의 두 변수 사이에 선형상관관계가 성립한다고 할 수 있다.

이제 선형상관관계를 수식화해 보자. 정규방정식으로부터

$$b_0 = \frac{\sum_{i=1}^{n} y_i \sum_{i=1}^{n} x_i^2 - \sum_{i=1}^{n} x_i \sum_{i=1}^{n} x_i y_i}{n\sum_{i=1}^{n} x_i^2 - (\sum_{i=1}^{n} x_i)^2} = \frac{38 \times 10011 - 221 \times 1782}{6 \times 10011 - 48841} \simeq -1.19,$$

$$b_1 = \frac{n\sum_{i=1}^{n} x_i y_i - \sum_{i=1}^{n} x_i \sum_{i=1}^{n} y_i}{n\sum_{i=1}^{n} x_i^2 - (\sum_{i=1}^{n} x_i)^2} = \frac{6 \times 1782 - 221 \times 38}{6 \times 10011 - 48841} = \frac{2294}{11225} \simeq 0.20$$

이때 회귀직선은 다음과 같다.

$$y = -1.19 + 0.2x$$

두 변수 간의 상관도와 이 직선을 그래프로 나타내면 다음과 같다.

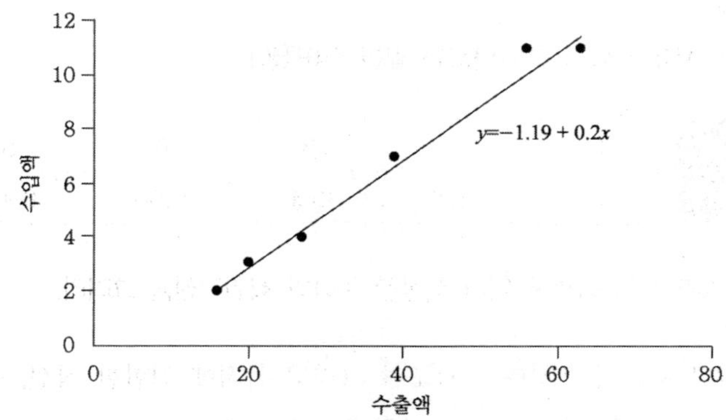

그림 9.8 상관도 및 회귀직선

R 시연

```
Year <- c(96, 97, 98, 99, 00, 01)
Outcome <- c(16, 20, 27, 39, 56, 63)
Income <- c(2, 3, 4, 7, 11, 11)
```

```
plot(Outcome, Income, xlab="수출액", ylab="수입액")

Num= length(Year)
D.F.= Num-2
Alpha = 0.01
Cor.test <- cor.test(Outcome, Income, alternative= c("two.sided"))
Cor.test
names(Cor.test)
Cor.test$statistic     # 검정통계량의 값: 소수점 아래 자리수 반올림에 따라 차이 발생

# 기각 기준값의 하한과 상한
T_Top= round(qt(1-Alpha/2, D.F.),3)
T_Bottom= round(qt(Alpha/2, D.F.),3)

if ( Cor.test$statistic > T_Bottom & Cor.test$statistic < T_Top )
{ cat('\n 귀무가설 Ho 채택!!')} else{ cat('\n 귀무가설 Ho 기각!!')}

Reg = lm(Income ~ Outcome)    # 선형회귀
names(Reg)
abline(Reg)
```

예제 9.2

다음 6쌍의 자료 $(X,\ Y)$가 다음과 같이 주어졌다.

X	1	2	3	6	8	10
Y	1800	1400	1300	1000	600	500

산점도를 그리고 이 상관도 위에 적합한 하나의 회귀직선을 그려라.

풀이 주어진 자료에 대하여 상관도를 그리고 산점에 적합한 직선, 즉 추정회귀선을 그리면 아래와 같다. 이 추정회귀선에서 두 산점 $(3, 1400)$, $(10, 400)$을 택하면, 기울기 b_1은

$$b_1 = \frac{y_2 - y_1}{x_2 - x_1} = \frac{400 - 1400}{10 - 3} \simeq -142.9$$

이고, 따라서 추정회귀선은 $y = b_0 - 142.9x$ 이 된다. 다시 두 산점 중 하나 $(3, 1400)$을 대입하면 절편 b_1은

$$a = y - bx = 1400 - (-142.9) \times 3 = 1828.7$$

이 된다. 그러므로 두 변수의 선형 상관관계를 수식화하면 구체적인 회귀직선

$$y = 1828.7 - 142.9x$$

을 얻는다.

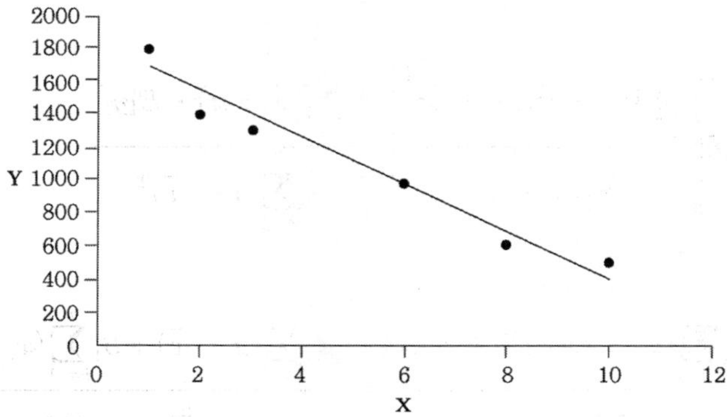

그림 9.9 상관도 및 추정회귀직선

R 시연

```
X <- c(1, 2, 3, 6, 8, 10)
Y <- c(1800, 1400, 1300, 1000, 600, 500)
plot(X, Y)

Reg = lm(Y ~ X)    # 선형회귀
Reg
abline(Reg)
```

회귀모형에 관한 추론; 회귀계수의 추정량 $\hat{\beta}_0 = b_0$와 $\hat{\beta}_1 = b_1$의 분포

앞에서 x가 주어졌을 때, y는 평균이 $\beta_0 + \beta_1 x$이고 분산이 σ^2인 정규분포를 따른다고 하였다. 또한 정규방정식으로부터 $\hat{\beta_0} = b_0$와 $\hat{\beta_1} = b_1$은 다음과 같이 주어져 있다.

$$b_0 = \overline{y} - b_1 \overline{x}$$

$$b_1 = \frac{\sum_{i=1}^{n}(x_i - \overline{x})(y_i - \overline{y})}{\sum_{i=1}^{n}(x_i - \overline{x})^2} = \frac{\sum_{i=1}^{n}(x_i - \overline{x})y_i}{\sum_{i=1}^{n}(x_i - \overline{x})^2}$$

여기에서 $\widehat{\beta_0} = b_0$와 $\widehat{\beta_1} = b_1$의 평균과 분산을 구하면 각각 다음과 같다.

$$E[b_1] = E\left[\frac{\sum_{i=1}^{n}(x_i - \overline{x})(y_i - \overline{y})}{\sum_{i=1}^{n}(x_i - \overline{x})^2}\right] = \frac{\sum_{i=1}^{n}(x_i - \overline{x}) \cdot E[y_i]}{\sum_{i=1}^{n}(x_i - \overline{x})^2}$$

$$= \frac{\sum_{i=1}^{n}(x_i - \overline{x}) \cdot (\beta_0 + \beta_1 x_i)}{\sum_{i=1}^{n}(x_i - \overline{x})^2} = \frac{\beta_0 \sum_{i=1}^{n}(x_i - \overline{x}) + \beta_1 \sum_{i=1}^{n}(x_i - \overline{x})x_i}{\sum_{i=1}^{n}(x_i - \overline{x})^2}$$

$$= \frac{\beta_1 \sum_{i=1}^{n}(x_i - \overline{x})x_i}{\sum_{i=1}^{n}(x_i - \overline{x})^2} = \frac{\beta_1 \sum_{i=1}^{n}(x_i - \overline{x})^2}{\sum_{i=1}^{n}(x_i - \overline{x})^2}$$

$$= \beta_1$$

$$E[b_0] = E[\overline{y} - \widehat{\beta_1}\overline{x}] = E[\overline{y}] - \overline{x} \cdot E[\widehat{\beta_1}]$$

$$= \beta_0 + \beta_1 \overline{x} + E[\overline{\epsilon}] - \overline{x}\beta_1$$

$$= \beta_0$$

즉, 추정량 $\widehat{\beta_0} = b_0$와 $\widehat{\beta_1} = b_1$은 각각 β_0와 β_1의 불편추정량(unbiased estimator)들이다.

$$Var[b_1] = Var\left(\frac{\sum_{i=1}^{n}(x_i - \overline{x})(y_i - \overline{y})}{\sum_{i=1}^{n}(x_i - \overline{x})^2}\right) = \sum_{i=1}^{n} \frac{(x_i - \overline{x})^2}{\left[\sum_{i=1}^{n}(x_i - \overline{x})^2\right]^2} Var(y_i) = \frac{\sigma^2}{\sum_{i=1}^{n}(x_i - \overline{x})^2}$$

$$Var[b_0] = Var[\bar{y} - \widehat{\beta_1}\bar{x}] = Var[\bar{y}] + \bar{x}^2 \, Var(\widehat{\beta_1}) - 2\bar{x}\, Cov(\bar{y}, \widehat{\beta_1})$$

$$= Var(\bar{y}) + \bar{x}^2 \, Var(\widehat{\beta_1}) = \frac{1}{n}\sigma^2 + \frac{\bar{x}^2}{\sum_{i=1}^{n}(x_i - \bar{x})^2}\sigma^2 = \left(\frac{1}{n} + \frac{\bar{x}^2}{\sum_{i=1}^{n}(x_i - \bar{x})^2}\right)\sigma^2$$

NOTE

$$Cov(\bar{y}, \widehat{\beta_1}) = Cov(\frac{1}{n}\sum y_i, \sum \frac{(x_i - \bar{x})}{\sum (x_i - \bar{x})^2} y_i) = \sigma^2 \cdot \sum \frac{1}{n}\frac{(x_i - \bar{x})}{S_{xx}} = 0$$

또한 추정량 $\widehat{\beta_0} = b_0$와 $\widehat{\beta_1} = b_1$은 모두 y의 선형함수이므로 추정량 $\widehat{\beta_0} = b_0$와 $\widehat{\beta_1} = b_1$은 각각 위에서 구한 평균과 분산을 갖는 정규분포를 따른다. 즉,

$$\widehat{\beta_0} \sim N\left(\beta_0, \sigma^2\left(\frac{1}{n} + \frac{\bar{x}^2}{\sum_{i=1}^{n}(x_i - \bar{x})^2}\right)\right),$$

$$\text{즉, } \frac{\widehat{\beta_0} - \beta_0}{\sqrt{\sigma^2\left(\frac{1}{n} + \frac{\bar{x}^2}{\sum_{i=1}^{n}(x_i - \bar{x})^2}\right)}} \sim N(0,1)$$

$$\widehat{\beta_1} \sim N\left(\beta_1, \frac{\sigma^2}{\sum_{i=1}^{n}(x_i - \bar{x})^2}\right),$$

$$\text{즉, } \frac{\widehat{\beta_1} - \beta_1}{\sqrt{\sigma^2 / \sum_{i=1}^{n}(x_i - \bar{x})^2}} \sim N(0,1)$$

NOTE

$E(MSE) = \sigma^2$ **즉, MSE는 모분산** σ^2**의 불편추정량**이다.

$$MSE = \frac{1}{n-2}SSE = \frac{1}{n-2}\sum_{i=1}^{n}(y_i - \widehat{y_i})^2$$

$$= \frac{1}{n-2}\sum_{i=1}^{n}(y_i - b_0 - b_1 x_i)^2$$

$$= \frac{1}{n-2}\sum_{i=1}^{n}\left\{(y_i - \bar{y}) - b_1(x_i - \bar{x})\right\}^2 \quad (\because b_0 = \bar{y} - b_1\bar{x})$$

$$= \frac{1}{n-2}\left[S_{yy} - 2b_1 S_{xy} + b_1^2 S_{xx}\right] \quad (\because b_1 = \frac{S_{xy}}{S_{xx}})$$

$$= \frac{1}{n-2}(S_{yy} - b_1^2 S_{xx})$$

(a) $$E(S_{yy}) = E\left(\sum_{i=1}^{n}(y_i - \overline{y})^2\right)$$

$$= E\left(\sum_{i=1}^{n}\left\{(\beta_0 + \beta_1 x_i + \epsilon_1) - (\beta_0 + \beta_1 \overline{x} + \overline{\epsilon})\right\}^2\right)$$

$$= E\left(\sum_{i=1}^{n}\left\{(\beta_1 (x_i - \overline{x}) + (\epsilon_i - \overline{\epsilon})\right\}^2\right)$$

$$= E(\beta_1^2 S_{xx}) + E\left(\sum_{i=1}^{n}(\epsilon_i - \overline{\epsilon})^2\right)$$

$$= \beta_1^2 S_{xx} + (n-1)\sigma^2$$

(b) $$E(b_1^2 S_{xx}) = S_{xx}E(b_1^2) = S_{xx}[Var(b_1) + E(b_1)^2]$$

$$= S_{xx}\frac{\sigma^2}{S_{xx}} + S_{xx}\beta_1^2 = \sigma^2 + \beta_1^2 S_{xx}$$

그러므로 (a)와 (b)에 의하여 $E(MSE) = \sigma^2$이다.

회귀모형에 관한 추론; β_0와 β_1에 대한 $100(1-\alpha)\%$ 신뢰구간

$t-$분포의 정의에 의하여

$$T = \frac{\widehat{\beta_0} - \beta_0}{\sqrt{\widehat{\sigma^2}\left(\frac{1}{n} + \frac{\overline{x}^2}{\sum_{i=1}^{n}(x_i - \overline{x})^2}\right)}} \sim t\,(n-2),$$

$$T = \frac{\widehat{\beta_1} - \beta_1}{\sqrt{\widehat{\sigma^2} / \sum_{i=1}^{n}(x_i - \overline{x})^2}} \sim t\,(n-2)$$

이므로, β_0에 대한 $100(1-\alpha)\%$ 신뢰구간은

$$\widehat{\beta_0} \pm t_{\alpha/2}(n-2)\sqrt{MSE\left(\frac{1}{n} + \frac{\overline{x}^2}{\sum_{i=1}^{n}(x_i - \overline{x})^2}\right)},$$

이고, β_1에 대한 $100(1-\alpha)\%$ 신뢰구간은

$$\widehat{\beta_1} \pm t_{\alpha/2}(n-2)\sqrt{\frac{MSE}{\sum_{i=1}^{n}(x_i-\overline{x})^2}}$$

이다.

회귀모형에 관한 추론; 회귀계수 β_0와 β_1에 대한 검정

(1) β_0에 대한 검정

(a) 가설의 검정: y절편에 대한 가설로, 즉 귀무가설 H_0과 대립가설 H_1을 다음과 같이 설정한다.

$$H_0 : \beta_0 = 0 \quad v.s. \quad H_1 : \beta_0 \neq 0$$

(b) 검정통계량과 분포: $n > 30$이면 중심극한의 정리를 적용한 정규분포를, $n \leqq 30$이면 $t-$분포를 이용하면, 귀무가설하에서 검정통계량의 값 T_0는 다음과 같다.

$$T_0 = \frac{\widehat{\beta_0} - 0}{\hat{\sigma}\sqrt{\frac{1}{n} + \frac{\overline{x}^2}{\sum_{i=1}^{n}(x_i-\overline{x})^2}}}$$

따라서 $|T_0| > t_{\alpha/2}(n-2)$ (또는 $|T_0| > z_{\alpha/2}$)이면 귀무가설을 기각한다. 즉, y절편은 "0"이라 볼 수 없다.

(2) β_1에 대한 검정

(a) 가설의 검정: 자료에 의해 구한 회귀식에서 기울기가 "0"이라는 것을 받아 들일 수 있는가에 대한 귀무가설 H_0과 대립가설 H_1을 다음과 같이 설정한다.

$$H_0 : \beta_1 = 0 \quad v.s. \quad H_1 : \beta_1 \neq 0$$

(b) 검정통계량과 분포: $n > 30$이면 중심극한의 정리를 적용한 정규분포를, $n \leqq 30$이면 t−분포를 이용하면, 귀무가설하에서 검정통계량의 값 T_0는 다음과 같다.

$$T_0 = \frac{\hat{\beta}_1 - 0}{\hat{\sigma}\sqrt{\dfrac{1}{\sum_{i=1}^{n}(x_i - \overline{x})^2}}}$$

따라서 $|T_0| > t_{\alpha/2}(n-2)$ (또는 $|T_0| > z_{\alpha/2}$)이면 귀무가설을 기각한다. 즉, 기울기는 “0”이라 볼 수 없다.

회귀모형의 유의성 검정: 분산분석방법

우리가 구한 선형회귀모형이 적합한지를 판단하는 방법에 대하여 논의하기로 하자. 반응변수의 관측값 $y_1, y_2, \cdots, y_n$과 평균 $\overline{y}$의 차이인 편차는 다음과 같이 표현될 수 있다.

$$y_i - \overline{y} = (\hat{y}_i - \overline{y}) + (y_i - \hat{y}_i)$$

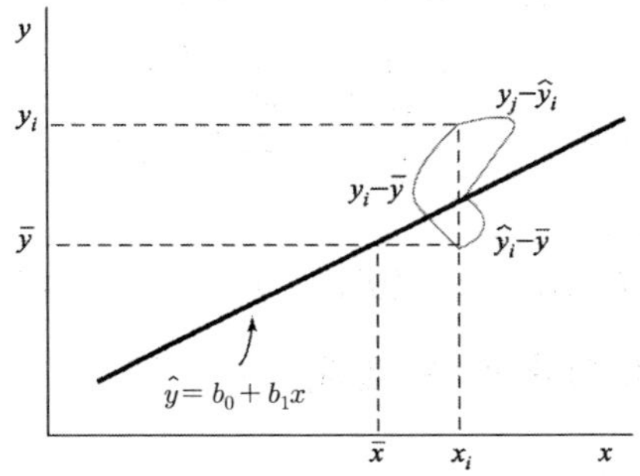

그림 9.10 편차 $y - \overline{y}$의 분할

양변을 제곱하여 다음과 같은 제곱합의 분해를 얻을 수 있다.

$$\sum_{i=1}^{n}(y_i-\overline{y})^2=\sum_{i=1}^{n}(\hat{y_i}-\overline{y})^2+\sum_{i=1}^{n}(y_i-\hat{y_i})^2$$

SST SSR SSE

관측값 y_i와 평균 $\overline{y}$와의 차의 제곱합 $\sum(y_i-\overline{y})^2$을 **총제곱합**(total sum of squares: SST)이라고 부르며, $\sum(\hat{y_i}-\overline{y})^2$를 **회귀제곱합**(regression sum of squares: SSR)이라고 부른다.

제곱합의 분해는 총제곱합인 SST를 오차항에 의해 설명되는 부분인 SSE와 회귀모형에 의해 설명되는 부분인 SSR로 나눌 수 있다는 것이다. 따라서 총제곱합 SST에 비해 잔차제곱합 SSE가 작으면 SST 중에서 회귀모형에 의해 설명되는 부분인 SSR이 차지하는 부분이 크므로 회귀모형이 잘 적합되었음을 의미하며, 이를 설명하기 위해서 다음과 같이 **분산분석**(analysis of variance: ANOVA)표를 만든다.

표 9.1 단순선형회귀의 분산분석표

요인	자유도	제곱합	평균제곱	F값	$p-value$
모형(회귀) 잔차	1 $n-2$	SSR SSE	$MSR=SSR/1$ $MSE=SSE/n-2$	$F_0=\frac{MSR}{MSE}$	유의확률
전체	$n-1$	SST			

위의 분산분석표에서 F_0는 회귀선에 의해서 설명되는 부분을 오차에 의해 설명되는 부분과 비교하는 값으로 이 값이 크면 회귀직선의 모형이 유의함(significant)을 의미한다. 즉, 단순회귀모형에서 기울기 β_1이 0이 아니며 따라서 설명변수 x와 반응변수 y 사이에 직선회귀의 관계가 있음을 뜻한다. 이를 이용하여 직선회귀모형의 유의성을 검정하기 위한 가설은

$$H_0:\beta_1=0(v.s.\quad H_1:\beta_1\neq 0)$$

로 해 놓고

$$F_0=\frac{MSR}{MSE}>F(1,n-2;\alpha)$$

이면 H_0를 기각하고 x와 y 사이에 기울기가 0이 아닌 직선관계가 있다고 결론을 내린다. 유의확률 $p-value$는 원하는 유의수준 α보다 작으면 직선관계가 유의하다고 결론을 내린다.

NOTE

(1) $\dfrac{\hat{\beta_1}-\beta_1}{\sqrt{\sigma^2/S_{xx}}} \sim N(0,1)$이므로, $\dfrac{(\hat{\beta_1}-\beta_1)^2}{\sigma^2}S_{xx} \sim \chi^2(1)$이고, 귀무가설 $H_0:\beta_1=0$ 하에서, $\dfrac{\hat{\beta_1}^2}{\sigma^2}S_{xx} \sim \chi^2(1)$이다. 한편,

$$\frac{SSR}{\sigma^2}=\frac{1}{\sigma^2}\sum_{i=1}^{n}(\hat{y_i}-\overline{y})^2=\frac{1}{\sigma^2}\sum_{i=1}^{n}(\hat{\beta_0}+\hat{\beta_1}x_i-\overline{y})^2$$

$$=\frac{1}{\sigma^2}\sum_{i=1}^{n}\hat{\beta_1}^2(x_i-\overline{x})^2 \quad (\because \hat{\beta_0}=\overline{y}-\hat{\beta_1}\overline{x})$$

$$=\frac{\hat{\beta_1}^2}{\sigma^2}\sum_{i=1}^{n}(x_i-\overline{x})^2=\frac{\hat{\beta_1}^2}{\sigma^2}S_{xx} \sim \chi^2(1)$$

(2) 가정에 의하여, $y_i \sim N(\beta_0+\beta_1x_i,\sigma^2)$이므로,

$\dfrac{y_i-(\beta_0+\beta_1x_i)}{\sigma} \sim N(0,1)$이고, $\displaystyle\sum_{i=1}^{n}\frac{[y_i-(\beta_0+\beta_1x_i)]^2}{\sigma^2} \sim \chi^2(n)$이다. 여기서 두 모수 β_0,β_1의 추정량 $\hat{\beta_0},\hat{\beta_1}$을 사용하면,

$$\sum_{i=1}^{n}\frac{[y_i-(\hat{\beta_0}+\hat{\beta_1}x_i)]^2}{\sigma^2}=\frac{1}{\sigma^2}\sum_{i=1}^{n}(y_i-\hat{y_i})^2 \sim \chi^2(n-2)\text{이다.}$$

즉, $\dfrac{SSE}{\sigma^2}=\dfrac{n-2}{\sigma^2}MSE \sim \chi^2(n-2)$이다.

(3) (1)과 (2)의 성질과 $F-$분포의 정의에 의하여, 귀무가설 $H_0:\beta_1=0$하에서,

$$\frac{\dfrac{SSR}{\sigma^2}/1}{\dfrac{SSE}{\sigma^2}/(n-2)}=\frac{MSR}{MSE} \sim F(1,n-2)\text{이다.}$$

(4) 귀무가설 $H_0:\beta_1=0$의 검정통계량은 $t-$통계량$[T_0 \sim t(n-2)]$과 $F-$통계량$[F_0 \sim F(1,n-2)]$을 모두 사용할 수 있음을 보았다. 두 통계량은 다음의 식을 만족한다.

$$T_0^2=\left(\frac{\hat{\beta_1}}{\hat{\sigma}/\sqrt{S_{xx}}}\right)^2=\frac{\hat{\beta_1}^2S_{xx}}{\hat{\sigma}^2}=\frac{\hat{\beta_1}S_{xy}}{\hat{\sigma}^2}=\frac{MSR}{MSE}=F_0$$

한편, 주어진 α에 대하여 $(t_{\alpha/2}(n-2))^2 = F_\alpha(1, n-2)$의 관계가 있음을 알 수 있다. 그러므로 위의 $F-$통계량은 양측 검정만을 할 수 있게 되는 것이다.

모형의 적합 정도를 설명하는 또 다른 측도로서 **결정계수**(coefficient of determination)가 있다. 즉, 총제곱합 SST 중에서 회귀모형에 의해 설명되는 정도인 회귀제곱합 SSR이 차지하는 비율인

$$r^2 = \frac{SSR}{SST} = 1 - \frac{SSE}{SST}$$

를 **표본결정계수**(sample coefficient of determination)라고 한다. 만일, 모든 관찰값들이 회귀 추세선상에 위치한다면 $SSE = 0$이며, 이때 결정계수는 $r^2 = 1$이 된다. 반면, 두 변수 사이에 선형적인 회귀 관계가 전혀 없다면, 즉 추정된 회귀선의 기울기가 0이라면 $\hat{y_i} = \bar{y}$이므로, 이때 결정계수는 $r^2 = 0$이 된다. 정의에 의하여, 결정계수는 $0 \leqq r^2 \leqq 1$임을 알 수 있다. 이 값이 1에 가까울수록 회귀모형의 설명력이 높으므로 회귀직선의 기여율이라고 부르기도 한다. 이 결정계수 r^2 표본상관계수의 제곱이기도 하다.

NOTE

결정계수는 표본상관계수의 제곱이다.

[확인] $r^2 = \dfrac{SSR}{SST} = \dfrac{SST - SSE}{SST} = \dfrac{S_{yy} - SSE}{S_{yy}}$

$$SSE = S_{yy} - \hat{\beta}_1^{\,2} S_{xx} = S_{yy} - \left(\frac{S_{xy}}{S_{xx}}\right)^2 S_{xx} \quad (\because \ \hat{\beta}_1^{\,2} = \left(\frac{S_{xy}}{S_{xx}}\right)^2)$$

$$= S_{yy} - \frac{(S_{xy})^2}{S_{xx}},$$

$$\therefore \ r^2 = \frac{S_{yy} - S_{yy} + \dfrac{(S_{xy})^2}{S_{xx}}}{S_{yy}} = \frac{S_{xy}^2}{S_{xx}S_{yy}} = (r_{XY})^2$$

예제 9.3

다음의 자료는 19명의 학생의 키(인치)와 몸무게(lb)이다.

번호	키	몸무게	번호	키	몸무게
1	69	112.5	11	51.3	50.5
2	56.5	84	12	64.3	90
3	65.3	98	13	56.3	77
4	62.8	102.5	14	66.5	112
5	63.5	102.5	15	72	150
6	57.3	83	16	64.8	128
7	59.8	84.5	17	67	133
8	62.5	112.5	18	57.5	85
9	62.5	84	19	66.5	112
10	59	99.5			

(1) 이 자료를 이용하여 회귀직선을 구하고 모형의 적합성을 유의수준 5%에서 판단하여라.

(2) 회귀직선의 기울기에 대한 95% 신뢰구간을 구하여라.

풀이 (1) [표 9.1]과 같이 분산분석표를 작성하면 다음과 같다.

요인	자유도	제곱합	평균제곱	F값	$p-value$
모형(회귀) 잔차	1 17	7193.25 2142.49	7193.25 126.03	57.08	$7.88682E-07$
전체	18	9335.74			

F값이 57.08으로 $F(1,17;\alpha=0.05)=4.45$보다 상당히 크다. 또한 $p-value$는 0.05보다 훨씬 작음을 알 수 있다. 즉 위 모형은 잘 적합되었다고 볼 수 있다. 정규방정식으로부터 회귀직선의 절편과 기울기를 각각 구하여 보면 -143.03과 3.90이다. 그러므로 회귀직선은 다음과 같다.

$$y_i = -143.03 + 3.90 \cdot x_i, i = 1,2,\cdots,19$$

(2) MSE = 126.03이므로 다음의 식에 대입하여 정리하면

$$\widehat{\beta_1} \pm t_{\alpha/2}(n-2)\sqrt{MSE/\sum_{i=1}^{n}(x_i-\overline{x})^2}$$

$$= 3.90 \pm 2.110 \cdot \sqrt{126.03/\sum_{i=1}^{19}(x_i-\overline{x})^2} = (2.81, 4.99).$$

R 시연

```
Data <- read.csv(file='9장_예제9.3.csv', header = TRUE)
attach(Data)
str(Data)

Lm <- lm(Weight ~ Height, Data)
Lm
plot(Height, Weight, main = "자료와 회귀직선" )
abline(coef(Lm))

summary(Lm)
anova(Lm)
deviance(Lm)      # 또는 sum((Weight - predict(Lm))^2)

str(anova(Lm))
anova(Lm)$Df              # Degree of Freedom
anova(Lm)$Sum             # SSR SSE
anova(Lm)$Mean            # MSR MSE
anova(Lm)$F               # f-value
anova(Lm)$Pr              # p-value

confint(Lm)[2,]        # 또는 confint(Lm, level = 0.95)
detach(Data)
```

반응변수의 구간추정

회귀분석의 중요한 목적 중 하나는 설명변수 x의 값이 주어졌을 때 반응변수 y값을 예측하는 것이다. 추정된 회귀선을 이용한 관측값에 대한 예측은 두 가지 형태로 나눌 수 있다. 하나는 독립변수의 특정한 값 $x = x_p$이 주어졌을 때 종속변수 y의 평균값 $E(y)$를 예측하는 것이며, 또 다른 하나는 독립변수의 특정한 값에 대한 개별적인 y_p값을 예측하는 것이다.

(A) 종속변수 y의 평균값 $E(y)$ 예측

$x = x_p$이 주어졌을 때 y의 기댓값 $E(y|x = x_p) = \beta_0 + \beta_1 x_p$의 추정량은

$$\hat{y_p} = \hat{\beta_0} + \hat{\beta_1} x_p$$

이고, $\hat{y_p} = \hat{\beta_0} + \hat{\beta_1} x_p = \hat{\beta_0} + \hat{\beta_1}\overline{x} + \hat{\beta_1}(x_p - \overline{x}) = \overline{y} + \hat{\beta_1}(x_p - \overline{x})$이므로

$$\begin{aligned} Var(\hat{y_p}) &= Var(\overline{y}) + (x_p - \overline{x})^2 Var(\hat{\beta_1}) + 2(x_p - \overline{x}) Cov(\overline{y}, \hat{\beta_1}) \\ &= Var(\overline{y}) + (x_p - \overline{x})^2 Var(\hat{\beta_1}) = \frac{1}{n}\sigma^2 + (x_p - \overline{x})^2 \frac{\sigma^2}{S_{xx}} \\ &= \sigma^2 \left[\frac{1}{n} + \frac{(x_p - \overline{x})^2}{\sum_{i=1}^{n}(x_i - \overline{x})^2} \right] \end{aligned}$$

이다. 그러므로 추정량 $\hat{y}_p$는 다음과 같은 정규분포를 따른다.

$$\hat{y_p} \sim N\left(\beta_0 + \beta_1 x_p,\ \sigma^2 \left(\frac{1}{n} + \frac{(x_p - \overline{x})^2}{\sum_{i=1}^{n}(x_i - \overline{x})^2} \right) \right)$$

따라서 $x = x_p$가 주어졌을 때 $\hat{y_p}$의 기댓값 $E(y|x = x_p)$의 신뢰구간은 분산 σ^2을 앞에서 구한 추정량 $\hat{\sigma}^2$으로 대치하고 $100(1-\alpha)\%$ 신뢰구간을 구하면 다음과 같다.

$$\hat{y_p} \pm t_{\alpha/2}(n-2) \cdot \hat{\sigma} \sqrt{\frac{1}{n} + \frac{(x_p - \overline{x})^2}{\sum_{i=1}^{n}(x_i - \overline{x})^2}} \qquad (1)$$

(B) y_p값 예측

$x = x_p$이 주어졌을 때 y_p의 값과 y_p의 추정량 $\hat{y}_p$와의 차이 즉, 예측오차 $e = y_p - \hat{y}_p$에 대한 분산은

$$Var(e) = Var(y_p - \widehat{y_p}) = \sigma^2 \left[1 + \frac{1}{n} + \frac{(x_p - \overline{x})^2}{\sum_{i=1}^{n} (x_i - \overline{x})^2} \right]$$

이다. 또한 $e = y_p - \hat{y}$에서 $E(y_p - \widehat{y_p}) = 0$이므로, $e = y_p - \widehat{y_p}$는 다음과 같은 정규분포를 따른다.

$$y_p - \widehat{y_p} \quad \sim \quad N\left(0,\ \sigma^2 \left(1 + \frac{1}{n} + \frac{(x_p - \overline{x})^2}{\sum_{i=1}^{n} (x_i - \overline{x})^2} \right) \right)$$

따라서 $x = x_p$가 주어졌을 때 y_p의 $100(1-\alpha)\%$ 신뢰구간은 다음과 같다.

$$\widehat{y_p} \ \pm\ t_{\alpha/2}(n-2) \cdot \hat{\sigma} \sqrt{1 + \frac{1}{n} + \frac{(x_p - \overline{x})^2}{\sum_{i=1}^{n} (x_i - \overline{x})^2}} \tag{2}$$

NOTE

> 식 (1)과 식 (2)에서와 같이 개별적인 y_p의 신뢰구간의 폭이 $E(y)$의 신뢰구간의 폭보다 넓음을 알 수 있다.

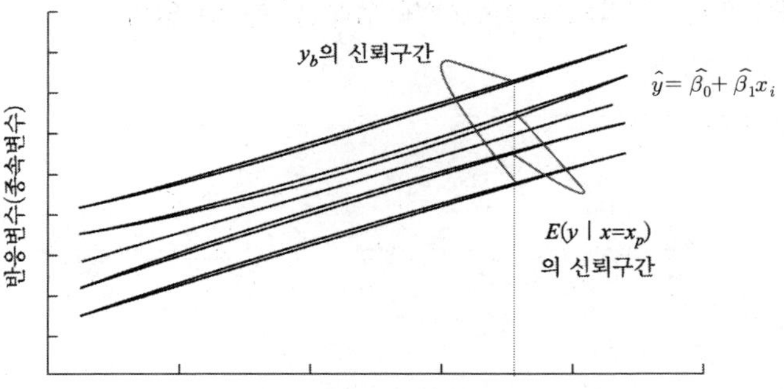

그림 9.11 $x = x_p$가 주어졌을 때, y_p와 $E(y)$의 신뢰구간

9.3 잔차분석

잔차그림(residual plot)

X에 대한 Y의 회귀에서, 한 개체에서 주어진 X에 대한 Y의 값과 그 개체의 주어진 X에서의 회귀직선의 값과의 수직적 차이가 **잔차**(residual)이다. 즉, 다음과 같이 X와 Y의 쌍인 n개의 측정치 $(x_1, y_1), (x_2, y_2), \cdots, (x_n, y_n)$에 대하여, 회귀직선의 방정식을 $y = b_1 x + b_0$라고 하면, 이때 i번째 자료의 수직적 잔차 e_i은 다음과 같다.

$$e_i = y_i - (b_1 x_i + b_0)$$

이때 X에 대한 잔차들의 산점도는 회귀직선의 사용이 적절한지 또는 계산이 정확하게 이루어졌는지 등을 포함한 회귀에 관련된 많은 정보를 제공하게 된다. 독립변수 X에 대한 잔차들의 산점도를 **잔차그림**(residual plot)이라고 한다. 잔차그림은 다음 n개의 점들의 산점도이다.

$$(x_1, e_1), (x_2, e_2), \cdots, (x_n, e_n)$$

[그림 9.12]은 풋볼형 산점도를 갖는 자료에 대한 잔차그림이다. 수평선 X-축을 중심으로 아래와 위로 적절하게 분포되어 있음을 볼 수 있다.

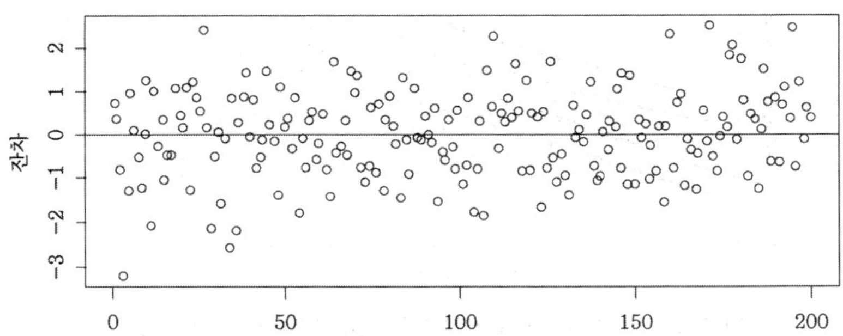

그림 9.12 풋볼형 산점도를 갖는 자료에 대한 잔차그림

비선형성, 이분산성과 이상치가 있는 경우 회귀는 좋은 통계적 도구가 아님을 잔차그림을 통하여 살펴보고자 한다. [그림 9.13]은 계절적 요인을 포함하는 주기적 추세가 있는 자료에 대한 회귀직선의 잔차그림이다. 그림과 같이 자료에 따른 곡선의 추세가 존재하는 결과를 보인다. 이와 같은 자료는 일차원적인 회귀직선을 도입을 지양하고 비선형 회귀곡선의 도입을 고려해야 한다.

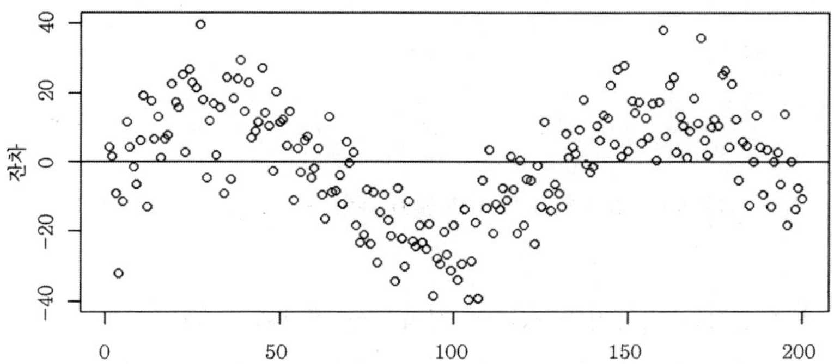

그림 9.13 비선형 자료에 대한 회귀직선의 잔차그림

[그림 9.14]는 독립변수의 범위에 따라서 잔차의 크기가 크게 변하고 있게 되는 경우로서 등분산성을 보장할 수 없는 경우로 이와 같은 경우에는 원자료에 제곱근함수, 로그함수 및 지수함수 등을 적용하는 등의 자료의 재표현(re-expression)을 통하여 변수 사이의 관계를 단순화하여 재분석을 시도한다.

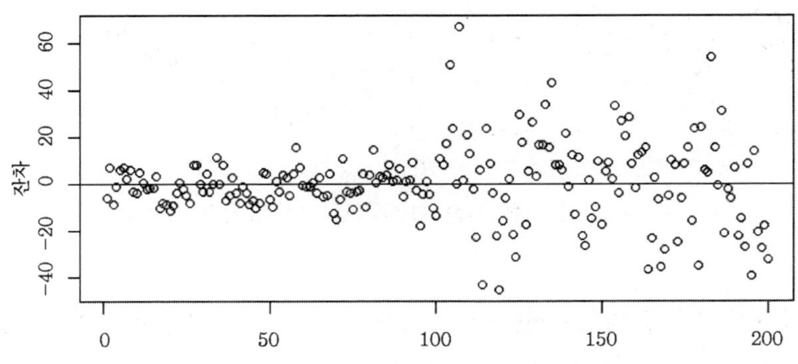

그림 9.14 이분산형 자료에 대한 회귀직선의 잔차그림

[그림 9.15]에서는 우측 하단의 검은색으로 표현된 이상치에 대한 잔차가 나타나

는 경우의 잔차그림이다. 이때는 이상치를 제거한 후 분석을 재시도해 본다.

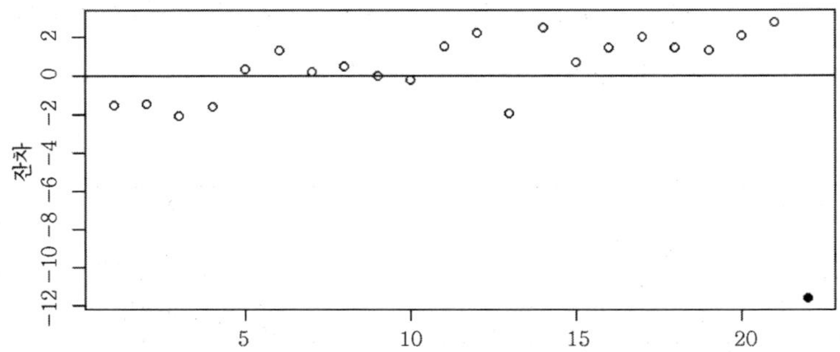

그림 9.15 이상치가 있는 자료에 대한 회귀직선의 잔차그림

회귀직선 방정식의 기울기와 절편이 정확하게 계산되었다면 회귀직선과의 수직적 잔차의 평균은 0에 근접할 것이고, 독립변수 X와 잔차와의 상관계수는 거의 0이 되어야 한다. 그러므로 잔차의 평균이 0이 아니거나 독립변수 X와 잔차와의 상관계수가 0이 아니라면 계산 오류가 존재하는 것으로 판단할 수 있다. [그림 9.16]의 그래프는 정상적인 계산이 이루어진 회귀직선의 잔차그림으로서는 불가능한 경우의 그래프 예들이다.

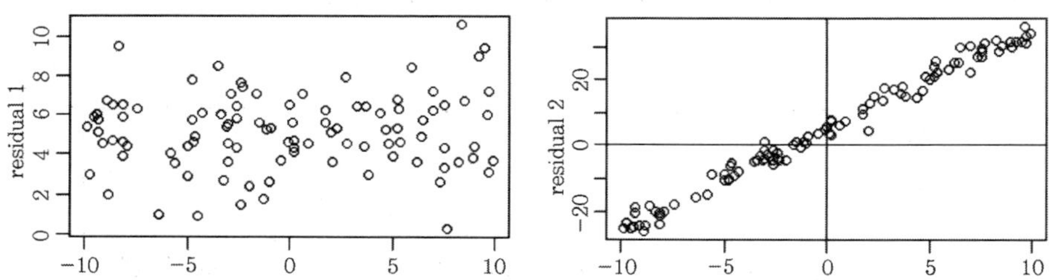

그림 9.16 불가능한 회귀직선의 잔차그림의 예들

만일 잔차가 추세를 갖는다면(우측 그래프의 경우), 회귀직선의 기울기 계산이 틀린 경우이고, 추세는 없으나 평균이 0이 아니라면, 회귀직선의 절편 계산이 틀린 것이다. 잔차의 추세도 존재하고 평균이 0이 아닌 경우에는 회귀직선의 기울기도, 절편에 대한 계산도 틀렸을 수 있다.

회귀직선이 정확하게 계산되었다고 가정하자. 이때, 다시 원자료 X를 독립변수로 하고 잔차를 종속변수로 할 때의 회귀직선은 바로 $X-$축이 되어야 한다. 이를 다음과 같이 확인할 수 있다.

> **NOTE**
>
> 회귀직선의 방정식 정확하게 계산되었다면, 잔차의 평균은 0이고, 독립변수 X와 잔차와의 상관계수는 0이다.
>
> [확인] n개의 자료가 다음과 같다고 하자. $(x_1,y_1),(x_2,y_2),\cdots,(x_n,y_n)$
>
> 회귀직선의 방정식은 $y=b_1x+b_0$이며 이때,
>
> $$b_1=r_{XY}\times\frac{s_Y}{s_X} \text{ 이고, } b_0=\overline{Y}_n-b_1\times\overline{X}_n \text{이다.}$$
>
> (1) 잔차의 평균은 다음과 같다.
>
> $$\begin{aligned}&\frac{1}{n}\times(e_1+e_2+\cdots+e_n)\\&=\frac{1}{n}\times[y_1-(b_1x_1+b_0)+y_2-(b_1x_2+b_0)+\cdots+y_n-(b_1x_n+b_0)]\\&=\frac{1}{n}[y_1+y_2+\cdots+y_n-b_1(x_1+x_2+\cdots+x_n)-nb_0]\\&=\overline{Y}_n-b_1\times\overline{X}_n-b_0\end{aligned}$$
>
> 회귀직선에서 $b_0=\overline{Y}_n-b_1\times\overline{X}_n$이므로 위의 식은 0이다. 즉, 잔차의 평균은 0이므로 잔차의 평균점은 $X-$축 위에 있게 된다.
>
> (2) s_E를 잔차의 표준편차라고 하고, $c=\dfrac{1}{s_X\times s_E}$라고 하자. 이때 잔차의 평균이 0이므로, 독립변수 X와 잔차와의 상관계수 r_{XE}는 다음과 같다.
>
> $$\begin{aligned}r_{XE}&=c\times\frac{1}{n-1}\times\sum_{i=1}^{n}\left(x_i-\overline{X}_n\right)e_i=c\times\frac{1}{n-1}\times\sum_{i=1}^{n}\left(x_i-\overline{X}_n\right)\left(y_i-b_1x_i-b_0\right)\\&=c\times\frac{1}{n-1}\times\sum_{i=1}^{n}\left(x_i-\overline{X}_n\right)\left(y_i-b_1x_i-\overline{Y}_n+b_1\times\overline{X}_n\right)\\&=c\times\frac{1}{n-1}\times\sum_{i=1}^{n}\left(x_i-\overline{X}_n\right)\left[(y_i-\overline{Y}_n)-b_1\times(x_i-\overline{X}_n)\right]\\&=c\times\frac{1}{n-1}\times\sum_{i=1}^{n}\left(x_i-\overline{X}_n\right)\left(y_i-\overline{Y}_n\right)\\&\qquad\qquad-c\times b_1\times\frac{1}{n-1}\times\sum_{i=1}^{n}\left(x_i-\overline{X}_n\right)\times\left(x_i-\overline{X}_n\right)\\&=c\times r_{XY}\times s_X\times s_Y-c\times b_1\times(s_X)^2\end{aligned}$$

$$= c \times (s_X)^2 \times \left[r_{XY} \times \frac{s_Y}{s_X} - b_1 \right]$$

회귀직선에서 $b_1 = r_{XY} \times \frac{s_Y}{s_X}$이므로 마지막 항의 값은 0이다. 독립변수 X와 잔차와의 상관계수는 0임을 알 수 있다. 즉, 회귀 직선 방정식의 기울기가 정확하게 계산되었다면, 잔차그림에서 추세는 나타나지 않는다.

회귀의 제곱근평균제곱 오차(RMS Error)

상관계수가 정확히 ± 1이 아니면 회귀직선은 모든 점들을 지날 수 없다. 일반적으로 자료들은 회귀직선 주위에 위치한다. 각각의 자료들은 회귀직선과의 차이인 수직적 잔차를 갖게 된다. 수직적 잔차의 크기는 자료에 따라 다르게 된다. 수직적 잔차의 제곱근평균제곱(rms)은 주어진 자료와 회귀직선과의 전형적인 수직적 거리에 대한 측도이다.

NOTE

잔차의 제곱근평균제곱: n개의 자료 (x_i, y_i), $i = 1, 2, \cdots, n$을 생각하자.
i번째 자료의 잔차 e_i는 다음과 같다.

$$e_i = y_i - (x_i\text{에서의 예측값}) = y_i - (b_1 x_i + b_0)$$

$$= y_i - \left(r \times \frac{s_Y}{s_X} \times x_i + \overline{Y}_n - r \times \frac{s_Y}{s_X} \times \overline{X}_n \right)$$

$$= (y_i - \overline{Y}_n) - r \times \frac{s_Y}{s_X} \times (x_i - \overline{X}_n)$$

i번째 잔차의 제곱은 다음과 같다.

$$e_i^2 = [y_i - (x_i\text{에서의 예측값})]^2 = [y_i - (b_1 x_i + b_0)]^2$$

$$= \left\{ (y_i - \overline{Y}_n) - r \frac{s_Y}{s_X} (x_i - \overline{X}_n) \right\}^2$$

$$= (y_i - \overline{Y}_n)^2 - 2r \frac{s_Y}{s_X} (x_i - \overline{X}_n)(y_i - \overline{Y}_n) + \left\{ r \frac{s_Y}{s_X} (x_i - \overline{X}_n) \right\}^2$$

잔차의 제곱근평균제곱은 $\frac{1}{n-1} \sum_{i=1}^{n} e_i^2$의 제곱근이므로, $\frac{1}{n-1} \sum_{i=1}^{n} e_i^2$에 대하여 살펴보기로 하자.

$$(*)\quad \frac{1}{n-1}\sum_{i=1}^{n}e_i^2=\frac{1}{n-1}\sum_{i=1}^{n}(y_i-\overline{Y_n})^2\ -2r\frac{s_Y}{s_X}\frac{1}{n-1}\sum_{i=1}^{n}(x_i-\overline{X_n})(y_i-\overline{Y_n})$$

$$+\left(r\frac{s_Y}{s_X}\right)^2\frac{1}{n-1}\sum_{i=1}^{n}(x_i-\overline{X_n})^2$$

한편, $s_X=\sqrt{\frac{1}{n-1}\sum_{i=1}^{n}(x_i-\overline{X_n})^2}$, $s_Y=\sqrt{\frac{1}{n-1}\sum_{i=1}^{n}(y_i-\overline{Y_n})^2}$,

$$r_{XY}=\frac{1}{n-1}\sum_{i=1}^{n}\frac{x_i-\overline{X_n}}{s_X}\frac{y_i-\overline{Y_n}}{s_Y}$$

이므로, $\sum_{i=1}^{n}(x_i-\overline{X_n})^2=(n-1)\times(s_X)^2$, $\quad\sum_{i=1}^{n}(y_i-\overline{Y_n})^2=(n-1)\times(s_Y)^2$,

$$\sum_{i=1}^{n}(x_i-\overline{X_n})(y_i-\overline{Y_n})=r\times(n-1)\times s_X\times s_Y$$

이다.

위의 결과들을 식(*)의 세항 모두에 각각 대입하면,

$$\frac{1}{n-1}\sum_{i=1}^{n}e_i^2=(s_Y)^2-2\times r^2\times(s_Y)^2+r^2\times(s_Y)^2=(1-r^2)\times(s_Y)^2$$

이다. 그러므로, 잔차의 제곱근평균제곱 "rms(잔차)"는 $(1-r^2)^{1/2}\times s_Y$이다. 한편, 잔차의 평균은 0이므로 잔차의 표준편차 s_E는 다음과 같이 정의된다. $s_E=\sqrt{\frac{1}{n-1}\sum_{i=1}^{n}e_i^2}$은 바로 잔차의 제곱근평균제곱이다. 그러므로 잔차의 표준편차와 잔차의 제곱근평균제곱은 같다. 이 값을 **회귀의 제곱근평균제곱오차**(RMS error of regression)라고도 한다.

회귀의 제곱근평균제곱의 값은 0과 s_Y 사이에 있게 된다. 상관계수가 $r=\pm 1$이면 0이 되고, 상관계수가 $r=0$이면 s_Y가 된다. 상관계수가 $r=\pm 1$이라는 것은 회귀직선이 Y의 모든 자료를 설명할 수 있는 것이며, 따라서 수직적 잔차가 모두 0이므로 평균제곱근도 0이 된다. 상관계수가 $r=0$일 때, 회귀직선은 종속변수 Y의 어떤 값도 설명하지 못하는 것이며 회귀직선은 높이가 $E(Y)$인 $X-$축에 평행한 직선이 된다. 따라서, 회귀직선으로부터 수직적 잔차에 대한 제곱근평균제곱은 Y의 평균값과 Y의 값의 차에 대한 제곱근평균제곱, 즉 Y의 표준편차가 된다. 상관계수 r이 0이 아니면, 회귀직선은 Y의 변동의 일부분을 설명하는 것이므로 회귀직선 주위의 흩어짐은 Y의 전체 흩어짐보다 다소 작게 되는 것이다.

잔차 $e_j = y_j - \widehat{y_j}$는 실제 관측값과 y_j의 추정된 회귀직선에 의한 적합 값 $\widehat{y_j}$의 차이로서, 추정된 회귀직선으로 설명될 수 없는 부분을 나타낸다. 이러한 잔차를 오차의 실현 값으로 생각할 수 있으므로 이것을 이용하여 9.2절에서 언급한 오차항 ϵ_j에 대한 가정의 충족여부를 검토할 수 있다. 즉, **잔차분석**(residual analysis)을 통하여 오차항의 **정규성**(normality), **등분산성**(homoscedasticity) 및 **독립성**(independence) 가정의 적합여부를 검토할 수 있다.

잔차 $e_j = y_j - \hat{y}_j$는 다음의 정규분포를 따름을 알 수 있다.

$$e_j \quad \sim \quad N\left(0,\ \sigma^2\left(1+\frac{1}{n}+\frac{(x_j-\overline{x})^2}{\sum_{i=1}^{n}(x_i-\overline{x})^2}\right)\right)$$

x_j의 값이 중심 $\overline{x}$로부터 떨어져 있을수록 잔차 e_j의 분산이 증가한다. 반면, ϵ_j는 $N(0,\sigma^2)$인 분포를 따름을 알고 있다. ϵ_i의 분산은 σ^2로서 모두 같다. 그러나 잔차 e_j는 제각기 다른 분산을 갖는다. 따라서 잔차 e_j 대신에 이를 수정 보완한 잔차를 도입할 필요가 있다. 그중 하나인 **표준화잔차**(standardized residual)는

$$t_j = \frac{e_j}{\hat{\sigma}\sqrt{1+\frac{1}{n}+\frac{(x_j-\overline{x})^2}{\sum_{i=1}^{n}(x_i-\overline{x})^2}}}, \quad i=1,2,\cdots,n \qquad \text{(식 *)}$$

로 정의한다. 즉, 잔차 e_j를 e_j의 추정된 분산

$$\widehat{\sigma^2}\left(1+\frac{1}{n}+\frac{(x_j-\overline{x})^2}{\sum_{i=1}^{n}(x_i-\overline{x})^2}\right)$$

의 제곱근, 즉, 표준오차로 나눈 값이다. t_j는 근사적으로 $t-$분포를 따르는 것으로 알려져 있으나 정확한 분포는 알려져 있지 않다. 또 다른 하나는 **표준화제외잔차**(standardized deleted residual)로서 (식 *)에서 $\widehat{\sigma^2}$ 대신에 j번째 관측치 (x_j, y_j)를 제외한 $(n-1)$개의 관측치로 회귀모형을 적합시켰을 때 오차항의 분산의 추정치 $\widehat{\sigma^2}(j)$를 사용하여 얻어진다. 다음과 같이 정의되는 표준화제외잔차는

$$t_{(-j)} = \frac{e_j}{\hat{\sigma}(j)\sqrt{1+\frac{1}{n}+\frac{(x_j-\overline{x})^2}{\sum_{i=1}^{n}(x_i-\overline{x})^2}}}, \quad j=1,2,\cdots,n.$$

오차항 ϵ_j가 전제한 가정을 만족할 때, 자유도 $n-3$인 t−분포를 따르는 것으로 알려져 있다. 잔차 e_j보다는 표준화잔차 t_j, 또 표준화잔차 t_j보다는 표준화제외잔차 $t_{(-j)}$를 이용하여 잔차분석을 하는 것이 이론상 합당하나, 반면 점점 계산이 복잡하여지는 문제가 발생한다.

등분산성검토

잔차 e_i 또는 표준화잔차 t_i 또는 표준화제외잔차 $t_{(-i)}$를 수직 좌표축에, 설명변수 x_j 또는 예측치 $\widehat{y_j}$를 수평 좌표축에 산점도를 그려서 등분산성에 대한 평가를 할 수 있다. 예를 들어, 다음 [그림 9.17]에서 왼쪽의 경우는 설명변수 x_i에 대하여 표준화잔차 t_i가 랜덤(random)하게 분포되어 있는 반면, 오른쪽 그래프의 예는 설명변수 x_i의 값이 커질수록 표준화잔차 t_i의 값도 커짐을 알 수 있다. 왼쪽의 그래프에서는 우리는 선형모형의 등분산성에 대한 가정은 충족되었다고 할 수 있다. 오른쪽 그래프의 결과라면 주어진 자료가 등분산성을 만족하지 못하는 경우로서 변수의 변환(예를 들면, x를 $\sqrt{x}$로, 또는 x를 $\log x$로) 또는 **가중회귀분석**(weighted regression analysis) 등을 이용하여 등분산성에 대한 문제를 해결할 수도 있다.

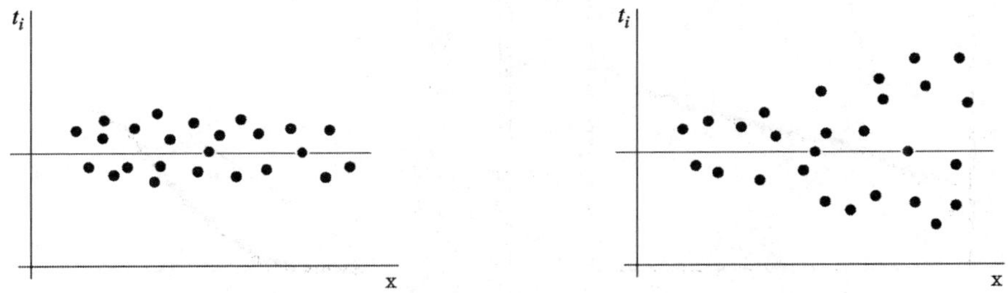

그림 9.17 잔차의 그래프 예

> **NOTE** 잔차의 분산은 일정하지 않으므로 잔차보다는 표준화잔차나 표준화제외잔차를 이용하여 그래프를 그려서 등분산성을 검토하는 것이 바람직하다.

정규성검토

잔차에 대한 정규성을 검토하는 방법 중 하나는 **정규확률그림**(normal probability plot: P-P Plot 또는 Q-Q plot)를 그려 보는 것이다. P-P Plot을 그리기 위해서는 우선 먼저 잔차(또는 표준화잔차 또는 표준화제외잔차)들을 크기순서대로 늘어놓고 각 순서에 대응하는 정규백분위수(normal percentile) $z_{(i+0.5)/n}$를 xy 평면에 그린 그림으로서, 이 그래프의 모양이 직선의 모양을 취하면 정규성의 가정은 충족되었다고 할 수 있다. [그림 9.18]의 (a)는 정규분포의 경우에 대한 P-P plot이고, (b)는 모수

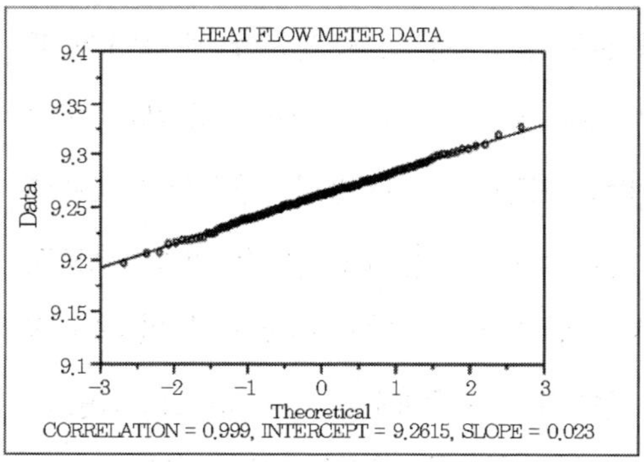

(a) 정규분포의 예

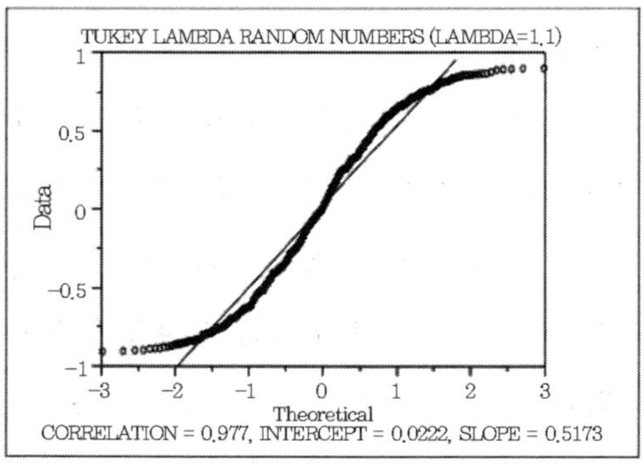

(b) 꼬리가 짧은 분포

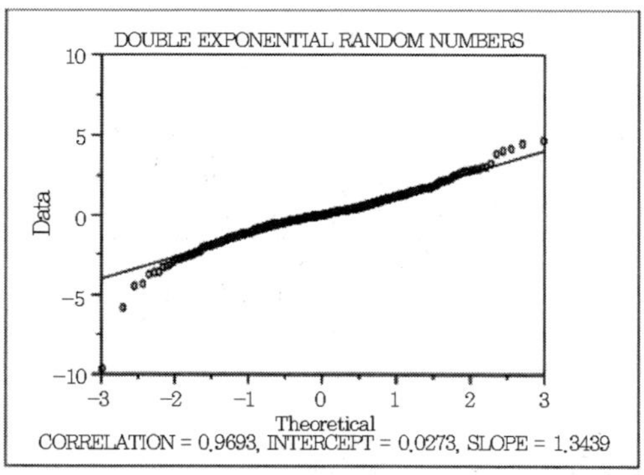

(c) 꼬리가 두터운 분포

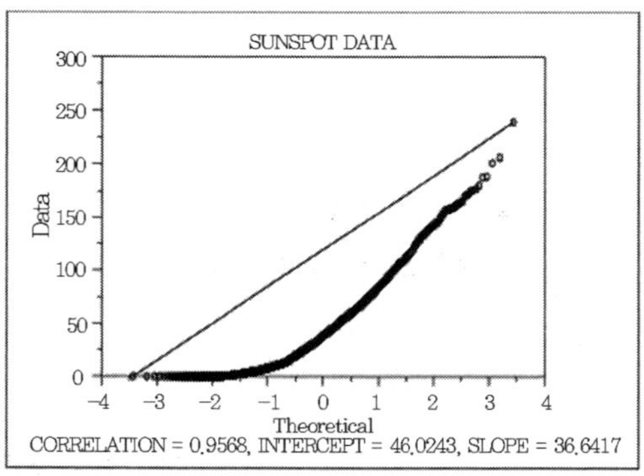

(d) 오른쪽으로 편의된 분포

그림 9.18 P-P plot의 예들

λ가 1.1인 Tukey-Lambda 분포를 따르는 500개의 난수에 대한 P-P plot으로서 꼬리가 짧은 경우이다. (c)는 이중지수(double exponential)분포를 따르는 500개의 난수에 대한 P-P plot으로서 (b)와는 반대로 꼬리가 긴 경우이다. (d)는 오른쪽으로 편의된 자료에 대한 P-P plot의 예이다.

독립성검토

독립성의 가정에 대한 검토는 **Durbin-Watson 검정통계량**을 이용하여 검정한다. Durbin-Watson 검정통계량은

$$d = \frac{\sum_{i=2}^{n}(e_i - e_{i-1})^2}{\sum_{i=1}^{n} e_i^2}$$

으로 정의되며, d의 값이 4에 가까운 경우 음의 자기상관(negative autocorrelation)이 있고, d의 값이 0에 가까우면 양의 자기상관(positive autocorrelation)이 있음을 의미한다. d의 값 2에 가까울 때 인접한 오차항들이 독립성을 만족함을 의미한다. 특히 반응변수 y가 시간에 따라 관측되는 시계열자료에서는 Durbin-Watson 검정을 해보는 것이 좋다.

이 밖에도 선형관계성 또는 이상치(outlier)의 유무 등을 검토할 때에도 잔차분석이 이용될 수 있다.

예제 9.4

단순선형회귀모형의 예; 사람의 최대 심장 박동수(Max)는 나이(Age)와 관련되어 다음의 관계식을 따른다고 알려져 있다.

$$Max = 220 - Age$$

임상적 실험을 통하여 위의 관계식을 확인하기 위하여 15명에 대하여 나이와 최대 심장 박동수를 측정한 결과가 다음과 같이 조사되었다.

Age:	18	23	25	35	65	54	34	56	72	19	23	42	18	39	37
Max:	202	186	187	180	156	169	174	172	153	199	193	174	198	183	178

(1) 회귀직선을 구하여라.

풀이 정규방정식으로부터

$$b_0 = \frac{\sum_{i=1}^{n} y_i \sum_{i=1}^{n} x_i^2 - \sum_{i=1}^{n} x_i \sum_{i=1}^{n} x_i\, y_i}{n\sum_{i=1}^{n} x_i^2 - (\sum_{i=1}^{n} x_i)^2} = \frac{2704 \times 25188 - 560 \times 97534}{15 \times 25188 - 560^2} \simeq 210.0485$$

$$b_1 = \frac{n\sum_{i=1}^{n} x_i y_i - \sum_{i=1}^{n} x_i \sum_{i=1}^{n} y_i}{n\sum_{i=1}^{n} x_i^2 - (\sum_{i=1}^{n} x_i)^2} = \frac{15 \times 97534 - 560 \times 2704}{15 \times 25188 - 560^2} \simeq -0.79773$$

이때 추정된 회귀직선은 $y = 210.0485 - 0.79773\,x$이다. 주어진 자료들과 추정된 회귀직선을 그래프로 나타내면 [그림 9.19]와 같다.

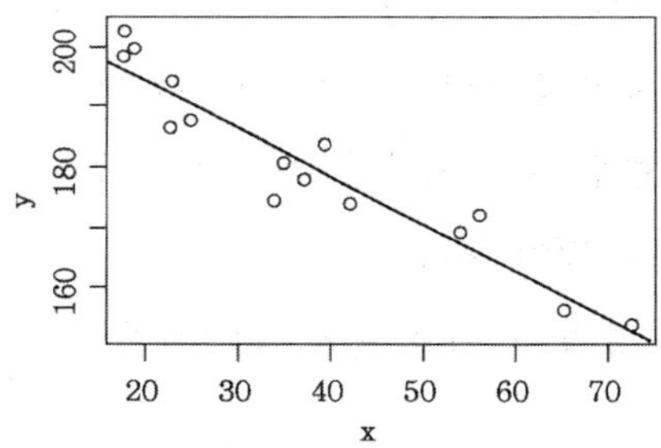

그림 9.19 회귀직선의 그래프

(2) 분산 σ^2의 추정량인 평균제곱오차를 구하여라.

풀이 분산 σ^2의 추정량은

$$\widehat{\sigma^2} = MSE = \frac{1}{n-2} SSE = \frac{1}{n-2} \sum_{i=1}^{n} (y_i - \widehat{y_i})^2$$

이고, $\widehat{y_i} = b_0 + b_1 x_i = 210.0485 - 0.79773 x_i$이므로

$$\widehat{\sigma^2} = \frac{1}{(15-2)} 272.4312 = 20.9562, \quad \hat{\sigma} = 4.578$$

이다.

(3) 회귀계수의 추정량 b_0, b_1의 표준오차를 구하여라.

풀이 $\widehat{Var}[b_1] = \dfrac{\widehat{\sigma^2}}{\sum_{i=1}^{n}(x_i - \bar{x})^2} = \dfrac{20.9562}{4281.3333} = 0.0048948$이므로 b_1의 표준오차는

$\sqrt{\widehat{Var}(b_1)} = 0.06996$이다. 또한,

$$\widehat{Var}[b_0] = \left(\frac{1}{n} + \frac{\bar{x}^2}{\sum_{i=1}^{n}(x_i - \bar{x})^2}\right)\widehat{\sigma^2} = \left(\frac{1}{15} + \frac{37.333^2}{4281.333}\right) \times 20.9562 = 8.2194$$

이므로, b_0의 표준오차는 $\sqrt{\widehat{Var}[b_0]} = 2.8669$이다.

(4) 회귀계수 β_0, β_1에 대하여, 추정된 b_0, b_1의 유의 여부를 유의수준 5%를 사용하여 검정하여라.

풀이 (4-a) 귀무가설 $H_0 : \beta_0 = 0$하에서의 검정통계량 및 값은

$$T_0 = \frac{\widehat{\beta_0} - 0}{\hat{\sigma}\sqrt{\frac{1}{n} + \frac{\bar{x}^2}{\sum_{i=1}^{n}(x_i - \bar{x})^2}}} \quad \left(= \frac{210.0485}{2.866939} = 73.27\right) \quad \sim t(13)$$

$p-value$를 구해 보면, 즉, $P(|T| > 73.27) \ll 0.05$이므로 $\beta_0 \neq 0$이라고 할 수 있다.

(4-b) 귀무가설 $H_0 : \beta_1 = 0$하에서의 검정통계량 및 값은

$$T_0 = \frac{\widehat{\beta_1} - 0}{\hat{\sigma}\sqrt{\frac{1}{\sum_{i=1}^{n}(x_i - \bar{x})^2}}} \quad \left(= \frac{-0.79773}{0.069963} = -11.40\right) \quad \sim t(13)$$

$p-value$를 구해 보면, 즉, $P(T < -11.40) \ll 0.05$이므로 $\beta_1 \neq 0$이라고

할 수 있다.

(5) 추정된 직선회귀의 분산분석표를 작성하고, 유의수준 5% 회귀직선의 유의 여부를 검정하여라.

풀이 다음의 분산분석표의 의하면 귀무가설 $H_0 : \beta_1 = 0$하에서의 검정통계량 및 값은 다음과 같다.

$$F_0 = \frac{MSR}{MSE}\left(= \frac{2724.5}{20.96} \simeq 129.99\right) \sim F(1,13)$$

$p-value$인 $P(F > 129.99) \ll 0.05$이므로 귀무가설을 기각하게 된다. 즉, 추정된 회귀직선은 매우 유의함을 알 수 있다.

요인	자유도	제곱합	평균제곱	F값	P-value
모형(회귀) 잔차	1 13	2724.5 272.43	2724.5 20.96	129.99	$\ll 0.05$
전체	14	2996.93			

NOTE (4-b)의 T_0와 (5)의 F_0는 $T_0^2 \simeq F_0$임을 알 수 있다.

(6) 결정계수를 구하여라.

풀이 결정계수의 정의는 $r^2 = \frac{SSR}{SST} = 1 - \frac{SSE}{SST}$이므로,

$$r^2 = 1 - \frac{272.43}{2996.93} = 0.9091$$

이다. 한편, 상관계수는 다음과 같이 구할 수 있다.

$$\begin{aligned} r &= \frac{n\sum x_i y_i - \sum x_i \sum y_i}{\sqrt{n\sum x_i^2 - (\sum x_i)^2}\sqrt{n\sum y_i^2 - (\sum y_i)^2}} \\ &= \frac{15 \times 97534 - 560 \times 2704}{\sqrt{15 \times 25188 - 560^2}\sqrt{15 \times 490438 - 2704^2}} \\ &\simeq -0.9535 \end{aligned}$$

결정계수는 상관계수의 제곱이기도 하므로 $r^2 = 0.9091$이다.

> **NOTE**
> **수정결정계수**(adjusted coefficient of determination)의 정의
>
> $$\overline{R^2} = 1 - \frac{n-1}{n-p-1}(1-R^2),$$ 여기서 p는 설명변수의 수

> **NOTE**
> 위와 같이 직접 모든 계산을 하는 것은 단순하고 지루한 과정이다. 일반 통계패키지들은 위와 같은 일련의 과정을 간단히 정리 요약된 결과를 다음과 같이 주고 있다. 다음은 통계 패키지 중 "R"을 이용한 결과이다.

```
Coefficients:   Estimate      Std. Error   t value    Pr(>|t|)
(Intercept)     210.04846ⓐ   2.86694ⓑ    73.27ⓒ    < 2e-16 ***ⓓ
x               -0.79773ⓔ    0.06996ⓕ    -11.40ⓖ   3.85e-08 ***ⓗ
---
Signif. codes:  0 '***' 0.001 '**' 0.01 '*' 0.05 '.' 0.1 ' ' 1

Residual standard error: 4.578ⓘ on 13 degrees of freedom
Multiple R-Squared: 0.9091ⓙ,     Adjusted R-squared: 0.9021ⓚ
F-statistic:  130ⓛ on 1 and 13 DF,  p-value: 3.848e-08ⓜ
```

위의 "R"에 의한 결과를 직접 계산한 값들과 비교하면 다음과 같다.

ⓐ ; 예제 9.4의 (1) 참조

ⓑ ; 예제 9.4의 (3) 참조

ⓒ ; 예제 9.4의 (4-a) 참조

ⓓ ; 예제 9.4의 (4-a) 참조

ⓔ ; 예제 9.4의 (1) 참조

ⓕ ; 예제 9.4의 (3) 참조

ⓖ ; 예제 9.4의 (4-b) 참조

ⓗ ; 예제 9.4의 (4-b) 참조

ⓘ ; 예제 9.4의 (2) 참조 – $\sqrt{20.9562} \simeq 4.578$

ⓙ ; 예제 9.4의 (6) 참조

ⓚ ; 예제 9.4의 (6) [Note] 참조

ⓛ ; 예제 9.4의 (5) 참조

ⓜ ; 예제 9.4의 (5) 참조

(7) 잔차와 종속변수 y의 평균값 $E(y|x=x_p)$ 및 예측값 $\widehat{y_p}$의 90%의 신뢰구간을 구하여라.

풀이 잔차는 $e_i = y_i - (b_1 x_i + b_0)$이고, 종속변수 y의 평균값 $E(y|x=x_p)$의 90% 신뢰구간은 $\widehat{y_p} \pm t_{\alpha/2}(n-2) \cdot \hat{\sigma} \sqrt{\frac{1}{n} + \frac{(x_p - \overline{x})^2}{\sum_{i=1}^{n}(x_i - \overline{x})^2}}$, 예측값 $\widehat{y_p}$의 90% 신뢰구간은 $\widehat{y_p} \pm t_{\alpha/2}(n-2) \cdot \hat{\sigma} \sqrt{1 + \frac{1}{n} + \frac{(x_p - \overline{x})^2}{\sum_{i=1}^{n}(x_i - \overline{x})^2}}$ 이다. 여기서, $\alpha = 0.1$, $n = 15$이다. 다음의 표는 위의 추정된 식으로부터 계산된 결과이다. [그림 9.20]은 주어진 자료의 회귀직선과 두 가지 경우에 대한 신뢰구간을 나타낸 것이다.

Age	Max	잔차	$E(y\|x=x_p)$의 신뢰구간		$\widehat{y_p}$의 신뢰구간	
			하한	상한	하한	상한
18	202	6.311	192.508	198.87	186.98	204.398
23	186	−5.701	188.956	194.446	183.141	200.261
25	187	−3.105	187.513	192.697	181.593	198.617
35	180	−2.128	180.015	184.241	173.749	190.507
65	156	−2.196	154.179	162.213	149.148	167.244
54	169	2.029	164.03	169.912	158.347	175.595
34	174	−8.926	180.792	185.06	174.542	191.31
56	172	6.624	162.256	168.496	156.689	174.063
72	153	0.388	147.833	157.391	143.201	162.023
19	199	4.108	191.803	197.981	186.216	203.568
23	193	1.299	188.956	194.446	183.141	200.261
42	174	−2.544	174.372	178.716	168.151	184.937
18	198	2.311	192.508	198.87	186.98	204.398
39	183	4.063	176.833	181.041	170.561	187.313
37	178	−2.532	178.438	182.626	172.158	188.906

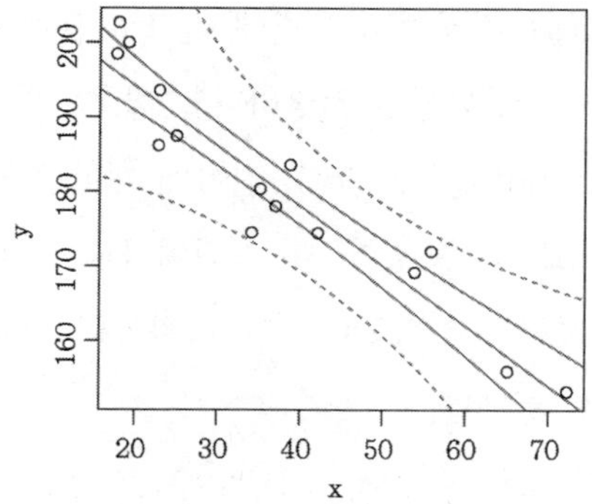

그림 9.20 회귀직선 및 신뢰구간

(8) 주어진 자료에 대하여 회귀모형의 가정에 대하여 논하여라.

풀이 오차항에 대한 가정 부분을 확인하기 위하여 적합과정에서 발생한 잔차에 대한 그래프를 가지고 판단하는 탐색적 자료분석 과정을 진행할 수 있다. [그림 9.21]은 "R"을 이용한 여러 가지 통계량에 대한 그래프이다.

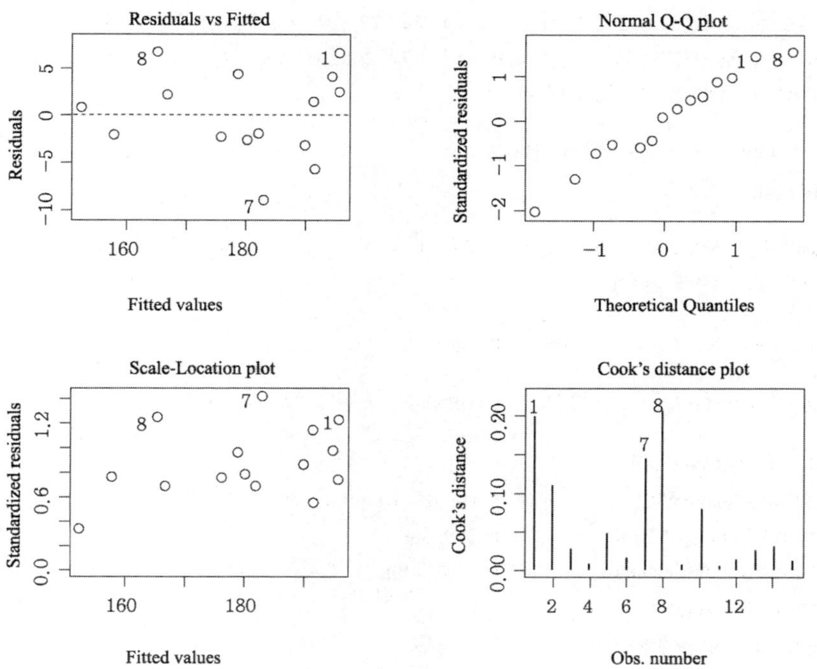

그림 9.21 "R"을 활용한 여러 가지 그래프

(a) **잔차 v.s. 적합값($\hat{y}$)**: 잔차 $= 0$ 주변에 골고루 흩어져 있어서 특별한 추세가 보이지 않고 있다. 선형모형이 적당하다고 할 수 있다.

(b) **정규확률그림**(normal Q-Q plot): 잔차에 대한 정규확률그림으로서 직선에 가까우면 정규분포로 볼 수 있다. 이 그림에서도 정확하게 직선은 아니지만 어느 정도 직선으로 보아도 무방하다. 즉, 오차항의 정규성에 대한 가정에 큰 문제가 없다고 할 수 있겠다.

(c) **표준화 잔차의 제곱근 v.s. 적합값($\hat{y}$)**: 가장 큰 값은 잔차가 가장 큰 것을 의미한다. 값들이 그렇게 변동이 심하지 않게 보인다. 즉, 오차항의 등분산성의 가정에 큰 문제가 없다고 할 수 있다.

(c) Cook's Distance: 회귀선에 많은 영향을 준 포인트가 어느 것인지를 알려준다. 위 그림에서는 8번째, 1번째, 그리고 7번째 순으로 영향을 끼쳤음을 알 수 있다.

R 시연

```
Age <- c( 18, 23, 25, 35, 65, 54, 34, 56, 72, 19, 23, 42, 18, 39, 37)
Max <- c(202,186,187,180,156,169,174,172,153,199,193,174,198,183,178)
Data <- data.frame(Age, Max)

MaxAge <- lm(Max ~ Age, Data)
MaxAge

plot(Age, Max, main = "자료와 회귀직선" )
abline(coef(MaxAge))

summary(MaxAge);     anova(MaxAge)

deviance(MaxAge)    # 또는     sum((Max - predict(MaxAge))^2)

str(anova(MaxAge))
anova(MaxAge)$Df              # Degree of Freedom
anova(MaxAge)$Sum             # SSR SSE
anova(MaxAge)$Mean            # MSR MSE
anova(MaxAge)$F               # f-value
anova(MaxAge)$Pr              # p-value

confint(MaxAge)               # 또는 confint(MaxAge, level = 0.95)

fitted.values(MaxAge)         # 또는 fitted(MaxAge)
```

```
residuals(MaxAge)

# 교재와 비교 위해 level= 0.90 사용
predict(MaxAge)       # 또는 predict(MaxAge, interval= "none")
predict(MaxAge, interval= "confidence", level= 0.90)       #  E(y)
predict(MaxAge, interval= "prediction", level= 0.90)       #  y_p

predict(MaxAge, data.frame(Age= 25))
predict(MaxAge, data.frame(Age= 25), interval= "confidence", level= 0.90)
predict(MaxAge, data.frame(Age= 25), interval= "prediction", level= 0.90)

Age <- seq(min(Age), max(Age), 0.1)
Pc <- predict(MaxAge, data.frame(Age), interval= "confidence", level= 0.90)
Pp <- predict(MaxAge, data.frame(Age), interval= "prediction", level= 0.90)
matplot(Age, Pc, ylab= "Max", main = " 예측값의 신뢰구간[ E(y) 및 y_p ]",
        type= 'l', lty= 1, col= "black")
matlines(Age, Pp, type= 'l', lty= 2, col= c("black", "red", "red"))

Opar <- par(mfrow= c(2,3))
plot(MaxAge, which= c(1:6), las= 1)
par(Opar)
detach(Data)
```

회귀 효과(regression effect)

9.2절에서 풋볼형 산점도에서, 상관계수가 $r \neq \pm 1$이라면, 평균점들의 그래프의 기울기는 표준편차직선보다 완만함을 보았다. 상관계수가 $0 < r < 1$일 때, X의 값이 평균값보다 $k \times SD_X$만큼 큰 값 즉, $x = E(X) + k \times SD_X$에 대한 개체의 Y의 평균값은 Y의 평균보다 $k \times SD_Y$ 만큼 더한 값보다는 작게 됨을 의미하며, 상관계수가 $-1 < r < 0$일 때, X의 값이 평균값보다 $k \times SD_X$ 만큼 큰 값 즉, $x = E(X) + k \times SD_X$에 대한 개체의 Y의 평균값은 Y의 평균보다 $k \times SD_Y$ 만큼 뺀 값보다는 크게 됨을 의미한다. 이와 같은 현상을 **회귀효과**(regression effect) 또는 평균으로의 회귀(regression towards the mean)라고 한다. 주어진 X의 값을 갖는 개체들은 평균에 근접한 Y의 값을 갖는 경향이 있다는 것이다. 근접한다는 것은 각 표준편차에 대한 비율이 작아짐을 의미한다.

결혼한 부부의 IQ에 대한 대량의 자료에 대하여 요약 결과가 다음과 같다고 하자.

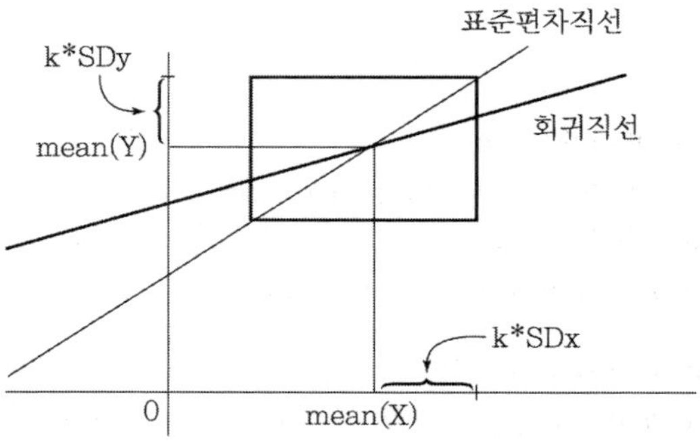

그림 9.22 표준편차직선과 회귀직선

평균 IQ는 100, 표준편차는 15, 그리고 부부 간 IQ의 상관계수는 0.7이라고 하자. 이는 곧 평균 이상의 여자가 평균 이상의 남편과 결혼을 그리고 평균 이하의 여성이 평균 이하의 남성과 결혼함을 의미한다. IQ가 150인 여성이 있다고 하자. 이때 이 여성의 배우자 IQ에 대한 가장 적절한 추정값은 얼마인가? 바로 이때, 우리는 회귀직선을 이용하게 될 것이다(물론 자료의 구성이 회귀직선을 사용할 조건을 만족하고 있다고 가정한다). 여성의 IQ는 150이므로 평균보다 50이 높고, 이는 표준편차 15의 $\frac{10}{3}$배 높은 값이다. 그러므로 남편의 IQ는 평균보다

$$r \times \frac{10}{3} \times s = 0.7 \times \frac{10}{3} \times 15 = 35$$

높은 135로 추정하게 된다. 남편은 여성보다 IQ가 높지 않은 값으로 추정하게 되는 것이다. 한편, IQ가 135인 남편의 부인 IQ를 추정하여 보자. 남편의 IQ는 135로 평균보다 35가 높고, 이는 표준편차 15의 $\frac{7}{3}$배 높은 값이다. 그러므로 부인의 IQ는 평균보다

$$r \times \frac{7}{3} \times s = 0.7 \times \frac{7}{3} \times 15 = 24.5$$

높은 124.5로 추정하게 된다. 역시 남편의 IQ보다 부인의 IQ는 높지 않은 값으로 추정되고 있다. 반대로 IQ가 100보다 낮은 배우자에 대해 추정해 보면 위와 반대의 결과를 얻을 수 있다. 이와 같은 현상이 바로 회귀효과인 것이다.

회귀효과는 한 변수가 평균으로부터의 거리가 일정거리에 있을 때 나머지 한 변수

의 값이 평균으로부터 일정거리 이하로 작아지는 경향이 있다는 것을 의미하는 것이 아니라 한 변수의 평균으로부터의 일정배수의 표준편차 거리에 있다면 나머지 변수의 값은 평균으로부터 표준편차의 일정배수보다 작은 값 사이에 있고자 하는 경향이 있음을 의미하는 것이다.

9.4 다중선형회귀분석

단순선형회귀모형은 한 개의 설명변수로 반응변수를 설명하고자 하는 것이다. 그러나 실제 자연현상이나 사회현상들은 한 가지의 요인에 의해서 결과를 얻을 수 있을 만큼 단순한 경우는 거의 없다. 그러므로 여러 개의 설명변수들로 한 개의 반응변수를 설명해야 함은 당연하다고 할 것이다. 종속변수 y와 p개의 독립변수 $x_1, x_2, \cdots, x_p$가 있을 때, 다중선형회귀모형은 다음과 같이 표현된다.

$$y = \beta_0 + \beta_1 x_1 + \beta_2 x_2 + \cdots + \beta_p x_p + \epsilon$$

여기서 $\beta_0, \beta_1, \beta_2, \cdots, \beta_p$는 추정되어야 할 $p+1$개의 회귀계수이며, ϵ는 기댓값이 0, 분산이 σ^2인 정규분포를 따르는 오차항이다. 설명변수가 2개 이상인 다중회귀분석에서는 행렬(matrix)을 이용하면 편리하다. 종속변수의 관측벡터를 $\underline{y}$, 설명변수의 관측행렬을 $\underline{X}$라고 하자. 즉,

$$\underline{y} = (y_1, y_2, \cdots, y_n)^t, \quad \underline{X} = \begin{pmatrix} 1\, x_{11}\, x_{12} \cdots x_{1p} \\ 1\, x_{21}\, x_{22} \cdots x_{2p} \\ \vdots \quad \vdots \quad \vdots \quad \vdots \quad \vdots \\ 1\, x_{n1}\, x_{n2} \cdots x_{np} \end{pmatrix}$$

이와 같이 행렬을 이용하면 위의 다중선형회귀모형은 다음과 같이 표현할 수 있다.

$$\underline{y} = \underline{X}\,\underline{\beta} + \underline{\epsilon}$$

여기서, $\underline{\beta} = (\beta_0, \beta_1, \beta_2, \cdots, \beta_p)^t$, $\underline{\epsilon} = (\epsilon_1, \epsilon_2, \cdots \epsilon_n)^t$으로 정의된다.

여기서는 단순선형회귀분석(simple linear regression analysis)에서와 마찬가지

로 회귀계수들의 추정량 $b_0, b_1, b_2, \cdots, b_p$를 구하는 최소제곱방법에 대해서만 언급하기로 한다.

회귀계수들의 추정

회귀계수 $\beta_0,\beta_1,\beta_2,\cdots,\beta_p$를 추정하기 위한 최소제곱법은 다음과 같이 잔차의 제곱의 합을 최소화시키는 $b_0,b_1,b_2,\cdots,b_p$를 구하고자 한다.

$$\left(\begin{matrix}\min \\ b_0,b_1,b_2,\cdots,b_p\end{matrix}\right) \sum_{i=1}^{n}(y_i - b_0 - b_1x_1 - b_2x_2 - \cdots - b_px_p)^2$$

위의 식을 만족시키는 $\widehat{\beta_0}=b_0$, $\widehat{\beta_1}=b_1$, $\widehat{\beta_2}=b_2,\cdots,\widehat{\beta_p}=b_p$는 단순선형모형의 경우와 마찬가지로 다음의 연립방정식을 만족시키는 해를 의미한다.

$$\begin{aligned}
n\cdot\widehat{\beta_0} + (\textstyle\sum x_{i1})\widehat{\beta_1} + \cdots + (\textstyle\sum x_{ip})\widehat{\beta_p} &= \textstyle\sum y_i \\
(\textstyle\sum x_{i1})\widehat{\beta_0} + (\textstyle\sum x_{i1}^2)\widehat{\beta_1} + \cdots + (\textstyle\sum x_{i1}x_{ip})\widehat{\beta_p} &= \textstyle\sum x_{i1}y_i \\
\vdots \qquad\qquad \vdots \qquad\qquad \vdots \qquad\qquad \vdots \qquad &\qquad \vdots \\
(\textstyle\sum x_{ip})\widehat{\beta_0} + (\textstyle\sum x_{i1}x_{ip})\widehat{\beta_1} + \cdots + (\textstyle\sum x_{ip}^2)\widehat{\beta_p} &= \textstyle\sum x_{ip}y_i
\end{aligned}$$

이 연립방정식을 **정규방정식**(normal equation)이라고 한다. 행렬을 이용하면 정규방정식은

$$\underline{X}^t\underline{X}\,\underline{\hat{\beta}} = \underline{X}^t\underline{y}$$

로 쓸 수 있다. 즉, $\underline{\beta}$의 최소제곱추정량은

$$\underline{\hat{\beta}} = (\underline{X}^t\underline{X})^{-1}\underline{X}^t\underline{y}$$

로 주어짐을 알 수 있다. 오차항의 분산 σ^2은 다음과 같이 추정된다.

$$\begin{aligned}
\widehat{\sigma^2} &= \frac{1}{n-p-1}\sum_{i=1}^{n}(y_i - \widehat{\beta_0} - \widehat{\beta_1}x_1 - \widehat{\beta_2}x_2 - \cdots - \widehat{\beta_p}x_p)^2 \\
&= \frac{1}{n-p-1}(\underline{y} - \underline{X}\underline{\hat{\beta}})^t(\underline{y} - \underline{X}\underline{\hat{\beta}}) \\
&= \frac{SSE}{n-p-1} = S^2
\end{aligned}$$

NOTE

(1) 오차항이 기대치 $\underline{0}$, 공분산행렬이 $\sigma^2 \underline{I_n}$ 인 n-변량정규분포를 따른다는 가정하에서, 최소제곱추정방법에 의한 회귀계수추정량 $\hat{\underline{\beta}}$은

$$\hat{\underline{\beta}} \sim N_{p+1}(\underline{\beta}, \sigma^2(\underline{X^t X})^{-1})$$

이다.

(2) 따라서 모수 $\beta_0, \beta_1, \beta_2, \cdots, \beta_p$의 각 추정량 $b_0, b_1, b_2, \cdots, b_p$은 각각

$$\hat{\beta_i} \sim N(\beta_i, c_{ii}\sigma^2), \quad i = 0, 1, \cdots, p.$$

이다. 여기서 c_{ii}는 행렬$(\underline{X^t X})^{-1}$에서 주대각선의 $(i+1)$번째 원소를 나타낸다. 그러므로

$$\frac{\hat{\beta_i} - \beta_i}{\sigma\sqrt{c_{ii}}} \sim N(0,1), \quad i = 0, 1, \cdots, p$$

이고, 여기서 σ는 미지이므로 σ^2의 (불편)추정량 $\hat{\sigma^2} = \dfrac{SSE}{n-p-1}$을 이용하면

$$\frac{\hat{\beta_i} - \beta_i}{S\sqrt{c_{ii}}} \sim t(n-p-1), \quad i = 0, 1, \cdots, p$$

이 성립함을 알 수 있다. 따라서 다중선형회귀모형의 회귀모수 $\beta_i\,(i = 0, 1, \cdots, p)$에 대한 신뢰도 $100(1-\alpha)\%$의 신뢰구간은

$$\hat{\beta_i} \pm t_{\alpha/2} \cdot S \cdot \sqrt{c_{ii}}$$

이다.

(3) Note (2)를 이용하면 한 설명변수 x_i를 회귀모형에 포함시켜야 하는지에 대한 통계적 결정을 할 수 있다. 다음의 가설

$$H_0 : \beta_i = 0 \ \ v.s.\ \ H_1 : \beta_i \neq 0$$

을 검정할 때, 귀무가설 H_0하에서 검정통계량

$$T^* = \frac{\hat{\beta_i} - 0}{S\sqrt{c_{ii}}} \sim t(n-p-1)$$

이므로 계산된 검정통계량의 값이 $|T^*| > t_{\alpha/2}(n-p-1)$이면 귀무가설을 기각하게 된다. 귀무가설이 기각되지 않고 채택된다는 것은 더 이상 설명변수 x_i가 회귀모형에서 필요하지 않음을 의미한다.

(4) 또한 오차항의 분산의 추정치 $\widehat{\sigma^2}$은

$$\frac{(n-p-1)\widehat{\sigma^2}}{\sigma^2} \sim \chi^2(n-p-1)$$

인 확률분포를 따른다.

회귀모형의 유의성 검정: 분산분석방법

단순선형회귀모형과 마찬가지로 모형의 적합여부를 판단하기 위해서는 반응변수의 관측값 $y_1, y_2, \cdots, y_n$과 평균 $\overline{y}$의 차이인 편차를 다음과 같이 쓸 수 있으며

$$y_i - \overline{y} = (\widehat{y_i} - \overline{y}) + (y_i - \widehat{y_i}),$$

양변을 제곱하여 다음과 같은 제곱합의 분해를 얻을 수 있다.

$$\underset{SST}{\sum_{i=1}^{n} (y_i - \overline{y})^2} = \underset{SSR}{\sum_{i=1}^{n} (\widehat{y_i} - \overline{y})^2} + \underset{SSE}{\sum_{i=1}^{n} (y_i - \widehat{y_i})^2}$$

관측값 y_i와 평균 $\overline{y}$와의 차의 제곱합 $\sum(y_i - \overline{y})^2$를 **총제곱합**(total sum of squares: SST)이라고 부르며 $\sum(\widehat{y_i} - \overline{y})^2$를 **회귀제곱합**(regression sum of squares: SSR)이라고 부른다.

제곱합의 분해는 총제곱합인 SST를 오차항에 의해 설명되는 부분인 SSE와 회귀모형에 의해 설명되는 부분인 SSR로 나눌 수 있다는 것이다. 따라서 총제곱합 SST에 비해 잔차제곱합 SSE가 작으면 SST 중에서 회귀모형에 의해 설명되는 부분인 SSR이 차지하는 부분이 크므로 회귀모형이 잘 적합되었음을 의미하며 이를 설명하기 위해서 다음과 같이 분산분석(analysis of variance: ANOVA)표를 만든다.

표 9.2 다중선형회귀모형의 분산분석표

요인	자유도	제곱합	평균제곱	F값	P-value
모형(회귀)	p	SSR	$MSR=SSR/p$	$F=\dfrac{MSR}{MSE}$	유의확률
잔차	$n-p-1$	SSE	$MSE=SSE/n-p-1$		
전체	$n-1$	SST			

위의 분산분석표에서 F는 회귀면에 의해서 설명되는 부분을 오차에 의해 설명되는 부분과 비교하는 값으로 이 값이 크면 회귀직선의 모형이 유의함(significance)을 의미한다. 즉, 다중선형회귀모형에서 기울기 $\underline{\boldsymbol{\beta}}$가 $\underline{\mathbf{0}}$이 아니며 따라서 설명변수 $\underline{\boldsymbol{x}}$와 반응변수 y 사이에 직선회귀의 관계가 있음을 뜻한다. 이를 이용하여 다중선형회귀모형의 유의성을 검정하기 위한 가설은

$$H_0 : \underline{\boldsymbol{\beta}}=\underline{\mathbf{0}}$$

로 해 놓고

$$F=\frac{MSR}{MSE}=\frac{SSR/p}{SSE/(n-p-1)} > F(p,n-p-1;\alpha)$$

이면 H_0를 기각하고, 설명변수 $\underline{\boldsymbol{x}}$가 종속변수 y를 설명하는 데 기여한다고 결론을 내린다.

단순선형회귀모형과 마찬가지로 모형의 적합 정도를 설명하는 **결정계수**(coefficient of determination), 즉 총제곱합 SST 중에서 회귀모형에 의해 설명되는 정도인 회귀제곱합 SSR이 차지하는 비율인

$$R^2=\frac{SSR}{SST}=1-\frac{SSE}{SST}$$

의 값을 보고 회귀모형의 설명력을 설명하기도 한다. 1에 가까울수록 설명력이 있다고 하며, 0에 가까울수록 설명력이 없다고 한다.

다음의 내용은 다중선형회귀분석에서 고려해야 할 사항들로서 간략하게 언급하기로 한다.

변수선택방법

하나의 종속변수에 많은 독립변수를 사용하여 회귀모형을 적합하려고 하는 경우에 설정된 모형이 최적의 모형이 아닌 경우가 있다. 최적의 모형에 대한 판단은 주로 R^2와 평균제곱오차(MSE)를 기초로 하여 이루어진다. R^2은 반응변수의 변동에 대한 적합된 회귀식에 의하여 설명되는 부분의 비 SSR/SST을 나타내므로, R^2이 클수록 우선 적합이 잘됨을 뜻한다. 반면에, $MSE(=S^2)$는 적합된 회귀식에서 발생한 예측오차들의 제곱의 평균값으로 이 값은 회귀계수를 포함한 모든 회귀모수들에 대한 신뢰구간의 폭을 결정하는 역할을 한다. 따라서 MSE의 값이 작을수록 더 좋은 회귀모형임을 의미한다. 회귀모형에서 설명변수의 개수가 많을수록 R^2의 값은 커지지만 그에 따른 계산량의 증대가 따른다. 반면 너무 적은 설명변수의 사용은 모형의 설명력을 떨어뜨리는 결과를 가져온다. 따라서 어떤 설명변수를 모형에 포함하는 것이 좋을지에 대한 결정기준을 통계적인 방법을 통하여 정하는 방법이 변수선택방법이며 일반적으로 다음의 4가지 방법이 사용된다.

(1) **모든 가능한 회귀**(all possible regression): p개의 설명변수가 있을 때 모든 가능한 독립변수의 조합의 수는 2^p개이며, 모든 가능한 회귀는 이러한 조합에서 결정계수가 가장 큰 조합을 찾아나가는 과정이다. 일반적으로 가장 적합한 모형을 찾을 수 있지만 계산량이 너무 많은 단점이 있다.

(2) **전진변수추가방법**(forward selection method): 가장 중요하다고 판단되는 변수부터 하나씩 추가하되 더 이상 중요한 변수가 없다고 판단되면 이 절차를 중단하는 방법이다.

(3) **후진변수제거방법**(backward elimination method): 가능한 모든 변수를 포함시킨 후 가장 중요하지 않다고 판단된 변수부터 한 개씩 제거해 가는 과정을 반복하는 방법이다.

(4) **단계별 선택방법**(stepwise method): 전진변수추가방법과 후진변수제거방법을 혼합한 절차로 단순회귀에서부터 매 단계에서 한 변수를 넣고 대신 제거 할

수 있는 변수가 존재하는지를 확인하며 최적의 모형을 결정하는 방법이다.

연습문제 22

1 C 경제신문에 어느 소형승용차의 중고차 가격이 다음과 같이 실렸다. 여기서 X는 사용연수이고 Y는 가격이다(단위: 100만원).

X	1	2	3	4	5	6
Y	3.5	2.4	1.6	1.0	0.8	0.5

① 상관도를 그려라.

② 최소제곱법에 의해 회귀직선을 추정하고 이를 상관도 위에 그려라.

③ 적합된 회귀직선으로부터 4년 된 중고차의 평균판매가격에 대한 추정값을 구하고 95% 신뢰구간을 구하여라.

④ 자료에 근거하여 8년 된 중고차의 가격을 예측할 수 있는가?

2 학생 20명의 수학 점수 X와 통계학 점수 Y가 다음 표와 같다. 상관표를 작성하여라. 그리고 X와 Y의 상관계수를 구하여라.

학생	1	2	3	4	5	6	7	8	9	10	11	12	13	14	15	16	17	18	19	20
X	50	70	70	40	90	70	60	50	80	60	90	70	70	70	80	60	80	50	90	80
Y	60	60	80	50	80	60	60	60	80	70	80	60	70	70	70	50	80	50	90	60

3 다음 표는 12명의 아버지와 그들의 큰 아들의 체중을 측정한 결과이다.

아버지 X	65	63	67	64	68	62	70	66	68	67	69	71
아들 Y	68	66	68	65	69	66	68	65	71	67	68	70

① 상관계수를 구하여라.

② 상관도를 그려라.

③ 회귀직선 $y=a+bx$를 구하여라.

4 다음은 주택의 가격과 침실의 수와 관련된 자료이다.

Price($1,000)	300	250	400	550	317	389	425	289	389	559
No.bedrooms	3	3	4	5	4	3	6	3	4	5

산점도와 적합한 회귀직선을 같이 그려라. 침실 하나의 가치가 $60,000라고 할 수 있는지 검정하여라.

5 음주(Beers)를 할수록 혈중알콜농도(BAL: Blood alcohol Level)가 높아진다는 것은 널리 알려진 사실이다. 10명의 학생들을 상대로 시음한 맥주양(단위: 병)과 혈중알콜농도를 측정한 결과가 다음과 같았다고 한다.

Beers	5	2	9	8	3	7	3	5	3	5
BAL	0.10	0.03	0.19	0.12	0.04	0.095	0.07	0.06	0.02	0.05

산점도와 적합한 회귀직선을 같이 그려라. 맥주를 1병 더 마실 경우 BAL이 0.02% 증가한다고 할 수 있는지를 검정하여라.

6 5번의 자료에서 절편이 "0"이라고 할 수 있는지에 대하여 검정을 실시하여라.

7 저하율(The lapse rate)이란 높이 올라갈수록 기온이 떨어지는 비율을 의미한다. 한 집단의 학생들이 산행에서 저하율이 −9.8(℃/km, 즉 −5.34 F^0/ft)인지를 확인하기 위하여 실험한 결과 다음과 같은 자료를 얻었다.

elevation(ft)	600	1000	1250	1600	1800	2100	2500	2900
temperature(F)	56	54	56	50	47	49	47	45

회귀선과 함께 산점도를 그려라. 저하율이 −5.34이라고 할 수 있는가?

10장

분산분석

10.1 분산분석의 기본 개념

일반적으로 두 집단 사이 모평균의 동일성 검정은 조건에 따라 정규검정 또는 t-검정으로 할 수 있다. 세 개 이상 집단 사이의 모평균이 동일한가에 대한 검정이 필요한 경우가 종종 있다. 예를 들면 3가지의 서로 다른 자동차 회사에서 출고된 같은 배기량을 갖는 자동차에 대한 주행 연비의 비교라든지, 여러 가지의 비료가 농작물 생산에 미치는 영향을 알아볼 필요도 있다. 이와 같이 두 개 이상의 집단으로부터 자료를 관측하였을 때, 각 집단 사이에 차이가 존재하는지를 분석하는 통계적 분석방법이 **피셔**(R.A. Fisher)에 의하여 제안된 **분산분석**(ANOVA: ANalysis Of VAriance)이다.

담금질의 온도 및 담금질 용액이 철의 강도에 어떤 영향을 미치는가를 비교하기 위해 온도를 각각 50°C, 60°C, 70°C로 하고, 또한 담금질 용액을 기름, 소금물 및 이들의 혼합액 등에서 담금질을 실시하는 경우를 생각하여 보자. 이때 담금질의 온도 및 용액의 종류를 **인자 또는 요인**(factor)들이라 부르고, 선택된 온도 50°C, 60°C, 70°C와 기름, 소금물 및 이들의 혼합액들을 **수준**(level) 또는 **처리**(treatment)라고 한다. 또한 철의 강도를 **반응변수**(response variable) 또는 **종속변수**(dependent variable)라고 하며, 요인인 담금질의 온도와 용액들을 **설명변수**(explanatory variable) 또는 **독립변수**(independent variable)라고 한다. 여러 요인들의 처리들에 의한 반응변수의 평균값의 차이를 비교하는 것이 분산분석이다. 이때 반응변수의 평균 차이를 **효과**(effect)라고 한다. 요인이 한 개인 경우를 **일원분류분산분석**(또는 일요인 분산분석, one-way ANOVA), 요인이 두 개인 경우를 **이원분류분산분석**(또는 이요인 분산분석, two-way ANOVA)으로 구분하고, 요인이 두 개 이상인 경우를 **다원분류분산분석**(multi-variate ANOVA)이라고 한다. 이와 같이 어떤 현상의 알려져 있지 않은 성질이나 몇몇 요인들의 효과를 알아내기 위한 일련의 행위들을 **실험**(experiment)이라고 한다. 각 요인별 및 처리별 실험지침에 따라 실험을 행하여 반응값을 얻어 비교해야 하는데 어느 실험이든지 그리 간단하지 않다. 다음의 여러 가지 기본적으로 고려해야 할 사항들이 있다. **첫째**로 반응값에 영향을 줄 만한 다른 요인들이 있는지를 고려해야 한다. **둘째**, 각 처리별 반복(replication)횟수를 결정해야 한다. 각각의 반응값은 확률변수(random variable)이다. 즉, 실험의 확률적 요소에 의하여 변이(variability)를 가지게 되기 때문에 반복이 없는 한 번의 측정은 별 의미가 없다. **셋째**, 실험을 실시할 때에 순서의 개념도 영향을 줄 수가 있다. **처리배치**(treatment assignment)의 개념도 고려해야 한다. **넷째**, 실험이 완료되어 반응값 즉, 측정값을 얻었을 때 어떤 통계적 방법을 적용하여 결론을 내릴 수 있는가도 고려해야 한다.

10.2 일원분류 분산분석

하나의 요인만이 존재하는 실험을 생각하여 보자. 특히 실험을 진행함에 있어 각 처리의 순서를 랜덤하게 이루어지도록 하는 실험을 생각할 수가 있다. 이를 **완전확률화계획법**(completely randomized design; CRD)이라고 한다. 한 개의 요인과 처리 수준이 k개이고, 각 처리에 반복수가 같은 경우(n)와 각 처리 내에 반복수가 다른 경우 즉, 각 처리에 $n_i\,(i=1,2,\cdots,k)$개의 관측값이 있는 경우로 구분하여 알아보기로 하자. 우선 반복수가 다른 경우에 대하여 각각의 실험결과에 의하여 측정되는 자료의 구조는 [표 10.1]과 같이 표현할 수 있다.

표 10.1 일원분류 분산분석의 자료 구조(반복수가 다른 경우)

처리	처리 1	⋯	처리 i	⋯	처리 k
반응값	y_{11} $\vdots$ y_{1j} $\vdots$ y_{1n_1}	⋯	y_{i1} $\vdots$ y_{ij} $\vdots$ y_{in_i}	⋯	y_{k1} $\vdots$ y_{kj} $\vdots$ y_{kn_k}
평균	$\overline{y}_{1\cdot}=\dfrac{1}{n_1}\sum_{j=1}^{n_1}y_{1j}$	⋯	$\overline{y}_{i\cdot}=\dfrac{1}{n_i}\sum_{j=1}^{n_i}y_{ij}$	⋯	$\overline{y}_{k\cdot}=\dfrac{1}{n_k}\sum_{j=1}^{n_k}y_{kj}$
제곱합	$\sum_{j=1}^{n_1}(y_{1j}-\overline{y}_{1\cdot})^2$	⋯	$\sum_{j=1}^{n_i}(y_{ij}-\overline{y}_{i\cdot})^2$	⋯	$\sum_{j=1}^{n_k}(y_{kj}-\overline{y}_{k\cdot})^2$

일원분류 분산분석에서는 요인의 k개 수준에 따라 k개의 모집단이 대응되고 각 모집단의 분포와 각 모집단에서 추출된 표본에 대하여 다음과 같이 가정한다.

(1) 각 모집단의 분포는 정규분포를 한다.
(2) 각 모집단의 분산은 모두 같다.
(3) 각 모집단에서 뽑혀진 표본은 무작위 표본(확률표본)이며, k개의 표본은 서로 독립이다.

일원분류 분산분석에서 관측값을 나타내는 모형은 다음과 같다.

$$y_{ij} = \mu + \alpha_i + \epsilon_{ij}, \quad i = 1, \cdots, k \qquad j = 1, \cdots, n_i$$

여기서 μ는 총평균,

α_i는 처리 i의 효과로서 $\sum n_i \alpha_i = 0$를 가정하고,

ϵ_{ij}는 오차항으로서 서로 독립이며, $N(0, \sigma^2)$을 따르는 확률변수이다.

처리효과가 있는지의 여부를 검정하는 귀무가설은 다음과 같다.

$$H_0 \ : \ \alpha_1 = \alpha_2 = \cdots = \alpha_k = 0$$

여기서 처리효과에 대하여 $\sum n_i \alpha_i = 0$을 가정하므로, 처리효과가 모두 같을 때는 α_i들이 모두 0이고, "처리효과가 없다"고 표현한다.

처리의 개념 대신에 "모평균"의 개념으로 이해할 수도 있다. 즉,

$$\mu_i = \mu + \alpha_{i,} \quad i = 1, \cdots, k$$

로 정의하면 μ_i는 i번째 모집단의 평균이 되며, 모평균이 모두 같다는 귀무가설은

$$H_0 : \mu_1 = \mu_2 = \cdots = \mu_k$$

로 표현할 수 있다. 일원배치법에서는 처리효과에 대한 가설이나 모평균에 대한 가설은 같다.

이제 제곱합을 분해하여 $H_0 : \ \alpha_1 = \alpha_2 = \cdots = \alpha_k = 0$을 검정하는 검정통계량을

만들어 보기로 하자. [표 10.1]에서 사용된 평균들은 다음과 같이 정의된다.

$$\bar{y}_{i.} = \frac{1}{n_i}\sum_{j=1}^{n_i} y_{ij} \ (i=1,2,\cdots,k), \qquad \bar{y}_{..} = \frac{\sum_{i=1}^{k}\sum_{j=1}^{n_i} y_{ij}}{\sum_{i=1}^{k} n_i}$$

총편차 $y_{ij} - \bar{y}_{..}$를 다음과 같이 분해한다.

$$y_{ij} - \bar{y}_{..} = (y_{ij} - \bar{y}_{i.}) + (\bar{y}_{i.} - \bar{y}_{..})$$

이제 위 식의 양변을 제곱하여 모두 i, j에 관하여 더하면 우변에서 곱의 합이 “0”이 되는 항이 존재하며, 이를 정리하면 다음의 결과를 얻을 수 있다.

$$\sum_{i=1}^{k}\sum_{j=1}^{n_i}(y_{ij} - \bar{y}_{..})^2 = \sum_{i=1}^{k} n_i(\bar{y}_{i.} - \bar{y}_{..})^2 + \sum_{i=1}^{k}\sum_{j=1}^{n_i}(y_{ij} - \bar{y}_{i.})^2$$

$$\text{총제곱합}; TSS \ = \text{처리제곱합}; SStr \ + \text{잔차제곱합}; SSE$$

위의 제곱합(sum of square)들을 차례로 **총제곱합**(total sum of square, TSS), **처리제곱합**(sum of square for treatment, SST 또는 SStr) 또는 **처리간제곱합**(between sum of square), **잔차(또는 오차)제곱합**(sum of square for error, SSE) 또는 **처리내 제곱합**(within sum of square)이라고 부른다. 또한 관측값의 총 개수를 $N = \sum_{i=1}^{k} n_i$이라고 하면 각 제곱합의 자유도는 각각 $N-1$, $k-1$, $N-k$임이 알려져 있다. 또한 제곱합을 자유도로 나눈 것을 **평균제곱**(mean square)**합**이라 하며 처리와 잔차에 대한 평균제곱합은 각각 다음과 같다.

$$MStr = \frac{SStr}{k-1}, \qquad MSE = \frac{SSE}{N-k}$$

한편, 귀무가설 H_0하에서 평균제곱의 비로 정의된

$$F = \frac{MStr}{MSE}$$

은 자유도가 $(k-1, N-k)$인 F-분포를 따르는 것으로 알려져 있다. 이를 이용하여 유의 수준 α에서 H_0를 검정하기 위한 기각역은 다음과 같다.

$$F > F_{\alpha}(k-1, N-k)$$

이와 같은 검정결과를 요약하여 표로 나타낸 것을 **분산분석표**(anova table)라고 하며, 일원분류분산분석표는 [표 10.2]와 같다.

표 10.2 일원배치 분산분석표(반복수가 다른 경우)

요인	제곱합	자유도	평균제곱	F-값	$p-value$
처리	$SStr$	$k-1$	$MStr$	$f = MStr/MSE$	$P\{F \geq f\}$
잔차	SSE	$N-k$	MSE		
계	SST	$N-1$			

예제 10.1

4가지 교육방법의 효과를 비교분석하기 위하여 학생 40명을 무작위로 10명씩 4개 집단으로 나누고 한 학기 동안 각 교육방법으로 교육을 실시한 후에 치른 기말 시험이 다음의 자료와 같다. 학기 중 여러 사정에 의하여 기말 시험을 치르지 못한 학생들로 각 집단의 자료의 수가 같지 않다. 이 자료에 의하면 4가지 교육방법에 차이가 있다고 할 수 있는지를 유의수준 5%하에서 검정하여라.

표 10.3 자료의 구조

교육방법	1조	2조	3조	4조
기말고사 성적	65	75	59	94
	87	69	78	89
	73	83	67	80
	79	81	62	88
	81	72	83	
	69	79	76	
		90		
합($y_i.$)	454	549	425	351

풀이 $n_1 = 6,\ n_2 = 7,\ n_3 = 6,\ n_4 = 4$ 이고,

$$\bar{y}_{1}. = \frac{1}{6}\sum_{j=1}^{6} y_{1j} = \frac{1}{6}(65+87+73+79+81+69) = \frac{454}{6} = 75.67,$$

$$\bar{y}_{2}. = \frac{1}{7}\sum_{j=1}^{7} y_{2j} = \frac{1}{7}(75+69+83+81+72+79+90) = \frac{549}{7} = 78.43,$$

$$\bar{y}_{3}. = \frac{1}{6}\sum_{j=1}^{6} y_{3j} = \frac{1}{6}(59+78+67+62+83+76) = \frac{425}{6} = 70.83,$$

$$\bar{y}_{4}. = \frac{1}{4}\sum_{j=1}^{4} y_{4j} = \frac{1}{4}(94+89+80+88) = \frac{351}{4} = 87.75,$$

$$\bar{y}.. = \frac{\sum_{i=1}^{4}\sum_{j=1}^{n_i} y_{ij}}{\sum_{i=1}^{4} n_i} = \frac{(454+549+425+351)}{6+7+6+4} = 77.35,$$

$$TSS = \sum_{i=1}^{4}\sum_{j=1}^{n_i}(y_{ij} - \bar{y}..)^2 = 1909.2$$

$$SStr = \sum_{i=1}^{4} n_i(\bar{y}_i. - \bar{y}..)^2 = 712.6$$

$$SSE = TSS - SStr = 1{,}909.2 - 712.6 = 1196.6$$

$$MStr = \frac{SStr}{4-1} = \frac{712.6}{3} = 237.5,$$

$$MSE = \frac{SSE}{N-4} = \frac{1196.6}{23-4} = 63.0,$$

$f = \frac{MStr}{MSE} = \frac{237.5}{63.0} = 3.77$이므로 분산분석표를 작성하여 보면 다음과 같다.

표 10.4 일원배치 분산분석표

요인	제곱합	자유도	평균제곱	F-값	$p-value$
처리	712.6	3	237.5	$f = \frac{237.5}{63.0} = 3.77$	0.028
잔차	1196.6	19	63.0		
계	1909.2	22			

$\mu_1, \mu_2, \mu_3, \mu_4$를 각각 4가지 교육방법에 대한 모집단의 평균성적이라고 할 때, 검정하고자 하는 귀무가설은

$$H_0 : \mu_1 = \mu_2 = \mu_3 = \mu_4 \quad v.s. \; H_1 : H_0\text{가 사실이 아니다.}$$

이며, 귀무가설하에서 검정통계량은 $F(3,19)$를 따른다. $\alpha = 0.05$일 때, $F_{0.05}(3,19) = 3.13$이므로 $f = 3.77 > F_{0.05}(3,19)$가 되어 귀무가설은 기각된다. 그러므로 주어진 자료에 의하면, 유의수준 5%하에서 4가지 교육방법의 효과는 동일하다고 볼 수 없다. 또한 위의 표에서 구해놓은 $p-value$를 보면

0.028로 미리 정해진 유의수준 0.05보다 작으므로 $p-value$의 정의에 의하여 귀무가설 H_0를 기각하게 된다.

R 시연

```
Data <- read.csv(file='10장_예제10.1.csv', header = TRUE)
attach(Data)
str(Data)

boxplot(Score ~ Type, horizontal= TRUE)

## 등분산 가정 없이
oneway.test(Score ~ Type)

## 등분사 가정하에서
oneway.test(Score ~ Type, var.equal= TRUE)

## 등분산 가정과 같은 결과
anova(lm(Score ~ Type))

AovOut= aov(Score ~ Type, data= Data)
summary(AovOut)

detach(Data)
```

NOTE

위 예제 자료의 4가지 교육방법에 대한 자료의 상자 그림은 다음과 같다. 그래프에서 4조의 성적은 다른 반에 비하여 높음을 알 수 있다.

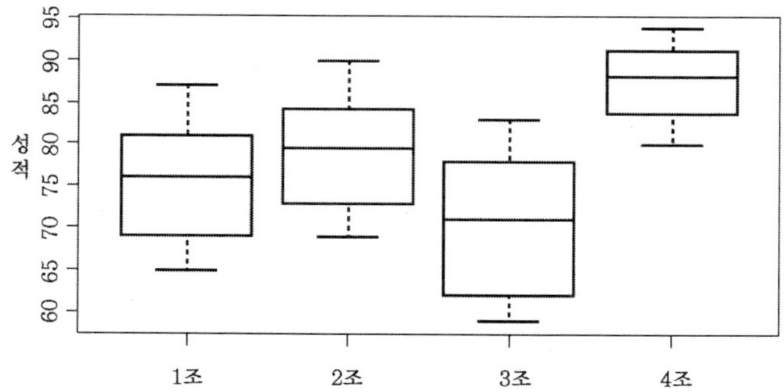

그림 10.1 상자 그림들

> **NOTE** 위의 예제에서와 같이 귀무가설을 기각하게 되면 즉, 처리의 효과가 동일하지 않다고 판정이 되면, H_0를 받아들일 수 없다. 그러므로 어느 처리 간에 차이가 발생하는지를 비교하는 절차[이를 **다중비교**(multiple comparisons)라고 한다]를 진행하여야 한다.

반복수가 같은 경우는 반복수가 다른 경우의 특수한 경우로서 자료의 구조는 다음과 같다.

표 10.5 일원분류 분산분석의 자료 구조(반복수가 같은 경우)

처리	처리 1	$\cdots$	처리 i	$\cdots$	처리 k
반응값	y_{11} $\vdots$ y_{1j} $\vdots$ y_{1n}	$\cdots$	y_{i1} $\vdots$ y_{ij} $\vdots$ y_{in}	$\cdots$	y_{k1} $\vdots$ y_{kj} $\vdots$ y_{kn}
평균	$\overline{y}_{1\cdot} = \frac{1}{n}\sum_{j=1}^{n} y_{1j}$	$\cdots$	$\overline{y}_{i\cdot} = \frac{1}{n}\sum_{j=1}^{n} y_{ij}$	$\cdots$	$\overline{y}_{k\cdot} = \frac{1}{n}\sum_{j=1}^{n} y_{kj}$
제곱합	$\sum_{j=1}^{n}(y_{1j}-\overline{y}_{1\cdot})^2$	$\cdots$	$\sum_{j=1}^{n}(y_{ij}-\overline{y}_{i\cdot})^2$	$\cdots$	$\sum_{j=1}^{n}(y_{kj}-\overline{y}_{k\cdot})^2$

이 경우의 관측값을 나타내는 모형은 다음과 같다.

$$y_{ij} = \mu + \alpha_i + \epsilon_{ij},\ i = 1,\cdots,k,\ j = 1,\cdots,n$$

여기에서 μ는 총평균,

α_i는 처리 i의 효과로서 $n\sum\alpha_i = 0$ (즉, $\sum\alpha_i = 0$)를 가정하고,

ϵ_{ij}는 오차항으로서 서로 독립이며, $N(0,\sigma^2)$을 따르는 확률변수이다.

[표 10.5]에서 사용된 다음의 평균들을 이용하여 제곱합을 분해하면 다음과 같다.

$$\overline{y}_{i\cdot} = \frac{1}{n}\sum_{j=1}^{n} y_{ij}, \qquad \overline{y}_{\cdot\cdot} = \frac{\sum_{i=1}^{k}\sum_{j=1}^{n} y_{ij}}{nk}$$

$$\sum_{i=1}^{k}\sum_{j=1}^{n}(y_{ij}-\overline{y}\,.\,.\,)^2 = n\sum_{i=1}^{k}(\overline{y}_i\,.\,-\overline{y}\,.\,.\,)^2 + \sum_{i=1}^{k}\sum_{j=1}^{n}(y_{ij}-\overline{y}_i\,.\,)^2$$

$$\text{총제곱합};\ TSS \quad = \text{처리제곱합};\ SStr \quad + \text{잔차제곱합};\ SSE$$

또한 관측값의 총 개수를 $N=nk$이라고 하면 각 제곱합의 자유도는 각각 $N-1$, $k-1$, $N-k$이므로 각각의 평균제곱합은 각각 다음과 같다.

$$MStr = \frac{SStr}{k-1}, \qquad MSE = \frac{SSE}{N-k}$$

이와 같은 검정결과를 요약하여 표로 나타낸 것을 **분산분석표**(anova table)라고 하며, 일원분류분산분석표는 [표 10.6]과 같다.

표 10.6 일원배치 분산분석표(반복수가 같은 경우)

요인	제곱합	자유도	평균제곱	F-값	$p-value$
처리	$SStr$	$k-1$	$MStr$	$f=MStr/MSE$	$P\{F\geq f\}$
잔차	SSE	$N-k$	MSE		
계	SST	$N-1$			

예제 10.2

어떤 화학물질의 가공 시 처리액의 농도가 인장강도에 영향을 미치는지의 여부를 조사하기 위해, 네 가지 농도

A1: 2%　　A2: 3%　　A3: 4%　　A4: 5%

표 10.7 자료의 구조(반복수가 같은 경우)

처리 농도	A1	A2	A3	A4
측정 결과	47	51	50	22
	58	62	38	23
	51	31	47	28
	61	46	27	42
	46	49	23	25
평균($\overline{y}_i\,.$)	52.6	47.8	37	28

에서 반복 각 5회, 총 20회를 랜덤하게 처리한 후 인장강도를 측정한 결과가 다음과 같다. 이 자료에 대하여 농도에 따른 인장강도에 차이가 있는지를 알아보아라.

풀이

$$\bar{y}.. = \frac{\sum_{i=1}^{4}\sum_{j=1}^{5} y_{ij}}{20} = 41.35 \text{이고,}$$

$$TSS = \sum_{i=1}^{4}\sum_{j=1}^{5}(y_{ij} - \bar{y}..)^2 = 3334.55$$

$$SStr = 5 \times \sum_{i=1}^{4}(\bar{y}_i. - \bar{y}..)^2 = 1826.55$$

$$SSE = TSS - SStr = 3334.55 - 1826.55 = 1508$$

$$MStr = \frac{SStr}{4-1} = \frac{1826.55}{3} = 608.85,$$

$$MSE = \frac{SSE}{N-4} = \frac{1508}{20-4} = 94.25$$

$$f = \frac{MStr}{MSE} = \frac{608.85}{94.25} = 6.46 \text{이다.}$$

표 10.8 일원배치 분산분석표(반복수가 같은 경우)

요인	제곱합	자유도	평균제곱	F-값	$p-value$
처리	1826.55	3	608.85	$f = \frac{608.85}{94.25} = 6.46$	0.0045
잔차	1508	16	94.25		
계	3334.55	19			

$\mu_1, \mu_2, \mu_3, \mu_4$를 각각 4가지 농도 차이에 대한 모집단의 평균 성적이라고 할 때, 검정하고자 하는 귀무가설은

$$H_0 : \mu_1 = \mu_2 = \mu_3 = \mu_4 \qquad v.s. \quad H_1 : H_0\text{가 사실이 아니다.}$$

이며, 귀무가설하에서 검정통계량은 $F(3,16)$를 따른다. $\alpha = 0.05$일 때, $F_{0.05}(3,16) = 3.24$이므로 $f = 6.46 > F_{0.05}(3,16) = 3.24$가 되어 귀무가설은 기각된다. 그러므로 주어진 자료에 의하면, 유의수준 5%하에서 4가지 농도에 의한 생산품의 인장강도에 유의한 차이가 있다고 할 수 있다. 또한 위의 표에서 구해 놓은 $p-value$를 보면 0.0045로 미리 정하여진 유의수준 0.05보다 작으므로 $p-value$의 정의에 의하여 귀무가설 H_0를 기각하게 된다.

R 시연

```
Data <- read.csv(file='10장_예제10.2.csv', header = TRUE)
attach(Data)
str(Data)

boxplot(Conentration ~ Treatment, horizontal= TRUE)

## 등분산 가정 없이
oneway.test(Conentration ~ Treatment)

## 등분사 가정하에서
oneway.test(Conentration ~ Treatment, var.equal= TRUE)

## 등분산 가정과 같은 결과
anova(lm(Conentration ~ Treatment))

AovOut= aov(Conentration ~ Treatment, data= Data)
summary(AovOut)

detach(Data)
```

10.3 이원분류 분산분석

실험을 통해 얻어지는 자료들은 한 가지 요인뿐 아니라 여러 요인이 관계되는 경우가 많다. 이원분류 분산분석은 반응값에 영향을 주는 두 개의 요인에 대해 사용하는 기법으로, 각 수준의 조합에서 반복이 없는 경우와 반복이 있는 경우로 나눌 수 있다. 일반적으로 각 처리에 대한 관찰치 수가 모두 같은 경우를 **균형설계**(balanced design)라고 부르고, 각 처리에 대한 관찰치의 수가 하나 이상 있는 경우를 **완전설계**(complete design)라고 부른다. 특히, 다음 [표 10.9]의 자료구조와 같이 각 처리에 대하여 관찰치가 1개씩 있는 경우로 이를 **완전확률화계획**(completely randomized design)이라고 부른다. 각 처리의 관찰치의 수가 같지 않을 때 이를 **불균형설계**(unbalanced design)라고 부른다. 요인의 수가 2개지만, 한 요인에 대하여 다른 요인의 결과가 독립적이지 못한 경우라면, 쌍체 표본(paired sample)의 모평균의 검정방법에 대한 확장된 경우의 자료구조도 생각할 수 있다. 실험단위들이 동질적인 것끼리 **블록**(block)화 되어 있으며, 각 블록 내에서 실험단위들은 각각의 처리에 랜덤하게 배치되는 실험을 생각할 수 있다. 실험에 의한 개체의 반응은 **블록효과**(block effect)와 **처리효과**(treatment effect) 등 2가지에 의해서 설명될 수 있는 이와 같은 모형을 **확률화블록계획**(randomized block design) 방법이라고 한다.

10.3.1. 반복측정이 없는 경우

두 개의 처리를 A, B로 표현하고, 두 개의 처리가 독립적이라고 할 수 있다고 가정하자. 요인 A의 수준이 a개 그리고 요인 B의 수준이 b개라고 할 때 이원분류 분산분석의 자료구조는 [표 10.9]와 같이 요약할 수 있다.

표 10.9 이원분류 분산분석의 자료구조: 반복이 없는 경우

처리	B_1	$\cdots$	B_j	$\cdots$	B_b	평균
A_1	y_{11}	$\cdots$	y_{1j}	$\cdots$	y_{1b}	$\overline{y}_{1\cdot}$
$\vdots$	$\vdots$	$\cdots$	$\vdots$	$\cdots$	$\vdots$	$\vdots$
A_i	y_{i1}	$\cdots$	y_{ij}	$\cdots$	y_{ib}	$\overline{y}_{i\cdot}$
$\vdots$	$\vdots$	$\cdots$	$\vdots$	$\cdots$	$\vdots$	$\vdots$
A_a	y_{a1}	$\cdots$	y_{aj}	$\cdots$	y_{ab}	$\overline{y}_{a\cdot}$
평균	$\overline{y}_{\cdot 1}$	$\cdots$	$\overline{y}_{\cdot j}$	$\cdots$	$\overline{y}_{\cdot b}$	$\overline{y}_{\cdot\cdot}$ (총평균)

이때 이원배치법에서 관측값을 나타내는 모형은 다음과 같다.

$$y_{ij} = \mu + \alpha_i + \beta_j + \epsilon_{ij}, \quad i = 1, \cdots, a,\ j = 1, \cdots, b$$

여기에서, μ와 ϵ_{ij}는 일원배치의 경우와 같이 정의되고,

$$\alpha_i\text{: 인자 } A\text{의 } i\text{번째 수준의 효과로서, } \sum \alpha_i = 0$$

$$\beta_j\text{: 인자 } B\text{의 } j\text{번째 수준의 효과로서, } \sum \beta_j = 0$$

인자 A와 B의 효과를 검정하기 위한 귀무가설은 각각 다음과 같다.

$$H_0 \ : \ \alpha_1 = \alpha_2 = \cdots = \alpha_a = 0$$

$$H_0 \; : \; \beta_1 = \beta_2 = \cdots = \beta_b = 0$$

[표 10.9]의 자료에서 행의 평균과 열의 평균을 이용하면 각 모수의 추정값은 다음과 같이 주어진다.

$$\alpha_i \text{의 추정: } \overline{y}_{i.} - \overline{y}_{..}$$

$$\beta_j \text{의 추정: } \overline{y}_{.j} - \overline{y}_{..}$$

이를 이용하여 총제곱합을 다음과 같이 분해한다.

$$SST = SS_A + SS_B + SSE$$

여기에서

$$\text{총제곱합: } SST = \sum_{i=1}^{a}\sum_{j=1}^{b}(y_{ij} - \overline{y}_{..})^2$$

$$\text{인자 } A \text{ 제곱합: } SS_A = b\sum_{i=1}^{a}(\overline{y}_{i.} - \overline{y}_{..})^2$$

$$\text{인자 } B \text{ 제곱합: } SS_B = a\sum_{j=1}^{b}(\overline{y}_{.j} - \overline{y}_{..})^2$$

$$\text{잔차제곱합: } SSE = \sum_{i=1}^{a}\sum_{j=1}^{b}(y_{ij} - \overline{y}_{i.} - \overline{y}_{.j} + \overline{y}_{..})^2$$

각 제곱합을 자유도로 나누어 평균제곱을 정의하며, 평균제곱의 비(Ratio)로 $F-$통계량을 정의한다. 또한 $F-$검정결과를 $p-value$로 나타내며, 이를 표로 나타낸 것이 반복이 없는 이원배치 분산분석표로서 [표 10.10]과 같다.

표 10.10 반복이 없는 이원배치 분산분석표

요인	제곱합	자유도	평균제곱	$F-$값	$p-value$
인자 A	SSA	$a-1$	MSA	$f_1 = MSA/MSE$	$P\{F \geq f_1\}$
인자 B	SSB	$b-1$	MSB	$f_2 = MSB/MSE$	$P\{F \geq f_2\}$
잔차	SSE	$(a-1)(b-1)$	MSE		
계	SST	$ab-1$			

한편, 귀무가설 H_0하에서 평균제곱의 비로 정의된 다음 각각의 통계량 $f_1 = \frac{MSA}{MSE}$은 자유도가 $(a-1,(a-1)(b-1))$인 F-분포를, $f_2 = \frac{MSB}{MSE}$는 자유도가 $(b-1,(a-1)(b-1))$인 F-분포를 따른다. 이를 이용하여 유의수준 α에서 H_0를 검정하기 위한 기각역은 각각 다음과 같다.

$$f_1 > F_\alpha(a-1,(a-1)(b-1)),\ f_2 > F_\alpha(b-1,(a-1)(b-1))$$

예제 10.3

지역과 비료의 종류에 따라 토마토 생산량에 차이가 있는지를 확인하기 위하여 4개 지역에서 각각 A, B, C 세 종류의 비료를 적용시킨 후에 생산량을 조사한 결과 다음의 표와 같다. 지역과 비료의 종류에 따라 생산량에 차이가 있는지를 유의수준 5%하에서 검정하여라.

표 10.11 세 종류의 비료에 따른 생산량

비료 / 지역	A	B	C
지역 1	42.8	52.3	48.2
지역 2	38.6	43.5	40.3
지역 3	50.2	58.7	53.5
지역 4	48.2	50.8	51.2

풀이 지역을 인자 A, 비료를 인자 B로 정하면, 각각의 평균은

$$\bar{y}_{1\cdot} = 47.767,\quad \bar{y}_{2\cdot} = 40.800,\quad \bar{y}_{3\cdot} = 54.133,\quad \bar{y}_{4\cdot} = 50.067,$$
$$\bar{y}_{\cdot 1} = 44.950,\quad \bar{y}_{\cdot 2} = 51.325,\quad \bar{y}_{\cdot 3} = 48.300,\quad \bar{y}_{\cdot\cdot} = 48.192$$

이고, 각각의 제곱합은

$$SSA = 3\sum(\bar{y}_{i\cdot} - \bar{y}_{\cdot\cdot})^2 = 280.909,$$
$$SSB = 4\sum(\bar{y}_{\cdot j} - \bar{y}_{\cdot\cdot})^2 = 81.352,$$
$$TSS = \sum_{i=1}^{3}\sum_{j=1}^{4}(y_{ij} - \bar{y}_{\cdot\cdot})^2 = 380.729$$
$$SSE = TSS - SS_A - SS_B = 380.729 - 280.909 - 81.352 = 18.468$$

이므로, 각각의 평균제곱은

$$MSA = \frac{SSA}{a-1} = \frac{280.900}{3} = 93.636,$$

$$MSB = \frac{SSB}{b-1} = \frac{81.352}{2} = 40.676,$$

$$MSE = \frac{SSE}{(a-1)(b-1)} = \frac{18.468}{6} = 3.078$$

이다. 따라서, $f_1 = \frac{MSA}{MSE} = \frac{93.636}{3.078} = 30.42$, $f_2 = \frac{MSB}{MSE} = \frac{40.676}{3.078} = 13.21$

이다.

위의 자료들을 이용하여 분산분석표를 작성하여 보면 다음과 같다.

표 10.12 반복이 없는 이원배치 분산분석표의 값

요인	제곱합	자유도	평균제곱	$F-$값	$p-value$
인자 A	280.909	3	93.636	30.42	0.000
인자 B	81.352	2	40.676	13.21	0.001
잔차	18.468	6	3.078		
계	380.729	11			

한편 $F-$분포표에서 $F_{0.05}(3,6) = 4.76$, $F_{0.05}(2,6) = 5.14$이므로 유의수준 5%에서 H_0를 기각한다. 즉, 지역에 따라서 수확량이 다르며, 비료의 종류에 따라서도 수확량이 다르다고 할 수 있다. $p-value$를 살펴보면

$$P\{F \geq f_1 = 30.42 \mid F \sim F(3,6)\} = 0.000,$$

$$P\{F \geq f_2 = 13.21 \mid F \sim F(2,6)\} = 0.001$$

으로 모두 유의수준 0.05보다 훨씬 작음을 알 수 있다.

R 시연

```
Product= c(42.8, 38.6, 50.2, 48.2, 52.3, 43.5,
           58.7, 50.8, 48.2, 40.3, 53.5, 51.2 )
Region= factor(rep(rep(1:4, c(1,1,1,1)), 3))
Fertile= factor(rep(1:3, c(4,4,4)))
anova(lm(Product ~ Region + Fertile))
```

```
aov(Product ~ Region + Fertile)
summary(aov(Product ~ Region + Fertile))
```

NOTE 위의 예제 10.3에서도 귀무가설을 기각하게 되면 즉, 처리들의 효과가 동일하지 않다고 판정이 되므로 어느 처리들 간에 차이가 발생하는지를 비교하는 절차를 진행하여야 한다.

예제 10.4

사람의 혈장을 4가지 다른 방법으로 처리하여 각 처리에 따른 혈액응고시간을 비교하고자 한다. 8명의 사람으로부터 채혈을 하여 각 사람으로부터 채열한 피에다 4가지의 다른 처리 방법을 임의로 적용하여 다음의 표와 같은 자료를 얻었다.

(1) 각 처리 간 평균이 동일한가에 대하여 유의수준 5%하에서 검정하여라.

(2) 각 사람들의 평균 혈액응고시간은 동일한가에 대하여 유의수준 5%하에서 검정하여라.

표 10.13 4가지 처리방법에 의한 8명의 혈액응고시간

사람	처리			
	1	2	3	4
1	8.4	9.4	9.8	12.2
2	12.8	15.2	12.9	14.4
3	9.6	9.1	11.2	9.8
4	9.8	8.8	9.9	12.0
5	8.4	8.2	8.5	8.5
6	8.6	9.9	9.8	10.9
7	8.9	9.0	9.2	10.4
8	7.9	8.1	8.2	10.0

풀이 사람을 인자 A, 처리방법을 인자 B로 정하면, 각각의 평균은

$$\bar{y}_{1\cdot} = 9.95,\quad \bar{y}_{2\cdot} = 11.825,\quad \bar{y}_{3\cdot} = 9.925,\quad \bar{y}_{4\cdot} = 10.125,$$

$$\bar{y}_{5\cdot} = 8.4,\quad \bar{y}_{6\cdot} = 9.8,\quad \bar{y}_{7\cdot} = 9.375,\quad \bar{y}_{8\cdot} = 8.55,$$

$$\bar{y}_{\cdot 1} = 9.3,\quad \bar{y}_{\cdot 2} = 9.713,\quad \bar{y}_{\cdot 3} = 9.938,\quad \bar{y}_{\cdot 4} = 11.025$$

$\bar{y}.. = 9.994$

이고, 각각의 제곱합은

$$SSA = 4\sum(\bar{y}_{i}. - \bar{y}..)^2 = 78.989,$$

$$SSB = 8\sum(\bar{y}._{j} - \bar{y}..)^2 = 13.016,$$

$$TSS = \sum_{i=1}^{8}\sum_{j=1}^{4}(y_{ij} - \bar{y}..)^2 = 105.779,$$

$$SSE = TSS - SS_A - SS_B = 105.779 - 78.989 - 13.016 = 13.774$$

이므로, 각각의 평균제곱은

$$MSA = \frac{SSA}{8-1} = \frac{79.989}{7} = 11.284,$$

$$MSB = \frac{SSB}{4-1} = \frac{13.016}{3} = 4.339,$$

$$MSE = \frac{SSE}{(a-1)(b-1)} = \frac{13.774}{21} = 0.656$$

이다. 따라서 $f_1 = \frac{MSA}{MSE} = \frac{11.284}{0.656} = 17.201, f_2 = \frac{MSB}{MSE} = \frac{4.339}{0.656} = 6.614$ 이다.

위의 자료들을 이용하여 분산분석표를 작성하여 보면 다음과 같다.

표 10.14 반복이 없는 이원배치 분산분석표의 값

요인	제곱합	자유도	평균제곱	F-값	$p-value$
인자 A	78.989	7	11.284	17.201	0.000
인자 B	13.016	3	4.339	6.614	0.001
잔차	13.774	21	0.656		
계	105.779	31			

한편 F-분포표에서 $F_{0.05}(7,21) = 2.49$, $F_{0.05}(3,21) = 3.07$이므로 유의수준 5%에서 H_0를 기각한다. 즉, 사람에 따라서 혈액응고의 차이는 있다고 할 수 있으며, 처리 방법에 따라서도 혈액응고의 차이는 있다고 할 수 있다.

$p-value$값은

$$P\{F \geq f_1 = 17.201 \mid F \sim F(7,21)\} = 0.000,$$
$$P\{F \geq f_2 = 6.614 \mid F \sim F(3,21)\} = 0.003$$

으로 모두 유의수준 0.05보다 훨씬 작음을 알 수 있다.

R 시연

```
Time= c(8.4, 12.8, 9.6, 9.8, 8.4, 8.6, 8.9, 7.9,
        9.4, 15.2, 9.1, 8.8, 8.2, 9.9, 9.0, 8.1,
        9.8, 12.9, 11.2, 9.9, 8.5, 9.8, 9.2, 8.2,
        12.2, 14.4, 9.8, 12.0, 8.5, 10.9, 10.4, 10.0)
Experimenter= factor(rep(rep(1:8, c(1,1,1,1,1,1,1,1)), 4))
Treatment= factor(rep(1:4, c(8,8,8,8)))
anova(lm(Time ~ Experimenter + Treatment))
aov(Time ~ Experimenter + Treatment)
summary(aov(Time ~ Experimenter + Treatment))
```

10.3.2. 반복측정이 있는 경우

특성값에 영향을 주는 요인이 2개 있는 이원배치모형에서 수준들의 각 조합(처리)에서 반복실험을 실시하는 모형을 반복이 있는 이원배치법이라 하며 자료의 구조는 [표 10.15]와 같다. 각 처리에서의 반복 횟수가 같은 경우만을 다루기로 한다.

반복이 있는 이원배치모형에서는 A 인자와 B 인자의 수준별 **교호작용**(interaction)에 대한 유의성 검정이 가능하다. 이와 같은 교호작용이 있는 이원배치모형은 다음과 같다.

$$y_{ijk} = \mu + \alpha_i + \beta_j + \gamma_{ij} + \epsilon_{ijk},$$
$$i = 1, \cdots, a, \quad j = 1, \cdots, b, \quad k = 1, \cdots, r$$

여기에서 $\mu, \alpha_i, \beta_j, \epsilon_{ijk}$는 반복이 없는 이원배치와 같이 정의되고, γ_{ij}는 인자 A의 i번째 수준과 인자 B의 j번째 수준의 교호작용으로 정의된다. 교호작용에 대한 가설은 다음과 같다.

표 10.15 이원분류 분산분석의 자료 구조: 반복이 있는 경우

인자 B / 인자 A	B_1	$\cdots$	B_j	$\cdots$	B_b	평균
A_1	y_{111} $\vdots$ y_{11r}	$\cdots$	y_{1j1} $\vdots$ y_{1jr}	$\cdots$	y_{1b1} $\vdots$ y_{1br}	$\overline{y}_{1\cdot\cdot}$
	$\overline{y}_{11\cdot}$	$\cdots$	$\overline{y}_{1j\cdot}$	$\cdots$	$\overline{y}_{1b\cdot}$	
$\vdots$	$\vdots$	$\vdots$	$\vdots$	$\vdots$	$\vdots$	$\vdots$
A_a	y_{a11} $\vdots$ y_{a1r}	$\cdots$	y_{aj1} $\vdots$ y_{ajr}	$\cdots$	y_{ab1} $\vdots$ y_{abr}	$\overline{y}_{a\cdot\cdot}$
	$\overline{y}_{a1\cdot}$	$\cdots$	$\overline{y}_{aj\cdot}$	$\cdots$	$\overline{y}_{ab\cdot}$	
	$\overline{y}_{\cdot 1\cdot}$	$\cdots$	$\overline{y}_{\cdot j\cdot}$	$\cdots$	$\overline{y}_{\cdot b\cdot}$	$\overline{y}_{\cdot\cdot\cdot}$

$$H_0 \ : \ \gamma_{ij} = 0, \text{ 모든 } i, j\text{에 대하여}$$

[표 10.15]의 자료에서 행의 평균 $\overline{y}_{i\cdot\cdot}$과 열의 평균 $\overline{y}_{\cdot j\cdot}$, (i,j)칸의 평균 $\overline{y}_{ij\cdot}$를 이용하면 각 모수의 추정값들은 다음과 같이 주어진다.

α_i의 추정: $\overline{y}_{i\cdot\cdot} - \overline{y}_{\cdot\cdot\cdot}$

β_j의 추정: $\overline{y}_{\cdot j\cdot} - \overline{y}_{\cdot\cdot\cdot}$

γ_{ij}의 추정: $\overline{y}_{ij\cdot} - \overline{y}_{i\cdot\cdot} - \overline{y}_{\cdot j\cdot} + \overline{y}_{\cdot\cdot\cdot}$

이를 이용하여 총제곱합을 다음과 같이 분해한다.

$$SST = SS_A + SS_B + SS_{A\times B} + SSE$$

여기에서,

총제곱합: $SST = \sum_{i=1}^{a}\sum_{j=1}^{b}\sum_{k=1}^{r}(y_{ijk} - \overline{y}_{\cdot\cdot\cdot})^2,$

인자 A 제곱합: $SS_A = br\sum_{i=1}^{a}(\overline{y}_{i\cdot\cdot} - \overline{y}_{\cdot\cdot\cdot})^2,$

$$\text{인자 } B \text{ 제곱합: } SS_B = ar\sum_{j=1}^{b}(\bar{y}_{.j.} - \bar{y}_{...})^2,$$

$$\text{교호작용 제곱합: } SS_{A\times B} = r\sum_{i=1}^{a}\sum_{j=1}^{b}(\bar{y}_{ij.} - \bar{y}_{i..} - \bar{y}_{.j.} + \bar{y}_{...})^2,$$

$$\text{잔차제곱합: } SSE = \sum_{i=1}^{a}\sum_{j=1}^{b}\sum_{k=1}^{r}(y_{ijk} - \bar{y}_{ij.})^2$$

이다.

각 제곱합을 자유도로 나누어 평균제곱을 정의하며, 평균제곱의 비(ratio)로 $F-$통계량을 정의한다. 또한 $F-$검정 결과를 $p-value$로 나타내며, 이를 표로 나타낸 것이 반복이 있는 이원배치 분산분석표로서 [표 10.16]과 같다.

표 10.16 반복이 있는 이원배치 분산분석표

요인	제곱합	자유도	평균제곱	$F-$값	$p-value$
인자 A	SSA	$a-1$	MSA	$f_1 = MSA/MSE$	$P\{F \ge f_1\}$
인자 B	SSB	$b-1$	MSB	$f_2 = MSB/MSE$	$P\{F \ge f_2\}$
교호작용	$SS_{A\times B}$	$(a-1)(b-1)$	$MS_{A\times B}$	$f_3 = MS_{A\times B}/MSE$	$P\{F \ge f_3\}$
잔차	SSE	$ab(r-1)$	MSE		
계	SST	$abr-1$			

예제 10.5

한 회사에서는 새로운 제품에 대한 디자인을 설계함에 있어서 A, B, C 세 가지 중의 하나를 선택하려고 한다. 이를 위해 지역을 대, 중, 소도시로 구분하여 각각 9개씩의 매장을 선정하고, 새로운 제품을 시범적으로 판매하여 다음과 같은 자료를 얻었다. 여기서 도시구분과 디자인 두 개의 요인이고, 각 처리 조합에 대한 반복횟수는 3이다. 지역과 도시의 구분과 디자인의 설계에 따라 판매에 대한 자료를 조사한 결과가 다음과 같다. 도시별로 또는 디자인 별로 판매에 차이가 있는지를 유의수준 1%하에서 검정하여라.

표 10.17 디자인과 도시구분에 따른 판매 자료

도시구분 \ 디자인	A	B	C
대	23, 20, 21	22, 19, 20	19, 18, 21

도시구분 \ 디자인	A	B	C
중	22, 20, 19	20, 21, 22	20, 19, 22
소	18, 18, 16	21, 23, 20	20, 22, 24

풀이 행의 평균 $\overline{y}_{i..}$과 열의 평균 $\overline{y}_{.j.}$, (i,j)칸의 평균 $\overline{y}_{ij.}$를 각각 구해 보면,

$$\overline{y}_{1..} = 20.33,\quad \overline{y}_{2..} = 20.56,\quad \overline{y}_{3..} = 20.22,$$

$$\overline{y}_{.1.} = 19.67,\quad \overline{y}_{.2.} = 20.89,\quad \overline{y}_{.3.} = 20.56,$$

$$\overline{y}_{11.} = 21.33,\quad \overline{y}_{12.} = 20.33,\quad \overline{y}_{13.} = 19.33,$$

$$\overline{y}_{21.} = 20.33,\quad \overline{y}_{22.} = 21,\quad \overline{y}_{23.} = 20.33,$$

$$\overline{y}_{31.} = 17.33,\quad \overline{y}_{32.} = 21.33,\quad \overline{y}_{33.} = 22,\quad \overline{y}_{...} = 20.37,$$

$$SST = \sum_{i=1}^{3}\sum_{j=1}^{3}\sum_{k=1}^{3}(y_{ijk} - \overline{y}_{...})^2 = 86.30,$$

$$SS_A = 3\times 3\sum_{i=1}^{3}(\overline{y}_{i..} - \overline{y}_{...})^2 = 0.52,$$

$$SS_B = 3\times 3\sum_{j=1}^{3}(\overline{y}_{.j.} - \overline{y}_{...})^2 = 7.19,$$

$$SS_{A\times B} = 3\sum_{i=1}^{3}\sum_{j=1}^{3}(\overline{y}_{ij.} - \overline{y}_{i..} - \overline{y}_{.j.} + \overline{y}_{...})^2 = 37.93,$$

$$SSE = SST - SSA - SSB - SS_{A\times B} = 40.67,$$

$$MS_A = \frac{SSA}{3-1} = \frac{0.52}{2} = 0.26,$$

$$MS_B = \frac{SS_B}{3-1} = \frac{7.19}{2} = 3.59,$$

$$MS_{A\times B} = \frac{SS_{A\times B}}{(3-1)(3-1)} = \frac{37.93}{4} = 9.48,$$

$$MSE = \frac{SSE}{3\cdot 3(3-1)} = \frac{40.67}{18} = 2.26.$$

위의 자료들을 이용하여 분산분석표를 작성하여 보면 다음과 같다.

표 10.18 반복이 있는 이원배치 분산분석표

요인	제곱합	자유도	평균제곱	$F-$값	$p-value$
인자 A	0.52	2	0.26	0.115	0.892
인자 B	7.19	2	3.59	1.59	0.231
교호작용	37.93	4	9.48	4.197	0.014
잔차	40.67	18	2.26		
계	118	26			

반복이 있는 이원분류 분산분석에서는 각 처리수준의 조합에서 생기는 교호작용의 효과를 분리하여 검정할 수 있는데, 교호작용이 있다는 것은 요인 A의 수준변화에 따라서 요인 B의 효과가 변한다는 것을 의미한다. 위 분산분석표에서는 $F_{A\times B}=4.197$은 기각치 $F_{0.01}(4,18)=4.58$보다 작으므로(이에 대응되는 $p-value$가 0.0142로서 유의수준 0.01보다 크다.) 귀무가설

$$H_0 \ : \ \gamma_{ij}=0, \text{ 모든 } i,\, j\text{에 대하여}$$

를 채택하게 된다. 즉, 교호작용은 존재하지 않는다고 할 수 있다. 교호작용의 존재는 다른 처리들의 독립성을 보장하지 못하기 때문에 각각의 개별 처리에 관한 분석은 의미를 상실하게 되므로 분석할 때 상당한 주의를 요한다. 한편, 인자 A와 인자 B의 $p-value$는 각각 0.892와 0.231로서 유의수준 0.01보다 크므로 귀무가설을 기각하지 못하게 된다. 그러므로 도시구분에 따라서, 디자인에 따라서 각각 판매량이 다르다고 할 수는 없다는 결론을 내리게 된다.

R 시연

```
Sell= c( 23, 20, 21, 22, 19, 20, 19, 18, 21,
         22, 20, 19, 20, 21, 22, 20, 19, 22,
         18, 18, 16, 21, 23, 20, 20, 22, 24)
Design= factor(rep( rep(1:3, c(3,3,3)), 3))
Size= factor(rep( 1:3, c(9,9,9)))
anova(lm(Sell ~ Size * Design))
summary(aov(Sell ~ Size * Design))
```

연습문제 23

1 어느 공장에서 제품을 생산하는데 열처리 온도에 따라서 제품의 강도가 차이를 보이는지를 조사하기 위하여 열처리 온도를 125℃, 150℃, 175℃, 200℃로 변화시키고 각 열처리 온도에서 6개의 제품을 표본으로 추출하고 강도를 측정한 결과 다음의 표와 같이 자료를 얻었다.

온도	125℃	150℃	175℃	200℃
제품의 강도	23	35	36	32
	27	32	41	30
	24	38	38	37
	25	36	39	34
	29	32	40	35
	30	33	38	34

① 위의 자료에 대한 ANOVA표를 작성하여라.

② 온도에 따른 제품의 강도가 동일한가에 대하여 유의수준 5%하에서 검정하여라.

2 다음의 자료는 4명의 사람에게 각각 3가지의 서로 다른 자극(A, B, C)을 랜덤하게 순서를 정하여 준 후에 반응하는 데까지 걸린 시간(단위: 초)을 측정한 값이다.

블록 \ 처리	A	B	C
1	1.7	3.4	2.3
2	1.5	2.6	2.1
3	0.1	2.3	0.8
4	0.6	2.2	1.6

① ANOVA표를 작성하여라.

② 3가지 자극에 있어서의 평균 반응시간에 차이가 있는가를 유의수준 5%하에서 검정하여라.

③ 각 사람들의 평균 반응시간은 동일한가에 대하여 유의수준 5%하에서 검정하여라.

3 섬유에 대한 방수처리를 하는데 네 가지 화학약품 A, B, C, D의 효과를 비교하기 위하여 세 가지 서로 다른 섬유로부터 각각 크기가 동일한 네 개의 조각을 잘라서 각 조각에 네 화학약품의 처리를 랜덤한 순서로 가한 후 물을 붓고 5분 후에 측정한 습도가 다음과 같았다.

섬유	화학약품			
	A	B	C	D
1	10.1	11.4	9.9	12.1
2	12.2	12.9	12.3	13.4
3	11.9	12.7	11.4	11.4

① ANOVA표를 작성하여라.

② 각 화학약품의 효과가 동일한가를 유의수준 5%하에서 검정하여라.

③ 섬유의 종류에 따라 방수효과가 다르다고 할 수 있는가를 유의수준 5%하에서 검정하여라.

4 어느 제과점에서 선반에 빵을 진열하는데, 진열하는 높이와 선반 사이의 폭에 따라 고객들의 빵의 선택 여부가 영향을 받는지를 실험하여 다음의 결과를 얻었다. 선반의 높이를 3가지(바닥, 중간, 꼭대기)로 하고, 선반의 폭을 2가지(보통, 넓게)로 하여 지리적으로 비슷한 곳에 있는 12개의 제과점을 2개씩 각각의 경우에 임의로 할당하였다.

높이 \ 폭	보통 폭	넓은 폭
바닥	47 43	46 40
중간	62 68	67 71
꼭대기	41 39	42 46

① ANOVA표를 작성하여라.

② 두 높이와 폭 간의 교호작용은 존재하는가? 유의수준 5%하에서 검정하여라.

③ 높이와 폭에 따라서 빵의 선택에 차이가 있는가? 유의수준 5%하에서 검정하여라.

11장

범주형 자료분석

우리가 문제로 하는 어떤 특성은 그에 영향을 주는 몇 개의 인자(factor)에 의하여 좌우됨을 알 수 있다. 이를테면 공업생산에 있어서 제품의 생산량(특성)은 기계, 원자재, 기술자의 작업능력, 작업환경 등의 인자에 의하여 좌우된다. 이와 같은 경우에 문제로 하는 특성이 어느 인자에 의하여 가장 큰 영향을 받고 있는가를 명백히 하고, 그 인자를 어떻게 제어하면 그 특성이 최적이 되는가의 조건을 제시하는 것은 매우 중요한 일이다. 그런데 이와 같은 문제에 대한 해법으로, 특성이 개개의 인자에 의하여 각각 어떻게 변하는가(이 경우 문제로 하는 인자 이외의 인자의 영향은 일정하게 두고)를 조사하는 종래의 방법을 취하였다. 그러나 이와 같은 방법은 자연과학의 경우조차도 그것이 때로는 대규모의 실험이 되어 경제적으로 실행할 수 없거나, 하더라도 그 실험결과의 현장에서의 재현성 등의 실용성이 현저히 떨어지는 결점이 있다.

한편 사회과학의 경우, 예를 들면 경제현상에서는 많은 자료가 시계열로 주어지기 때문에 문제로 하는 인자 이외의 인자의 영향을 일정하게 두고 실험을 반복한다는 것은 불가능한 일이다. 왜냐하면 관측된 시계열자료는 과거의 일회뿐인 역사적인 것이어서 그것을 그대로 재현하는 것은 불가능하기 때문이다. 이와 같이 사회과학의 경우에도 종래의 방법으로는 요인분석의 재현성이 현저히 나쁘다고 할 수 있다.

이러한 이유로 자연과학 분야에서 종래의 분석방법의 결점을 보완하여 고안한 실험방법이 실험계획법(method of experimental design)이고, 이것을 위하여 이용되는 분석방법이 분산분석법(ANalysis Of VAriance: ANOVA)이다. 이 방법은 실험의 결과 관측된 변동량을 분산개념으로 파악한 다음, 이러한 분산이 각 특성에 영향을 미치는 요인에 기인하는 부분과 우연히 발생되었다고 볼 수 있는 부분으로 구분하여 비교함으로써 각 요인의 영향력 유무에 관한 판정을 시도하는 기법이라고 할 수 있다. 1919년에 영국의 R. A. Fisher가 발표한 이론은 오늘날 사회, 경영, 경제관계의 여러 가지 조사의 설계 및 그 결과의 유력한 분석수단으로 널리 이용되고 있다.

7장에서 설명했던 가설검정절차를 적용하여 표본이 둘 이상일 때의 비교검정의 기법을 자세히 알아보고, 또한 하나의 모집단에서 하나의 표본을 추출했을 때 이를 여러 개의 종류로 나누었을 때의 상황에 대한 검정기법을 살펴보기로 한다.

11.1 범주형 자료

변수가 취할 수 있는 값이 범주(category)로 주어지는 경우에 그 변수를 **범주형 변수**(categorical variable)라고 하며, 범주형 자료(categorical data)란 범주형 변수들로 이루어진 자료이다. 즉 자료 집합이 범주들에 대한 도수(frequency counts)로 구성될 수 있도록 측정값들이 범주에 따라 분류된다. 그러한 자료들은 질적(qualitative) 변수들을 다루는 모든 분야, 특히 사회과학 분야에서 흔히 나타난다. 종교 선호도의 연구에서 사람들은 불교, 기독교, 천주교 등으로 분류되고 직장에 대한 만족도 조사에서 고용된 사람들은 만족, 보통, 불만 등으로, 또한 공장에서 생산된 제조품에 대해서는 합격품, 약간 불량, 불량품 등으로 분류될 수 있다. 이 모든 예에서 각각의 범주는 질적인 특징에 의해 정의되며, 또한 수치의 측도를 갖는 측정값의 어느 특정한 범위에 의해 정의될 수도 있다. 이를테면 연봉이 액수에 따라 많음, 보통, 적음과 같이 분류될 수 있듯이. 이 생각을 좀 더 발전시키면, 계급구간으로 나누어진 측정값들의 빈도수 분포는 계급구간들이 범주로 정의된 범주형 자료의 형태로 보여줄 수 있다.

가장 간단한 범주형 자료의 형태는 어느 특정한 성질을 가지고 있는지 없는지에 따라 정의되는 오직 두 가지의 범주를 갖는 경우이다. 이러한 자료의 모형으로 이항분포가 갖는 역할과 관련된 통계적 추론은 앞장에서 이미 다루었다. 이 장에서는 여러 개의 범주를 갖는 자료를 연구하기 위해서 사용되는 방법을 찾아보는 것이다. 예를 들면, S 전자회사의 세탁기가 5종류의 색으로 팔리고, 마케팅팀은 여러 색의 인기도를 조사하려 한다. [표 11.1]에는 최근 판매된 세탁기 중에 무작위로 추출된 300대의 세탁기의 색에 따른 도수가 주어져 있다. 첫 번째 단계로 마케팅팀은 모든 5종류의 색의 세탁기가 똑같은 인기가 있다는 가설을 검정하고 싶을지 모른다.

표 11.1 S사 세탁기의 판매 자료

색깔	빨강	파랑	노랑	베이지	흰색	합계
팔린 개수	52	40	65	88	55	300

이와 같이 모집단이나 측정결과를 어떤 범주에 따라 분류시켜 도수로 주어지는 자료를 이용한 통계적 추론방법을 **범주형 자료분석**(analysis of categorical data)이라 한다.

이러한 분석의 대표적인 경우로는 관측결과가 특정한 분포로부터의 관측값인지를 검정하는 (1) **적합도 검정**(test for goodness of fit)이 있고, 분포의 동일성을 검정하는 (2) **동일성 검정**이 있다. 또한 교육수준과 결혼생활의 관계를 조사하는 경우처럼 두 인자(factor) 간에 원인관계가 있는지를 검정하는 (3) **독립성 검정**(test of independence) 그리고 몇 개의 모집단이 분석하고자 하는 문제의 특성에 대하여 동질성을 갖는지를 검정하는 (4) **동질성 검정**(test of homogeneity)이 있다.

위의 각 검정을 필요로 하는 실제 예들은 일반적인 특성을 가지고 있는데, 하나는 앞에서 얘기한 바와 같이 원래 자료들의 도수로 구성되어 있으며, 또 하나는 어떤 명시된 가설하에서 관찰도수(observed frequency)에 비교될 수 있는 기대도수(expected frequency)가 존재한다는 것이다. 그리고 위의 각 검정방법에 있어서 문제의 핵심은 기대도수를 야기시키는 이런 가정이 과연 어떤 타당성을 갖는지 혹은 갖지 않는지를 판정할 만큼 기대도수와 관찰도수 사이의 차이가 실제로 존재하는가의 여부를 분석하는 것이다.

11.2 다항실험

각 시행에서 일어나는 가능한 결과가 2개뿐인 실험을 이항실험(binomial experiment)이라 하며, 다항실험(multinomial experiment)은 각 시행에서 가능한 결과가 2개 이상인 실험을 말한다. 이항실험은 다항실험으로 확장할 수 있다. 이항실험과 다항실험은 출현 가능한 결과의 수를 제외하고는 기본적으로 같은 성질을 갖는다.

(1) 각 시행의 결과는 $1, 2, \cdots, k$라는 번호가 붙은 k개의 서로 배반인 범주(또는 부류, 또는 칸) 중 어느 하나에 속한다.

(2) 한 시행의 결과가 i 번째 범주에 속할 확률은 p_i, $i=1, 2, \cdots, k$이고 $\sum_{i=1}^{k} p_i = 1$

이다. 이 범주의 확률들은 모든 시행에서 항상 일정하다.

(3) 각 시행들은 서로 독립이다.

$k=2$ 인 경우에는 Bernoulli 시행과 일치한다. 다항실험의 자료구조는 다음과 같다.

표 11.2 다항실험의 자료구조

범주(칸)	1	2	$\cdots$	k	합계
확률	p_1	p_2	$\cdots$	p_k	1
n 시행의 도수	x_1	x_2	$\cdots$	x_k	n

일반적으로 어떤 시행에서 가능한 결과가 서로 배반인 k개의 사상 $E_1,\ E_2,\ \cdots, E_k$로 나타난다고 하고, 그 각각의 확률을 $p_1, p_2, \cdots, p_k$라 하면 $p_1+p_2+\cdots+p_k=1$이 성립한다. 이와 같은 시행을 n회 반복했을 때, 그 중에서 사상 E_1은 x_1회, E_2는 x_2회, $\cdots$, E_k는 x_k회 나타나면 $x_1+x_2+\cdots+x_k=n$ 이다. 이때 일어날 수 있는 모든 경우의 수를

$$\binom{n}{x_1, x_2, \cdots, x_k} = \frac{n!}{x_1!\, x_2! \cdots x_k!}$$

와 같이 나타낸다. 이때 다항분포(multinomial distribution)를 다음과 같이 정의한다.

정의 11-1 다항분포

한 시행의 결과가 k개의 배반인 사상 $E_1,\ E_2,\ \cdots, E_k$로 일어나고 그 확률의 각각이 $p_1, p_2, \cdots, p_k$일 때 그 시행을 n회 반복 시행할 경우 $E_1,\ E_2,\ \cdots,\ E_k$가 나타나는 회수를 $X_1, X_2, \cdots, X_k$라고 하자. 그러면 확률변수 $X_1,\ X_2,\ \cdots,\ X_k$의 확률함수는 다음과 같다.

$$P(x_1,\ x_2,\ \cdots,\ x_k) = \binom{n}{x_1, x_2, \cdots, x_k} p_1^{x_1} p_2^{x_2} \cdots\ p_k^{x_k}$$

단, $\sum x_i = n$, $\sum p_i = 1$. 특히, $\binom{n}{x_1,\ x_2,\ \cdots,\ x_k}$를 다항계수(multinomial coefficient)라 한다.

NOTE

다항식 $(p_1 + p_2 + \cdots + p_k)^n$은 다음과 같이 전개된다.

$$(p_1 + p_2 + \cdots + p_k)^n = \sum \binom{n}{x_1, x_2, \cdots, x_k} p_1^{x_1} p_2^{x_2} \cdots\ p_k^{x_k}$$

그러므로 위에서 정의한 다항분포가 확률함수의 조건을 만족함을 알 수 있다.

예제 11.1

두 개의 주사위를 동시에 6회 던졌다. 그 합이 7 또는 11이 되는 사상이 2회 일어나고, 눈이 같은 사상이 1회 일어나며, 그 밖의 사상이 3회 일어나는 확률을 구하여라.

풀이 다음과 같은 3개의 배반사상으로 분류한다.

E_1 : 눈의 합이 7 또는 11이 되는 경우

E_2 : 같은 눈이 일어나는 경우

E_3 : E_1, E_2가 아닌 그 밖의 경우

이들 사상 E_1, E_2, E_3의 확률을 구하면 다음과 같다.

$$p_1 = P(E_1) = \frac{2}{9},\ p_2 = P(E_2) = \frac{1}{6},\ p_3 = P(E_3) = \frac{11}{18}$$

다항분포를 이용하면, $x_1 = 2$, $x_2 = 1$, $x_3 = 3$인 확률은 다음과 같다.

$$P(2,\ 1,\ 3) = \binom{6}{2,\ 1,\ 3} \left(\frac{2}{9}\right)^2 \left(\frac{1}{6}\right) \left(\frac{11}{18}\right)^3$$

$$= \frac{6!}{2!1!3!} \times \frac{2^2}{9^2} \times \frac{1}{6} \times \frac{11^3}{18^3} = 0.1127$$

하나의 모집단 비율과 두 모집단의 비율에 대한 가설검정 방법들은 7장에서 각각 논의하였다. 그러나 실제 상황하에서는 셋 이상의 모비율에 대한 가설검정이 필요할 경우가 종종 있다. 이를 위하여 다음을 생각하자.

크기 m인 무작위 표본을 적당히 k개의 계급으로 나누고, 그 각 계급을 $C_1, C_2, \cdots, C_k$, 또 이들 각 계급에 속하는 도수를 각각 $f_1, f_2, \cdots, f_k$라 하면

$$f_1 + f_2 + \cdots + f_k = m$$

이다. 지금 이 표본이 속하는 모집단으로부터 하나의 표본을 추출할 때 그 모수가 기지이면 그 표본이 C_i계급에 속하는 확률을 $P(C_i) = p_i$라 할 때

$$\sum_{i=1}^{k} p_i = 1$$

이 되며, m을 일정하게 하면 무작위 표본이 $f_1, f_2, \cdots, f_k$으로 되는 확률분포는 앞에서 말한 다항분포에 의하여

$$P(f_1, f_2, \cdots, f_k) = \frac{m!}{f_1! f_2! \cdots f_k!} p_1^{f_1} p_2^{f_2} \cdots p_k^{f_k}$$

으로 계산된다. 이때 C_i 계급의 이론적 도수를 특히 기대도수(expected frequency)라 하고 기호 F_i로 나타내자. 따라서

$$F_i = m p_i$$

이다. 그러므로 각 계급의 기대도수의 합계는

$$\sum F_i = m \sum p_i = m$$

이 된다. 이것을 표로 나타내면 다음과 같다.

표 11.3 관찰도수와 기대도수와의 관계

계급	C_1	C_2	$\cdots$	C_k	합계
관찰도수(f)	f_1	f_2	$\cdots$	f_k	m
기대도수(F)	mp_1	mp_2	$\cdots$	mp_k	m

지금 [표 11.3]로부터 다음 식

$$\chi^2 = \sum_{i=1}^{k} \frac{(f_i - mp_i)^2}{mp_i} = \sum_{i=1}^{k} \frac{(f_i - F_i)^2}{F_i}$$

을 계산하면 이것은 관찰도수와 기대도수와의 차의 제곱의 기대도수와의 비율이므로 관찰도수의 기대도수에 대한 **적합도**(goodness of fit)를 알 수 있는 측도가 된다. 이 값은 표본마다 변하는 확률변수로서 그 분포가 근사적으로 자유도 $k-1$인 χ^2-분포를 이룬다는 것이 K. Pearson에 의하여 입증되었다. 따라서 χ^2-분포를 이용하여 관찰도수(관찰분포)의 기대도수(기대분포)에 대한 **적합도 검정**(test for goodness of fit)이 다음과 같이 이루어질 수 있다.

*** 관찰도수의 기대도수에 대한 적합도 검정의 순서**

(1) H_0 : 관찰도수와 기대도수의 차이가 없다(즉, 관찰도수는 기대도수에 적합하다).
H_1 : 관찰도수와 기대도수의 차이가 있다.

(2) 관찰도수 f_i 에 대한 기대도수 F_i 를 계산한다.

(3) 검정통계량(Pearson's χ^2-statistic) $\chi^2 = \sum_{i=1}^{k} \frac{(f_i - F_i)^2}{F_i}$ 을 계산한다.

(4) 유의수준 α 를 정하고, χ^2 분포표로부터 $\chi^2_\alpha(k-1)$의 값을 구한다.

(5) χ^2 와 $\chi^2_\alpha(k-1)$를 비교한다. 만약 $\chi^2 \geq \chi^2_\alpha(k-1)$ 이면 귀무가설은 기각된다. 반면, $\chi^2 \leq \chi^2_\alpha(k-1)$이면 귀무가설은 채택된다.

NOTE

이상의 과정에서 유의해야 할 것은 도수분포표의 계급 중에 도수 f_i가 5보다 작은 것이 있으면 그 계급을 다른 계급과 합쳐서 도수가 5 이상이 되도록 하여야 χ^2-분포검정을 이용할 수 있다.

NOTE

한편 자유도가 $\nu > 30$ 일 때에는 χ^2 의 값을 다음의 식

$$Z = \sqrt{2\chi^2} - \sqrt{2\nu - 1}$$

에 의하여 Z 변환을 하고 정규분포검정을 할 수 있다.

예제 11.2

240명에 대하여 여론조사를 실시하여 다음의 결과를 얻었다. 찬성, 반대의 인원수에 대하여 차가 있다고 할 수 있는가?

찬성	반대	무관심	합계
95	62	83	240

풀이 찬반의 인원수에 차가 없다는 가설을 세워서 기대도수를 계산하고, 그 기대도수 분포에 관찰도수분포가 적합하다고 하는 적합도 검정을 하면 된다.

(1) H_0 : 찬반의 인원수에 차가 없다.

(2) 찬반의 인원수에 차가 없다고 하면 찬성자, 반대자, 무관심자의 각 계급(칸)에 대 한 확률은 모두 같게 $p_i = \frac{1}{3}$ 이므로 각 계급(칸)의 기대도수도 모두 같은

$$F_i = mp_i = 240 \times \frac{1}{3} = 80$$

이 된다.

(3) 다음 표에 의하여 χ^2 을 계산한다.

범주	관찰도수(f)	기대도수(F)	$f-F$	$(f-F)^2$	$(f-F)^2/F$
찬성	95	80	15	225	2.8125
반대	62	80	−18	324	4.05
무관심	83	80	3	9	0.1125
합계	240	240			6.975

$$\chi^2 = \sum_{i=1}^{k} \frac{(f_i - F_i)^2}{F_i} = 6.975$$

(4) 자유도 ν를 계산한다. 기대도수 F를 계산하는데 통계량으로서 총도수를 한 번 썼으므로 $d=1$이고, 계급수는 $k=3$이므로 $\nu=k-d=3-1=2$이다.

(5) 유의수준 $\alpha=0.05$로 하면 자유도 $\nu=2$일 때 $\chi^2_{0.05}(2)=5.991$이다.

(6) χ^2과 $\chi^2_{0.05}(2)$를 비교하면 $\chi^2=6.975>5.991=\chi^2_{0.05}(2)$이므로 귀무가설을 기각하게 된다. 찬반의 인원수에 차이가 있다고 할 수 있다.

R 시연

```
X <- c(A = 95, B = 62, C = 83)
X
Xsq <- chisq.test(X)    #또는    Xsq <- chisq.test(as.table(X))
Xsq
names(Xsq)
Xsq$observed                # 관찰도수
Xsq$expected                # 귀무 가설하에서의 기대 도수
Xsq$residuals               # Pearson's 잔차
Xsq$statistic
sum(Xsq$residuals^2)        # 검정 통계량 값
Xsq$stdres                  # 표준화 잔차
```

예제 11.3

S 전자회사의 세탁기 H 모델이 6종류의 색깔로 팔리고 있다. 이 회사의 마케팅팀이 주장하는 소비자의 선호색깔은 빨강(R) 30%, 흰색(W) 10%, 초록(G) 15%, 파랑(B) 25%, 브라운(BR) 5%, 노랑(Y) 15%라고 한다. 무작위로 선택된 소비자 200명에 대한 조사결과가 다음과 같다. 유의수준 $\alpha=0.01$로 이 마케팅팀의 주장이 옳은지를 검정하여라.

색깔	R	W	G	B	BR	Y	합계
인원수	64	14	38	49	6	29	200

풀이 (1) H_0 : S사의 마케팅팀의 주장이 맞다.

H_1 : S사의 마케팅팀의 주장이 틀리다.

(2) H_0에 의해 각 색깔에 대한 확률은

$p_1 = 0.30,\ p_2 = 0.10,\ p_3 = 0.15,\ p_4 = 0.25,\ p_5 = 0.05,\ p_6 = 0.15$

이므로 각 칸의 기대도수는 $F_i = mp_i$에 의해, $m = 200$이므로

$200 \times 0.30,\ 200 \times 0.10,\ \cdots,\ 200 \times 0.15$ 이다.

(3) 검정통계량을 위한 계산은 다음 표에 의한다.

계급(칸)	R	W	G	B	BR	Y	합계
관찰도수(f)	64	14	38	49	6	29	200
H_0하의 확률	0.3	0.1	0.15	0.25	0.05	0.15	1.0
기대도수(F)	60	20	30	50	10	30	200
$(f-F)^2/F$	16/60	36/20	64/30	1/50	16/10	1/30	1756/300

따라서 $\chi^2 = \sum \dfrac{(f-F)^2}{F} = \dfrac{1756}{300} \simeq 5.853$이다.

(4) 자유도 $\nu = 5$.

(5) 유의수준 $\alpha = 0.01$이므로 [부록]의 χ^2 −분포표에 의하여

$\chi^2_{0.01}(5) = 15.086$이 된다.

(6) $\chi^2 = 5.853 < 15.086 = \chi^2_{0.01}(5)$이므로 H_0는 채택된다. 따라서 유의수준 0.01하에서, 주어진 표본자료의 분석결과는 S사의 마케팅팀의 주장을 기각할만한 충분한 증거가 없다.

R 시연

```
X <- c(R= 64, W= 14, G=38, B=49, BR=6, Y=29)
Prob <- c(30, 10, 15, 25, 5, 15)
chisq.test(X, p= Prob, rescale.p= TRUE)
#또는  chisq.test(as.table(X), p= Prob, rescale.p= TRUE)
```

예제 11.4

주사위를 150번 던진 결과 다음과 같은 결과를 얻었다고 할 때, 주사위는 공정한 주사위라고 할 수 있는가? 유의수준 0.05를 사용하여라.

나타난 눈(X)	1	2	3	4	5	6
관찰도수(f)	22	21	22	27	22	36

풀이 (1) H_0 : 주사위는 공정하다.

H_1 : 주사위는 공정하지 못하다.

(2) H_0 에 의해 각 눈이 나올 확률은 모두 $\frac{1}{6}$ 이므로 각 칸의 기대도수는 $F_i = mp_i$ 에 의해, $m = 150$ 이므로 $150 \times \frac{1}{6} = 25$ 이다.

(3) 검정통계량을 위한 계산은 다음 표에 의한다.

계급(칸)	1	2	3	4	5	6	합계
관찰도수(f)	22	21	22	27	22	36	150
H_0하의 확률	$\frac{1}{6}$	$\frac{1}{6}$	$\frac{1}{6}$	$\frac{1}{6}$	$\frac{1}{6}$	$\frac{1}{6}$	1.0
기대도수(F)	25	25	25	25	25	25	150
$(f-F)^2/F$	9/25	16/25	9/25	4/25	9/25	121/25	168/25

따라서 $\chi^2 = \sum \frac{(f-F)^2}{F} = \frac{168}{25} \simeq 6.72$ 이다.

(4) 자유도 $\nu = 5$.

(5) 유의수준 $\alpha = 0.05$ 이므로 [부록]의 χ^2 -분포표에 의하여 $\chi^2_{0.05}(5) = 11.070$ 이 된다.

(6) $\chi^2 = 6.72 < 11.070 = \chi^2_{0.05}(5)$ 이므로 H_0 는 채택된다. 따라서 주어진 실험결과 주사위는 공정하다고 할 수 있다.

R 시연

```
X <- c(22, 21, 22, 27, 22, 36)
Prob <- c(1, 1, 1, 1, 1, 1)
chisq.test(X, p= Prob, rescale.p= TRUE)
#또는  chisq.test(as.table(X), p= Prob, rescale.p= TRUE)
```

NOTE

> 실제 $p-value=0.2423$로 구할 수 있다(통계처리 프로그램 이용). 이 $p-value$는 주사위는 공정하다는 귀무가설 $H_0: p_i=\frac{1}{6},\ i=1,2,\cdots,6$과 주사위는 공정하지 않다는 대립가설에 대한 검정을 위한 값으로 상당히 큰 값이다. 그러므로 귀무가설을 기각할 만한 이유가 없다. 그러므로 이 주사위는 공정하다고 할 수 있다.

예제 11.5

영어의 알파벳 26개 중에서 가장 빈번하게 사용되는 알파벳 5개는 거의 다음과 같은 사용빈도를 보이고 있다.

letter	E	T	N	R	O	계
관찰도수(f)	29	21	17	17	16	100

이와 같은 사실은 암호학에서 주어진 기본적 암호코드를 분석하는 데 상당히 중요한 정보이다. 어느 책에서 위의 알파벳 5개에 대하여 사용빈도를 조사한 결과가 다음과 같았다고 하자.

letter	E	T	N	R	O
관찰도수(f)	100	110	80	55	14

그렇다면 이 책은 일반적인 알파벳의 사용빈도를 유지하였다고 할 수 있는가? 유의수준은 0.05를 사용하여라.

풀이 (1) H_0 : 일반적인 알파벳의 사용빈도를 유지하였다.

(2) H_0에 의해 각 눈이 나올 확률은 각각 0.29, 0.21, 0.17, 0.17, 0.16이므로 각 칸의 기대도수는 $F_i=mp_i$에 의해, $m=359$이므로 각각 359×0.29, 359×0.21, 359×0.17, 359×0.17, 359×0.16이다.

(3) 검정통계량을 위한 계산은 다음 표에 의한다.

계급(칸)	E	T	N	R	O	합계
관찰도수(f)	100	110	80	55	14	359
H_0하의 확률	0.29	0.21	0.17	0.17	0.16	1
기대도수(F)	104.11	75.39	61.03	61.03	57.44	359
$(f-F)^2/F$	0.16	15.89	5.9	0.6	32.85	55.4

(4) 자유도 $\nu = 4$.

(5) 유의수준 $\alpha = 0.05$ 이므로 [부록]의 χ^2 − 분포표에 의하면, $\chi^2_{0.05}(4) = 9.488$이 된다.

(6) $\chi^2 = 55.4 > 9.488 = \chi^2_{0.05}(4)$이므로 H_0는 기각하게 된다. 이 책에서는 일반적인 사용빈도를 보이고 있다고 할 수 없다.

R 시연

```
X <- c(100, 110, 80, 55, 14)
Prob <- c(29, 21, 17, 17, 16)
chisq.test(X, p= Prob, rescale.p= TRUE)
#또는  chisq.test(as.table(X), p= Prob, rescale.p= TRUE)
```

연습문제 24

1 하나의 주사위를 60회 던져서 나온 눈의 관찰도수를 조사하여 다음 표를 얻었다. 이 주사위는 정상인가? (유의수준 $\alpha = 0.01$)

나타난 눈(X)	1	2	3	4	5	6
관찰도수(f)	12	7	7	12	10	12

2 A, B, C 세 개의 문이 있을 때 쥐들이 한 마리씩 이 세 개의 문 중 하나의 문을 통과하는 실험을 90번 시도했을 때 A문을 23, B문을 36, C문을 31번 통과했다. 쥐들의 문을 택하는 선호도는 세 개의 문에 대하여 동일하다고 볼 수 있는가? 유의수준 $\alpha = 0.05$ 으로 검정하여라.

3 지난 몇 년간 통계학 과목의 학점분포가 A: 8%, B: 17%, C: 45%, D: 22%, F: 8%였다. 이번 학기부터 시험문제 형식을 바꾸어 50명의 학생에게 적용한 결과, A: 10명, B: 20명, C: 10명, D: 5명, F: 5명이었다. 유의수준 $\alpha = 0.05$ 일 때, 새로

운 시험문제 형식과 기존의 시험문제 형식을 학생들에게 적용했을 때 학점을 받는 데 차이가 없는지를 검정하여라.

11.3 분할표

앞 절에서는 얻어진 표본의 자료를 k개의 범주로 나누어 분류한 것을 보았는데, 여기서는 이를 더욱 세분하여 또 하나의 다른 범주를 생각하여 분류하는 것을 보자. 두 분류기준에 있어서 하나의 기준이 다른 하나의 기준에 전혀 영향을 미치지 않는다면 이 두 분류기준은 서로 독립적이라고 한다. 만약 이 두 분류기준이 서로 독립적이 아니면 이들 사이에는 어떤 연관성이 있는 것으로 본다.

예를 들어, 이 두 분류기준을 TV의 크기와 성별이라고 한다면, TV 크기의 선호도가 남녀에 따라 다르게 나타나는가 하는 문제를 생각해 보자. 만약 어떤 사람이 남자인지 여자인지를 알고 있다는 사실이 그가 선호하는 TV의 크기를 예측하는 데 아무런 도움이 되지 않는다면 혹은 그가 택한 TV의 크기를 알고 있다는 사실에서 그 사람이 여자인지 남자인지를 TV의 크기만 보고 알 수 없다면 이 두 분류기준은 서로 독립적이라고 본다.

두 분류기준을 각각 A, B라 하고, A는 r개의 범주 $A_1, A_2, \cdots, A_r$으로, B는 c개의 범주 $B_1, B_2, \cdots, B_c$로 나누어진다고 하자. A의 범주들은 행으로 B 범주들을 열로 정리함으로써 각각의 칸은 한 개의 A 범주와 한 개의 B 범주의 교차점으로 정의된다. 크기 n인 표본의 각각의 원소들은 이 칸들 중 하나에 속하게 되고 따라서 각각의 칸에 속하는 모든 원소들의 개수를 합하여 다음과 같은 도수표를 얻는데, 이를 $r \times c$ **분할표**(contingency table)라 한다.

표 11.4 $r \times c$ 분할표

	B_1	B_2	$\cdots$	B_c	합계
A_1	n_{11}	n_{12}	$\cdots$	n_{1c}	n_{10}
A_2	n_{21}	n_{22}	$\cdots$	n_{2c}	n_{20}
			$\vdots$		

	B_1	B_2	$\cdots$	B_c	합계
$\vdots$	$\vdots$	$\vdots$		$\vdots$	$\vdots$
A_r	n_{r1}	n_{r2}	$\cdots$	n_{rc}	n_{r0}
합계	n_{01}	n_{02}	$\cdots$	n_{0c}	n

여기서, $n_{ij} = A_iB_j$의 도수

$n_{i0} = A_i$의 도수 또는 i번째 행의 합계

$n_{0j} = B_j$의 도수 또는 j번째 열의 합계

를 나타낸다.

전체 모집단을 두 분류기준으로 분류할 때에 미지의 칸 확률은 다음과 같다.

표 11.5 $r \times c$ **분할표의 확률**

	B_1	B_2	$\cdots$	B_c	합계
A_1	p_{11}	p_{12}	$\cdots$	p_{1c}	p_{10}
A_2	p_{21}	p_{22}	$\cdots$	p_{2c}	p_{20}
$\vdots$	$\vdots$	$\vdots$	$\vdots$	$\vdots$	$\cdots$
A_r	p_{r1}	p_{r2}	$\cdots$	p_{rc}	p_{r0}
합계	p_{01}	p_{02}	$\cdots$	p_{0c}	1

여기서, $p_{ij} = P(A_iB_j)$: A_i와 B_j에 동시에 속하는 확률

$p_{i0} = P(A_i)$: A_i에 속하는 확률(즉, i번째 행 A_i가 일어날 확률)

$p_{0j} = P(B_j)$: B_j에 속하는 확률(즉, j번째 행 B_j가 일어날 확률)

이다.

우리는 두 개의 범주형 변수 A와 B가 서로 독립이라는 귀무가설을 검정하는 데 관심이 있다. χ^2 −분포는 모집단에 있어서 두 분류기준이 서로 독립(또는 무상관)이라는 귀무가설을 검정하는 데 가장 많이 쓰인다. 그런데 두 분류기준이 서로 독립이라면

$$P(A_iB_j) = P(A_i)P(B_j),\ i = 1, 2, \cdots, r,\ j = 1, 2, \cdots, c$$

가 성립하여야 한다.

따라서 독립성 여부의 검정에 관한 귀무가설은,

$$H_0 : P(A_i B_j) = P(A_i) P(B_j), \ i = 1, 2, \cdots, r, \quad j = 1, 2, \cdots, c$$

즉,

$$H_0 : \ p_{ij} = p_{i0}\, p_{0j}, \ i = 1, 2, \cdots, r, \quad j = 1, 2, \cdots, c$$

이다.

독립성 검정(test of independence)은 다음과 같은 순서로 검정한다.

(1) H_0 하에서 p_{i0} 와 p_{0j} 의 추정값을 구한다.

$$\hat{p}_{i0} = \frac{n_{i0}}{n}, \ \hat{p}_{0j} = \frac{n_{0j}}{n}$$

(2) H_0 하에서, p_{ij} 의 추정값을 구한다.

$$\widehat{p_{ij}} = \widehat{p_{i0}}\, \widehat{p_{0j}} = \frac{n_{i0}\, n_{0j}}{n^2}$$

따라서 $A_i B_j$의 추정된 기대도수는

$$E_{ij} = n\, \hat{p}_{ij} = \frac{n_{i0}\, n_{0j}}{n}$$

이 된다.

(3) 검정통계량을 구하면 다음과 같다.

$$\chi^2 = \sum_{i=1}^{r} \sum_{j=1}^{c} \frac{(n_{ij} - E_{ij})^2}{E_{ij}}$$

이 통계량은 n 이 클 때 χ^2 –분포를 한다. $\sum_{i=1}^{r} p_{i0} = 1$, $\sum_{j=1}^{c} p_{0j} = 1$ 이라는 제약 때문에 실제로 $r-1$ 개의 모수 p_{i0} 와 $c-1$ 개의 모수 p_{0j} 를 추정하였기에

자유도는

$$\nu = rc - 1 - (r-1) - (c-1) = (r-1)(c-1)$$

이다. 왜냐하면 $(r-1)$칸이 채워지면 나머지 한 칸은 자동적으로 결정되고 이와 마찬가지로 $(c-1)$칸이 채워지면 나머지 한 칸이 자동적으로 채워지기 때문이다.

(4) $\chi^2 > \chi^2_\alpha(r-1)(c-1)$이면 H_0는 기각된다.

이제 우리는 두 분류기준의 독립성에 대한 χ^2 –분포검정의 예를 통하여 실제로 분석해 보기로 하자.

예제 11.6

75명에 대하여 성별과 취업상황을 조사한 결과가 다음의 2×3 분할표와 같다.

	미취업	취업	조건부취업	합계(행)
남성	8	11	16	35
여성	18	10	12	40
합계(열)	26	21	28	75

성별과 취업상황은 서로 독립인가를 유의수준 $\alpha = 0.05$에서 검정하여라.

풀이 H_0 : 성별과 취업상황은 서로 독립이다.

H_1 : H_0가 아니다.

위의 표에서 B_1 : 미취업자 B_2 : 취업자 B_3 : 조건부 취업자

A_1 : 남성 A_2 : 여성

이라 하면

$$P(A_1) = \frac{35}{75},\ P(A_2) = \frac{40}{75},$$

$$P(B_1) = \frac{26}{75},\ P(B_2) = \frac{21}{75},\ P(B_3) = \frac{28}{75}$$

성별과 취업상황이 서로 독립적이라면

$$P(A_1 B_1) = P(A_1)P(B_1) = \frac{35}{75} \times \frac{26}{75}$$

$$P(A_1 B_2) = P(A_1)P(B_2) = \frac{35}{75} \times \frac{21}{75}$$

$$P(A_1 B_3) = P(A_1)P(B_3) = \frac{35}{75} \times \frac{28}{75}$$

$$P(A_2 B_1) = P(A_2)P(B_1) = \frac{40}{75} \times \frac{26}{75}$$

$$P(A_2 B_2) = P(A_2)P(B_2) = \frac{40}{75} \times \frac{21}{75}$$

$$P(A_2 B_3) = P(A_2)P(B_3) = \frac{40}{75} \times \frac{28}{75}$$

이어야 한다.

분할표에서 $A_i B_j$ 의 추정된 기대도수는 E_{ij} 는

$$E_{ij} = \frac{n_{i0}\, n_{0j}}{n} \quad \leftarrow \text{기대도수} = \frac{\text{행의 합} \times \text{열의 합}}{\text{표본의 크기}}$$

이므로

$$E_{11} = \frac{n_{10} n_{01}}{n} = \frac{35 \times 26}{75} = 12.13$$

$$E_{21} = \frac{n_{20} n_{01}}{n} = \frac{40 \times 26}{75} = 13.87$$

$$E_{12} = \frac{n_{10} n_{02}}{n} = \frac{35 \times 21}{75} = 9.8$$

$$\vdots$$

$$E_{23} = \frac{n_{20} n_{03}}{n} = \frac{40 \times 28}{75} = 14.93$$

이다. 이들 자료로부터 분할표를 다시 정리하면 다음과 같다. 괄호 안은 기대도수를 나타낸다.

	미취업	취업	조건부취업	합계(행)
남성	8(12.13)	11(9.8)	16(13.07)	35
여성	18(13.87)	10(11.2)	12(14.93)	40
합계(열)	26	21	28	75

* 행과 열의 합계를 주변도수(marginal frequencies)라고도 한다.

다음으로 검정통계량 χ^2의 값을 계산하면

$$\chi^2 = \sum_{i=1}^{r} \sum_{j=1}^{c} \frac{(n_{ij} - E_{ij})^2}{E_{ij}}$$

에서

$$\chi^2 = \frac{(8-12.13)^2}{12.13} + \frac{(11-9.8)^2}{9.8} + \frac{(16-13.07)^2}{13.07} + \frac{(18-13.87)^2}{13.87}$$
$$+ \frac{(10-11.2)^2}{11.2} + \frac{(12-14.93)^2}{14.93} \simeq 4.144$$

이고, 자유도 ν는 $\nu = (r-1)(c-1) = (2-1)(3-1) = 2$이다.
유의수준 $\alpha = 0.05$인 경우, [부록]의 χ^2-분포표에서 $\chi^2_{0.05}(2) = 5.991$이다. 따라서

$$\chi^2 = 4.144 < 5.991 = \chi^2_{0.05}(2)$$

이므로 귀무가설 H_0는 채택된다. 즉 성별과 취업상황 서로 연관성이 없다고 결론을 내릴 수 있다.

R 시연

```
Job = matrix( c(8, 18, 11, 10, 16, 12), nrow=2,
              dimnames= list( "시행" = c("Male", "Female"),
                              "결과" = c("Unemploy", "Employ", "Condemploy")))
Job
Chisqt.test <- chisq.test(Job)
Chisqt.test
```

```
names(Chisqt.test)

Chisqt.test$statistic
Chisqt.test$observed
Chisqt.test$expected
```

예제 11.7

다음은 안전띠를 착용했을 경우와 착용하지 않았을 때의 부상정도에 대한 조사자료이다. 안전띠의 착용여부가 부상 정도에 영향을 주는지 알아보기로 하자. 즉, 안전띠의 착용여부는 부상 정도와는 무관한 독립적인지를 유의수준 0.05를 사용하여라.

	부상 정도				합계(행)
	부상 없음	경상	중경상	중상	
안전띠 착용	12,813	647	359	42	13,861
안전띠 미착용	65,963	4,000	2,642	303	72,908
합계(열)	78,776	4647	3001	345	86,769

풀이 H_0 : 안전띠의 착용여부는 부상 정도와는 무관하다.

위의 표에서 B_1: 부상없음 B_2: 경상 B_3: 중경상 B_4: 중상

A_1: 안전띠 착용 A_2: 안전띠 미착용

이라 하면

$$P(A_1) = \frac{13861}{86769}, \quad P(A_2) = \frac{72908}{86769}$$

$$P(B_1) = \frac{78776}{86769}, \quad P(B_2) = \frac{4647}{86769}, \quad P(B_3) = \frac{3001}{86769,} \quad P(B_4) = \frac{345}{86769}$$

안전띠 착용여부와 부상 정도가 서로 독립적이라면 다음이 성립하여야 한다.

$$P(A_i B_j) = P(A_i) P(B_j), \quad i = 1,2, j = 1,2,3,4$$

분할표에서 $A_i B_j$ 의 추정된 기대도수는 E_{ij} 는

$$E_{ij} = \frac{n_{i0}\, n_{0j}}{n} \leftarrow \text{기대도수} = \frac{\text{행의 합} \times \text{열의 합}}{\text{표본의 크기}}$$

이므로

$$E_{11} = \frac{n_{10}n_{01}}{n} = \frac{13861 \times 78776}{86769} = 12584.15$$

$$E_{21} = \frac{n_{20}n_{01}}{n} = \frac{72908 \times 78776}{86769} = 66191.85$$

$$E_{12} = \frac{n_{10}n_{02}}{n} = \frac{13861 \times 4647}{86769} = 742.34$$

$$\vdots$$

$$E_{24} = \frac{n_{20}n_{04}}{n} = \frac{72908 \times 345}{86769} = 289.89$$

이다. 이들 자료로부터 분할표를 다시 정리하면 다음과 같다. 괄호 안은 기대도수를 나타낸다.

구분	부상 정도				합계
	부상 없음	경상	중경상	중상	
안전띠 착용	12,813 (12584.15)	647 (742.34)	359 (479.4)	42 (55.11)	13,861
안전띠 미착용	65,963 (66191.85)	4,000 (3904.66)	2,642 (2521.6)	303 (289.89)	72,908
합계(열)	78,776	4,647	3,001	345	86,769

위의 표를 이용한 검정통계량 χ^2의 값은

$$\chi^2 = \sum_{i=1}^{r} \sum_{j=1}^{c} \frac{(n_{ij} - E_{ij})^2}{E_{ij}} = 59.22$$

이고, 자유도 ν는 $\nu = (r-1)(c-1) = (2-1)(4-1) = 3$이다.

유의수준 $\alpha = 0.05$인 경우, 부록의 χ^2 −분포표에서 $\chi^2_{0.05}(3) = 7.815$이다.

따라서

$$\chi^2 = 59.22 > 7.815 = \chi^2_{0.05}(3)$$

이므로 귀무가설 H_0 는 기각되어 안전띠 착용여부와 부상 정도는 독립적이지 못하다고 할 수 있다. 즉, 안전띠 착용여부는 부상 정도에 영향을 끼친다고 볼 수 있다.

R 시연

```
Obs = matrix( c(12813, 65963, 647, 4000, 359, 2642, 42, 303), nrow= 2,
             dimnames= list( "안전벨트" = c("착용", "미착용"),
                             "부상정도" = c("부상없음", "경상", "중경상", "중상")))
Obs
Chisqt.test <- chisq.test(Obs)
Chisqt.test
names(Chisqt.test)

Chisqt.test$statistic
Chisqt.test$observed
Chisqt.test$expected
```

연습문제 25

1 다음 표는 취업자의 직업별 나이를 조사한 결과이다. 이로부터 직업과 나이는 서로 연관성이 있는지 검정하여라(단, $\alpha = 0.05$).

	공업	상업	농업	합계
20~29	42	15	0	57
30~39	25	106	2	133
40~49	18	34	23	75
50~59	4	55	47	106
합계	89	210	72	371

2 500명의 성인을 임의 추출하여 정당 선호도와 최근 경제정책의 지지도를 조사한 결과 다음의 분할표를 얻었다. 괄호 안에 있는 수는 기대도수를 나타낸다. 정당 선호도와 정책지지도는 서로 관련이 있는지를 검정하여라(단, $\alpha = 0.05$).

	지지	무관심	반대	합계
A당	138(115.14)	83(85.50)	64(84.36)	285
B당	64(86.86)	67(64.50)	84(63.64)	215
합계	202	150	148	500

3 가구 공장에서 생산되는 가구에서 발견된 309개의 흠집들을 흠집의 형태와 가구의 생산방법에 따라 분류한 자료가 다음과 같다. 이 자료로부터 결점의 형태가 제조방법과 서로 독립인지의 여부를 검정하여라. 귀무가설과 대립가설은 다음과 같이 설정할 수 있을 것이다.

H_0 : 제조방법과 결점의 형태는 서로 독립이다.

H_1 : H_0가 아니다.

여기서 유의수준은 $\alpha = 0.05$ 으로 한다. 괄호 안은 추정된 기대도수이다.

제조방법	결점의 형태				합계
	A	B	C	D	
1	15(22.51)	21(20.99)	45(38.94)	13(11.56)	94
2	26(22.99)	31(21.44)	34(39.77)	5(11.81)	96
3	33(28.50)	17(26.57)	49(49.29)	20(14.63)	119
합계	74	69	128	38	309

4 50~65세 사이의 남자 환자 중 200명을 추출하여 당뇨병과 심장병과의 연관성이 있는지 알아보기 위하여 조사한 자료가 다음과 같다. 이 자료를 이용하여 당뇨병과 심장병 사이에 연관성이 있는지를 유의수준 $\alpha = 0.05$ 로 검정하여라.

당뇨병 \ 심장병	있음	없음	합계
있음	16	20	36
없음	32	132	164
합계	48	152	200

5 특정시의 시장선거에서 어떤 입후보자가 그의 인기도를 알아보기 위해 지역별로 조사하였다. 그 입후보자의 인기도가 지역과 연관성이 있는지를 검정하여라. 유의수준은 $\alpha = 0.05$ 이다.

	선호	비선호	무관심
A 지역	10	20	5
B 지역	12	36	8

11.4 동일성 검정

앞 절의 독립성 검정은 크기 n인 하나의 표본이 두 종류의 범주형 변수 A_1, A_2, $\cdots$, A_r ; B_1, B_2, $\cdots$, B_c에 따라 분류하여 A_iB_j에 속하는 n_{ij}를 측정하고, 이를 확률변수로 보고 두 범주 A, B 간의 독립성 여부를 검정하였다. 만약 범주 A_1, A_2, $\cdots$, A_r을 각각 부차모집단(subpopulation) 또는 층(strata)으로 보고 각각의 층으로부터 표본의 크기가 미리 정해진 표본을 추출한다고 하자. 그러면 n_{10}, n_{20}, $\cdots$, n_{r0}은 미리 정해진 표본의 크기로서 상수이지 확률변수는 아니다. 각각의 n_{i0}를 B_1, B_2, $\cdots$, B_c의 범주에 따라서 분류하고 이를 n_{i1}, n_{i2}, $\cdots$, n_{ic}라 하면, 이들은 확률변수이며 제한조건은 $\sum_{j=1}^{c} n_{ij} = n_{i0}$이다.

A_i의 부차모집단 중에서 범주 B_j에 속하는 확률을 w_{ij}라 하자. 이 확률은 A_i가 정해진 후에 B_j에 속하는 확률로서 조건부 확률(conditional probability)이며 다음과 같이 표현된다.

$$w_{ij} = P(B_j | A_i)$$

n_{ij}와 w_{ij}에 대한 표를 작성하면 다음과 같다.

표 11.6 n_{i0}가 고정된 $r \times c$ 분할표

	B_1	B_2	$\cdots$	B_c	합계
A_1	n_{11}	n_{12}	$\cdots$	n_{1c}	n_{10}
A_2	n_{21}	n_{22}	$\cdots$	n_{2c}	n_{20}
$\vdots$	$\vdots$	$\vdots$	$\vdots$	$\vdots$	$\vdots$
A_r	n_{r1}	n_{r2}	$\cdots$	n_{rc}	n_{r0}
합계	n_{01}	n_{02}	$\cdots$	n_{0c}	n

표 11.7 각각의 부차모집단내에서의 범주 B_j의 확률 w_{ij}의 표

	B_1	B_2	$\cdots$	B_c	합계
A_1	w_{11}	w_{12}	$\cdots$	w_{1c}	1
A_2	w_{21}	w_{22}	$\cdots$	w_{2c}	1
$\vdots$	$\vdots$	$\vdots$	$\vdots$	$\vdots$	$\vdots$
A_r	w_{r1}	w_{r2}	$\cdots$	w_{rc}	1

[표 11.6]는 [표 11.4]과 모양은 같지만 [표 11.4]에서 n_{i0}은 확률변수이고, [표 11.6]의 n_{i0}은 미리 정해진 상수라는 점이 다르다. 또 [표 11.7]의 각 행에 있는 확률의 합은 1이지만 열의 합은 아무런 의미를 갖지 않는다는 것을 유의하여야 한다.

여기서 우리의 관심은 범주 B_j에 대한 확률이 각각의 부차모집단에서 모두 같은지를 결정하는 것이다.

모든 r개의 모집단에서 각각의 범주 B_j의 확률이 같다는 동일성에 관한 검정을 하기 위해서는 다음과 같이 귀무가설을 세울 수 있다.

$$H_0 \ : \ w_{1j} = w_{2j} = \cdots = w_{rj}, \ j = 1, 2, \cdots, c \qquad \text{v.s.}$$

$$H_1 \ : \ H_0 \text{가 아니다.}$$

동일성 검정(test of homogeneity)은 다음과 같은 순서로 위의 귀무가설을 검정한다.

(1) H_0하에서 범주 B_j의 확률의 추정값은 전체 표본의 크기 n에서 n_{0j}개가 범주B_j로 분류되었다는 것을 관측함으로써 추정할 수 있다. 따라서 추정된 확률은

$$\widehat{w_{1j}} = \widehat{w_{2j}} = \cdots = \widehat{w_{rj}} = \frac{n_{0j}}{n}, \ j = 1, 2, \cdots, c$$

와 같이 계산된다.

(2) H_0하에서 A_iB_j의 추정된 기대도수는

$$E_{ij} = (A_i\text{의 표본크기}) \times (\text{주어진 } A_i\text{에서 } B_j\text{에 대한 추정확률})$$

$$= n_{i0}\widehat{w_{ij}} = \frac{n_{i0}\,n_{0j}}{n}$$

이 된다.

(3) 검정통계량은 독립성의 검정통계량과 같다.

$$\chi^2 = \sum_{i=1}^{r}\sum_{j=1}^{c}\frac{(n_{ij}-E_{ij})^2}{E_{ij}}$$

이 통계량은 χ^2 분포를 한다. r 개의 부차모집단의 각각이 c 개의 칸을 가지고 χ^2 통계량에 자유도 $c-1$을 기여하여 전체 자유도 $r(c-1)$인데 여기서 추정된 모수의 수만큼 감해야 한다. c 개의 열 확률을 추정했고, 그들의 합이 1이기 때문에 추정된 모수의 수는 $c-1$이다. 따라서 자유도는

$$\nu = r(c-1)-(c-1) = (r-1)(c-1)$$

이다.

(4) 기각역은 다음과 같다.

$$\chi^2 = \sum_{i=1}^{r}\sum_{j=1}^{c}\frac{(n_{ij}-E_{ij})^2}{E_{ij}} > \chi^2_{\alpha}(\,(r-1)(c-1)\,)$$

예제 11.8

S 식품회사가 새로운 통조림 A, B 두 종류를 개발하여 어느 통조림을 더 선호하는가의 정도가 지역적으로 차이가 있는지를 알아보기 위하여 설문지를 돌려서 다음의 결과를 얻었다. 통조림 A를 선호하는 비율이 지역에 따라서 차이가 있다고 볼 수 있는가? 유의수준 $\alpha = 0.05$ 에서 검정하여라.

지역	통조림 A	통조림 B	응답자
서울	65	53	118
부산	59	76	135
광주	48	42	90
대전	43	49	92

풀이 H_0: 4지역 내에서 통조림 A를 선호하는 비율이 똑같다.

(즉, H_0 : $w_{11} = w_{21} = w_{31} = w_{41}$, $w_{12} = w_{22} = w_{32} = w_{42}$)

여기서 w_{11}과 w_{12}는 각각 서울지역 사람 중 통조림 A를 선호하는 사람과 통조림 B를 선호하는 사람의 비율이다. 따라서 $w_{11} = w_{21} = w_{31} = w_{41}$은 $w_{12} = w_{22} = w_{32} = w_{42}$와 마찬가지의 뜻을 나타내므로 범주 B_j가 두 개인 경우는 괄호처럼 쓴다.

H_0 하에서 기대도수는 $E_{ij} = \dfrac{n_{i0}\, n_{0j}}{n}$ 이므로, 이 식에 의하여 기대도수를 각각 구하여

$$E_{11} = \frac{118 \times 215}{435} = 58.32,$$

$$E_{21} = \frac{135 \times 215}{435} = 66.72,$$

$$\vdots$$

$$E_{42} = \frac{92 \times 220}{435} = 46.53$$

를 정리하면 다음 표를 얻는다. 괄호 안은 기대도수를 나타낸다.

지역	통조림 A	통조림 B	합계
서울	65(58.32)	53(59.68)	118
부산	59(66.72)	76(68.28)	135
광주	48(44.48)	42(45.52)	90
대전	43(45.47)	49(46.53)	92
합계	215	220	435

검정통계량 χ^2의 값을 구하면,

$$\chi^2 = \sum_{i=1}^{r} \sum_{j=1}^{c} \frac{(n_{ij} - E_{ij})^2}{E_{ij}} = 3.9873$$

이고, 자유도 $\nu = (4-1)(2-1) = 3$ 이다. 유의수준 $\alpha = 0.05$ 에서 $\chi^2_{0.05}(3) = 7.815$ 임을 부록의 χ^2 −분포표에서 알 수 있다.

$\chi^2 = 3.9873 < 7.815 = \chi^2_{0.05}(3)$ 이므로 귀무가설이 채택된다. 따라서 지역에 따라 통조림 A를 선호하는 사람의 비율은 같다고 볼 수 있다.

R 시연

```
Obs = matrix( c(65, 59, 48, 43, 53, 76, 42, 49), nrow= 4,
              dimnames = list ( "Region" = c("서울", "부산", "광주", "대전"),
                                "Can" = c("CanA", "CanB")))
Obs
Chisqt.test <- chisq.test(Obs)
Chisqt.test
names(Chisqt.test)

Chisqt.test$statistic
Chisqt.test$observed
Chisqt.test$expected
```

예제 11.9

다음과 같이 두 개의 주사위를 각각 200번과 100번을 던진 결과이다. 두 개의 주사위는 동일한 것으로 볼 수 있는지를 판단하여라. 유의수준은 0.05를 사용하여라.

구분	1	2	3	4	5	6	합계
주사위 1	38	26	26	34	31	45	200
주사위 2	12	4	17	17	18	32	100
합계	50	30	43	51	49	77	300

풀이 H_0 : 두 개의 주사위는 동일하다. v.s. H_1 : H_0 가 아니다.

H_0 하에서 기대도수는 $E_{ij} = \dfrac{n_{i0}\, n_{0j}}{n}$ 이므로, 이 식에 의하여 기대도수를 각각 구하여 정리하면 다음 표를 얻는다. 괄호 안은 기대도수를 나타낸다.

구분	1	2	3	4	5	6	합계
주사위 1	38(33.33)	26(20)	26(28.67)	34(34)	31(32.67)	45(51.33)	200
주사위 2	12(16.67)	4(10)	17(14.33)	17(17)	18(16.33)	32(25.67)	100
합계	50	30	43	51	49	77	300

검정통계량 χ^2 의 값을 구하면,

$$\chi^2 = \sum_{i=1}^{r}\sum_{j=1}^{c}\frac{(n_{ij}-E_{ij})^2}{E_{ij}} = 10.71$$

이고, 자유도 $\nu = (6-1)(2-1) = 5$ 이다. $\alpha = 0.05$ 에서 $\chi^2_{0.05}(5) = 11.070$ 임을 부록의 χ^2 −분포표에서 알 수 있다. $\chi^2 = 10.71 < 11.070 = \chi^2_{0.05}(5)$ 이므로 귀무가설이 채택된다. 따라서 두 주사위는 같은 것으로 판단할 수 있다.

R 시연

```
Dices = matrix( c(38, 12, 26, 4, 26, 17, 34, 17, 31, 18, 45, 32), nrow=2,
                dimnames = list ( "시행" = c("시행 1", "시행 2"),
                                  "결과" = c("1", "2", "3", "4", "5", "6")))
Dices
Chisqt.test <- chisq.test(Dices)
Chisqt.test
names(Chisqt.test)

Chisqt.test$statistic
Chisqt.test$observed
Chisqt.test$expected
```

연습문제 26

1 성직자, 교육자, 회사중역, 상인들 집단에서 알콜 중독자의 비율을 비교하기 위하여 임의로 1200명을 추출하여 조사한 것이 다음의 분할표와 같다(괄호 안은 기대도수). 4개 직업의 집단 내에서 알콜 중독자의 비율이 같은가? 유의수준 $\alpha = 0.05$ 에서 검정하여라.

	알콜 중독	정상	합계
성직자	32(58.25)	268(241.75)	300
교육자	51(48.54)	199(201.46)	250
중역	67(58.25)	233(241.75)	300
상인	83(67.96)	267(282.04)	350
합계	233	967	1200

2 영업직사원과 사무직사원의 두 집단으로부터 200명을 임의로 추출하여 그들의 만족도를 조사한 자료가 다음과 같다. 이 표본자료로부터 두 모집단은 동질적이라고 할 수 있는가? 유의수준 $\alpha = 0.05$ 로 검정하여라.

만족도	영업 A	사무 B
매우 만족	40	60
만족	70	90
불만족	60	30
매우 불만족	30	20
합계	200	200

11.5 동질성 검정

몇 개의 모집단이 분석하고자 하는 문제의 특성에 대하여 동질성을 갖는지의 여부에 관심을 가질 수 있다. 이를테면, 몇 개의 연령층에 속하여 있는 사람들이 동일한 TV 프로그램을 선호하고 있는지의 여부, 서로 다른 사회 및 경제적 배경을 가진 상품구매자들이 어떤 상품을 구입하는 데 있어서 서로 다른 이유들을 갖는지의 여부 등을 분석하고자 하는 경우가 있을 수 있다.

위의 경우들을 위한 귀무가설을 문제의 모집단들이 어떤 특성에 대하여 동질성을 서로 갖고 있다는 것으로 설정할 수 있는데 이러한 가설을 검정하는 것은 χ^2 분포에 의한다. 또한 이에 관한 검정절차는 독립성의 검정절차와 동일하다.

예제 11.10

TV 시청자 400명을 임의추출하여 연령별로 3개 집단으로 나누어 3가지 TV프로그램에 대한 선호도를 조사한 자료가 다음과 같다. TV프로그램의 선호에 대한 3개 연령집단은 동질성을 갖는가? 유의수준 $\alpha = 0.05$로 검정하여라. 괄호 안은 기대도수이다.

연령	TV프로그램			합계
	A	B	C	
30 이하	120(70)	30(67.50)	50(62.50)	200
30~44	10(35)	75(33.75)	15(31.25)	100
45 이상	10(35)	30(33.75)	60(31.25)	100
합계	140	135	125	400

풀이 H_0 : TV프로그램의 선호에 대한 3가지 연령집단은 동질성을 갖는다.

H_1 : H_0가 아니다.

검정통계량 χ^2을 계산하면

$$\chi^2 = \sum_{i=1}^{r}\sum_{j=1}^{c}\frac{(n_{ij}-E_{ij})^2}{E_{ij}}$$

$$= \frac{(120-70)^2}{70} + \frac{(10-35)^2}{35} + \cdots + \frac{(60-31.25)^2}{31.25}$$

$$= 180.495$$

자유도 $\nu = (3-1)(3-1) = 4$이고, $\alpha = 0.05$에서 $\chi^2_{0.05}(4) = 9.487$임을 부록의 χ^2-분포표에서 알 수 있다. $\chi^2 = 180.495 > 9.488 = \chi^2_{0.05}(4)$이므로 귀무가설은 기각된다. 따라서 TV프로그램의 선호도와 연령에 의하여 분류된 시청자들의 집단은 95%의 확률범위 내에서 동질성을 갖고 있지 않다고 할 수 있다.

R 시연

```
Obs = matrix( c(120, 10, 10, 30, 75, 30, 50, 15, 60), nrow= 3,
                 dimnames = list ( "Age" = c("30세 이하", "30~44", "45세 이상"),
                                    "TvProgram" = c("Ch_A", "Ch_B", "Ch_C")))
```

```
Obs
Chisqt.test <- chisq.test(Obs)
Chisqt.test
names(Chisqt.test)

Chisqt.test$statistic
Chisqt.test$observed
Chisqt.test$expected
```

12장

비모수 통계학

모평균에 대한 z검정 또는 t검정, 모분산에 대한 χ^2검정과 분산비에 대한 F검정 등은 정규모집단에서 얻어진 표본자료들에 적용 가능한 것들이었다. 이를테면 두 모평균이 동일하다는 귀무가설을 검정함에 있어 두 모집단은 정규분포를 이루고 있다는 가설을 전제로 하였음은 물론이다. 이와 같이 미리 주어진 형태의 모집단의 분포를 가정하고 미지의 모수들에 대한 추론을 전개하는 통계기법을 일반적으로 모수적(parametric) 방법이라 부른다.

반면에 모집단의 모수를 상정하지 않거나 모집단의 분포에 의하지 않고 통계적 추측을 하는 기법을 비모수적(non-parametric) 방법이라 한다. 이 장에서는 비모수 기법에 대해 알아보기로 한다.

12.1 비모수적 방법의 적용

어떤 통계적 분석의 결과를 긴급하게 필요로 하거나 자료가 모수의 검정에 필요한 일련의 가정들을 만족시켜 주지 못하여 모수적 검정을 실시할 수 없는 경우, 이를테면 검정해야 될 가설의 성격상 t검정을 사용해야 되지만 이 검정을 위해 표본자료가 추출된 모집단이 본질적으로 비정규분포를 이루고 있어서 t검정을 사용할 수 없는 경우에는 비모수검정을 적용해야 한다. 또한 자료의 형태가 수치적인 측정치가 아닌 부호(sign)나 순위(rank)만으로 주어졌을 때도 비모수적인 기법을 사용하는 것이 좋다.

비모수적인 통계방법의 장·단점을 들어보자.

장점으로는

(a) 검정에 필요한 계산이 비교적 간편하고,

(b) 자료가 정량적인 측정치가 아닌 경우에도 적용 가능하다. '예' 또는 '아니오'와 같은 정성적인 자료 또는 순서만으로 정의된 자료 등에도 적용할 수 있다.

(c) 모집단의 분포가 정규분포를 따라야 된다는 조건이 필요하지 않으므로 그 적용범위가 상대적으로 넓다.

단점으로는

(a) 일반적으로 표본에 포함된 모든 정보를 제대로 활용하지 못한다. 따라서 모수적인 방법이 적용될 수 있는 경우에는 이들 비모수적인 방법의 효율성이 상대적으로 다소 떨어진다.

(b) H_0에 대한 가설검정에서 H_0를 기각하기 위해서는 조금 더 강한 증거가 필요하다. 따라서 비모수 검정기법의 경우, 모수검정보다 표본의 크기가 더 커야 한다.

12.2 부호검정

부호검정(sign test)은 때때로 이항검정(binomial test)이라 불리기도 하는 비모수적 통계방법 중 가장 오래된 것으로서 1710년 영국의 의사 Arburthnot가 이를 사용하여 최초로 남녀의 출생률이 동일한지를 검정한 것으로 알려져 있다.

이 방법의 장점은 무엇보다 이해하기 쉽고 적용하기에 간편하다는 것으로, 두 개의 짝지어진 크기 n^*인 표본 $(X_1, Y_1), (X_2, Y_2), \cdots, (X_{n^*}, Y_{n^*})$으로부터 $D_i = X_i - Y_i$라 하면 새로운 표본, 즉 차의 값들 $D_{ii=1}^{n^*}$를 얻는다. 따라서 만약 $X_i > Y_i$이면 이 차의 부호는 "+"로, $X_i < Y_i$이면 "−"가 된다. $X_i = Y_i$이면 "0"이지만 이것은 표본에서 제외시킨다. 이 경우 n^*의 값은 그만큼 감소되는 것이다. 남은 자료의 수를 n이라고 하자. 자료의 관찰척도는 순위형 또는 연속형이어야 한다. 여기에서, 우리의 관심은 $P(X > Y) = P(X < Y)$의 여부이다. 이와 같은 확인은 쉽지 않으므로 다음과 같은 모수에 대한 가설검정으로 대체하기로 한다.

(1) 가설설정

(a) 양측검정인 경우

$H_0: \ E(X) = E(Y)$

$H_1: \ E(X) \neq E(Y)$

(b) 단측검정인 경우

$$H_0: E(X) \leqq E(Y) \quad \text{또는} \quad H_0: E(X) \geqq E(Y)$$
$$H_1: E(X) > E(Y) \quad\quad\quad H_1: E(X) < E(Y)$$

> NOTE 위 가설에서 $E(X)$ 대신에 중앙값 $median(X)$를 사용하기도 한다.

(2) 검정통계량 및 분포

\+ 부호의 개수와 − 부호의 개수의 합은 n임을 알 수 있다. 이 중에 +의 부호의 개수 "T"를 검정통계량으로 사용하고자 한다. 위의 양측 검정의 경우 H_0하에서 검정통계량 T는 $\frac{n}{2}$에 가까운 값이 될 것이며, H_1하에서 검정통계량 T는 $\frac{n}{2}$와는 차이가 있는 값이 될 것이다. 한편, 검정통계량 T가 취할 수 있는 값은 $0,1,2,\cdots,n$ 중 한 개의 값이 될 것이다. 이 중에서 T가 중간에 가까운 값을 취하면 H_0를 채택하게 되고, 0이나 n에 가까운 값을 취하면 H_0를 기각하게 될 것이다.

기각역을 결정하기 위해서는 검정통계량 T의 분포를 결정하여야 한다. 양측 검정의 경우 H_0하에서 검정통계량 T는 확률이 $\frac{1}{2}$인 이항분포를 이루게 됨을 알 수 있다. 한편, n이 어느 정도 큰 경우(보통 $n \geqq 30$) T의 분포는 다음과 같이 정규분포로 근사될 수 있다.

$$T \ \dot{\sim}\ N\left(\frac{n}{2}, \frac{n}{4}\right) \text{ 즉, } Z = \frac{T - n/2}{\sqrt{n/4}} \left(\text{또는 } = \frac{T + 0.5 - n/2}{\sqrt{n/4}}\right) \ \dot{\sim}\ N(0,1)$$

단측 검정의 경우에도 H_0하에서 검정통계량 T의 분포는 양측 검정일 때와 같다고 볼 수 있다.

위의 사실들로부터 소표본인 경우와 대표본인 경우에 대한 각각의 가설검증방법을 다음과 같이 정리할 수 있다.

(a) 소표본의 경우(일반적으로 $n < 30$인 경우)

① 가설설정 − $H_0: E(X) = E(Y)$

② 검정통계량의 값 − T_0 = n개의 부호 중 + 부호의 개수

③ 가설검정

- $H_1 : E(X) > E(Y)$일 때, $P(T \geq T_0) < \alpha$이면 H_0를 기각한다.
- $H_1 : E(X) < E(Y)$일 때, $P(T \leq T_0) < \alpha$이면 H_0를 기각한다.
- $H_1 : E(X) \neq E(Y)$일 때, $P(T \geq T_0 \text{ or } T \leq n - T_0) < \alpha$이면 H_0를 기각한다.

(b) 대표본의 경우(일반적으로 $n \geq 30$인 경우)

① 가설설정 – $H_0 : E(X) = E(Y)$

② 검정통계량 – T = n개의 부호 중 + 부호의 개수 & $Z = \dfrac{T - n/2}{\sqrt{n/4}}$

③ 가설검정

- $H_1 : E(X) > E(Y)$일 때, $Z > z_\alpha$이면 H_0를 기각한다.
- $H_1 : E(X) < E(Y)$일 때, $Z < -z_\alpha$이면 H_0를 기각한다.
- $H_1 : E(X) \neq E(Y)$일 때, $|Z| > z_{\alpha/2}$ 이면 H_0를 기각한다.

NOTE

$|Z| > z_{\alpha/2}$는 $|T| \geq \dfrac{n}{2} + z_{\alpha/2}\sqrt{\dfrac{n}{4}}$ 를 의미한다.

예제 12.1

학생들의 IQ 테스트 점수를 향상시키기 위해 특별과정을 개설하였다. 이 과정을 수료한 10명의 학생들이 과정을 택하기 전과 수료 후의 IQ 테스트 결과가 다음과 같다고 할 때 부호검정을 사용하여 이 특별과정이 학생들의 점수 향상에 영향을 주었다고 할 수 있는지를 $\alpha = 0.05$로 검정하여라.

학생	1	2	3	4	5	6	7	8	9	10
과정 전의 IQ	96	110	98	113	88	92	106	119	100	97
과정 후의 IQ	99	112	107	110	88	101	107	123	91	99
부호	+	+	+	−	0	+	+	+	−	+

풀이 H_0: 특별과정이 IQ 점수 향상에 영향을 미치지 않는다.

H_1: 특별과정이 IQ 점수 향상에 영향을 미친다.

검정통계량 T의 값은 7, $n^* = 10$ 및 $n = 9$이다. $\alpha = 0.05$일 때 부록의 이항분포표에 의하여 $P(T \geq 7) = 1 - P(T \leq 6) = 1 - 0.910 = 0.09$로 $\alpha =$

0.05보다 크다. 그러므로 H_0를 기각하지 못한다. 즉, 유의수준 $\alpha=0.05$하에서, 특별과정은 IQ점수 향상에 영향을 주었다는 근거는 없다고 할 수 있다.

R 시연

```
PreIQ= c(96, 110, 98, 113, 88, 92, 106, 119, 100, 97)
PostIQ= c(99, 112, 107, 110, 88, 101, 107, 123, 91, 99)
Diff= PostIQ - PreIQ

Num= length(PreIQ)
Zero= sum(Diff==0)
Size= Num - Zero
T <- sum(Diff>0)
P_value <- pbinom(T-1, size= Size, prob=0.5, lower.tail= FALSE)

install.packages("BSDA")
library(BSDA)
BSDA::SIGN.test(Diff, md = 0, alternative = "greater")
```

예제 12.2

무작위로 선택된 50명의 게이머 중에 22명의 IQ가 100보다 높다고 할 때 게이머들의 IQ의 중앙값은 최소한 100이라는 주장을 검정하여라. 유의수준 $\alpha = 0.05$ 이다.

풀이 H_0 : IQ의 중앙값 ≥ 100 v.s. H_1 : IQ의 중앙값 < 100

각 IQ 점수 > 100 일 때 "+" 부호를 사용하기로 하자. 따라서 표본자료 50개 중 22개의 "+" 부호와 28개의 "−" 부호가 있다고 할 수 있다. 그러므로 검정통계량 T의 값은 22이고, 자료의 수는 $n=50$이다.

$$\text{검정통계량의 값은 } Z=\frac{(X+0.5)-\frac{n}{2}}{\sqrt{n}/2}=\frac{(22+0.5)-\left(\frac{50}{2}\right)}{\sqrt{50}/2} \simeq -0.71 \text{ 이다.}$$

단측 검정이므로 [부록]의 정규분포표에 의하여 $\alpha=0.05$ 일 때 기각값 $z=-1.645$ 이다. 따라서 $Z=-0.71 > -1.645 = z_{0.05}$ 이므로 기각역 내에 없으므로 H_0는 채택된다. 즉, 게이머들의 IQ의 중앙값은 최소한 100이라는 주장이 맞다고 결론 내릴 수 있다.

R 시연

```
Data <- read.csv(file='12장_예제12.2.csv', header = TRUE)
attach(Data)
str(Data)

Size= length(IQ)
Num <- sum(IQ<100)
P_value <- pbinom(Num-1, size= Size, prob=0.5, lower.tail= FALSE)
P_value

install.packages("BSDA")
library(BSDA)
BSDA::SIGN.test(IQ, md = 100, alternative = "less")

detach(Data)
```

연습문제 27

1 자동차의 스파크플러그를 생산하는 두 회사의 제품의 성능을 비교하기 위하여 소형차에서 대형차에 이르는 10대의 자동차를 표본으로 선택하여 주행거리시험을 하였다. 각 자동차마다 한 번은 A 회사 제품을 사용하고 다른 한 번은 B 회사의 제품을 사용하여 주행거리를 측정한 결과가 다음과 같다(단위: 1,000km).

차번호	1	2	3	4	5	6	7	8	9	10
제품 A	26.4	10.3	15.8	16.5	32.5	8.3	22.1	30.1	12.9	12.6
제품 B	24.3	9.8	16.9	17.2	30.5	7.9	22.4	28.6	13.1	11.6
차이(A−B)	+	+	−	−	+	+	−	+	−	+

이를 이용하여 A 회사 제품이 B 회사 제품보다 주행거리 면에서 우수한지 유의수준 $\alpha = 0.05$ 에서 부호검정하여라.

2 S 회사에서는 일정기간의 휴가가 근로자들의 생산성을 증대시켰는지의 여부를 조사하기 위하여 10명을 임의로 추출하여 휴가 전의 월간 평균 생산량과 휴가

후의 생산량을 조사한 결과가 다음과 같이 주어졌다. 이로부터 휴가는 근로자들의 월간 생산량을 증대시켰다고 말할 수 있는가? 유의수준 $\alpha = 0.05$ 로 부호검정하여라.

근로자	1	2	3	4	5	6	7	8	9	10
휴가 전	463	462	462	456	450	426	418	415	409	402
휴가 후	523	494	464	535	476	454	448	408	470	437
차이	−	−	−	−	−	−	−	+	−	−

3 두 명의 국회의원 후보 A와 B에 대하여 임의로 선택된 15명의 유권자들이 5점 만점 기준으로 점수를 준 결과가 다음과 같다. 어떤 한 후보를 더 선호하는지를 유의수준 $\alpha = 0.05$ 으로 부호검정하여라.

A 후보	0	1	5	3	4	5	1	2	4	3	2	3	4	1	0
B 후보	4	2	3	0	0	1	2	5	2	1	1	3	2	1	0

4 무작위 추출한 75개의 밧데리에서 32개의 수명이 40시간 또는 그 이상이라고 할 때 밧데리의 중앙값 수명이 최소한 40시간이라는 주장에 대해 검정하여라. 유의수준 $\alpha = 0.05$이다.

12.3 윌콕슨의 부호순위검정

12.2절에서 언급한 부호검정은 짝진 자료간의 차이에 대한 부호만을 분석하였을 뿐 그 차이의 크기를 무시한 단점을 가지고 있다(차이에 대한 수치적인 측정이 가능한 경우 부호검정법을 사용하게 되면 상당한 정보의 손실을 본다). 예를 들어 [그림 12.1]과 같은 두 가지 경우 (a)와 (b)를 보자.

두 경우 모두 $n = 6$개의 자료점과 그 중 4개의 양의 부호를 갖게 되어 부호검정을 하면 똑같은 결론을 얻게 된다. 그러나 두 번째의 경우 (b)가 양의 차이들이 음의 차이들보다 원점으로부터 훨씬 많이 우측으로 치우쳐 있기 때문에 경우 (a)에 비해

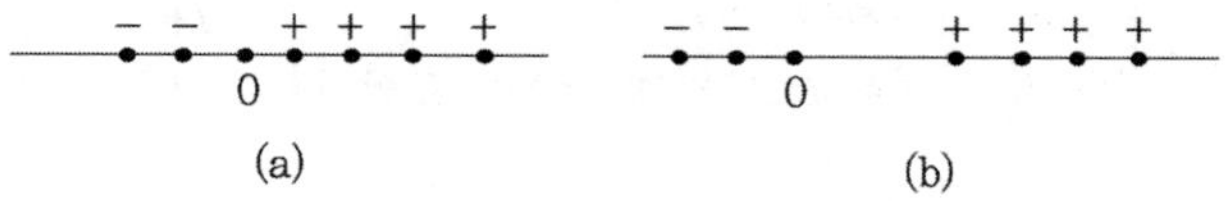

그림 12.1 부호검정의 모순의 예

서 큰 차이가 있음을 알 수 있다.

따라서 부호검정에서와 같이 모든 양의 부호값에 똑같은 가중값을 주는 대신 원점에서보다 멀리 떨어진 부호에는 보다 많은 가중값을 주는 것이 합리적일 것이다. 바로 이점이 **윌콕슨의 부호순위검정**(Wilcoxon signed-ranks test)이 도입된 배경이다.

윌콕슨의 부호순위검정(또는 Wilcoxon one sample test)의 자료는 n^*의 짝을 이룬 $(X_i, Y_i)_{i=1}^{n^*}$로 구성된다. 각 관찰치 (X_i, Y_i)에 대하여, 편차를 $D_i = X_i - Y_i$로 하고, 여기서 편차가 0이 되는 자료는 제외시킨다. 윌콕슨의 부호순위검정을 하기 위해서는 다음의 가정을 한다.

(a) (X_i, Y_i)는 각각 독립이고, 동일한 분포를 이룬다, 즉 $(X_i, Y_i)_{i=1}^{n^*}$는 확률표본 (random sample)이다.

(b) D_i는 대칭적 분포이다. $(i = 1, 2, \cdots, n)$

(c) D_i의 측정 척도는 연속형이다.

(1) 가설 설정

(a) 양측검정인 경우

$H_0:\ E(X) = E(Y)$ v.s. $H_1:\ E(X) \neq E(Y)$

(b) 단측검정인 경우

b-1) $H_0:\ E(X) \leqq E(Y)$ v.s. $H_1:\ E(X) > E(Y)$

b-2) $H_0:\ E(X) \geqq E(Y)$ v.s. $H_1:\ E(X) < E(Y)$

(2) 검정통계량 및 분포

편차 D_i의 부호순위 R_i를 다음과 같이 정의하자.

$$R_i = \begin{cases} |D_i|\text{에 해당하는 순위}, & D_i\text{가 양일 때}, \\ |D_i|\text{에 해당하는 순위에 } -1\text{을 곱한 값}, & D_i\text{가 음일 때}, \end{cases}$$

다음과 같이 정의된 검정통계량을 사용한다.

$$W^+ = \sum_{i=1}^{n} R_i \cdot I(D_i), \text{ 단, } I(D_i) = \begin{cases} 1, & D_i > 0\text{일 때} \\ 0, & D_i < 0\text{일 때} \end{cases}$$

H_0하에서 W^+의 분포는 n에 따라 다르며 일반적인 형태는 존재하지 않는다. 부호가 연관된 순위의 합인 W^+는 다음과 같은 특징이 있다.

첫째, W^+의 최솟값은 $I(D_i)$가 모두 0인 경우에 0이되며, 최댓값은 $I(D_i)$가 모두 1이 경우인 1부터 n까지의 순위합 $\frac{n(n+1)}{2}$이 된다.

둘째, H_0하에서 D_i는 0을 중심으로 대칭이므로 W^+도 대칭인 분포를 가지며 그 중심은 최댓값과 최솟값의 중간 지점인 $\frac{n(n+1)}{4}$이 된다. 그러므로 $\frac{n(n+1)}{4}$로부터 거리가 같은 양쪽의 두 점 $x^*, x(x^* < x)$에 대하여, 다음이 성립하게 된다.

$$P(W^+ < x^*) = P(W^+ \geq x)$$

부록의 윌콕슨 부호순위 통계량의 임계값 관련 표에서는 $n \leqq 15$인 각각의 n에 대하여 관련 확률을 제시하고 있다. 이 표로부터 각 대립가설 H_1 에 대한 기각역을 구할 수 있다.

예제 12.3

두 종류의 음료수의 맛에 대한 소비자의 선호도를 비교하기 위해서 10명의 소비자를 상대로 미각실험을 실시하여 각 음료수의 맛을 0에서 100까지 점수를 매겼다. 미각실험의 결과가 아래와 같이 주어졌을 때 윌콕슨의 부호순위검정법을 이용하여 두 음료수 간 맛의 차이가 있는지를 유의수준 $\alpha = 0.05$ 에서 검정하여라.

음료수 A	70	85	73	75	65	50	80	71	80	51
음료수 B	65	41	45	80	84	50	71	52	42	78
차이	5	44	28	−5	−19	0	9	19	38	−27

풀이 주어진 표를 보고 순서에 따라 정리하면 아래의 표와 같다. 아래의 표에서 1번째와 4번째의 차이 값이 같으므로 $\frac{1+2}{2}=1.5$를 각 경우에 부여한다. 또한 5번째와 8번째의 차이 값이 같으므로 $\frac{4+5}{2}=4.5$를 각 경우에 부여한다.

음료수 A 음료수 B	70 65	85 41	73 45	75 80	65 84	50 50	80 71	71 52	80 42	51 78
D = A–B	5	44	28	−5	−19	0	9	19	38	−27
$\lvert D\rvert$의 순위	1.5	9	7	1.5	4.5		3	4.5	8	6
부호붙인 순위	+1.5	+9	+7	−1.5	−4.5		+3	+4.5	+8	−6

"+" 부호순위의 절댓값들의 합인 검정통계량의 값은 다음과 같다.

$$W^{+} = 1.5 + 9 + 7 + 3 + 4.5 + 8 = 33$$

따라서 $n=9$이므로 부록의 표를 이용하여 W^{+}의 기각값을 구한다. $\alpha=0.05$에서 W^{+}의 기각값은 39 정도이다. 한편, $P(W^{+} \geqq 33) > P(W^{+} \geqq 34) = 0.102$이므로 H_0가 채택된다. 따라서 두 음료수는 맛에서 유의한 차이는 없다고 말할 수 있다.

R 시연

```
Data <- read.csv(file='12장_예제12.3.csv', header = TRUE)
attach(Data)
str(Data)

wilcox.test(DrinkA, DrinkB, paired= TRUE, alternative= "greater")

detach(Data)
```

연습문제 28

1 자동차의 스파크플러그를 생산하는 두 회사의 제품의 성능을 비교하기 위하여

소형차에서 대형차에 이르는 10대의 자동차를 표본으로 선택하여 주행거리시험을 하였다. 각 자동차마다 한 번은 A 회사 제품을 사용하고 다른 한 번은 B 회사의 제품을 사용하여 주행거리를 측정한 결과가 다음과 같다(단위: 1,000km). 이를 이용하여 A 회사 제품이 B 회사 제품보다 주행거리면에서 우수한지 유의수준 $\alpha = 0.05$ 에서 윌콕슨의 부호 붙인 순위검정법으로 검정하여라.

차번호	1	2	3	4	5	6	7	8	9	10
제품 A	26.4	10.3	15.8	16.5	32.5	8.3	22.1	30.1	12.9	12.6
제품 B	24.3	9.8	16.9	17.2	30.5	7.9	22.4	28.6	13.1	11.6

2 어느 페인트 제조업자가 페인트 건조속도를 단축시킬 수 있는 새로운 첨가제를 개발했다고 주장한다. 이를 검정하기 위해 12개의 나무판을 준비하여 각 나무의 한쪽 면은 기존의 첨가제를 이용한 페인트를 칠하고 다른 면에는 새로운 첨가제를 사용한 페인트를 칠하였다. 측정된 페인트의 건조시간은 다음과 같이 주어졌다.

나무판	1	2	3	4	5	6	7	8	9	10	11	12
새로운 첨가제	6.4	5.8	7.4	5.5	6.3	7.8	8.6	8.2	7.0	4.9	5.9	6.5
기존의 첨가제	6.6	7.8	7.8	5.7	6.0	8.4	8.8	8.4	7.3	5.8	5.8	6.5

① 새로운 페인트 첨가제가 기존의 첨가제보다 건조시간을 단축시키는지를 유의수준 $\alpha = 0.05$ 에서 부호검정으로 검정하여라.

② 페인트 제조업자의 주장이 옳은지를 유의수준 $\alpha = 0.05$ 에서 윌콕슨의 부호 붙인 순위검정을 이용하여 검정하여라.

3 5명의 흡연가들에 대해서 담배를 끊기전의 체중과 담배를 끊고 5주 후의 체중을 측정한 결과가 다음과 같이 주어졌다(단위: kg).

	1	2	3	4	5
금연 이전	66	80	69	52	75
금연 이후	71	82	68	56	73

윌콕슨의 부호 붙인 순위검정법을 이용하여 담배를 끊는 것이 체중에 아무런 영

향을 주지않는다는 귀무가설과 체중을 증가시킨다는 대립가설을 유의수준 $\alpha=0.05$에서 검정하여라.

4 흡연이 맥박수에 영향을 미치는지의 여부를 알기 위해 무작위로 선택한 8명의 흡연가들을 상대로 조사한 결과가 다음과 같이 주어졌다. 유의수준 $\alpha=0.05$에서 흡연이 맥박수에 영향을 미치지 않는다는 가설에 대해 검정하여라(단, 윌콕슨의 부호 붙인 순위검정을 이용할 것).

흡연 전	68	72	69	70	70	74	66	71
흡연 후	69	76	68	73	72	76	66	71

12.4 윌콕슨의 순위합 검정

윌콕슨은 1945년에 정규분포를 하지 않는 모집단으로부터 크기가 작은 표본을 추출하였을 때 연속된 두 모집단을 비교하기 위한 매우 간단한 비모수적 방법을 고안하였다. 이 방법이 **윌콕슨의 순위합 검정**(Wilcoxon rank sum test or Wilcoxon two sample test) 또는 U-Test로 알려져 있다.

어떤 대립가설 H_1에 대한 귀무가설 $H_0: \mu_1=\mu_2$을 검정한다고 하자. 지금 두 모집단 A, B로 부터 각각 크기가 n_A, n_B인 표본을 독립적으로 임의추출하였다고 하자. 두 모집단에서 추출한 표본을 합하면 $n=n_A+n_B$이다. 이때 표본의 관측값을 다음과 같이 얻었다고 하자.

$$\text{모집단 } A: \; X_{11}, X_{12}, \cdots, X_{1n_A}$$

$$\text{모집단 } B: \; X_{21}, X_{22}, \cdots, X_{2n_B}$$

이들 두 모집단의 관측값이 크면 처리효과가 더 좋다고 가정하고, 또 이들 모집단의 분포는 연속이라고 가정할 때 비모수검정에서 설정하는 가설은 다음과 같다.

H_0 : 두 모집단의 분포는 같다.

H_1 : 모집단 A가 모집단 B보다 효과가 좋다.

H_1 하에서 모집단 A가 모집단 B보다 효과가 좋다는 것은 모집단 A의 분포가 모집단 B의 분포를 오른쪽으로 평행이동시킨 것과 같다는 것을 뜻한다.

이제 윌콕슨의 순위합 검정의 기본개념을 알아보자. 먼저 두 모집단에서 추출한 표본의 관측값을 각기 다른 표시를 사용하여(예를 들어 ●표와 ×표) 혼합해서 크기순(큰 것이 우측에 오도록)으로 일직선상에 나열하여 좌에서 우로 차례로 순위(rank)를 결정한다. 이 순위를 결합표본의 순위(combined sample rank)라고 부른다.

예를 들면 $n_A = 5$, $n_B = 4$ 이고 $n = n_A + n_B = 9$ 인 경우 다음의 그림과 같은 것을 생각할 수 있다.

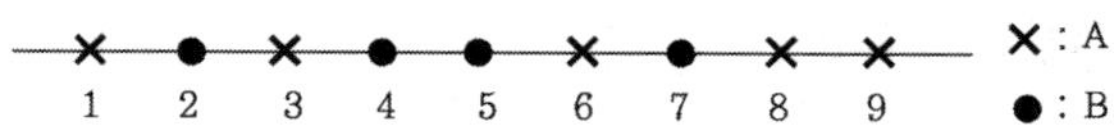

(a) 순위가 잘 섞인 경우 H_0

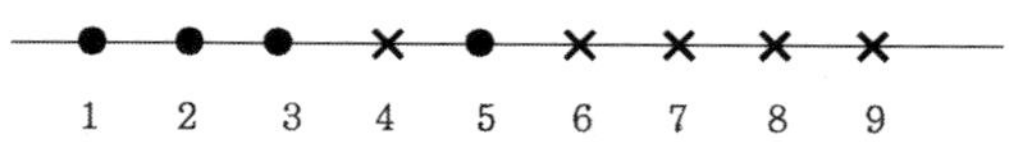

(b) A가 큰 순위를 갖는 경우 H_1

그림 12.2 결합표본에서의 순위 분포

가설 H_0가 참이라면, 즉 두 개의 표본이 같은 분포에서 얻어진 경우라면 두 모집단에서의 관측값들이 골고루 잘 섞여 있을 것이며([그림 12.2 (a)]), H_1 하에서는 모집단 A가 모집단 B보다 크므로 모집단 A에서의 관측값이 오른쪽에 나타나야 한다([그림 12.2 (b)]). (a)와 (b)에서 A에 대응하는 점들의 순위합(rank sum)을 구하면 (b)에서 구한 것이 (a)에서 구한 것보다 크다. 따라서 A의 순위합을 검정통계량으로 사용할 때 이들 통계량의 값이 크다는 것은 모집단 A가 모집단 B보다 우측에 위치함을 나타낸다고 할 수 있다. 그러면 이들 순위합을 이용한 검정방법을 자세히 알아보기로 하자.

결합표본에서 윌콕슨의 순위합을

$$W_A = A \text{ 표본의 순위합}$$

$$W_B = B \text{ 표본의 순위합}$$

이라 하자. 윌콕슨의 두 표본검정은 다음의 절차에 따른다.

(a) 가설 H_0 : 두 모집단의 분포는 같다.

(b) 크기 $n = n_A + n_B$인 결합표본을 크기순으로 나열한 후 순위를 매긴다.

(c) W_A를 구한다.

(d) 기각역(유의수준 α에 대하여)을 구한다.

① H_1 : 모집단 A의 분포가 모집단 B의 분포의 오른쪽에 있다.
기각역은 $W_A \geq c$이고, c는 $P(W_A \geq c) \leq \alpha$를 만족하는 최솟값으로 선택한다.

② H_1 : 모집단 A의 분포가 모집단 B의 분포의 왼쪽에 있다.
기각역은 $W_A \leq c$이고, c는 $P(W_A \leq c) \leq \alpha$를 만족하는 최댓값으로 선택한다.

③ H_1 : 두 모집단의 분포가 서로 다르다.
기각역은 $W_A \geq c_1$ 또는 $W_A \leq c_2$이고, 여기서 c_1과 c_2는 $P(W_A \geq c_1) \leq \alpha/2$, $P(W_A \leq c_2) \leq \alpha/2$를 만족하는 최소·최댓값으로 각각 선택한다.

NOTE

① 검정통계량으로 W_A 대신 W_B를 이용하여 검정하여도 무방하며 이 책에서는 항상 표본의 크기가 작은 표본($n_A \leq n_B$)의 순위합을 W_A로 정하여 검정통계량으로 이용한다.

② $n = n_A + n_B$일 때 $W_A + W_B = \frac{1}{2}n(n+1)$이 항상 성립하며 H_0 하에서 W_A의 분포는 $\frac{1}{2}n_A(n_A + n_B + 1)$에 대해서 대칭이며, 마찬가지로 W_B는 $\frac{1}{2}n_B(n_A + n_B + 1)$에 대하여 대칭이 된다.

이제 이 윌콕슨의 순위합 검정방법에 대한 예를 보자.

예제 12.4

모 제약회사에서 A라는 신약을 개발하여 종래의 B라는 약보다 효능이 더 좋다고 주장하고 있다. 어느 병원에서 이 주장에 대한 확실한 근거가 있는지를 검정하기 위하여 임상실험을 한다고 하자. 이때 가설은 다음과 같이 설정한다.

H_0 : 약의 효능에 차가 없다.

H_1 : A약의 효능이 B약의 효능보다 좋다.

지금 상태가 비슷한 5명의 환자를 임의로 두 집단으로 나누어 2명은 A약을, 3명은 B약을 복용케 한다(물론 환자들은 이러한 실험사실을 모르며 같은 약을 복용하고 있는 줄로 알게 한다). 어느 기간이 지난 후에 이 5명의 환자의 치유상태를 조사하여 다음의 결과를 얻었다고 하자(단, 큰 순위가 더 좋은 치유상태를 나타냄).

약	B	B	A	B	A
순위	1	2	3	4	5

풀이 순위합 통계량의 값은 각각 $W_A = 3+5=8$, $W_B = 1+2+4=7$이다. 이 경우 기각역은 $W_A \geq c$인데, 주어진 유의수준 α에 대응하는 c값을 결정하기 위하여 H_0하에서 W_A의 확률분포를 구하여야 한다. A에 대하여 $\binom{5}{2}=10$가지의 가능한 순위가 있으며 이들은 H_0하에서 같은 확률 0.1로 나타난다[아래 표 참조].

A의 순위	W_A	확률
1, 2	3	0.1
1, 3	4	0.1
1, 4	5	0.1
1, 5	6	0.1
2, 3	5	0.1
2, 4	6	0.1
2, 5	7	0.1
3, 4	7	0.1
3, 5	8	0.1
4, 5	9	0.1
합 계		1.0

위의 표로부터 H_0 하에서의 W_A 의 확률분포를 구할 수 있으며, 실제로 구한 결과는 다음과 같다.

표 12.1 H_0 하에서의 W_A 의 확률분포

W_A 의 값	3	4	5	6	7	8	9
확률	0.1	0.1	0.2	0.2	0.2	0.1	0.1

R 시연

```
A <- c(3, 5)
B <- c(1, 2, 4)
SumRankX= sum(rank(c(A,B))[1:2])
SumRankX
SumRankX-(length(A)*(length(A)+1))/2
wilcox.test(A, B, alternative= "greater")
wilcox.test(A, B, exact= TRUE, correct= TRUE, alternative= "greater")
wilcox.test(A, B, exact= FALSE, correct= TRUE, alternative= "greater")
```

H_0 하에서 W_A 의 분포는 모집단의 분포와 무관하므로 W_A 를 이용한 검정은 분포자유검정(분포에 의하지 않는 검정)이다. [표 12.1]로부터 다음의 사실을 알 수 있다.

$$P(W_A \geq 9) = 0.1, \quad P(W_A \geq 8) = 0.2$$

즉, 유의수준 $\alpha = 0.1$ 에서 기각역은 $W_A \geq 9$ 로 정해지며, $W_A = 8$ 일 때는 H_0 를 기각시킬 확실한 근거가 없는 셈이다.

여러 가지 표본크기에 대한 H_0 하에서 W_A 의 누적확률분포표가 부록의 표에 실려 있다.

예제 12.5

두 도시의 대기 중 이산화탄소의 함유량의 차이를 비교하기 위하여 도시 A에서 5개의 표본을 도시 B에서 7개의 표본을 무작위로 각각 택하여 대기 중 이산화탄소의 함유량을 관측한

결과가 다음과 같다. 이들 자료를 이용하여 도시 B가 도시 A보다 이산화탄소 함유량이 많다고 볼 수 있는지 유의수준 $\alpha = 0.05$에서 검정하여라.

도시 A	4.7	6.4	4.1	3.7	3.9		
도시 B	7.6	11.1	6.8	9.8	4.9	6.1	15.1

풀이 H_0 : 두 도시의 대기 중 이산화탄소 함유량은 같다.

(즉, 두 모집단의 분포가 같다)

H_1 : 모집단 A의 분포가 모집단 B의 분포의 왼쪽에 위치한다.

먼저 결합표본을 크기 순으로 나열한 후 표본의 크기가 작은 도시 A 표본의 순위합을 구한다.

관측값	3.7	3.9	4.1	4.7	4.9	6.1	6.4	6.8	7.6	9.8	11.1	15.1
순위	1 A	2 A	3 A	4 A	5 B	6 B	7 A	8 B	9 B	10 B	11 B	12 B

따라서 순위합 통계량의 값은

$$W_A = 1 + 2 + 3 + 4 + 7 = 17$$

이며, 기각역은 $W_A \le c$이고, c는 $P(W_A \le c) \le \alpha$를 만족하는 최댓값이다. 부록의 표에서 $n_A = 5$, $n_B = 7$인 경우

$$P(W_A \le 21) = 0.037, \ P(W_A \le 22) = 0.053$$

이므로 $c = 22$를 임계값으로 택한다. 따라서 $W_A = 17 \le 22$이므로 유의수준 $\alpha = 0.05$에서 H_0를 기각한다. 즉, 도시 A의 이산화탄소 함유량이 도시 B보다 유의하게 작다고 볼 수 있다.

R 시연

```
A <- c(4.7, 6.4, 4.1, 3.7, 3.9)
B <- c(7.6, 11.1, 6.8, 9.8, 4.9, 6.1, 15.1)
SumRankX= sum(rank(c(A,B))[1:5])
```

```
SumRankX
SumRankX-(length(A)*(length(A)+1))/2
wilcox.test(A, B, alternative= "less")
wilcox.test(A, B, exact= TRUE, correct= TRUE, alternative= "less")
wilcox.test(A, B, exact= FALSE, correct= TRUE, alternative= "less")
```

NOTE

$n_A \geq 10,\ n_B \geq 10$ 인 경우

표본의 크기가 클 때에는 W_A의 분포가 다음과 같은 정규분포로 근사됨이 알려져 있다. H_0가 참일 때

$$E(W_A) = \frac{1}{2} n_A (n_A + n_B + 1)$$

$$V(W_A) = \frac{1}{12} n_A n_B (n_A + n_B + 1)$$

이며 $n_A \geq 10, n_B \geq 10$ 일 때 검정통계량 Z는

$$Z = \frac{W_A - \frac{1}{2} n_A (n_A + n_B + 1)}{\sqrt{\frac{1}{12} n_A n_B (n_A + n_B + 1)}}$$

이며 근사적으로 표준정규분포 $N(0, 1^2)$을 따른다. 따라서 Z의 기각역은 표준정규분포표를 이용하여 결정할 수 있다. 이를테면, $n_A = 9, n_B = 10$인 경우 유의수준 $\alpha = 0.05$ 에서의 단측검정에 대한 근사적인 기각역은

$$Z = \frac{W_A - \frac{1}{2} \times 9 \times (9 + 10 + 1)}{\sqrt{\frac{1}{12} \times 9 \times 10 \times (9 + 10 + 1)}} = \frac{W_A - 90}{\sqrt{150}} = \frac{W_A - 90}{12.247}$$

$$\geq 1.645 = Z_{0.05}$$

로 주어지며 이것은 $W_A \geq 110.1$와 같다. [부록]의 표에서 $P(W_A \geq 111) = 0.047$, $P(W_A \geq 110) = 0.056$ 를 얻는데 이는 유의수준 $\alpha = 0.05$ 와 상당히 근사하다는 것을 알 수 있다.

예제 12.6

무작위로 추출된 대기업 A와 B의 각 부서의 신입사원의 연봉들이 다음과 같다. 유의수준 $\alpha = 0.05$에서 두 기업의 신입사원의 연봉이 같다는 주장에 대해 검정하여라(단위: 10만원).

A	253	165	197	216	201	200	202	228	175	182	199				
B	155	162	148	160	173	138	143	174	164	148	153	190	213	142	141

풀이 H_0 : 대기업 A와 B의 신입사원의 평균 연봉은 같다.

H_1 : 대기업 A와 B의 신입사원의 평균 연봉은 같지 않다.

독립적인 두 표본의 평균을 비교 검정하는 문제는 모수통계학에서 t검정법을 이용하여 구한바 있으나 이 경우에 연봉들은 정규분포를 따르지 않으므로 t분포를 이용할 수 없다. 여기에서는 윌콕슨 순위합검정기법을 적용한다.

연봉	순위	기업	연봉	순위	기업
138	1	B	174	14	B
141	2	B	175	15	A
142	3	B	182	16	A
143	4	B	190	17	B
148	5.5	B	197	18	A
148	5.5	B	199	19	A
153	7	B	200	20	A
155	8	B	201	21	A
160	9	B	202	22	A
162	10	B	213	23	B
164	11	B	216	24	A
165	12	A	228	25	A
173	13	B	253	26	A

[Note]를 이용하면

$$W_A = 12 + 15 + 16 + 18 + 19 + 20 + 21 + 22 + 24 + 25 + 26 = 218$$

$n_A = 11,\ n_B = 15$ 이므로 W_A의 분포는 근사적으로 정규분포를 따른다.

$$E(W_A) = \frac{1}{2} n_A (n_A + n_B + 1) = \frac{1}{2} \times 11 \times 27 = 148.5$$

$$V(W_A) = \frac{1}{12} n_A n_B (n_A + n_B + 1) = \frac{1}{12} \times 11 \times 15 \times 27 = 371.25$$

따라서 검정통계량 Z는

$$Z = \frac{W_A - \frac{1}{2} n_A (n_A + n_B + 1)}{\sqrt{\frac{1}{12} n_A n_B (n_A + n_B + 1)}} = \frac{218 - 148.5}{\sqrt{371.25}} \simeq 3.61$$

$\alpha = 0.05$ 에서 양쪽검정이므로 $|z_{\alpha/2}| = 1.96$ 이다. 따라서 $Z = 3.61 > 1.96 = z_{\alpha/2}$ 이므로 기각역 내에 있으므로 H_0 를 기각한다. 즉, 두 기업의 신입사원의 평균 연봉은 같지 않다.

R 시연

```
Data <- read.csv(file='12장_예제12.6.csv', header = TRUE)
attach(Data)
str(Data)

SumRankX= sum(rank(c(A,B))[1:11])
SumRankX
SumRankX-(length(A)*(length(A)+1))/2
wilcox.test(A, B)
wilcox.test(A, B, correct= FALSE)
wilcox.test(A, B, exact= FALSE, correct= FALSE )

detach(Data)
```

연습문제 29

1 A, B의 두 가지 담배의 니코틴 함량을 측정한 결과 다음의 자료를 얻었다. 유의

수준 $\alpha=0.05$에서 두 가지 담배의 니코틴 함량이 같다는 가설을 검정하여라(단위: mg).

담배 A	2.1	4.0	6.3	5.4	4.8	3.7	6.1	3.3		
담배 B	4.1	0.6	3.1	2.5	4.0	6.2	1.6	2.2	1.9	5.4

2 수학 보충수업의 효과를 측정할 목적으로 수학능력이 비슷한 12명의 학생들 중에서 5명을 임의추출하여 보충수업을 받게 하였다. 이들 12명의 학기말 수학시험 성적이 다음과 같이 주어졌다. 유의수준 $\alpha=0.05$에서 보충수업이 수학성적에 영향을 미치는지를 검정하여라.

보충수업을 받은 학생	87	69	78	91	80		
보충수업을 안 받은 학생	75	88	64	82	93	79	67

3 통계학 강의를 듣는 학생들이 총장의 능력에 대해 여러 분야에 걸쳐 평가를 한 결과가 다음과 같다. 성별에 관계없이 평가 결과는 같다는 주장에 대해 유의수준 $\alpha=0.05$ 에서 검정하여라.

남학생	21	36	42	57	88	92	60	60	43	29	76	49
여학생	21	43	38	40	40	60	87	72	73	10		

4 비타민 B_1이 버섯재배에 효과가 있는지를 알기 위하여 24개의 버섯 중 임의로 13개를 택하여 비타민 B_1을 주었고, 나머지 11개는 주지 않았다. 일정기간 후에 이들 무게를 측정한 결과 다음의 자료를 얻었다. 비타민 B_1이 버섯재배에 효과가 있는지를 검정하여라($\alpha = 0.05$).

B_1을 안 준 것	18	14.5	13.5	12.5	23	24	21	17	18.5	9.5	14		
B_1을 준 것	27	34	20.5	29.5	20	28	20	26.5	22	24.5	34	35.5	19

12.5 런 검정

추측통계학의 대부분의 개념은 표본이 임의로 추출된 가정을 전제로 하고 있다. **런 검정**(run test)은 추출된 표본의 자료들이 실제로 임의추출로 이루어진 것인지를 검정하는 기법으로 **임의성 검정**(tests for randomness)이라고도 한다. 이 런 검정은 표본자료들이 얻어지는 순서에 기초를 둔다.

예를 들면 동전을 10개 던져서 나타난 앞면을 H, 뒷면을 T로 표시하고 10개에 대한 조사결과를 순서대로 기록하여 나타낸 것이 다음과 같다고 하자.

$$H\ T\ H\ H\ T\ T\ T\ H\ H\ H$$

이때 동일기호가 연속으로 나타나는 한 부분열들

$$(H)\ \ (T)\ \ (H\,H)\ \ (T\,T\,T)\ \ (H\,H\,H)$$

을 **런**(run)이라 하는데, 다른 말로 표현하면 같은 성질을 가진 표본값을 다른 종류의 표본값에 의하여 분단되지 않은 연속된 동질의 배열을 말한다. 그리고 한 런에서 기호(또는 문자)의 개수를 런의 크기(또는 길이)라 한다. 이 예에서는 5개의 런이 있으며 각 런의 크기는 1, 1, 2, 3, 3이다.

런 검정에서는 자료를 두 종류의 서로 배반적인 표본으로 분류한다. 즉, 앞면과 뒷면, 합격품과 불량품, 남자와 여자 등과 같은 것을 말한다. 그러므로 관측값은 출현되는 순서대로 항상 두 개의 기호의 나열로 이루어진다. n_1이 한 종류에 속하는 기호의 수를 나타내고, n_2가 다른 종류의 기호의 수를 나타낸다고 하면 표본의 크기는 $n = n_1 + n_2$가 된다. 이 예에서는 $n_1 = 6$, $n_2 = 4$이다.

다음 열의 경우를 보자.

$$H\ H\ H\ H\ H\ T\ T\ T\ T\ T$$

이와 같은 경우에는 H와 T가 우연히 일어난 배열(임의성 배열)로 보기가 어렵다. 그러면 런 검정의 기법을 알아보자.

런의 수를 나타내는 확률변수를 R이라 하면 임의성(randomness)에 대한 런 검정은 R의 분포에 기초를 둔다.

(a) H_0 : 측정값의 두 개의 표본은 임의로 추출된 것이다.

H_1 : H_0가 아니다.

(b) $\alpha = 0.05, n_1 \le 20$이고 $n_2 \le 20$.

(c) 검정통계량 R은 런의 수이다.

(d) 기각역을 구한다(부록의 표를 이용).

① 양측검정 H_1 : H_0가 아니다. 기각역은 $R \le a_1$ 또는 $R \ge a_2$이고, $P(R \le a_1) = \frac{\alpha}{2}$, $P(R \ge a_2) \le \frac{\alpha}{2}$인 최소/대값.

② 단측검정 H_1 : H_0가 아니다(왜냐하면 우연에 속하는 것으로는 런이 너무 적다). 기각역은 $R \le a_1$이고, $P(R \le a_1) \le \alpha$인 최댓값.

③ 단측검정 H_1 : H_0가 아니다(왜냐하면 우연에 속하는 것으로는 런이 너무 많다). 기각역은 $R \ge a_2$이고, $P(R \ge a_2) \le \alpha$인 최솟값.

예제 12.7

어떤 연구소의 연구원에 대해 채용된 순서별로 남자와 여자의 성별을 구분한 결과가 다음과 같다. 여기서 남자는 m, 여자는 w로 표기하였다.

$$m, m, m, w, m, m, m, m, w, w, w, m$$

채용된 순서는 랜덤하다고 할 수 있는지를 유의수준 $\alpha = 0.05$로 검정하여라.

풀이 (a) H_0 : 8명의 남자와 4명의 여자가 채용된 순서가 랜덤하다.

H_1 : H_0가 아니다.

(b) $\alpha = 0.05$, 남자의 수 $n_1 = 8$이고 여자의 수 $n_2 = 4, R = 5$이다.

(c) 부록의 표에 의하여 $n_1 = 8$, $n_2 = 4$일 때 이 검정을 위한 임계값은 하한 3과 상한 10이다. 그러므로 $R = 5 > 3$ 또는 $R = 5 < 10$이며 기각역 내에 속하지 않는다. 따라서 H_0를 채택한다. 즉, 남자와 여자의 채용순서는 임의성이 있다고 볼 수 있다.

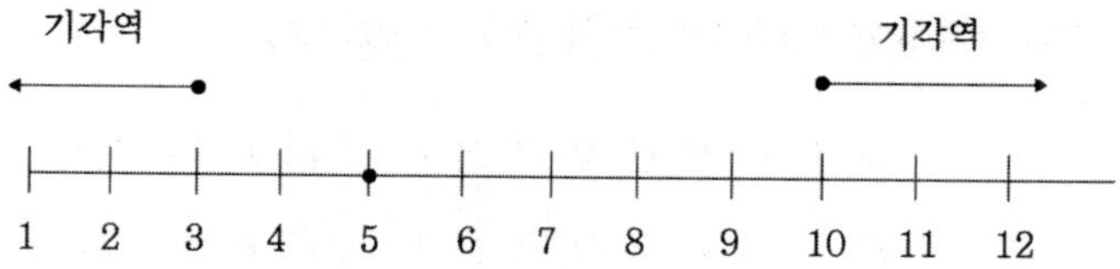

그림 12.3 검정통계량 R=5

R 시연

```
install.packages("DescTools")
library(DescTools)
Order = c("m", "m", "m", "w", "m", "m", "m", "m", "w", "w", "w", "m")
RunsTest(Order)
```

> **NOTE**
>
> $n_1 \geq 20, n_2 \geq 20$인 경우
>
> $\alpha \neq 0.05$ 그리고 n_1과 n_2가 20보다 크면 부록의 표에 나타나지 않기 때문에 R은 대체적으로 다음의 평균과 분산을 가진 정규분포에 의하여 검정을 할 수 있다. 즉,
>
> $$E(R) = \frac{2n_1 n_2}{n_1 + n_2} + 1$$
>
> $$V(R) = \frac{2n_1 n_2 (2n_1 n_2 - n_1 - n_2)}{(n_1 + n_2)^2 (n_1 + n_2 - 1)}$$
>
> 이며 검정통계량 Z는
>
> $$Z = \frac{R - \left(\frac{2n_1 n_2}{n_1 + n_2} + 1\right)}{\sqrt{\frac{2n_1 n_2 (2n_1 n_2 - n_1 - n_2)}{(n_1 + n_2)^2 (n_1 + n_2 - 1)}}}$$
>
> 이다. 이 Z는 근사적으로 표준정규분포 $N(0, 1^2)$을 따른다.

예제 12.8

S 전자회사에서 생산된 DVD가 양품과 불량품을 순서대로 나열한 결과가 다음과 같다면 임의로 나열되었다고 말할 수 있는지 알아 보기 위하여 런 검정을 실시하여라. 여기서 P는

양품을, D는 불량품을 나타내며 유의수준 $\alpha=0.05$이다.

$$D,\ P,\ P,\ P,\ P,\ D,\ P,\ P,\ P,\ P,\ D,\ P,\ P,\ P,\ P,$$
$$D,\ P,\ P,\ P,\ P,\ D,\ P,\ P,\ P,\ P,\ D,\ P,\ P,\ P,\ P$$

풀이 (a) H_0 : 배열은 랜덤하다. v.s. H_1 : H_0가 아니다.

(b) $\alpha=0.05$ 이고 $n_1=6=$불량품의 수, $n_2=24=$양품의 수

$R=12$, 정규분포의 근사를 이용한다.

$$E(R)=\frac{2n_1n_2}{n_1+n_2}+1=\frac{2\times6\times24}{6+24}+1=10.6$$

$$V(R)=\frac{2n_1n_2(2n_1n_2-n_1-n_2)}{(n_1+n_2)^2(n_1+n_2-1)}=\frac{74304}{26100}\simeq2.847$$

(c) 검정통계량의 값 Z는

$$Z=\frac{R-E(R)}{\sqrt{V(R)}}=\frac{12-10.6}{\sqrt{2.847}}\simeq\frac{1.4}{1.69}\simeq0.83$$

(d) $\alpha=0.05, |z_\alpha|=1.96$이고 $Z=0.83<1.96=z_\alpha$ 이므로 기각역 내에 있지 않다. 따라서 H_0를 채택한다. 즉, 이 열은 임의성이 있다고 말할 수 있다.

R 시연

```
install.packages("DescTools")
library(DescTools)
Data <- read.csv(file='12장_예제12.8.csv', header = TRUE)
attach(Data)
str(Data)

RunsTest(DVD)

detach(Data)
```

연습문제 30

1 어떤 작은 도시에서 유권자 15명을 임의추출하여 대학졸업 여부를 조사하였다. Y는 대학졸업, N은 대학졸업을 하지 않은 사람을 나타낸다고 할 때 다음과 같은 자료를 얻었다. 이 표본이 임의로 추출되었는지 검정하여라(유의수준 $\alpha=0.05$).

$$N\,N\,N\,N\,Y\,Y\,N\,Y\,Y\,N\,Y\,N\,N\,N\,N$$

2 어떤 식물의 병충해를 검사한 결과, 건강한 것과 병충해를 받은 것을 각각 H, I로 표시하고 다음의 자료를 얻었다. 병충해의 임의성에 대해서 유의수준 $\alpha=0.05$에서 검정하여라.

$$H\,H\,H\,H\,I\,H\,I\,I\,I\,H\,I\,I\,I$$

3 기계로 페인트를 용기에 분배하고 있다. 15개의 용기에 다음과 같이 분배하였다면 임의로 분배되었다고 할 수 있는지를 유의수준 $\alpha=0.05$에서 검정하여라(단위: l).

3.6 3.9 4.1 3.6 3.8 3.7 3.4 4.0 3.8 4.1 3.9 4.0 3.8 4.2 4.1

부록

누적분포표

1 이항분포표
2 포아송분포포
3 표준정규분포표
4 $t-$분포표
5 χ^2-분포표
6 $F-$분포표
7 부호검정의 기각값
8 윌콕슨 부호순위통계량의 임계값
9 윌콕슨 순위합 통계량의 누적분포표
10 런 검정에 있어서 R의 임계값 (유의수준 $\alpha = 0.05$)

부록 1 이항분포표

$$F(x) = P(X \leqq x) = \sum_{k=0}^{x} \binom{n}{k} p^k (1-p)^{n-k}$$

x		p										
		0.05	0.10	0.20	0.30	0.40	0.50	0.60	0.70	0.80	0.90	0.95
n=1	0	0.950	0.900	0.800	0.700	0.600	0.500	0.400	0.300	0.200	0.100	0.050
	1	1.000	1.000	1.000	1.000	1.000	1.000	1.000	1.000	1.000	1.000	1.000
n=2	0	0.903	0.810	0.640	0.490	0.360	0.250	0.160	0.090	0.040	0.010	0.003
	1	0.998	0.990	0.960	0.910	0.840	0.750	0.640	0.510	0.360	0.190	0.098
	2	1.000	1.000	1.000	1.000	1.000	1.000	1.000	1.000	1.000	1.000	1.000
n=3	0	0.857	0.729	0.512	0.343	0.216	0.125	0.064	0.027	0.008	0.001	0.000
	1	0.993	0.972	0.896	0.784	0.648	0.500	0.352	0.216	0.104	0.028	0.007
	2	1.000	0.999	0.992	0.973	0.936	0.875	0.784	0.657	0.488	0.271	0.143
	3	1.000	1.000	1.000	1.000	1.000	1.000	1.000	1.000	1.000	1.000	1.000
n=4	0	0.815	0.656	0.410	0.240	0.130	0.063	0.026	0.008	0.002	0.000	0.000
	1	0.986	0.948	0.819	0.652	0.475	0.313	0.179	0.084	0.027	0.004	0.000
	2	1.000	0.996	0.973	0.916	0.821	0.688	0.525	0.348	0.181	0.052	0.014
	3	1.000	1.000	0.998	0.992	0.974	0.938	0.870	0.760	0.590	0.344	0.185
	4	1.000	1.000	1.000	1.000	1.000	1.000	1.000	1.000	1.000	1.000	1.000
n=5	0	0.774	0.590	0.328	0.168	0.078	0.031	0.010	0.002	0.000	0.000	0.000
	1	0.977	0.919	0.737	0.528	0.337	0.188	0.087	0.031	0.007	0.000	0.000
	2	0.999	0.991	0.942	0.837	0.683	0.500	0.317	0.163	0.058	0.009	0.001
	3	1.000	1.000	0.993	0.969	0.913	0.813	0.663	0.472	0.263	0.081	0.023
	4	1.000	1.000	1.000	0.998	0.990	0.969	0.922	0.832	0.672	0.410	0.226
	5	1.000	1.000	1.000	1.000	1.000	1.000	1.000	1.000	1.000	1.000	1.000
n=6	0	0.735	0.531	0.262	0.118	0.047	0.016	0.004	0.001	0.000	0.000	0.000
	1	0.967	0.886	0.655	0.420	0.233	0.109	0.041	0.011	0.002	0.000	0.000
	2	0.998	0.984	0.901	0.744	0.544	0.344	0.179	0.070	0.017	0.001	0.000
	3	1.000	0.999	0.983	0.930	0.821	0.656	0.456	0.256	0.099	0.016	0.002
	4	1.000	1.000	0.998	0.989	0.959	0.891	0.767	0.580	0.345	0.114	0.033
	5	1.000	1.000	1.000	0.999	0.996	0.984	0.953	0.882	0.738	0.469	0.265
	6	1.000	1.000	1.000	1.000	1.000	1.000	1.000	1.000	1.000	1.000	1.000
n=7	0	0.698	0.478	0.210	0.082	0.028	0.008	0.002	0.000	0.000	0.000	0.000
	1	0.956	0.850	0.577	0.329	0.159	0.063	0.019	0.004	0.000	0.000	0.000
	2	0.996	0.974	0.852	0.647	0.420	0.227	0.096	0.029	0.005	0.000	0.000
	3	1.000	0.997	0.967	0.874	0.710	0.500	0.290	0.126	0.033	0.003	0.000
	4	1.000	1.000	0.995	0.971	0.904	0.773	0.580	0.353	0.148	0.026	0.004
	5	1.000	1.000	1.000	0.996	0.981	0.938	0.841	0.671	0.423	0.150	0.044
	6	1.000	1.000	1.000	1.000	0.998	0.992	0.972	0.918	0.790	0.522	0.302
	7	1.000	1.000	1.000	1.000	1.000	1.000	1.000	1.000	1.000	1.000	1.000

	x	p										
		0.05	0.10	0.20	0.30	0.40	0.50	0.60	0.70	0.80	0.90	0.95
	0	0.663	0.430	0.168	0.058	0.017	0.004	0.001	0.000	0.000	0.000	0.000
	1	0.943	0.813	0.503	0.255	0.106	0.035	0.009	0.001	0.000	0.000	0.000
	2	0.994	0.962	0.797	0.552	0.315	0.145	0.050	0.011	0.001	0.000	0.000
	3	1.000	0.995	0.944	0.806	0.594	0.363	0.174	0.058	0.010	0.000	0.000
n=8	4	1.000	1.000	0.990	0.942	0.826	0.637	0.406	0.194	0.056	0.005	0.000
	5	1.000	1.000	0.999	0.989	0.950	0.855	0.685	0.448	0.203	0.038	0.006
	6	1.000	1.000	1.000	0.999	0.991	0.965	0.894	0.745	0.497	0.187	0.057
	7	1.000	1.000	1.000	1.000	0.999	0.996	0.983	0.942	0.832	0.570	0.337
	8	1.000	1.000	1.000	1.000	1.000	1.000	1.000	1.000	1.000	1.000	1.000
	0	0.630	0.387	0.134	0.040	0.010	0.002	0.000	0.000	0.000	0.000	0.000
	1	0.929	0.775	0.436	0.196	0.071	0.020	0.004	0.000	0.000	0.000	0.000
	2	0.992	0.947	0.738	0.463	0.232	0.090	0.025	0.004	0.000	0.000	0.000
	3	0.999	0.992	0.914	0.730	0.483	0.254	0.099	0.025	0.003	0.000	0.000
n=9	4	1.000	0.999	0.980	0.901	0.733	0.500	0.267	0.099	0.020	0.001	0.000
	5	1.000	1.000	0.997	0.975	0.901	0.746	0.517	0.270	0.086	0.008	0.001
	6	1.000	1.000	1.000	0.996	0.975	0.910	0.768	0.537	0.262	0.053	0.008
	7	1.000	1.000	1.000	1.000	0.996	0.980	0.929	0.804	0.564	0.225	0.071
	8	1.000	1.000	1.000	1.000	1.000	0.998	0.990	0.960	0.866	0.613	0.370
	9	1.000	1.000	1.000	1.000	1.000	1.000	1.000	1.000	1.000	1.000	1.000
	0	0.599	0.349	0.107	0.028	0.006	0.001	0.000	0.000	0.000	0.000	0.000
	1	0.914	0.736	0.376	0.149	0.046	0.011	0.002	0.000	0.000	0.000	0.000
	2	0.988	0.930	0.678	0.383	0.167	0.055	0.012	0.002	0.000	0.000	0.000
	3	0.999	0.987	0.879	0.650	0.382	0.172	0.055	0.011	0.001	0.000	0.000
	4	1.000	0.998	0.967	0.850	0.633	0.377	0.166	0.047	0.006	0.000	0.000
n=10	5	1.000	1.000	0.994	0.953	0.834	0.623	0.367	0.150	0.033	0.002	0.000
	6	1.000	1.000	0.999	0.989	0.945	0.828	0.618	0.350	0.121	0.013	0.001
	7	1.000	1.000	1.000	0.998	0.988	0.945	0.833	0.617	0.322	0.070	0.012
	8	1.000	1.000	1.000	1.000	0.998	0.989	0.954	0.851	0.624	0.264	0.086
	9	1.000	1.000	1.000	1.000	1.000	0.999	0.994	0.972	0.893	0.651	0.401
	10	1.000	1.000	1.000	1.000	1.000	1.000	1.000	1.000	1.000	1.000	1.000
	0	0.569	0.314	0.086	0.020	0.004	0.000	0.000	0.000	0.000	0.000	0.000
	1	0.898	0.697	0.322	0.113	0.030	0.006	0.001	0.000	0.000	0.000	0.000
	2	0.985	0.910	0.617	0.313	0.119	0.033	0.006	0.001	0.000	0.000	0.000
	3	0.998	0.981	0.839	0.570	0.296	0.113	0.029	0.004	0.000	0.000	0.000
	4	1.000	0.997	0.950	0.790	0.533	0.274	0.099	0.022	0.002	0.000	0.000
	5	1.000	1.000	0.988	0.922	0.753	0.500	0.247	0.078	0.012	0.000	0.000
n=11	6	1.000	1.000	0.998	0.978	0.901	0.726	0.467	0.210	0.050	0.003	0.000
	7	1.000	1.000	1.000	0.996	0.971	0.887	0.704	0.430	0.161	0.019	0.002
	8	1.000	1.000	1.000	0.999	0.994	0.967	0.881	0.687	0.383	0.090	0.015
	9	1.000	1.000	1.000	1.000	0.999	0.994	0.970	0.887	0.678	0.303	0.102
	10	1.000	1.000	1.000	1.000	1.000	1.000	0.996	0.980	0.914	0.686	0.431
	11	1.000	1.000	1.000	1.000	1.000	1.000	1.000	1.000	1.000	1.000	1.000

	x	p										
		0.05	0.10	0.20	0.30	0.40	0.50	0.60	0.70	0.80	0.90	0.95
n=12	0	0.540	0.282	0.069	0.014	0.002	0.000	0.000	0.000	0.000	0.000	0.000
	1	0.882	0.659	0.275	0.085	0.020	0.003	0.000	0.000	0.000	0.000	0.000
	2	0.980	0.889	0.558	0.253	0.083	0.019	0.003	0.000	0.000	0.000	0.000
	3	0.998	0.974	0.795	0.493	0.225	0.073	0.015	0.002	0.000	0.000	0.000
	4	1.000	0.996	0.927	0.724	0.438	0.194	0.057	0.009	0.001	0.000	0.000
	5	1.000	0.999	0.981	0.882	0.665	0.387	0.158	0.039	0.004	0.000	0.000
	6	1.000	1.000	0.996	0.961	0.842	0.613	0.335	0.118	0.019	0.001	0.000
	7	1.000	1.000	0.999	0.991	0.943	0.806	0.562	0.276	0.073	0.004	0.000
	8	1.000	1.000	1.000	0.998	0.985	0.927	0.775	0.507	0.205	0.026	0.002
	9	1.000	1.000	1.000	1.000	0.997	0.981	0.917	0.747	0.442	0.111	0.020
	10	1.000	1.000	1.000	1.000	1.000	0.997	0.980	0.915	0.725	0.341	0.118
	11	1.000	1.000	1.000	1.000	1.000	1.000	0.998	0.986	0.931	0.718	0.460
	12	1.000	1.000	1.000	1.000	1.000	1.000	1.000	1.000	1.000	1.000	1.000
n=13	0	0.513	0.254	0.055	0.010	0.001	0.000	0.000	0.000	0.000	0.000	0.000
	1	0.865	0.621	0.234	0.064	0.013	0.002	0.000	0.000	0.000	0.000	0.000
	2	0.975	0.866	0.502	0.202	0.058	0.011	0.001	0.000	0.000	0.000	0.000
	3	0.997	0.966	0.747	0.421	0.169	0.046	0.008	0.001	0.000	0.000	0.000
	4	1.000	0.994	0.901	0.654	0.353	0.133	0.032	0.004	0.000	0.000	0.000
	5	1.000	0.999	0.970	0.835	0.574	0.291	0.098	0.018	0.001	0.000	0.000
	6	1.000	1.000	0.993	0.938	0.771	0.500	0.229	0.062	0.007	0.000	0.000
	7	1.000	1.000	0.999	0.982	0.902	0.709	0.426	0.165	0.030	0.001	0.000
	8	1.000	1.000	1.000	0.996	0.968	0.867	0.647	0.346	0.099	0.006	0.000
	9	1.000	1.000	1.000	0.999	0.992	0.954	0.831	0.579	0.253	0.034	0.003
	10	1.000	1.000	1.000	1.000	0.999	0.989	0.942	0.798	0.498	0.134	0.025
	11	1.000	1.000	1.000	1.000	1.000	0.998	0.987	0.936	0.766	0.379	0.135
	12	1.000	1.000	1.000	1.000	1.000	1.000	0.999	0.990	0.945	0.746	0.487
	13	1.000	1.000	1.000	1.000	1.000	1.000	1.000	1.000	1.000	1.000	1.000
n=14	0	0.488	0.229	0.044	0.007	0.001	0.000	0.000	0.000	0.000	0.000	0.000
	1	0.847	0.585	0.198	0.047	0.008	0.001	0.000	0.000	0.000	0.000	0.000
	2	0.970	0.842	0.448	0.161	0.040	0.006	0.001	0.000	0.000	0.000	0.000
	3	0.996	0.956	0.698	0.355	0.124	0.029	0.004	0.000	0.000	0.000	0.000
	4	1.000	0.991	0.870	0.584	0.279	0.090	0.018	0.002	0.000	0.000	0.000
	5	1.000	0.999	0.956	0.781	0.486	0.212	0.058	0.008	0.000	0.000	0.000
	6	1.000	1.000	0.988	0.907	0.692	0.395	0.150	0.031	0.002	0.000	0.000
	7	1.000	1.000	0.998	0.969	0.850	0.605	0.308	0.093	0.012	0.000	0.000
	8	1.000	1.000	1.000	0.992	0.942	0.788	0.514	0.219	0.044	0.001	0.000
	9	1.000	1.000	1.000	0.998	0.982	0.910	0.721	0.416	0.130	0.009	0.000
	10	1.000	1.000	1.000	1.000	0.996	0.971	0.876	0.645	0.302	0.044	0.004
	11	1.000	1.000	1.000	1.000	0.999	0.994	0.960	0.839	0.552	0.158	0.030
	12	1.000	1.000	1.000	1.000	1.000	0.999	0.992	0.953	0.802	0.415	0.153
	13	1.000	1.000	1.000	1.000	1.000	1.000	0.999	0.993	0.956	0.771	0.512
	14	1.000	1.000	1.000	1.000	1.000	1.000	1.000	1.000	1.000	1.000	1.000

	x	p										
		0.05	0.10	0.20	0.30	0.40	0.50	0.60	0.70	0.80	0.90	0.95
n=15	0	0.463	0.206	0.035	0.005	0.000	0.000	0.000	0.000	0.000	0.000	0.000
	1	0.829	0.549	0.167	0.035	0.005	0.000	0.000	0.000	0.000	0.000	0.000
	2	0.964	0.816	0.398	0.127	0.027	0.004	0.000	0.000	0.000	0.000	0.000
	3	0.995	0.944	0.648	0.297	0.091	0.018	0.002	0.000	0.000	0.000	0.000
	4	0.999	0.987	0.836	0.515	0.217	0.059	0.009	0.001	0.000	0.000	0.000
	5	1.000	0.998	0.939	0.722	0.403	0.151	0.034	0.004	0.000	0.000	0.000
	6	1.000	1.000	0.982	0.869	0.610	0.304	0.095	0.015	0.001	0.000	0.000
	7	1.000	1.000	0.996	0.950	0.787	0.500	0.213	0.050	0.004	0.000	0.000
	8	1.000	1.000	0.999	0.985	0.905	0.696	0.390	0.131	0.018	0.000	0.000
	9	1.000	1.000	1.000	0.996	0.966	0.849	0.597	0.278	0.061	0.002	0.000
	10	1.000	1.000	1.000	0.999	0.991	0.941	0.783	0.485	0.164	0.013	0.001
	11	1.000	1.000	1.000	1.000	0.998	0.982	0.909	0.703	0.352	0.056	0.005
	12	1.000	1.000	1.000	1.000	1.000	0.996	0.973	0.873	0.602	0.184	0.036
	13	1.000	1.000	1.000	1.000	1.000	1.000	0.995	0.965	0.833	0.451	0.171
	14	1.000	1.000	1.000	1.000	1.000	1.000	1.000	0.995	0.965	0.794	0.537
	15	1.000	1.000	1.000	1.000	1.000	1.000	1.000	1.000	1.000	1.000	1.000
n=16	0	0.440	0.185	0.028	0.003	0.000	0.000	0.000	0.000	0.000	0.000	0.000
	1	0.811	0.515	0.141	0.026	0.003	0.000	0.000	0.000	0.000	0.000	0.000
	2	0.957	0.789	0.352	0.099	0.018	0.002	0.000	0.000	0.000	0.000	0.000
	3	0.993	0.932	0.598	0.246	0.065	0.011	0.001	0.000	0.000	0.000	0.000
	4	0.999	0.983	0.798	0.450	0.167	0.038	0.005	0.000	0.000	0.000	0.000
	5	1.000	0.997	0.918	0.660	0.329	0.105	0.019	0.002	0.000	0.000	0.000
	6	1.000	0.999	0.973	0.825	0.527	0.227	0.058	0.007	0.000	0.000	0.000
	7	1.000	1.000	0.993	0.926	0.716	0.402	0.142	0.026	0.001	0.000	0.000
	8	1.000	1.000	0.999	0.974	0.858	0.598	0.284	0.074	0.007	0.000	0.000
	9	1.000	1.000	1.000	0.993	0.942	0.773	0.473	0.175	0.027	0.001	0.000
	10	1.000	1.000	1.000	0.998	0.981	0.895	0.671	0.340	0.082	0.003	0.000
	11	1.000	1.000	1.000	1.000	0.995	0.962	0.833	0.550	0.202	0.017	0.001
	12	1.000	1.000	1.000	1.000	0.999	0.989	0.935	0.754	0.402	0.068	0.007
	13	1.000	1.000	1.000	1.000	1.000	0.998	0.982	0.901	0.648	0.211	0.043
	14	1.000	1.000	1.000	1.000	1.000	1.000	0.997	0.974	0.859	0.485	0.189
	15	1.000	1.000	1.000	1.000	1.000	1.000	1.000	0.997	0.972	0.815	0.560
	16	1.000	1.000	1.000	1.000	1.000	1.000	1.000	1.000	1.000	1.000	1.000

x		p										
		0.05	0.10	0.20	0.30	0.40	0.50	0.60	0.70	0.80	0.90	0.95
n=17	0	0.418	0.167	0.023	0.002	0.000	0.000	0.000	0.000	0.000	0.000	0.000
	1	0.792	0.482	0.118	0.019	0.002	0.000	0.000	0.000	0.000	0.000	0.000
	2	0.950	0.762	0.310	0.077	0.012	0.001	0.000	0.000	0.000	0.000	0.000
	3	0.991	0.917	0.549	0.202	0.046	0.006	0.000	0.000	0.000	0.000	0.000
	4	0.999	0.978	0.758	0.389	0.126	0.025	0.003	0.000	0.000	0.000	0.000
	5	1.000	0.995	0.894	0.597	0.264	0.072	0.011	0.001	0.000	0.000	0.000
	6	1.000	0.999	0.962	0.775	0.448	0.166	0.035	0.003	0.000	0.000	0.000
	7	1.000	1.000	0.989	0.895	0.641	0.315	0.092	0.013	0.000	0.000	0.000
	8	1.000	1.000	0.997	0.960	0.801	0.500	0.199	0.040	0.003	0.000	0.000
	9	1.000	1.000	1.000	0.987	0.908	0.685	0.359	0.105	0.011	0.000	0.000
	10	1.000	1.000	1.000	0.997	0.965	0.834	0.552	0.225	0.038	0.001	0.000
	11	1.000	1.000	1.000	0.999	0.989	0.928	0.736	0.403	0.106	0.005	0.000
	12	1.000	1.000	1.000	1.000	0.997	0.975	0.874	0.611	0.242	0.022	0.001
	13	1.000	1.000	1.000	1.000	1.000	0.994	0.954	0.798	0.451	0.083	0.009
	14	1.000	1.000	1.000	1.000	1.000	0.999	0.988	0.923	0.690	0.238	0.050
	15	1.000	1.000	1.000	1.000	1.000	1.000	0.998	0.981	0.882	0.518	0.208
	16	1.000	1.000	1.000	1.000	1.000	1.000	1.000	0.998	0.977	0.833	0.582
	17	1.000	1.000	1.000	1.000	1.000	1.000	1.000	1.000	1.000	1.000	1.000
n=18	0	0.397	0.150	0.018	0.002	0.000	0.000	0.000	0.000	0.000	0.000	0.000
	1	0.774	0.450	0.099	0.014	0.001	0.000	0.000	0.000	0.000	0.000	0.000
	2	0.942	0.734	0.271	0.060	0.008	0.001	0.000	0.000	0.000	0.000	0.000
	3	0.989	0.902	0.501	0.165	0.033	0.004	0.000	0.000	0.000	0.000	0.000
	4	0.998	0.972	0.716	0.333	0.094	0.015	0.001	0.000	0.000	0.000	0.000
	5	1.000	0.994	0.867	0.534	0.209	0.048	0.006	0.000	0.000	0.000	0.000
	6	1.000	0.999	0.949	0.722	0.374	0.119	0.020	0.001	0.000	0.000	0.000
	7	1.000	1.000	0.984	0.859	0.563	0.240	0.058	0.006	0.000	0.000	0.000
	8	1.000	1.000	0.996	0.940	0.737	0.407	0.135	0.021	0.001	0.000	0.000
	9	1.000	1.000	0.999	0.979	0.865	0.593	0.263	0.060	0.004	0.000	0.000
	10	1.000	1.000	1.000	0.994	0.942	0.760	0.437	0.141	0.016	0.000	0.000
	11	1.000	1.000	1.000	0.999	0.980	0.881	0.626	0.278	0.051	0.001	0.000
	12	1.000	1.000	1.000	1.000	0.994	0.952	0.791	0.466	0.133	0.006	0.000
	13	1.000	1.000	1.000	1.000	0.999	0.985	0.906	0.667	0.284	0.028	0.002
	14	1.000	1.000	1.000	1.000	1.000	0.996	0.967	0.835	0.499	0.098	0.011
	15	1.000	1.000	1.000	1.000	1.000	0.999	0.992	0.940	0.729	0.266	0.058
	16	1.000	1.000	1.000	1.000	1.000	1.000	0.999	0.986	0.901	0.550	0.226
	17	1.000	1.000	1.000	1.000	1.000	1.000	1.000	0.998	0.982	0.850	0.603
	18	1.000	1.000	1.000	1.000	1.000	1.000	1.000	1.000	1.000	1.000	1.000

x		p										
		0.05	0.10	0.20	0.30	0.40	0.50	0.60	0.70	0.80	0.90	0.95
n=19	0	0.377	0.135	0.014	0.001	0.000	0.000	0.000	0.000	0.000	0.000	0.000
	1	0.755	0.420	0.083	0.010	0.001	0.000	0.000	0.000	0.000	0.000	0.000
	2	0.933	0.705	0.237	0.046	0.005	0.000	0.000	0.000	0.000	0.000	0.000
	3	0.987	0.885	0.455	0.133	0.023	0.002	0.000	0.000	0.000	0.000	0.000
	4	0.998	0.965	0.673	0.282	0.070	0.010	0.001	0.000	0.000	0.000	0.000
	5	1.000	0.991	0.837	0.474	0.163	0.032	0.003	0.000	0.000	0.000	0.000
	6	1.000	0.998	0.932	0.666	0.308	0.084	0.012	0.001	0.000	0.000	0.000
	7	1.000	1.000	0.977	0.818	0.488	0.180	0.035	0.003	0.000	0.000	0.000
	8	1.000	1.000	0.993	0.916	0.667	0.324	0.088	0.011	0.000	0.000	0.000
	9	1.000	1.000	0.998	0.967	0.814	0.500	0.186	0.033	0.002	0.000	0.000
	10	1.000	1.000	1.000	0.989	0.912	0.676	0.333	0.084	0.007	0.000	0.000
	11	1.000	1.000	1.000	0.997	0.965	0.820	0.512	0.182	0.023	0.000	0.000
	12	1.000	1.000	1.000	0.999	0.988	0.916	0.692	0.334	0.068	0.002	0.000
	13	1.000	1.000	1.000	1.000	0.997	0.968	0.837	0.526	0.163	0.009	0.000
	14	1.000	1.000	1.000	1.000	0.999	0.990	0.930	0.718	0.327	0.035	0.002
	15	1.000	1.000	1.000	1.000	1.000	0.998	0.977	0.867	0.545	0.115	0.013
	16	1.000	1.000	1.000	1.000	1.000	1.000	0.995	0.954	0.763	0.295	0.067
	17	1.000	1.000	1.000	1.000	1.000	1.000	0.999	0.990	0.917	0.580	0.245
	18	1.000	1.000	1.000	1.000	1.000	1.000	1.000	0.999	0.986	0.865	0.623
	19	1.000	1.000	1.000	1.000	1.000	1.000	1.000	1.000	1.000	1.000	1.000
n=20	0	0.358	0.122	0.012	0.001	0.000	0.000	0.000	0.000	0.000	0.000	0.000
	1	0.736	0.392	0.069	0.008	0.001	0.000	0.000	0.000	0.000	0.000	0.000
	2	0.925	0.677	0.206	0.035	0.004	0.000	0.000	0.000	0.000	0.000	0.000
	3	0.984	0.867	0.411	0.107	0.016	0.001	0.000	0.000	0.000	0.000	0.000
	4	0.997	0.957	0.630	0.238	0.051	0.006	0.000	0.000	0.000	0.000	0.000
	5	1.000	0.989	0.804	0.416	0.126	0.021	0.002	0.000	0.000	0.000	0.000
	6	1.000	0.998	0.913	0.608	0.250	0.058	0.006	0.000	0.000	0.000	0.000
	7	1.000	1.000	0.968	0.772	0.416	0.132	0.021	0.001	0.000	0.000	0.000
	8	1.000	1.000	0.990	0.887	0.596	0.252	0.057	0.005	0.000	0.000	0.000
	9	1.000	1.000	0.997	0.952	0.755	0.412	0.128	0.017	0.001	0.000	0.000
	10	1.000	1.000	0.999	0.983	0.872	0.588	0.245	0.048	0.003	0.000	0.000
	11	1.000	1.000	1.000	0.995	0.943	0.748	0.404	0.113	0.010	0.000	0.000
	12	1.000	1.000	1.000	0.999	0.979	0.868	0.584	0.228	0.032	0.000	0.000
	13	1.000	1.000	1.000	1.000	0.994	0.942	0.750	0.392	0.087	0.002	0.000
	14	1.000	1.000	1.000	1.000	0.998	0.979	0.874	0.584	0.196	0.011	0.000
	15	1.000	1.000	1.000	1.000	1.000	0.994	0.949	0.762	0.370	0.043	0.003
	16	1.000	1.000	1.000	1.000	1.000	0.999	0.984	0.893	0.589	0.133	0.016
	17	1.000	1.000	1.000	1.000	1.000	1.000	0.996	0.965	0.794	0.323	0.075
	18	1.000	1.000	1.000	1.000	1.000	1.000	0.999	0.992	0.931	0.608	0.264
	19	1.000	1.000	1.000	1.000	1.000	1.000	1.000	0.999	0.988	0.878	0.642
	20	1.000	1.000	1.000	1.000	1.000	1.000	1.000	1.000	1.000	1.000	1.000

부록 2 포아송분포표

$$F(x) = P(X \leq x) = \sum_{k=0}^{x} \frac{e^{-\lambda}\lambda^k}{k!}$$

		$\lambda = E(X)$									
		0.1	0.2	0.3	0.4	0.5	0.6	0.7	0.8	0.9	1.0
x	0	0.905	0.819	0.741	0.670	0.607	0.549	0.497	0.449	0.407	0.368
	1	0.995	0.982	0.963	0.938	0.910	0.878	0.844	0.809	0.772	0.736
	2	1.000	0.999	0.996	0.992	0.986	0.977	0.966	0.953	0.937	0.920
	3	1.000	1.000	1.000	0.999	0.998	0.997	0.994	0.991	0.987	0.981
	4	1.000	1.000	1.000	1.000	1.000	1.000	0.999	0.999	0.998	0.996
	5	1.000	1.000	1.000	1.000	1.000	1.000	1.000	1.000	1.000	0.999
	6	1.000	1.000	1.000	1.000	1.000	1.000	1.000	1.000	1.000	1.000
	7	1.000	1.000	1.000	1.000	1.000	1.000	1.000	1.000	1.000	1.000

		$\lambda = E(X)$									
		1.1	1.2	1.3	1.4	1.5	1.6	1.7	1.8	1.9	2.0
x	0	0.333	0.301	0.273	0.247	0.223	0.202	0.183	0.165	0.150	0.135
	1	0.699	0.663	0.627	0.592	0.558	0.525	0.493	0.463	0.434	0.406
	2	0.900	0.879	0.857	0.833	0.809	0.783	0.757	0.731	0.704	0.677
	3	0.974	0.966	0.957	0.946	0.934	0.921	0.907	0.891	0.875	0.857
	4	0.995	0.992	0.989	0.986	0.981	0.976	0.970	0.964	0.956	0.947
	5	0.999	0.998	0.998	0.997	0.996	0.994	0.992	0.990	0.987	0.983
	6	1.000	1.000	1.000	0.999	0.999	0.999	0.998	0.997	0.997	0.995
	7	1.000	1.000	1.000	1.000	1.000	1.000	1.000	0.999	0.999	0.999
	8	1.000	1.000	1.000	1.000	1.000	1.000	1.000	1.000	1.000	1.000
	9	1.000	1.000	1.000	1.000	1.000	1.000	1.000	1.000	1.000	1.000

		$\lambda = E(X)$									
		2.1	2.2	2.3	2.4	2.5	2.6	2.7	2.8	2.9	3.0
x	0	0.122	0.111	0.100	0.091	0.082	0.074	0.067	0.061	0.055	0.050
	1	0.380	0.355	0.331	0.308	0.287	0.267	0.249	0.231	0.215	0.199
	2	0.650	0.623	0.596	0.570	0.544	0.518	0.494	0.469	0.446	0.423
	3	0.839	0.819	0.799	0.779	0.758	0.736	0.714	0.692	0.670	0.647
	4	0.938	0.928	0.916	0.904	0.891	0.877	0.863	0.848	0.832	0.815
	5	0.980	0.975	0.970	0.964	0.958	0.951	0.943	0.935	0.926	0.916
	6	0.994	0.993	0.991	0.988	0.986	0.983	0.979	0.976	0.971	0.966
	7	0.999	0.998	0.997	0.997	0.996	0.995	0.993	0.992	0.990	0.988
	8	1.000	1.000	0.999	0.999	0.999	0.999	0.998	0.998	0.997	0.996
	9	1.000	1.000	1.000	1.000	1.000	1.000	0.999	0.999	0.999	0.999
	10	1.000	1.000	1.000	1.000	1.000	1.000	1.000	1.000	1.000	1.000
	11	1.000	1.000	1.000	1.000	1.000	1.000	1.000	1.000	1.000	1.000
	12	1.000	1.000	1.000	1.000	1.000	1.000	1.000	1.000	1.000	1.000

	$\lambda = E(X)$									
x	3.1	3.2	3.3	3.4	3.5	3.6	3.7	3.8	3.9	4.0
0	0.045	0.041	0.037	0.033	0.030	0.027	0.025	0.022	0.020	0.018
1	0.185	0.171	0.159	0.147	0.136	0.126	0.116	0.107	0.099	0.092
2	0.401	0.380	0.359	0.340	0.321	0.303	0.285	0.269	0.253	0.238
3	0.625	0.603	0.580	0.558	0.537	0.515	0.494	0.473	0.453	0.433
4	0.798	0.781	0.763	0.744	0.725	0.706	0.687	0.668	0.648	0.629
5	0.906	0.895	0.883	0.871	0.858	0.844	0.830	0.816	0.801	0.785
6	0.961	0.955	0.949	0.942	0.935	0.927	0.918	0.909	0.899	0.889
7	0.986	0.983	0.980	0.977	0.973	0.969	0.965	0.960	0.955	0.949
8	0.995	0.994	0.993	0.992	0.990	0.988	0.986	0.984	0.981	0.979
9	0.999	0.998	0.998	0.997	0.997	0.996	0.995	0.994	0.993	0.992
10	1.000	1.000	0.999	0.999	0.999	0.999	0.998	0.998	0.998	0.997
11	1.000	1.000	1.000	1.000	1.000	1.000	1.000	0.999	0.999	0.999
12	1.000	1.000	1.000	1.000	1.000	1.000	1.000	1.000	1.000	1.000
13	1.000	1.000	1.000	1.000	1.000	1.000	1.000	1.000	1.000	1.000
14	1.000	1.000	1.000	1.000	1.000	1.000	1.000	1.000	1.000	1.000

	$\lambda = E(X)$									
x	4.5	5.0	5.5	6.0	6.5	7.0	7.5	8.0	8.5	9.0
0	0.011	0.007	0.004	0.002	0.002	0.001	0.001	0.000	0.000	0.000
1	0.061	0.040	0.027	0.017	0.011	0.007	0.005	0.003	0.002	0.001
2	0.174	0.125	0.088	0.062	0.043	0.030	0.020	0.014	0.009	0.006
3	0.342	0.265	0.202	0.151	0.112	0.082	0.059	0.042	0.030	0.021
4	0.532	0.440	0.358	0.285	0.224	0.173	0.132	0.100	0.074	0.055
5	0.703	0.616	0.529	0.446	0.369	0.301	0.241	0.191	0.150	0.116
6	0.831	0.762	0.686	0.606	0.527	0.450	0.378	0.313	0.256	0.207
7	0.913	0.867	0.809	0.744	0.673	0.599	0.525	0.453	0.386	0.324
8	0.960	0.932	0.894	0.847	0.792	0.729	0.662	0.593	0.523	0.456
9	0.983	0.968	0.946	0.916	0.877	0.830	0.776	0.717	0.653	0.587
10	0.993	0.986	0.975	0.957	0.933	0.901	0.862	0.816	0.763	0.706
11	0.998	0.995	0.989	0.980	0.966	0.947	0.921	0.888	0.849	0.803
12	0.999	0.998	0.996	0.991	0.984	0.973	0.957	0.936	0.909	0.876
13	1.000	0.999	0.998	0.996	0.993	0.987	0.978	0.966	0.949	0.926
14	1.000	1.000	0.999	0.999	0.997	0.994	0.990	0.983	0.973	0.959
15	1.000	1.000	1.000	0.999	0.999	0.998	0.995	0.992	0.986	0.978
16	1.000	1.000	1.000	1.000	1.000	0.999	0.998	0.996	0.993	0.989
17	1.000	1.000	1.000	1.000	1.000	1.000	0.999	0.998	0.997	0.995
18	1.000	1.000	1.000	1.000	1.000	1.000	1.000	0.999	0.999	0.998
19	1.000	1.000	1.000	1.000	1.000	1.000	1.000	1.000	0.999	0.999
20	1.000	1.000	1.000	1.000	1.000	1.000	1.000	1.000	1.000	1.000
21	1.000	1.000	1.000	1.000	1.000	1.000	1.000	1.000	1.000	1.000
22	1.000	1.000	1.000	1.000	1.000	1.000	1.000	1.000	1.000	1.000

부록 3 표준정규분포표

$$\Phi(z) = P(Z \leq z) = \int_{-\infty}^{z} \frac{1}{\sqrt{2\pi}} e^{-\frac{x^2}{2}} dx = 1 - \alpha$$

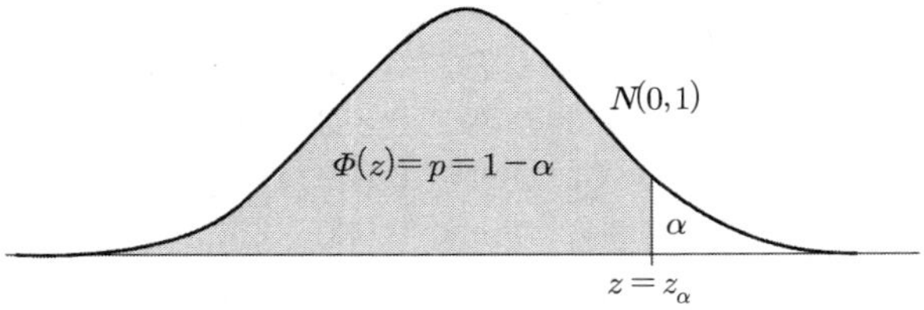

z	−0.09	−0.08	−0.07	−0.06	−0.05	−0.04	−0.03	−0.02	−0.01	0.00
−3.9	0.0000	0.0000	0.0000	0.0000	0.0000	0.0000	0.0000	0.0000	0.0000	0.0000
−3.8	0.0001	0.0001	0.0001	0.0001	0.0001	0.0001	0.0001	0.0001	0.0001	0.0001
−3.7	0.0001	0.0001	0.0001	0.0001	0.0001	0.0001	0.0001	0.0001	0.0001	0.0001
−3.6	0.0001	0.0001	0.0001	0.0001	0.0001	0.0001	0.0001	0.0001	0.0002	0.0002
−3.5	0.0002	0.0002	0.0002	0.0002	0.0002	0.0002	0.0002	0.0002	0.0002	0.0002
−3.4	0.0002	0.0003	0.0003	0.0003	0.0003	0.0003	0.0003	0.0003	0.0003	0.0003
−3.3	0.0003	0.0004	0.0004	0.0004	0.0004	0.0004	0.0004	0.0005	0.0005	0.0005
−3.2	0.0005	0.0005	0.0005	0.0006	0.0006	0.0006	0.0006	0.0006	0.0007	0.0007
−3.1	0.0007	0.0007	0.0008	0.0008	0.0008	0.0008	0.0009	0.0009	0.0009	0.0010
−3.0	0.0010	0.0010	0.0011	0.0011	0.0011	0.0012	0.0012	0.0013	0.0013	0.0013
−2.9	0.0014	0.0014	0.0015	0.0015	0.0016	0.0016	0.0017	0.0018	0.0018	0.0019
−2.8	0.0019	0.0020	0.0021	0.0021	0.0022	0.0023	0.0023	0.0024	0.0025	0.0026
−2.7	0.0026	0.0027	0.0028	0.0029	0.0030	0.0031	0.0032	0.0033	0.0034	0.0035
−2.6	0.0036	0.0037	0.0038	0.0039	0.0040	0.0041	0.0043	0.0044	0.0045	0.0047
−2.5	0.0048	0.0049	0.0051	0.0052	0.0054	0.0055	0.0057	0.0059	0.0060	0.0062
−2.4	0.0064	0.0066	0.0068	0.0069	0.0071	0.0073	0.0075	0.0078	0.0080	0.0082
−2.3	0.0084	0.0087	0.0089	0.0091	0.0094	0.0096	0.0099	0.0102	0.0104	0.0107
−2.2	0.0110	0.0113	0.0116	0.0119	0.0122	0.0125	0.0129	0.0132	0.0136	0.0139
−2.1	0.0143	0.0146	0.0150	0.0154	0.0158	0.0162	0.0166	0.0170	0.0174	0.0179
−2.0	0.0183	0.0188	0.0192	0.0197	0.0202	0.0207	0.0212	0.0217	0.0222	0.0228
−1.9	0.0233	0.0239	0.0244	0.0250	0.0256	0.0262	0.0268	0.0274	0.0281	0.0287
−1.8	0.0294	0.0301	0.0307	0.0314	0.0322	0.0329	0.0336	0.0344	0.0351	0.0359
−1.7	0.0367	0.0375	0.0384	0.0392	0.0401	0.0409	0.0418	0.0427	0.0436	0.0446
−1.6	0.0455	0.0465	0.0475	0.0485	0.0495	0.0505	0.0516	0.0526	0.0537	0.0548
−1.5	0.0559	0.0571	0.0582	0.0594	0.0606	0.0618	0.0630	0.0643	0.0655	0.0668
−1.4	0.0681	0.0694	0.0708	0.0721	0.0735	0.0749	0.0764	0.0778	0.0793	0.0808
−1.3	0.0823	0.0838	0.0853	0.0869	0.0885	0.0901	0.0918	0.0934	0.0951	0.0968
−1.2	0.0985	0.1003	0.1020	0.1038	0.1056	0.1075	0.1093	0.1112	0.1131	0.1151
−1.1	0.1170	0.1190	0.1210	0.1230	0.1251	0.1271	0.1292	0.1314	0.1335	0.1357
−1.0	0.1379	0.1401	0.1423	0.1446	0.1469	0.1492	0.1515	0.1539	0.1562	0.1587
−0.9	0.1611	0.1635	0.1660	0.1685	0.1711	0.1736	0.1762	0.1788	0.1814	0.1841
−0.8	0.1867	0.1894	0.1922	0.1949	0.1977	0.2005	0.2033	0.2061	0.2090	0.2119
−0.7	0.2148	0.2177	0.2206	0.2236	0.2266	0.2296	0.2327	0.2358	0.2389	0.2420
−0.6	0.2451	0.2483	0.2514	0.2546	0.2578	0.2611	0.2643	0.2676	0.2709	0.2743
−0.5	0.2776	0.2810	0.2843	0.2877	0.2912	0.2946	0.2981	0.3015	0.3050	0.3085
−0.4	0.3121	0.3156	0.3192	0.3228	0.3264	0.3300	0.3336	0.3372	0.3409	0.3446
−0.3	0.3483	0.3520	0.3557	0.3594	0.3632	0.3669	0.3707	0.3745	0.3783	0.3821
−0.2	0.3859	0.3897	0.3936	0.3974	0.4013	0.4052	0.4090	0.4129	0.4168	0.4207
−0.1	0.4247	0.4286	0.4325	0.4364	0.4404	0.4443	0.4483	0.4522	0.4562	0.4602
0.0	0.4641	0.4681	0.4721	0.4761	0.4801	0.4840	0.4880	0.4920	0.4960	0.5000

z	0.00	0.01	0.02	0.03	0.04	0.05	0.06	0.07	0.08	0.09
0.0	0.5000	0.5040	0.5080	0.5120	0.5160	0.5199	0.5239	0.5279	0.5319	0.5359
0.1	0.5398	0.5438	0.5478	0.5517	0.5557	0.5596	0.5636	0.5675	0.5714	0.5753
0.2	0.5793	0.5832	0.5871	0.5910	0.5948	0.5987	0.6026	0.6064	0.6103	0.6141
0.3	0.6179	0.6217	0.6255	0.6293	0.6331	0.6368	0.6406	0.6443	0.6480	0.6517
0.4	0.6554	0.6591	0.6628	0.6664	0.6700	0.6736	0.6772	0.6808	0.6844	0.6879
0.5	0.6915	0.6950	0.6985	0.7019	0.7054	0.7088	0.7123	0.7157	0.7190	0.7224
0.6	0.7257	0.7291	0.7324	0.7357	0.7389	0.7422	0.7454	0.7486	0.7517	0.7549
0.7	0.7580	0.7611	0.7642	0.7673	0.7704	0.7734	0.7764	0.7794	0.7823	0.7852
0.8	0.7881	0.7910	0.7939	0.7967	0.7995	0.8023	0.8051	0.8078	0.8106	0.8133
0.9	0.8159	0.8186	0.8212	0.8238	0.8264	0.8289	0.8315	0.8340	0.8365	0.8389
1.0	0.8413	0.8438	0.8461	0.8485	0.8508	0.8531	0.8554	0.8577	0.8599	0.8621
1.1	0.8643	0.8665	0.8686	0.8708	0.8729	0.8749	0.8770	0.8790	0.8810	0.8830
1.2	0.8849	0.8869	0.8888	0.8907	0.8925	0.8944	0.8962	0.8980	0.8997	0.9015
1.3	0.9032	0.9049	0.9066	0.9082	0.9099	0.9115	0.9131	0.9147	0.9162	0.9177
1.4	0.9192	0.9207	0.9222	0.9236	0.9251	0.9265	0.9279	0.9292	0.9306	0.9319
1.5	0.9332	0.9345	0.9357	0.9370	0.9382	0.9394	0.9406	0.9418	0.9429	0.9441
1.6	0.9452	0.9463	0.9474	0.9484	0.9495	0.9505	0.9515	0.9525	0.9535	0.9545
1.7	0.9554	0.9564	0.9573	0.9582	0.9591	0.9599	0.9608	0.9616	0.9625	0.9633
1.8	0.9641	0.9649	0.9656	0.9664	0.9671	0.9678	0.9686	0.9693	0.9699	0.9706
1.9	0.9713	0.9719	0.9726	0.9732	0.9738	0.9744	0.9750	0.9756	0.9761	0.9767
2.0	0.9772	0.9778	0.9783	0.9788	0.9793	0.9798	0.9803	0.9808	0.9812	0.9817
2.1	0.9821	0.9826	0.9830	0.9834	0.9838	0.9842	0.9846	0.9850	0.9854	0.9857
2.2	0.9861	0.9864	0.9868	0.9871	0.9875	0.9878	0.9881	0.9884	0.9887	0.9890
2.3	0.9893	0.9896	0.9898	0.9901	0.9904	0.9906	0.9909	0.9911	0.9913	0.9916
2.4	0.9918	0.9920	0.9922	0.9925	0.9927	0.9929	0.9931	0.9932	0.9934	0.9936
2.5	0.9938	0.9940	0.9941	0.9943	0.9945	0.9946	0.9948	0.9949	0.9951	0.9952
2.6	0.9953	0.9955	0.9956	0.9957	0.9959	0.9960	0.9961	0.9962	0.9963	0.9964
2.7	0.9965	0.9966	0.9967	0.9968	0.9969	0.9970	0.9971	0.9972	0.9973	0.9974
2.8	0.9974	0.9975	0.9976	0.9977	0.9977	0.9978	0.9979	0.9979	0.9980	0.9981
2.9	0.9981	0.9982	0.9982	0.9983	0.9984	0.9984	0.9985	0.9985	0.9986	0.9986
3.0	0.9987	0.9987	0.9987	0.9988	0.9988	0.9989	0.9989	0.9989	0.9990	0.9990
3.1	0.9990	0.9991	0.9991	0.9991	0.9992	0.9992	0.9992	0.9992	0.9993	0.9993
3.2	0.9993	0.9993	0.9994	0.9994	0.9994	0.9994	0.9994	0.9995	0.9995	0.9995
3.3	0.9995	0.9995	0.9995	0.9996	0.9996	0.9996	0.9996	0.9996	0.9996	0.9997
3.4	0.9997	0.9997	0.9997	0.9997	0.9997	0.9997	0.9997	0.9997	0.9997	0.9998
3.5	0.9998	0.9998	0.9998	0.9998	0.9998	0.9998	0.9998	0.9998	0.9998	0.9998
3.6	0.9998	0.9998	0.9999	0.9999	0.9999	0.9999	0.9999	0.9999	0.9999	0.9999
3.7	0.9999	0.9999	0.9999	0.9999	0.9999	0.9999	0.9999	0.9999	0.9999	0.9999
3.8	0.9999	0.9999	0.9999	0.9999	0.9999	0.9999	0.9999	0.9999	0.9999	0.9999
3.9	1.0000	1.0000	1.0000	1.0000	1.0000	1.0000	1.0000	1.0000	1.0000	1.0000

부록 4 t — 분포표

$$p = F(t) = P(T \leqq t_\alpha(d.f.))$$
$$= 1 - \alpha$$

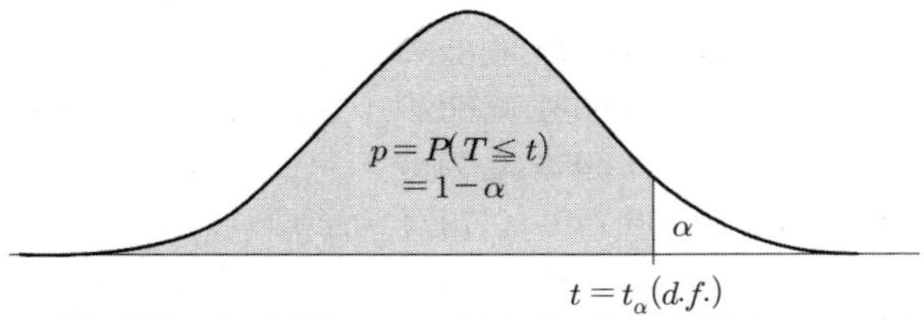

자유도 (d.f.)	$p = P(T \leqq t) = 1-\alpha$ 0.75	0.90	0.95	0.975	0.99	0.995
	$t_{0.25}(d.f.)$	$t_{0.1}(d.f.)$	$t_{0.05}(d.f.)$	$t_{0.025}(d.f.)$	$t_{0.01}(d.f.)$	$t_{0.005}(d.f.)$
1	1.000	3.078	6.314	12.706	31.821	63.657
2	0.816	1.886	2.920	4.303	6.965	9.925
3	0.765	1.638	2.353	3.182	4.541	5.841
4	0.741	1.533	2.132	2.776	3.747	4.604
5	0.727	1.476	2.015	2.571	3.365	4.032
6	0.718	1.440	1.943	2.447	3.143	3.707
7	0.711	1.415	1.895	2.365	2.998	3.499
8	0.706	1.397	1.860	2.306	2.896	3.355
9	0.703	1.383	1.833	2.262	2.821	3.250
10	0.700	1.372	1.812	2.228	2.764	3.169
11	0.697	1.363	1.796	2.201	2.718	3.106
12	0.695	1.356	1.782	2.179	2.681	3.055
13	0.694	1.350	1.771	2.160	2.650	3.012
14	0.692	1.345	1.761	2.145	2.624	2.977
15	0.691	1.341	1.753	2.131	2.602	2.947
16	0.690	1.337	1.746	2.120	2.583	2.921
17	0.689	1.333	1.740	2.110	2.567	2.898
18	0.688	1.330	1.734	2.101	2.552	2.878
19	0.688	1.328	1.729	2.093	2.539	2.861
20	0.687	1.325	1.725	2.086	2.528	2.845
21	0.686	1.323	1.721	2.080	2.518	2.831
22	0.686	1.321	1.717	2.074	2.508	2.819
23	0.685	1.319	1.714	2.069	2.500	2.807
24	0.685	1.318	1.711	2.064	2.492	2.797
25	0.684	1.316	1.708	2.060	2.485	2.787
26	0.684	1.315	1.706	2.056	2.479	2.779
27	0.684	1.314	1.703	2.052	2.473	2.771
28	0.683	1.313	1.701	2.048	2.467	2.763
29	0.683	1.311	1.699	2.045	2.462	2.756
30	0.683	1.310	1.697	2.042	2.457	2.750
40	0.681	1.303	1.684	2.021	2.423	2.704
60	0.679	1.296	1.671	2.000	2.390	2.660
120	0.677	1.289	1.658	1.980	2.358	2.617
∞	0.674	1.282	1.645	1.960	2.326	2.576

부록 5 χ^2 −분포표

$p = P(X^2 \leqq \chi^2_\alpha(d.f.))$

$= 1 - \alpha$

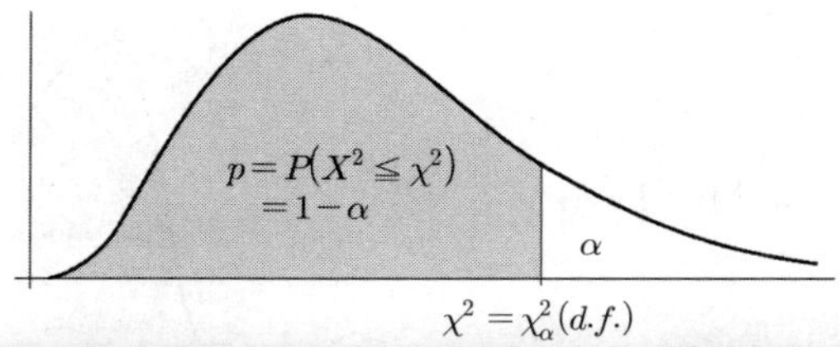

자유도 (d.f.)	$p = P(X^2 \leqq \chi^2_\alpha) = 1-\alpha$							
	0.005	0.025	0.05	0.9	0.95	0.975	0.99	0.995
	$\chi^2_{0.995}(d.f.)$	$\chi^2_{0.975}(d.f.)$	$\chi^2_{0.95}(d.f.)$	$\chi^2_{0.1}(d.f.)$	$\chi^2_{0.05}(d.f.)$	$\chi^2_{0.025}(d.f.)$	$\chi^2_{0.01}(d.f.)$	$\chi^2_{0.005}(d.f.)$
1	0.000	0.001	0.004	2.706	3.841	5.024	6.635	7.879
2	0.010	0.051	0.103	4.605	5.991	7.378	9.210	10.597
3	0.072	0.216	0.352	6.251	7.815	9.348	11.345	12.838
4	0.207	0.484	0.711	7.779	9.488	11.143	13.277	14.860
5	0.412	0.831	1.145	9.236	11.070	12.833	15.086	16.750
6	0.676	1.237	1.635	10.645	12.592	14.449	16.812	18.548
7	0.989	1.690	2.167	12.017	14.067	16.013	18.475	20.278
8	1.344	2.180	2.733	13.362	15.507	17.535	20.090	21.955
9	1.735	2.700	3.325	14.684	16.919	19.023	21.666	23.589
10	2.156	3.247	3.940	15.987	18.307	20.483	23.209	25.188
11	2.603	3.816	4.575	17.275	19.675	21.920	24.725	26.757
12	3.074	4.404	5.226	18.549	21.026	23.337	26.217	28.300
13	3.565	5.009	5.892	19.812	22.362	24.736	27.688	29.819
14	4.075	5.629	6.571	21.064	23.685	26.119	29.141	31.319
15	4.601	6.262	7.261	22.307	24.996	27.488	30.578	32.801
16	5.142	6.908	7.962	23.542	26.296	28.845	32.000	34.267
17	5.697	7.564	8.672	24.769	27.587	30.191	33.409	35.718
18	6.265	8.231	9.390	25.989	28.869	31.526	34.805	37.156
19	6.844	8.907	10.117	27.204	30.144	32.852	36.191	38.582
20	7.434	9.591	10.851	28.412	31.410	34.170	37.566	39.997
21	8.034	10.283	11.591	29.615	32.671	35.479	38.932	41.401
22	8.643	10.982	12.338	30.813	33.924	36.781	40.289	42.796
23	9.260	11.689	13.091	32.007	35.172	38.076	41.638	44.181
24	9.886	12.401	13.848	33.196	36.415	39.364	42.980	45.559
25	10.520	13.120	14.611	34.382	37.652	40.646	44.314	46.928
26	11.160	13.844	15.379	35.563	38.885	41.923	45.642	48.290
27	11.808	14.573	16.151	36.741	40.113	43.195	46.963	49.645
28	12.461	15.308	16.928	37.916	41.337	44.461	48.278	50.993
29	13.121	16.047	17.708	39.087	42.557	45.722	49.588	52.336
30	13.787	16.791	18.493	40.256	43.773	46.979	50.892	53.672
35	17.192	20.569	22.465	46.059	49.802	53.203	57.342	60.275
40	20.707	24.433	26.509	51.805	55.758	59.342	63.691	66.766
45	24.311	28.366	30.612	57.505	61.656	65.410	69.957	73.166
50	27.991	32.357	34.764	63.167	67.505	71.420	76.154	79.490
60	35.534	40.482	43.188	74.397	79.082	83.298	88.379	91.952
70	43.275	48.758	51.739	85.527	90.531	95.023	100.425	104.215
80	51.172	57.153	60.391	96.578	101.879	106.629	112.329	116.321
90	59.196	65.647	69.126	107.565	113.145	118.136	124.116	128.299
100	67.328	74.222	77.929	118.498	124.342	129.561	135.807	140.169

부록 6 F-분포표

$p = P(F \leqq f) = 1 - \alpha$

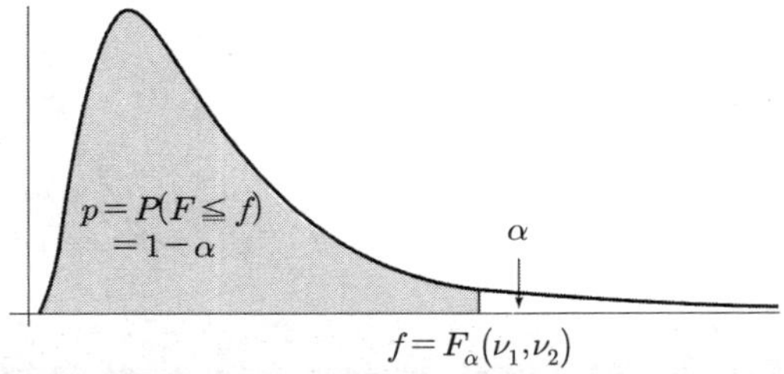

$(p = 0.95)$

분모 (d.f.) $= \nu_2$	분자 (d.f.) $= \nu_1$								
	1	2	3	4	5	6	7	8	9
1	161.45	199.50	215.71	224.58	230.16	233.99	236.77	238.88	240.54
2	18.51	19.00	19.16	19.25	19.30	19.33	19.35	19.37	19.38
3	10.13	9.55	9.28	9.12	9.01	8.94	8.89	8.85	8.81
4	7.71	6.94	6.59	6.39	6.26	6.16	6.09	6.04	6.00
5	6.61	5.79	5.41	5.19	5.05	4.95	4.88	4.82	4.77
6	5.99	5.14	4.76	4.53	4.39	4.28	4.21	4.15	4.10
7	5.59	4.74	4.35	4.12	3.97	3.87	3.79	3.73	3.68
8	5.32	4.46	4.07	3.84	3.69	3.58	3.50	3.44	3.39
9	5.12	4.26	3.86	3.63	3.48	3.37	3.29	3.23	3.18
10	4.96	4.10	3.71	3.48	3.33	3.22	3.14	3.07	3.02
11	4.84	3.98	3.59	3.36	3.20	3.09	3.01	2.95	2.90
12	4.75	3.89	3.49	3.26	3.11	3.00	2.91	2.85	2.80
13	4.67	3.81	3.41	3.18	3.03	2.92	2.83	2.77	2.71
14	4.60	3.74	3.34	3.11	2.96	2.85	2.76	2.70	2.65
15	4.54	3.68	3.29	3.06	2.90	2.79	2.71	2.64	2.59
16	4.49	3.63	3.24	3.01	2.85	2.74	2.66	2.59	2.54
17	4.45	3.59	3.20	2.96	2.81	2.70	2.61	2.55	2.49
18	4.41	3.55	3.16	2.93	2.77	2.66	2.58	2.51	2.46
19	4.38	3.52	3.13	2.90	2.74	2.63	2.54	2.48	2.42
20	4.35	3.49	3.10	2.87	2.71	2.60	2.51	2.45	2.39
21	4.32	3.47	3.07	2.84	2.68	2.57	2.49	2.42	2.37
22	4.30	3.44	3.05	2.82	2.66	2.55	2.46	2.40	2.34
23	4.28	3.42	3.03	2.80	2.64	2.53	2.44	2.37	2.32
24	4.26	3.40	3.01	2.78	2.62	2.51	2.42	2.36	2.30
25	4.24	3.39	2.99	2.76	2.60	2.49	2.40	2.34	2.28
26	4.23	3.37	2.98	2.74	2.59	2.47	2.39	2.32	2.27
27	4.21	3.35	2.96	2.73	2.57	2.46	2.37	2.31	2.25
28	4.20	3.34	2.95	2.71	2.56	2.45	2.36	2.29	2.24
29	4.18	3.33	2.93	2.70	2.55	2.43	2.35	2.28	2.22
30	4.17	3.32	2.92	2.69	2.53	2.42	2.33	2.27	2.21
40	4.08	3.23	2.84	2.61	2.45	2.34	2.25	2.18	2.12
60	4.00	3.15	2.76	2.53	2.37	2.25	2.17	2.10	2.04
120	3.92	3.07	2.68	2.45	2.29	2.18	2.09	2.02	1.96
200	3.89	3.04	2.65	2.42	2.26	2.14	2.06	1.98	1.93

($p = 0.95$)

분모 (d.f.) $=\nu_2$	분자 (d.f.) $=\nu_1$									
	10	12	15	20	24	30	40	60	120	200
1	241.88	243.91	245.95	248.01	249.05	250.10	251.14	252.20	253.25	253.68
2	19.40	19.41	19.43	19.45	19.45	19.46	19.47	19.48	19.49	19.49
3	8.79	8.74	8.70	8.66	8.64	8.62	8.59	8.57	8.55	8.54
4	5.96	5.91	5.86	5.80	5.77	5.75	5.72	5.69	5.66	5.65
5	4.74	4.68	4.62	4.56	4.53	4.50	4.46	4.43	4.40	4.39
6	4.06	4.00	3.94	3.87	3.84	3.81	3.77	3.74	3.70	3.69
7	3.64	3.57	3.51	3.44	3.41	3.38	3.34	3.30	3.27	3.25
8	3.35	3.28	3.22	3.15	3.12	3.08	3.04	3.01	2.97	2.95
9	3.14	3.07	3.01	2.94	2.90	2.86	2.83	2.79	2.75	2.73
10	2.98	2.91	2.85	2.77	2.74	2.70	2.66	2.62	2.58	2.56
11	2.85	2.79	2.72	2.65	2.61	2.57	2.53	2.49	2.45	2.43
12	2.75	2.69	2.62	2.54	2.51	2.47	2.43	2.38	2.34	2.32
13	2.67	2.60	2.53	2.46	2.42	2.38	2.34	2.30	2.25	2.23
14	2.60	2.53	2.46	2.39	2.35	2.31	2.27	2.22	2.18	2.16
15	2.54	2.48	2.40	2.33	2.29	2.25	2.20	2.16	2.11	2.10
16	2.49	2.42	2.35	2.28	2.24	2.19	2.15	2.11	2.06	2.04
17	2.45	2.38	2.31	2.23	2.19	2.15	2.10	2.06	2.01	1.99
18	2.41	2.34	2.27	2.19	2.15	2.11	2.06	2.02	1.97	1.95
19	2.38	2.31	2.23	2.16	2.11	2.07	2.03	1.98	1.93	1.91
20	2.35	2.28	2.20	2.12	2.08	2.04	1.99	1.95	1.90	1.88
21	2.32	2.25	2.18	2.10	2.05	2.01	1.96	1.92	1.87	1.84
22	2.30	2.23	2.15	2.07	2.03	1.98	1.94	1.89	1.84	1.82
23	2.27	2.20	2.13	2.05	2.01	1.96	1.91	1.86	1.81	1.79
24	2.25	2.18	2.11	2.03	1.98	1.94	1.89	1.84	1.79	1.77
25	2.24	2.16	2.09	2.01	1.96	1.92	1.87	1.82	1.77	1.75
26	2.22	2.15	2.07	1.99	1.95	1.90	1.85	1.80	1.75	1.73
27	2.20	2.13	2.06	1.97	1.93	1.88	1.84	1.79	1.73	1.71
28	2.19	2.12	2.04	1.96	1.91	1.87	1.82	1.77	1.71	1.69
29	2.18	2.10	2.03	1.94	1.90	1.85	1.81	1.75	1.70	1.67
30	2.16	2.09	2.01	1.93	1.89	1.84	1.79	1.74	1.68	1.66
40	2.08	2.00	1.92	1.84	1.79	1.74	1.69	1.64	1.58	1.55
60	1.99	1.92	1.84	1.75	1.70	1.65	1.59	1.53	1.47	1.44
120	1.91	1.83	1.75	1.66	1.61	1.55	1.50	1.43	1.35	1.32
200	1.88	1.80	1.72	1.62	1.57	1.52	1.46	1.39	1.30	1.26

$(p = 0.975)$

분모 (d.f.) $= \nu_2$	분자 (d.f.) $= \nu_1$								
	1	2	3	4	5	6	7	8	9
1	647.79	799.50	864.16	899.58	921.85	937.11	948.22	956.66	963.28
2	38.51	39.00	39.17	39.25	39.30	39.33	39.36	39.37	39.39
3	17.44	16.04	15.44	15.10	14.88	14.73	14.62	14.54	14.47
4	12.22	10.65	9.98	9.60	9.36	9.20	9.07	8.98	8.90
5	10.01	8.43	7.76	7.39	7.15	6.98	6.85	6.76	6.68
6	8.81	7.26	6.60	6.23	5.99	5.82	5.70	5.60	5.52
7	8.07	6.54	5.89	5.52	5.29	5.12	4.99	4.90	4.82
8	7.57	6.06	5.42	5.05	4.82	4.65	4.53	4.43	4.36
9	7.21	5.71	5.08	4.72	4.48	4.32	4.20	4.10	4.03
10	6.94	5.46	4.83	4.47	4.24	4.07	3.95	3.85	3.78
11	6.72	5.26	4.63	4.28	4.04	3.88	3.76	3.66	3.59
12	6.55	5.10	4.47	4.12	3.89	3.73	3.61	3.51	3.44
13	6.41	4.97	4.35	4.00	3.77	3.60	3.48	3.39	3.31
14	6.30	4.86	4.24	3.89	3.66	3.50	3.38	3.29	3.21
15	6.20	4.77	4.15	3.80	3.58	3.41	3.29	3.20	3.12
16	6.12	4.69	4.08	3.73	3.50	3.34	3.22	3.12	3.05
17	6.04	4.62	4.01	3.66	3.44	3.28	3.16	3.06	2.98
18	5.98	4.56	3.95	3.61	3.38	3.22	3.10	3.01	2.93
19	5.92	4.51	3.90	3.56	3.33	3.17	3.05	2.96	2.88
20	5.87	4.46	3.86	3.51	3.29	3.13	3.01	2.91	2.84
21	5.83	4.42	3.82	3.48	3.25	3.09	2.97	2.87	2.80
22	5.79	4.38	3.78	3.44	3.22	3.05	2.93	2.84	2.76
23	5.75	4.35	3.75	3.41	3.18	3.02	2.90	2.81	2.73
24	5.72	4.32	3.72	3.38	3.15	2.99	2.87	2.78	2.70
25	5.69	4.29	3.69	3.35	3.13	2.97	2.85	2.75	2.68
26	5.66	4.27	3.67	3.33	3.10	2.94	2.82	2.73	2.65
27	5.63	4.24	3.65	3.31	3.08	2.92	2.80	2.71	2.63
28	5.61	4.22	3.63	3.29	3.06	2.90	2.78	2.69	2.61
29	5.59	4.20	3.61	3.27	3.04	2.88	2.76	2.67	2.59
30	5.57	4.18	3.59	3.25	3.03	2.87	2.75	2.65	2.57
40	5.42	4.05	3.46	3.13	2.90	2.74	2.62	2.53	2.45
60	5.29	3.93	3.34	3.01	2.79	2.63	2.51	2.41	2.33
120	5.15	3.80	3.23	2.89	2.67	2.52	2.39	2.30	2.22
200	5.10	3.76	3.18	2.85	2.63	2.47	2.35	2.26	2.18

($p = 0.975$)

분모 (d.f.) $= \nu_2$	분자 (d.f.) $= \nu_1$									
	10	12	15	20	24	30	40	60	120	200
1	968.63	976.71	984.87	993.10	997.25	1001.41	1005.60	1009.80	1014.02	1015.71
2	39.40	39.41	39.43	39.45	39.46	39.46	39.47	39.48	39.49	39.49
3	14.42	14.34	14.25	14.17	14.12	14.08	14.04	13.99	13.95	13.93
4	8.84	8.75	8.66	8.56	8.51	8.46	8.41	8.36	8.31	8.29
5	6.62	6.52	6.43	6.33	6.28	6.23	6.18	6.12	6.07	6.05
6	5.46	5.37	5.27	5.17	5.12	5.07	5.01	4.96	4.90	4.88
7	4.76	4.67	4.57	4.47	4.41	4.36	4.31	4.25	4.20	4.18
8	4.30	4.20	4.10	4.00	3.95	3.89	3.84	3.78	3.73	3.70
9	3.96	3.87	3.77	3.67	3.61	3.56	3.51	3.45	3.39	3.37
10	3.72	3.62	3.52	3.42	3.37	3.31	3.26	3.20	3.14	3.12
11	3.53	3.43	3.33	3.23	3.17	3.12	3.06	3.00	2.94	2.92
12	3.37	3.28	3.18	3.07	3.02	2.96	2.91	2.85	2.79	2.76
13	3.25	3.15	3.05	2.95	2.89	2.84	2.78	2.72	2.66	2.63
14	3.15	3.05	2.95	2.84	2.79	2.73	2.67	2.61	2.55	2.53
15	3.06	2.96	2.86	2.76	2.70	2.64	2.59	2.52	2.46	2.44
16	2.99	2.89	2.79	2.68	2.63	2.57	2.51	2.45	2.38	2.36
17	2.92	2.82	2.72	2.62	2.56	2.50	2.44	2.38	2.32	2.29
18	2.87	2.77	2.67	2.56	2.50	2.44	2.38	2.32	2.26	2.23
19	2.82	2.72	2.62	2.51	2.45	2.39	2.33	2.27	2.20	2.18
20	2.77	2.68	2.57	2.46	2.41	2.35	2.29	2.22	2.16	2.13
21	2.73	2.64	2.53	2.42	2.37	2.31	2.25	2.18	2.11	2.09
22	2.70	2.60	2.50	2.39	2.33	2.27	2.21	2.14	2.08	2.05
23	2.67	2.57	2.47	2.36	2.30	2.24	2.18	2.11	2.04	2.01
24	2.64	2.54	2.44	2.33	2.27	2.21	2.15	2.08	2.01	1.98
25	2.61	2.51	2.41	2.30	2.24	2.18	2.12	2.05	1.98	1.95
26	2.59	2.49	2.39	2.28	2.22	2.16	2.09	2.03	1.95	1.92
27	2.57	2.47	2.36	2.25	2.19	2.13	2.07	2.00	1.93	1.90
28	2.55	2.45	2.34	2.23	2.17	2.11	2.05	1.98	1.91	1.88
29	2.53	2.43	2.32	2.21	2.15	2.09	2.03	1.96	1.89	1.86
30	2.51	2.41	2.31	2.20	2.14	2.07	2.01	1.94	1.87	1.84
40	2.39	2.29	2.18	2.07	2.01	1.94	1.88	1.80	1.72	1.69
60	2.27	2.17	2.06	1.94	1.88	1.82	1.74	1.67	1.58	1.54
120	2.16	2.05	1.94	1.82	1.76	1.69	1.61	1.53	1.43	1.39
200	2.11	2.01	1.90	1.78	1.71	1.64	1.56	1.47	1.37	1.32

$(p = 0.99)$

분모 (d.f.) $=\nu_2$	분자 (d.f.) $=\nu_1$								
	1	2	3	4	5	6	7	8	9
1	4052.18	4999.50	5403.35	5624.58	5763.65	5858.99	5928.36	5981.07	6022.47
2	98.50	99.00	99.17	99.25	99.30	99.33	99.36	99.37	99.39
3	34.12	30.82	29.46	28.71	28.24	27.91	27.67	27.49	27.35
4	21.20	18.00	16.69	15.98	15.52	15.21	14.98	14.80	14.66
5	16.26	13.27	12.06	11.39	10.97	10.67	10.46	10.29	10.16
6	13.75	10.92	9.78	9.15	8.75	8.47	8.26	8.10	7.98
7	12.25	9.55	8.45	7.85	7.46	7.19	6.99	6.84	6.72
8	11.26	8.65	7.59	7.01	6.63	6.37	6.18	6.03	5.91
9	10.56	8.02	6.99	6.42	6.06	5.80	5.61	5.47	5.35
10	10.04	7.56	6.55	5.99	5.64	5.39	5.20	5.06	4.94
11	9.65	7.21	6.22	5.67	5.32	5.07	4.89	4.74	4.63
12	9.33	6.93	5.95	5.41	5.06	4.82	4.64	4.50	4.39
13	9.07	6.70	5.74	5.21	4.86	4.62	4.44	4.30	4.19
14	8.86	6.51	5.56	5.04	4.69	4.46	4.28	4.14	4.03
15	8.68	6.36	5.42	4.89	4.56	4.32	4.14	4.00	3.89
16	8.53	6.23	5.29	4.77	4.44	4.20	4.03	3.89	3.78
17	8.40	6.11	5.18	4.67	4.34	4.10	3.93	3.79	3.68
18	8.29	6.01	5.09	4.58	4.25	4.01	3.84	3.71	3.60
19	8.18	5.93	5.01	4.50	4.17	3.94	3.77	3.63	3.52
20	8.10	5.85	4.94	4.43	4.10	3.87	3.70	3.56	3.46
21	8.02	5.78	4.87	4.37	4.04	3.81	3.64	3.51	3.40
22	7.95	5.72	4.82	4.31	3.99	3.76	3.59	3.45	3.35
23	7.88	5.66	4.76	4.26	3.94	3.71	3.54	3.41	3.30
24	7.82	5.61	4.72	4.22	3.90	3.67	3.50	3.36	3.26
25	7.77	5.57	4.68	4.18	3.85	3.63	3.46	3.32	3.22
26	7.72	5.53	4.64	4.14	3.82	3.59	3.42	3.29	3.18
27	7.68	5.49	4.60	4.11	3.78	3.56	3.39	3.26	3.15
28	7.64	5.45	4.57	4.07	3.75	3.53	3.36	3.23	3.12
29	7.60	5.42	4.54	4.04	3.73	3.50	3.33	3.20	3.09
30	7.56	5.39	4.51	4.02	3.70	3.47	3.30	3.17	3.07
40	7.31	5.18	4.31	3.83	3.51	3.29	3.12	2.99	2.89
60	7.08	4.98	4.13	3.65	3.34	3.12	2.95	2.82	2.72
120	6.85	4.79	3.95	3.48	3.17	2.96	2.79	2.66	2.56
200	6.76	4.71	3.88	3.41	3.11	2.89	2.73	2.60	2.50

$(p = 0.99)$

분모 (d.f.) $= \nu_2$	분자 (d.f.) $= \nu_1$									
	10	12	15	20	24	30	40	60	120	200
1	6055.85	6106.32	6157.28	6208.73	6234.63	6260.65	6286.78	6313.03	6339.39	6349.97
2	99.40	99.42	99.43	99.45	99.46	99.47	99.47	99.48	99.49	99.49
3	27.23	27.05	26.87	26.69	26.60	26.50	26.41	26.32	26.22	26.18
4	14.55	14.37	14.20	14.02	13.93	13.84	13.75	13.65	13.56	13.52
5	10.05	9.89	9.72	9.55	9.47	9.38	9.29	9.20	9.11	9.08
6	7.87	7.72	7.56	7.40	7.31	7.23	7.14	7.06	6.97	6.93
7	6.62	6.47	6.31	6.16	6.07	5.99	5.91	5.82	5.74	5.70
8	5.81	5.67	5.52	5.36	5.28	5.20	5.12	5.03	4.95	4.91
9	5.26	5.11	4.96	4.81	4.73	4.65	4.57	4.48	4.40	4.36
10	4.85	4.71	4.56	4.41	4.33	4.25	4.17	4.08	4.00	3.96
11	4.54	4.40	4.25	4.10	4.02	3.94	3.86	3.78	3.69	3.66
12	4.30	4.16	4.01	3.86	3.78	3.70	3.62	3.54	3.45	3.41
13	4.10	3.96	3.82	3.66	3.59	3.51	3.43	3.34	3.25	3.22
14	3.94	3.80	3.66	3.51	3.43	3.35	3.27	3.18	3.09	3.06
15	3.80	3.67	3.52	3.37	3.29	3.21	3.13	3.05	2.96	2.92
16	3.69	3.55	3.41	3.26	3.18	3.10	3.02	2.93	2.84	2.81
17	3.59	3.46	3.31	3.16	3.08	3.00	2.92	2.83	2.75	2.71
18	3.51	3.37	3.23	3.08	3.00	2.92	2.84	2.75	2.66	2.62
19	3.43	3.30	3.15	3.00	2.92	2.84	2.76	2.67	2.58	2.55
20	3.37	3.23	3.09	2.94	2.86	2.78	2.69	2.61	2.52	2.48
21	3.31	3.17	3.03	2.88	2.80	2.72	2.64	2.55	2.46	2.42
22	3.26	3.12	2.98	2.83	2.75	2.67	2.58	2.50	2.40	2.36
23	3.21	3.07	2.93	2.78	2.70	2.62	2.54	2.45	2.35	2.32
24	3.17	3.03	2.89	2.74	2.66	2.58	2.49	2.40	2.31	2.27
25	3.13	2.99	2.85	2.70	2.62	2.54	2.45	2.36	2.27	2.23
26	3.09	2.96	2.81	2.66	2.58	2.50	2.42	2.33	2.23	2.19
27	3.06	2.93	2.78	2.63	2.55	2.47	2.38	2.29	2.20	2.16
28	3.03	2.90	2.75	2.60	2.52	2.44	2.35	2.26	2.17	2.13
29	3.00	2.87	2.73	2.57	2.49	2.41	2.33	2.23	2.14	2.10
30	2.98	2.84	2.70	2.55	2.47	2.39	2.30	2.21	2.11	2.07
40	2.80	2.66	2.52	2.37	2.29	2.20	2.11	2.02	1.92	1.87
60	2.63	2.50	2.35	2.20	2.12	2.03	1.94	1.84	1.73	1.68
120	2.47	2.34	2.19	2.03	1.95	1.86	1.76	1.66	1.53	1.48
200	2.41	2.27	2.13	1.97	1.89	1.79	1.69	1.58	1.45	1.39

$(p = 0.995)$

분모 (d.f.) $= \nu_2$	분자 (d.f.) $= \nu_1$								
	1	2	3	4	5	6	7	8	9
1	16210.72	19999.50	21614.74	22499.58	23055.80	23437.11	23714.57	23925.41	24091.00
2	198.50	199.00	199.17	199.25	199.30	199.33	199.36	199.37	199.39
3	55.55	49.80	47.47	46.19	45.39	44.84	44.43	44.13	43.88
4	31.33	26.28	24.26	23.15	22.46	21.97	21.62	21.35	21.14
5	22.78	18.31	16.53	15.56	14.94	14.51	14.20	13.96	13.77
6	18.63	14.54	12.92	12.03	11.46	11.07	10.79	10.57	10.39
7	16.24	12.40	10.88	10.05	9.52	9.16	8.89	8.68	8.51
8	14.69	11.04	9.60	8.81	8.30	7.95	7.69	7.50	7.34
9	13.61	10.11	8.72	7.96	7.47	7.13	6.88	6.69	6.54
10	12.83	9.43	8.08	7.34	6.87	6.54	6.30	6.12	5.97
11	12.23	8.91	7.60	6.88	6.42	6.10	5.86	5.68	5.54
12	11.75	8.51	7.23	6.52	6.07	5.76	5.52	5.35	5.20
13	11.37	8.19	6.93	6.23	5.79	5.48	5.25	5.08	4.94
14	11.06	7.92	6.68	6.00	5.56	5.26	5.03	4.86	4.72
15	10.80	7.70	6.48	5.80	5.37	5.07	4.85	4.67	4.54
16	10.58	7.51	6.30	5.64	5.21	4.91	4.69	4.52	4.38
17	10.38	7.35	6.16	5.50	5.07	4.78	4.56	4.39	4.25
18	10.22	7.21	6.03	5.37	4.96	4.66	4.44	4.28	4.14
19	10.07	7.09	5.92	5.27	4.85	4.56	4.34	4.18	4.04
20	9.94	6.99	5.82	5.17	4.76	4.47	4.26	4.09	3.96
21	9.83	6.89	5.73	5.09	4.68	4.39	4.18	4.01	3.88
22	9.73	6.81	5.65	5.02	4.61	4.32	4.11	3.94	3.81
23	9.63	6.73	5.58	4.95	4.54	4.26	4.05	3.88	3.75
24	9.55	6.66	5.52	4.89	4.49	4.20	3.99	3.83	3.69
25	9.48	6.60	5.46	4.84	4.43	4.15	3.94	3.78	3.64
26	9.41	6.54	5.41	4.79	4.38	4.10	3.89	3.73	3.60
27	9.34	6.49	5.36	4.74	4.34	4.06	3.85	3.69	3.56
28	9.28	6.44	5.32	4.70	4.30	4.02	3.81	3.65	3.52
29	9.23	6.40	5.28	4.66	4.26	3.98	3.77	3.61	3.48
30	9.18	6.35	5.24	4.62	4.23	3.95	3.74	3.58	3.45
40	8.83	6.07	4.98	4.37	3.99	3.71	3.51	3.35	3.22
60	8.49	5.79	4.73	4.14	3.76	3.49	3.29	3.13	3.01
120	8.18	5.54	4.50	3.92	3.55	3.28	3.09	2.93	2.81
200	8.06	5.44	4.41	3.84	3.47	3.21	3.01	2.86	2.73

$(p = 0.995)$

분모 (d.f.) $=\nu_2$	분자 (d.f.) $=\nu_1$									
	10	12	15	20	24	30	40	60	120	200
1	24224.49	24426.37	24630.21	24835.97	24939.57	25043.63	25148.15	25253.14	25358.57	25400.87
2	199.40	199.42	199.43	199.45	199.46	199.47	199.47	199.48	199.49	199.49
3	43.69	43.39	43.08	42.78	42.62	42.47	42.31	42.15	41.99	41.93
4	20.97	20.70	20.44	20.17	20.03	19.89	19.75	19.61	19.47	19.41
5	13.62	13.38	13.15	12.90	12.78	12.66	12.53	12.40	12.27	12.22
6	10.25	10.03	9.81	9.59	9.47	9.36	9.24	9.12	9.00	8.95
7	8.38	8.18	7.97	7.75	7.64	7.53	7.42	7.31	7.19	7.15
8	7.21	7.01	6.81	6.61	6.50	6.40	6.29	6.18	6.06	6.02
9	6.42	6.23	6.03	5.83	5.73	5.62	5.52	5.41	5.30	5.26
10	5.85	5.66	5.47	5.27	5.17	5.07	4.97	4.86	4.75	4.71
11	5.42	5.24	5.05	4.86	4.76	4.65	4.55	4.45	4.34	4.29
12	5.09	4.91	4.72	4.53	4.43	4.33	4.23	4.12	4.01	3.97
13	4.82	4.64	4.46	4.27	4.17	4.07	3.97	3.87	3.76	3.71
14	4.60	4.43	4.25	4.06	3.96	3.86	3.76	3.66	3.55	3.50
15	4.42	4.25	4.07	3.88	3.79	3.69	3.58	3.48	3.37	3.33
16	4.27	4.10	3.92	3.73	3.64	3.54	3.44	3.33	3.22	3.18
17	4.14	3.97	3.79	3.61	3.51	3.41	3.31	3.21	3.10	3.05
18	4.03	3.86	3.68	3.50	3.40	3.30	3.20	3.10	2.99	2.94
19	3.93	3.76	3.59	3.40	3.31	3.21	3.11	3.00	2.89	2.85
20	3.85	3.68	3.50	3.32	3.22	3.12	3.02	2.92	2.81	2.76
21	3.77	3.60	3.43	3.24	3.15	3.05	2.95	2.84	2.73	2.68
22	3.70	3.54	3.36	3.18	3.08	2.98	2.88	2.77	2.66	2.62
23	3.64	3.47	3.30	3.12	3.02	2.92	2.82	2.71	2.60	2.56
24	3.59	3.42	3.25	3.06	2.97	2.87	2.77	2.66	2.55	2.50
25	3.54	3.37	3.20	3.01	2.92	2.82	2.72	2.61	2.50	2.45
26	3.49	3.33	3.15	2.97	2.87	2.77	2.67	2.56	2.45	2.40
27	3.45	3.28	3.11	2.93	2.83	2.73	2.63	2.52	2.41	2.36
28	3.41	3.25	3.07	2.89	2.79	2.69	2.59	2.48	2.37	2.32
29	3.38	3.21	3.04	2.86	2.76	2.66	2.56	2.45	2.33	2.29
30	3.34	3.18	3.01	2.82	2.73	2.63	2.52	2.42	2.30	2.25
40	3.12	2.95	2.78	2.60	2.50	2.40	2.30	2.18	2.06	2.01
60	2.90	2.74	2.57	2.39	2.29	2.19	2.08	1.96	1.83	1.78
120	2.71	2.54	2.37	2.19	2.09	1.98	1.87	1.75	1.61	1.54
200	2.63	2.47	2.30	2.11	2.01	1.91	1.79	1.66	1.51	1.44

부록 7 부호검정의 기각값

n	α		
	한쪽검정 $\alpha=0.01$ 양쪽검정 $\alpha=0.02$	한쪽검정 $\alpha=0.025$ 양쪽검정 $\alpha=0.05$	한쪽검정 $\alpha=0.05$ 양쪽검정 $\alpha=0.10$
5			1
6			2
7	0	1	4
8	2	2	6
9	3	4	8
10	5	6	11
11	7	8	14
12	10	11	17
13	13	14	21
14	16	17	26
15	20	21	30
16	24	30	36
17	28	35	41
18	33	40	47
19	38	46	54
20	43	52	60
21	49	59	68
22	56	66	75
23	62	73	83
24	69	81	92
25	77	90	101
26	85	98	110
27	93	107	120
28	102	117	130
29	111	127	141
30	120	137	152

부록 8 윌콕슨 부호순위통계량의 임계값

$$P = [W^+ \geqq x] = P[W^+ < x^*]$$

$n=3$		
x	P	x^*
5	0.250	1
6	0.125	0
7	0	

$n=4$		
x	P	x^*
8	0.188	2
9	0.125	1
10	0.062	0
11	0	

$n=5$		
x	P	x^*
12	0.156	3
13	0.094	2
14	0.062	1
15	0.031	0
16	0	

$n=6$		
x	P	x^*
17	0.109	4
18	0.078	3
19	0.047	2
20	0.031	1
21	0.016	0
22	0	

$n=7$		
x	P	x^*
22	0.109	6
23	0.078	5
24	0.055	4
25	0.039	3
26	0.023	2
27	0.016	1
28	0.008	0

$n=8$		
x	P	x^*
27	0.125	9
28	0.098	8
29	0.074	7
30	0.055	6
31	0.039	5
32	0.027	4
33	0.020	3
34	0.008	1

$n=9$		
x	P	x^*
34	0.102	11
35	0.082	10
36	0.064	9
37	0.049	8
38	0.037	7
39	0.027	6
40	0.020	5
41	0.014	4
42	0.010	3

$n=10$		
x	P	x^*
40	0.116	15
41	0.097	14
42	0.080	13
43	0.065	12
44	0.053	11
45	0.042	10
46	0.032	9
47	0.024	8
48	0.019	7
49	0.014	6
50	0.010	5

$n=11$		
x	P	x^*
48	0.103	18
49	0.087	17
50	0.074	16
51	0.062	15
52	0.051	14
53	0.042	13
54	0.034	12
55	0.027	11
56	0.021	10
57	0.016	9
58	0.012	8
59	0.009	7

$n=12$		
x	P	x^*
56	0.102	22
57	0.088	21
58	0.076	20
59	0.065	19
60	0.055	18
61	0.046	17
62	0.039	16
63	0.032	15
64	0.026	14
65	0.021	13
66	0.017	12
67	0.013	11
68	0.010	10

$n=13$		
x	P	x^*
64	0.108	27
65	0.095	26
66	0.084	25
67	0.073	24
68	0.064	23
69	0.055	22
70	0.047	21
71	0.040	20
72	0.034	19
73	0.029	18
74	0.024	17
75	0.020	16
76	0.016	15
77	0.013	14
78	0.011	13
79	0.009	12

$n=14$		
x	P	x^*
73	0.108	32
74	0.097	31
75	0.086	30
76	0.077	29
77	0.068	28
78	0.059	27
79	0.052	26
80	0.045	25
81	0.039	24
82	0.034	23
83	0.029	22
84	0.025	21
85	0.021	20
86	0.018	19
88	0.015	18
88	0.012	17
89	0.010	16

$n=15$							
x	P	x^*		x	P	x^*
83	0.014	37		92	0.036	28
84	0.094	36		93	0.032	27
85	0.084	35		94	0.028	26
86	0.076	34		95	0.024	25
87	0.068	33		96	0.021	24
88	0.060	32		97	0.018	23
89	0.053	31		98	0.015	22
90	0.047	30		99	0.013	21
91	0.042	29		100	0.001	20
				101	0.009	19

부록 9 윌콕슨 순위합 통계량의 누적분포표

$$P = P[W_A \geq x] = P[W_A \leq x^*]$$

작은 표본의 크기 = 2

큰 표본의 크기

3			4			5			6		
x	P	x^*	x	P	x^*	x	P	x^*	x	P	x^*
8	.200	4	10	.133	4	11	.190	5	13	.143	5
9	.100	3	11	.067	3	12	.095	4	14	.071	4
10	0	2	12	0	2	13	.048	3	15	.036	3
						14	0	2	16	0	2

7			8			9			10		
x	P	x^*	x	P	x^*	x	P	x^*	x	P	x^*
15	.111	5	16	.133	6	18	.109	6	19	.136	7
16	.056	4	17	.089	5	19	.073	5	20	.091	6
17	.028	3	18	.044	4	20	.036	4	21	.061	5
18	0	2	19	.022	3	21	.018	3	22	.030	4
			20	0	2	22	0	2	23	.015	3

작은 표본의 크기 = 3

큰 표본의 크기

3			4			5			6		
x	P	x^*	x	P	x^*	x	P	x^*	x	P	x^*
13	.201	8	16	.114	8	18	.125	9	20	.131	10
14	.100	7	17	.057	7	19	.071	8	21	.083	9
15	.050	6	18	.029	6	20	.036	7	22	.048	8
16	0	5	19	0	5	21	.018	6	23	.024	7
						22	0	5	24	.012	6
									25	0	5

7			8			9			10		
x	P	x^*	x	P	x^*	x	P	x^*	x	P	x^*
22	.133	11	24	.139	12	27	.105	12	29	.108	13
23	.092	10	25	.097	11	28	.073	11	30	.080	12
24	.058	9	26	.067	10	29	.050	10	31	.056	11
25	.033	8	27	.042	9	30	.032	9	32	.038	10
26	.017	7	28	.024	8	31	.018	8	33	.024	9
27	.008	6	29	.012	7	32	.009	5	34	.014	8
28	0	5	30	.006	6				35	.007	7
			31	0	5						

작은 표본의 크기 = 4											
큰 표본의 크기											
4			5			6			7		
x	P	x^*	x	P	x^*	x	P	x^*	x	P	x^*
22	.171	14	25	.143	15	28	.129	16	31	.115	17
23	.100	13	26	.095	14	29	.086	15	32	.082	16
24	.057	12	27	.056	13	30	.057	14	33	.055	15
25	.029	10	28	.032	12	31	.033	13	34	.036	14
26	0.14	9	29	.016	11	32	.019	12	35	.021	13
27	0		30	.008	10	33	.010	11	36	.012	12
			31	0	9				37	.006	11
8			9			10					
x	P	x^*	x	P	x^*	x	P	x^*			
34	.107	18	36	.130	20	39	.120	21			
35	.077	17	37	.099	19	40	.094	20			
36	.055	16	38	.074	18	41	.071	19			
37	.036	15	39	.053	17	42	.053	18			
38	.024	14	40	.038	16	43	.038	17			
39	.014	13	41	.025	15	44	.027	16			
40	.008	12	42	.017	14	45	.018	15			
			43	.100	13	46	.012	14			
						47	.007	13			

작은 표본의 크기 = 5											
큰 표본의 크기											
5			6			7			8		
x	P	x^*	x	P	x^*	x	P	x^*	x	P	x^*
34	.111	21	37	.123	23	41	.101	24	44	.111	26
35	.075	20	38	.089	22	42	.074	23	45	.085	25
37	.048	19	39	.063	21	43	.053	22	46	.064	24
38	.028	18	40	.041	20	44	.037	21	47	.047	23
39	.016	17	41	.026	19	45	.024	20	48	.033	22
	.008	16	42	.015	18	46	.015	19	49	.023	21
			43	.009	17	47	.009	18	50	.015	20
									51	.009	19
9			10								
x	P	x^*	x	P	x^*						
47	.120	28	51	.103	29						
48	.095	27	52	.082	28						
49	.073	26	53	.065	27						
50	.056	25	54	.050	26						
51	.041	24	55	.038	25						
52	.030	23	56	.028	24						
53	.021	22	57	.020	23						
54	.014	21	58	.014	22						
55	.009	29	59	.010	21						

작은 표본의 크기 = 6											
큰 표본의 크기											
6			7			8			9		
x	P	x^*	x	P	x^*	x	P	x^*	x	P	x^*
47	.120	31	51	.117	33	55	.114	35	59	.112	37
48	.090	30	52	.090	32	56	.091	34	60	.091	36
49	.066	29	53	.069	31	57	.071	33	61	.072	35
50	.047	28	54	.051	30	58	.054	32	62	.057	34
51	.032	27	55	.037	29	59	.041	31	63	.044	33
52	.021	26	56	.026	28	60	.030	30	64	.033	32
53	.013	25	57	.017	27	61	.021	29	65	.025	31
54	.008	24	58	.011	26	62	.015	28	66	.018	30
			59	.007	25	63	.010	27	67	.013	29
									68	.009	28

10		
x	P	x^*
63	.110	39
64	.090	38
65	.074	37
66	.059	36
67	.047	35
68	.036	34
69	.028	33
70	.021	32
71	.016	31
72	.011	30
73	.008	29

작은 표본의 크기 = 7											
큰 표본의 크기											
7			8			9			10		
x	P	x^*	x	P	x^*	x	P	x^*	x	P	x^*
63	.104	42	67	.116	45	72	.105	47	76	.115	50
64	.082	41	68	.095	44	73	.087	46	77	.097	49
65	.064	40	69	.076	43	74	.071	45	78	.081	48
66	.049	39	70	.060	42	75	.057	44	79	.067	47
67	.036	38	71	.047	41	76	.045	43	80	.054	46
68	.027	37	72	.036	40	77	.036	42	81	.055	45
69	.019	36	73	.027	39	78	.027	41	82	.035	44
70	.013	35	74	.020	38	79	.021	40	83	.028	43
71	.009	34	75	.041	37	80	.016	39	84	.022	42
			76	.010	36	81	.011	38	85	.017	41
						82	.008	37	86	.012	40
									87	.009	39

작은 표본의 크기 = 8											
큰 표본의 크기											
8			9			10					
x	P	x^*	x	P	x^*	x	P	x^*	x	P	x^*
80	.117	56	86	.100	58	91	.102	61			
81	.097	55	87	.084	57	92	.086	60			
82	.080	54	88	.069	56	93	.073	59			
83	.065	53	89	.057	55	94	.061	58			
84	.052	52	90	.046	54	95	.051	57			
85	.041	51	91	.037	53	96	.042	56			
86	.032	50	92	.030	52	97	.034	55			
87	.025	49	93	.023	51	98	.027	54			
88	.019	48	94	.018	50	99	.022	53			
89	.014	47	95	.014	49	100	.017	52			
90	.010	46	96	.010	48	101	.013	51			
						102	.010	50			

작은 표본의 크기 = 9						작은 표본의 크기 = 10					
큰 표본의 크기						큰 표본의 크기					
9			10			5			10		
x	P	x^*	x	P	x^*	x	P	x^*	x	P	x^*
100	.111	71	106	.106	74				122	.109	88
101	.095	70	107	.091	73				123	.095	87
102	.081	69	108	.078	72				124	.083	86
103	.068	68	109	.067	71				125	.072	85
104	.057	67	110	.056	70				126	.062	84
105	.047	66	111	.047	69				127	.053	83
106	.039	65	112	.039	68				128	.045	82
107	.031	64	113	.033	67				129	.038	81
108	.025	63	114	.027	66				130	.032	80
109	.020	62	115	.022	65				131	.026	79
110	.016	61	116	.017	64				132	.022	78
111	.012	60	117	.014	63				133	.018	77
112	.009	59	118	.011	62				134	.014	76
			119	.009	61				135	.012	75
									136	.009	74

Adapted from: kraft, C., and van Eeden, C., *A Nonparametric Introduction to Statistics, The Macmilian Company, New York,* 1968.

부록 10 런 검정에 있어서 R의 임계값 (유의수준 α=0.05)

	n_2의 값																		
n_1의 값	2	3	4	5	6	7	8	9	10	11	12	13	14	15	16	17	18	19	20
2	1 6	1 6	1 6	1 6	1 6	1 6	1 6	1 6	1 6	2 6	2 6	2 6	2 6	2 6	2 6	2 6	2 6	2 6	2 6
3	1 6	1 8	1 8	1 8	2 8	2 8	2 8	2 8	2 8	2 8	2 8	2 8	2 8	3 8	3 8	3 8	3 8	3 8	3 8
4	1 6	1 8	1 9	2 9	2 9	2 10	3 10	3 10	3 10	3 10	3 10	3 10	3 10	3 10	4 10	4 10	4 10	4 10	4 10
5	1 6	1 8	2 9	2 10	3 10	3 11	3 11	3 12	3 12	4 12	4 12	4 12	4 12	4 12	4 12	4 12	5 12	5 12	5 12
6	1 6	2 8	2 9	3 10	3 11	3 12	3 12	4 13	4 13	4 13	4 13	5 14	5 14	5 14	5 14	5 14	5 14	6 14	6 14
7	1 6	2 8	2 10	3 11	3 12	3 13	4 13	4 14	5 14	5 14	5 14	5 15	5 15	6 15	6 16	6 16	6 16	6 16	6 16
8	1 6	2 8	3 10	3 11	3 12	4 13	4 14	5 15	5 15	5 16	6 16	6 17	6 17	6 18	6 18	7 18	7 18	7 18	7 18
9	1 6	2 8	3 10	3 12	4 13	4 14	5 14	5 15	5 16	6 16	6 16	6 17	7 17	7 18	7 18	7 18	8 18	8 18	8 18
10	1 6	2 8	3 10	3 12	4 13	5 15	5 15	5 16	6 16	6 17	7 17	7 18	7 18	7 18	8 19	8 19	8 19	8 20	9 20
11	1 6	2 8	3 10	4 12	4 13	5 14	5 16	6 16	6 17	7 18	7 19	7 19	8 20	8 20	8 21	9 21	9 21	9 22	9 22
12	2 6	2 8	3 10	4 12	4 13	5 13	6 16	6 17	7 18	7 19	7 19	8 20	8 20	8 21	9 21	9 22	9 22	10 23	10 23
13	2 6	2 8	3 10	4 12	5 14	5 15	6 16	6 17	7 18	7 19	8 19	8 20	9 20	9 21	9 21	10 21	10 21	10 22	10 22
14	2 6	2 8	3 10	4 12	5 14	5 15	6 16	7 17	7 18	8 19	8 20	9 20	9 21	9 22	10 22	10 23	10 23	11 23	11 24
15	2 6	3 8	3 10	4 12	5 14	6 15	6 16	7 18	7 18	8 19	8 20	9 21	9 22	10 22	10 23	11 23	11 24	11 24	12 25
16	2 6	3 8	4 10	4 12	5 14	6 16	6 17	7 18	8 19	8 20	9 21	9 21	10 22	10 23	11 23	11 24	11 25	12 25	12 25
17	2 6	3 8	4 10	4 12	5 14	6 16	7 17	7 18	8 19	9 20	9 21	10 22	10 23	11 23	11 24	11 25	12 26	12 26	13 26
18	2 6	3 8	4 10	5 12	5 14	6 16	7 17	8 18	8 19	9 20	9 21	10 22	10 23	11 24	11 25	12 25	12 26	13 26	13 27
19	2 6	3 8	4 10	5 12	6 14	6 16	7 17	8 18	8 19	9 20	9 21	10 22	10 23	11 24	11 25	12 26	12 26	13 27	13 27
20	2 6	3 8	4 10	5 12	6 14	6 16	7 17	8 18	9 20	9 21	10 22	10 23	11 24	12 25	12 25	13 26	13 27	13 27	14 28

연습문제
해답 및 풀이

연습문제 1

1 "2개 꺼내보고 다시 넣고 하는 일을 여러 번 되풀이 해보니 4회에 3회 꼴로 2개 모두 흰 공"이라는 말은 이 주머니에서 2개 꺼낼 때, 2개 모두 흰 공일 통계적 확률은 $\frac{3}{4}$이라는 뜻과 같다. 한편, 주머니속의 8개의 공 중에서 흰 공의 수를 x개라 하면 2개 꺼낼 때 2개 모두 흰 공일 확률은 $\frac{{}_xC_2}{{}_8C_2}$, 따라서, 문제의 조건으로부터

$$\frac{{}_xC_2}{{}_8C_2} \simeq \frac{3}{4},\ {}_xC_2 \simeq \frac{3}{4} \times {}_8C_2 \ \rightarrow\ \frac{x(x-1)}{2} = \frac{3}{4} \times \frac{8 \times 7}{2} \ \rightarrow\ x = 7\ (x \geq 2)$$

2 A가 가위, 바위, 보를 내는 각각의 경우에 대하여, B가 가위, 바위, 보를 내는 경우는 3가지씩 있으므로 일어날 수 있는 모든 경우의 수는 3×3가지이다. 그러므로

① A가 이길 확률: $\frac{3}{3 \times 3} = \frac{1}{3}$

② A와 B가 비길 확률: $\frac{3}{3 \times 3} = \frac{1}{3}$

3 모두 뒷면이 나올 사건의 여사건의 확률이므로 $P = 1 - \frac{1}{2^5}$.

4 3개 모두 당첨제비가 아닐 사건을 A라 하면

① $P(A) = \frac{{}_{15}C_3}{{}_{20}C_3} = \frac{91}{228}$ ② $P(A^c) = 1 - P(A) = 1 - \frac{91}{228} = \frac{137}{228}$

5 $P = \frac{29}{100} + \frac{41}{100} = \frac{70}{100}$

6 $P(A) = 0.5,\ P(A \cap B) = 0.25$ 이므로

$$P_A(B) = P(B \mid A) = \frac{P(A \cap B)}{P(A)} = \frac{0.25}{0.5} = \frac{1}{2}$$

7 $S = \{1, 2, 3, 4, 5, 6\},\ A = \{2, 4, 6\},\ B = \{4, 5, 6\},\ C = \{1, 6\},$

(1) $P(B \mid A) = \frac{P(A \cap B)}{P(A)} = \frac{2/6}{3/6} = \frac{2}{3},\ P(B) = \frac{3}{6}$

$\therefore\ P(B \mid A) \neq P(B) \quad ==\rangle\ A$와 B는 종속

(2) $P(B \mid C) = \dfrac{P(B\cap C)}{P(C)} = \dfrac{1/6}{2/6} = \dfrac{1}{2},\quad P(B) = \dfrac{3}{6}$

$\therefore\ P(B \mid C) = P(B) \quad ==\rangle\ B$와 C는 독립

8　남편이 생존할 사건을 A, 부인이 생존할 사건 B라 하면, A와 B는 서로 독립이므로 구하고자 하는 확률을 P라 하면

$$P = P(A \cap B^c) + P(A^c \cap B) = P(A)P(B^c) + P(A^c)P(B)$$
$$= 0.2 \times (1-0.25) + (1-0.2) \times 0.25 = 0.35$$

9　20개의 제품 중 3개를 임의로 뽑을 때 불량품을 1개 뽑아내는 사건을 E, 불량품이 A회사의 것일 사건을 A라 하면

$$P(E) = \frac{\binom{5}{1}\times\binom{15}{2}}{\binom{20}{3}},\qquad P(A\cap E) = \frac{\binom{2}{1}\times\binom{15}{2}}{\binom{20}{3}}$$

$$P(A \mid E) = \frac{P(A\cap E)}{P(E)} = \frac{\binom{2}{1}\times\binom{15}{2}}{\binom{5}{1}\times\binom{15}{2}} = \frac{\binom{2}{1}}{\binom{5}{1}} = \frac{2}{5}$$

10　3명 중 남자가 적어도 1명 포함한다는 것은 3명 모두가 여자일 경우의 여사건이므로 구하고자 하는 확률은

$$P = 1 - \frac{\binom{6}{3}}{\binom{11}{3}} = 1 - \frac{4}{33} = \frac{29}{33} \simeq 0.88$$

11　① A와 B는 독립이므로, $P(A\cap B) = P(A)\cdot P(B)$이다. 그러므로

$$0.7 = P(A\cup B) = P(A) + P(B) - P(A\cap B)$$
$$= P(A) + P(B) - P(A)P(B) = 0.5 + P(B) - 0.5P(B)$$
$$= 0.5 + 0.5P(B)$$

$$\therefore P(B) = \frac{0.2}{0.5} = 0.4$$

② A와 B가 배반사건일 때,

$P(A \cup B) = P(A) + P(B)$ 이므로 $P(A \cup B) = 0.7$,

$P(A) = 0.5$ 이므로 $P(B) = 0.7 - 0.5 = 0.2$.

③ 확률의 공식에 의하여

$$\begin{aligned} 0.7 &= P(A \cup B) = P(A) + P(B) - P(A \cap B) \\ &= P(A) + P(B) - P(A|B)P(B) = 0.5 + P(B) - 0.5P(B) \\ &= 0.5 + 0.5P(B) \end{aligned}$$

$\therefore \ P(B) = 0.4$.

④ A와 B는 독립이므로, [연습문제 15]의 결과를 이용하면,

$$P(A|B^c) = \frac{P(A)P(B^c)}{P(B^c)} = 0.5$$

12 첫 번째 꺼낸 제품이 합격품일 확률은 $\frac{8}{12}$이다. 다음 첫 번째 꺼낸 제품이 합격품이고, 두 번째 꺼낸 제품이 합격품일 확률은 $\frac{7}{11}$이다.

곱의 법칙에 의하여, $P = \frac{8}{12} \times \frac{7}{11} = \frac{14}{33}$.

13 $E = \{$눈의 합 $6\} = \{(1,5), (2,4), (3,3), (4,2), (5,1)\}$

$A \cap E = \{$눈의 합이 6이고, 1개의 주사위의 눈이 $2\} = \{(2,4), (4,2)\}$.

따라서, $P(A \mid E) = \dfrac{P(A \cap E)}{P(E)} = \dfrac{2}{5}$

14 뽑힌 학생이 1, 2, 3, 4학년일 사건을 각각 B_1, B_2, B_3, B_4라 하고 전공에 대해 만족할 사건을 A라 하면 구하는 확률은 $P(B_2 \mid A)$가 된다. 그런데

$$\begin{aligned} P(A) &= P(B_1)P(A \mid B_1) + P(B_2)P(A \mid B_2) + P(B_3)P(A \mid B_3) + P(B_4)P(A \mid B_4) \\ &= 0.32 \times 0.3 + 0.28 \times 0.5 + 0.25 \times 0.75 + 0.15 \times 0.92 \\ &= 0.5615 \end{aligned}$$

$P(A \cap B_2) = P(B_2)P(A \mid B_2) = 0.28 \times 0.5 = 0.14$

따라서, $P(B_2 \mid A) = \dfrac{P(A \cap B_2)}{P(A)} = \dfrac{0.14}{0.5615} = 0.2493$

15 $A = (A \cap B) \cup (A \cap B^c)$ 이고,

우측의 두 사건은 배반이므로 $P(A \cap B^c) = P(A) - P(A \cap B)$이 성립,

$P(A \cap B) = P(A)P(B)$이므로

$P(A \cap B^c) = P(A) - P(A)P(B) = P(A)[1 - P(B)] = P(A)P(B^c)$이 성립.

그러므로 A와 B^c은 서로 독립.

마찬가지 방법으로 A^c와 B^c도 독립사상임을 보일 수 있다.

16 ① A: 사고를 일으키는 성향에 속할 사건,

B: 1년 안에 사고가 발생할 사건

$P(A) = 0.3, \quad P(A^C) = 0.7, \quad (B|A) = 0.4, \quad P(B|A^C) = 0.2$이다.

따라서,

$$P(B) = P(B \mid A)P(A) + P(B \mid A^C)P(A^C)$$
$$= 0.4 \times 0.3 + 0.2 \times 0.7 = 0.12 + 0.14 = 0.26$$

② $$P(A \mid B) = \frac{P(B \mid A)P(A)}{P(B \mid A)P(A) + P(B \mid A^C)P(A^C)}$$

$$= \frac{0.4 \times 0.3}{0.4 \times 0.3 + 0.2 \times 0.7} = \frac{0.12}{0.26} = 0.46$$

연습문제 2

1

x	10	100	500	합계
$P(X=x)$	5/19	10/19	4/19	1

2 ① $\int_0^1 f(x)\,dx = \int_0^1 ax(1-x)\,dx = \frac{a}{6} = 1 \ \therefore\ a = 6$

② $P(0.5 \le X \le 0.7) = \int_{0.5}^{0.7} f(x)\,dx = \int_{0.5}^{0.7} 6x(1-x)\,dx = 0.284$

3 $S = \{\ HH,\ HT,\ TH,\ TT\ \}$

X	0	1	2
$P(X=x)$	$\frac{1}{4}$	$\frac{2}{4}$	$\frac{1}{4}$

$$F(x)=\begin{cases} 0, & x<0 \\ \frac{1}{4}, & 0\le x<1 \\ \frac{3}{4}, & 1\le x<2 \\ 1, & 2\le x \end{cases}$$

4 ①

X	0	1	2
$P(X=x)$	$\frac{2}{7}$	$\frac{4}{7}$	$\frac{1}{7}$

$$P(X=0)=\frac{\binom{4}{2}}{\binom{7}{2}}=\frac{2}{7},\ P(X=1)=\frac{\binom{3}{1}\times\binom{4}{1}}{\binom{7}{2}}=\frac{4}{7},\ P(X=2)=\frac{\binom{3}{2}}{\binom{7}{2}}=\frac{1}{7}$$

또는

$$P(X=k)=\frac{\binom{3}{k}\times\binom{4}{2-k}}{\binom{7}{2}}\quad (k=0,1,2).$$

② $P(X\ge 1)=P(X=1)+P(X=2)=\frac{4}{7}+\frac{1}{7}=\frac{5}{7}$

5 ① $P(0<X<1)=\int_0^1 \frac{2(x+2)}{5}dx=1$

② $P\left(\frac{1}{4}<X<\frac{1}{2}\right)=\int_{\frac{1}{4}}^{\frac{1}{2}} \frac{2(x+2)}{5}dx=\frac{19}{80}$

6 ① $P(2<x<2.6)=\int_2^{2.6}\frac{1}{2}dx=0.3$

② $P(X\le x)=\int_1^x \frac{1}{2}dt=\frac{1}{2}(x-1)$이므로,

$$F(x)=\begin{cases} 0, & x\leqq 1, \\ \frac{1}{2}(x-1), & 1\leqq x\leqq 3, \\ 1, & x>3 \end{cases}$$

③ $P(2<x<2.6)=F(2.6)-F(2)$

$$=\frac{1}{2}(2.6-1)-\frac{1}{2}(2-1)=0.8-0.5=0.3$$

연습문제 3

1 ① $C=\frac{1}{18}$

② $F(1,1)=P(X\leq 1, Y\leq 1)$

$$=f(0,0)+f(0,1)+f(1,0)+f(1,1)$$

$$=\frac{1}{18}(0+1+1+2)=\frac{2}{9}$$

2 $\int_{-\infty}^{\infty}\int_{\infty}^{\infty}f(x,y)dxdy=\int_0^1\int_0^1\frac{2}{5}(2x+3y)dxdy=\int_0^1(\frac{2}{5}+\frac{6}{5}y)dy=1$임을 알 수 있다. 또한

① $P[(X,Y)\in A]=P[0<X<\frac{1}{2},\frac{1}{4}<Y<\frac{1}{2}]$

$$=\int_{\frac{1}{4}}^{\frac{1}{2}}\int_0^{\frac{1}{2}}\frac{2}{5}(2x+3y)dxdy=\frac{13}{160}$$

② $f_1(x)=\int_{-\infty}^{\infty}f(x,y)dy=\int_0^1\frac{2}{5}(2x+3y)dy=\frac{4x+3}{5},\quad 0<x<1$

$f_2(y)=\int_{-\infty}^{\infty}f(x,y)dx=\int_0^1\frac{2}{5}(2x+3y)dx=\frac{2}{5}(1+3y),\quad 0<y<1$

3 - $P(Y)=P(Y\cap F)+P(Y\cap M)=0.468+0.052=0.520$

- $P(Y|F)=\frac{P(Y\cap F)}{P(F)}=\frac{P(Y\cap F)}{P(Y\cap F)+P(N\cap F)}=\frac{0.468}{0.468+0.432}=0.520$

- $P(Y\cap F)=0.468, P(Y)=0.520, P(F)=0.900$

$\rightarrow$ $P(Y\cap F)=P(Y)\cdot P(F)=0.468$

4 세 개의 포장단위가 독립적으로 추출되었으므로, 확률변수 X_1, X_2, X_3가 통계적으로 독립이라고 할 수 있고, 따라서 결합밀도함수는 다음과 같다.

$$f(x_1,x_2,x_3)=f(x_1)f(x_2)f(x_3)=e^{-x_1}e^{-x_2}e^{-x_3}=e^{-x_1-x_2-x_3}$$

따라서

$$P(X_1 < 2, 1 < X_2 < 3, X_3 > 2) = \int_2^\infty \int_1^3 \int_0^2 e^{-x_1 - x_2 - x_3} dx_1 dx_2 dx_3$$

$$= (1-e^{-2})(e^{-1} - e^{-3})e^{-2} \cong 0.0376.$$

5　독립이 아니다. X와 Y의 주변 확률분포표를 구하면 다음과 같다.

X	0	1	2	계
$f_1(x)$	2/8	4/8	2/8	1

Y	0	1	2	3	계
$f_2(y)$	1/8	3/8	3/8	1/8	1

ex) $\frac{2}{8} = f(1,1) \neq f_1(1) \cdot f_2(1) = \frac{4}{8} \cdot \frac{3}{8} = \frac{3}{16}$ 이므로 독립이 아니다.

연습문제 4

1　(1)

X	0	1	2	3	4
$P(X)$	$\frac{1}{16}$	$\frac{4}{16}$	$\frac{6}{16}$	$\frac{4}{16}$	$\frac{1}{16}$

$E(X) = 2,\ V(X) = 1$

(2) $Y = 0$, (남,남,남,남), (여,여,여,여)의 2가지 경우

$Y = 1$, (남,여,여,여), (남,남,여,여), (여,여,여,남),

(여,여,여,남), (여,여,남,남), (남,남,남,여) 의 6가지

$Y = 2$, (남,여,남,남), (남,여,여,남), (남,남,여,남)

(여,남,여,여), (여,남,남,여), (여,여,남,여) 의 6가지

$Y = 3$, (남,여,남,여), (여,남,여,남)의 2가지 이므로

다음의 확률분포표를 얻게 된다.

Y	0	1	2	3
$P(Y)$	$\frac{2}{16}$	$\frac{6}{16}$	$\frac{6}{16}$	$\frac{2}{16}$

, $E(Y) = 1.5,\ V(Y) = 0.75$

2　6(매)

3　찬성을 나타내는 변수를 X라 할 때 X의 확률분포는 다음과 같다.

X	1	0	합계
$P(X)$	$\frac{63}{100}$	$\frac{37}{100}$	1

$$\mu = E(X) = \sum x_i p_i = 1\times\frac{63}{100}+0\times\frac{37}{100} = 0.63$$

$$\sigma^2 = V(X) = \sum x_i^2 p_i - \mu^2 = 1^2\times\frac{63}{100}+0^2\times\frac{37}{100}-0.63^2 = 0.2331$$

4 7:02~7:05, 7:17~7:20, 7:37~7:40, 7:47~7:50의 경우이므로,

$$P = \frac{3\times 4}{60} = \frac{1}{5}$$

5

X	$P(x)$
−30000	0.15
120000	0.85

$$E(X) = 120000\times 0.85 - 30000\times 0.15$$
$$= 102000 - 4500 = 97500$$

6 $$E(X) = \int_0^1 \frac{1}{2}x^2\,dx + \int_1^2 x\left(\frac{3}{2}-\frac{1}{2}x\right)dx = \frac{5}{4}$$

$$V(X) = \int_0^1 \left(x-\frac{5}{4}\right)^2 \frac{1}{2}x\,dx + \int_1^2 \left(x-\frac{5}{4}\right)^2\left(\frac{3}{2}-\frac{1}{2}x\right)dx$$

7 X가 취할 수 있는 값은 1, 2, 3 이에 대응하는 확률은 각각

$$\frac{\binom{4}{2}}{\binom{5}{3}},\ \frac{\binom{3}{2}}{\binom{5}{3}},\ \frac{\binom{2}{2}}{\binom{5}{3}}$$

이므로 X의 확률분포는 다음과 같다.

X	1	2	3	합계
$P(X)$	$\frac{6}{10}$	$\frac{3}{10}$	$\frac{1}{10}$	1

$$E(X) = 1\times\frac{6}{10}+2\times\frac{3}{10}+3\times\frac{1}{10} = 1.5$$

8 X의 확률분포는 다음과 같으므로

X	0	1	2	합
$f(x_i)$	$\frac{1}{4}$	$\frac{2}{4}$	$\frac{1}{4}$	1

$$E(X)=\sum_{i=1}^{n} x_i f(x_i)=0\times\frac{1}{4}+1\times\frac{2}{4}+2\times\frac{1}{4}=1$$

9 확률변수 X가 취하는 값과 그 확률 $f(x_i)$는 다음 표와 같다.

X	2	3	5	−1	−4	−6
$f(x_i)$	$\frac{1}{6}$	$\frac{1}{6}$	$\frac{1}{6}$	$\frac{1}{6}$	$\frac{1}{6}$	$\frac{1}{6}$

따라서

$$E(X)=2\times\frac{1}{6}+3\times\frac{1}{6}+5\times\frac{1}{6}-1\times\frac{1}{6}-4\times\frac{1}{6}-6\times\frac{1}{6}=-\frac{1}{6}$$

10 확률변수 X의 분포는 다음과 같다.

x_i	1	2	3	4	5	6
$f(x_i)$	$\frac{1}{36}$	$\frac{3}{36}$	$\frac{5}{36}$	$\frac{7}{36}$	$\frac{9}{36}$	$\frac{11}{36}$

$$\mu=E(X)=1\times\frac{1}{36}+2\times\frac{3}{36}+3\times\frac{5}{36}+4\times\frac{7}{36}+5\times\frac{9}{36}+6\times\frac{11}{36}=4.47$$

$$E(X^2)=\sum_i x_i^2 f(x_i)$$

$$=1^2\times\frac{1}{36}+2^2\times\frac{3}{36}+3^2\times\frac{5}{36}+4^2\times\frac{7}{36}+5^2\times\frac{9}{36}+6^2\times\frac{11}{36}=\frac{791}{36}=21.97$$

$$V(X)=E(X^2)-\mu^2=21.97-(4.47)^2=21.97-19.98=1.99$$

$$\sigma_X=\sqrt{1.99}=1.4$$

11

x	$P(x)$	$x\cdot P(x)$	x^2	$x^2\cdot P(x)$
2	$\frac{1}{36}$	$\frac{2}{36}$	4	$\frac{4}{36}$
3	$\frac{2}{36}$	$\frac{6}{36}$	9	$\frac{18}{36}$
4	$\frac{3}{36}$	$\frac{12}{36}$	16	$\frac{48}{36}$
5	$\frac{4}{36}$	$\frac{20}{36}$	25	$\frac{100}{36}$

x	$P(x)$	$x \cdot P(x)$	x^2	$x^2 \cdot P(x)$
6	$\frac{5}{36}$	$\frac{30}{36}$	36	$\frac{180}{36}$
7	$\frac{6}{36}$	$\frac{42}{36}$	49	$\frac{294}{36}$
8	$\frac{5}{36}$	$\frac{40}{36}$	64	$\frac{320}{36}$
9	$\frac{4}{36}$	$\frac{36}{36}$	81	$\frac{324}{36}$
10	$\frac{3}{36}$	$\frac{30}{36}$	100	$\frac{300}{36}$
11	$\frac{2}{36}$	$\frac{22}{36}$	121	$\frac{242}{36}$
12	$\frac{1}{36}$	$\frac{12}{36}$	144	$\frac{144}{36}$
합계		$\frac{252}{36}$		$\frac{1974}{36}$

위의 표에서 왼쪽의 2개의 열은 확률분포를 정리한 것이고 나머지 열들은 평균, 분산 및 표준편차들을 구하기 위해 필요한 계산들을 정리한 것이다. 위의 표에서

$$\mu = E(X) = \sum_i x_i \cdot P(x_i) = \frac{252}{36} = 7$$

$$\sigma^2 = V(X) = \sum_i x_i \cdot P(x_i) - \mu^2 = \frac{1974}{36} - \left(\frac{252}{36}\right)^2 = 5.8$$

$$\sigma_X = \sqrt{V(X)} = \sqrt{5.8} \simeq 2.4$$

12 $E(\frac{Y}{X}) = \int_0^1 \int_0^2 \frac{y}{x} \cdot \frac{x(1+3y^2)}{4} dxdy = \int_0^1 \frac{y+3y^3}{2} dy = \frac{5}{8}$

연습문제 5

1 주어진 조건에서 $n=6$, $p=0.05$, $x=2$ 이므로, 불량품의 수를 X라 하면

$$P(X=2) = \binom{6}{2} \cdot (0.05)^2 \cdot (0.95)^4 \cong 0.031$$

2 $n=10,\ p=0.6,\ x=5$ 이므로 졸업생 수를 X라 하면

$$P(X=5) = \binom{10}{5} \cdot (0.6)^5 \cdot (0.4)^5$$

3 $n=10,\ p=0.72,\ x=6$, 싹이 틀 씨앗의 수를 X라 하면

확률질량함수: $P(X=6) = \binom{10}{6} \cdot (0.72)^6 \cdot (0.28)^4$

평균: $E(X) = \sum x \cdot P(x) = np = 10 \times 0.72 = 7.2$

분산: $V(X) = \sum x^2 \cdot P(x) - [E(X)]^2 = np(1-p) = 10 \times 0.72 \times 0.28 = 2.016$

4 ① $np=8,\ np(1-p)=4$ 로부터 $8(1-p)=4,\ \therefore p = \frac{1}{2}$. 따라서 $n = 16$.

② $p = 0.5$ ③ $p = 0.5$

5 $np=2,\ np(1-p)=1$ 으로부터 $p=\frac{1}{2},\ n=4$ 이다. 따라서

$$P(X \geq 3) = P(X=3) + P(X=4) = \binom{4}{3}(\frac{1}{2})^3(\frac{1}{2}) + \binom{4}{4}(\frac{1}{2})^4 = \frac{5}{16}$$

6 ① $f(x) = \sum_{k=0}^{n}(x^2 - 2kx + k^2)P(X=k)$

$$= x^2\sum P(X=k) - 2x\sum kP(X=k) + \sum k^2P(X=k)$$

$$= x^2 - 2xE(X) + E(X^2) = x^2 - 2xE(X) + V(X) + [E(X)]^2$$

$$= x^2 - 2npx + np(1-p) + n^2p^2 = (x-np)^2 + np(1-p)$$

$\therefore b = np(1-p)$ ($x = np$일 때)

② $b = -n(p^2 - p) = -n\left(p - \frac{1}{2}\right)^2 + \frac{n}{4}$에서 $\frac{n}{4} \leq 10$.

그러므로 $n \leq 40$, 따라서 $1 \leq n \leq 40$ (n은 양의 정수).

7 $P(X=k) = \binom{n}{k}p^k(1-p)^{n-k},\ (k=0,1,\cdots,n)$

① $np(1-p) = \frac{8}{9}$, $\binom{n}{n-1}p^{n-1}(1-p) = 8\binom{n}{n}p^n$ 으로부터

$$n(1-p) = 8p, \quad p \cdot 8p = \frac{8}{9}.$$

따라서 $p = \frac{1}{3}$, $n = 4$. 그러므로 $P(X = k) = \binom{4}{k}\left(\frac{1}{3}\right)^k\left(\frac{2}{3}\right)^{4-k}$.

② $m = E(X) = np = 4 \times \frac{1}{3} = \frac{4}{3}$, $\sigma = \sqrt{\frac{8}{9}} = \frac{2\sqrt{2}}{3}$ 이므로

$$\left|X - \frac{4}{3}\right| > \frac{2\sqrt{2}}{3}, \qquad \therefore\ X = 0,\ 3,\ 4$$

$$P(|X-m| > \sigma) = \binom{4}{4}\left(\frac{1}{3}\right)^4 + \binom{4}{3}\left(\frac{1}{3}\right)^3\frac{2}{3} + \binom{4}{0}\left(\frac{2}{3}\right)^4 = \frac{25}{81}$$

③ $E(X^2 - 3X + 2) = E(X^2) - 3E(X) + 2 = V(X) + [E(X)]^2 - 3E(X) + 2$

$$= \frac{8}{9} + \left(\frac{4}{3}\right)^2 - 3 \cdot \frac{4}{3} + 2 = \frac{2}{3}$$

8 한 개의 주사위를 4번 던지는 시행과 같다. 이 경우 $n = 4, p = \frac{1}{6}$ 이므로

$$E(X) = np = 4 \times \frac{1}{6} = \frac{2}{3}$$

$$V(X) = npq = 4 \times \frac{1}{6} \times \frac{5}{6} = \frac{5}{9}$$

연습문제 6

1 $N = 7,\ n = 2,\ k = 2$로부터

① $P(X = 1) = \dfrac{\binom{2}{1}\binom{5}{1}}{\binom{7}{2}} = \dfrac{10}{21}$

② $P(X = 0) = \dfrac{\binom{2}{0}\binom{5}{2}}{\binom{7}{2}} = \dfrac{10}{21}$

③ $E(X) = \dfrac{nk}{N} = \dfrac{4}{7}$, $V(X) = \dfrac{nk}{N}\dfrac{N-k}{N}\dfrac{N-n}{N-1} = \dfrac{4}{7} \times \dfrac{5}{7} \times \dfrac{5}{6} = \dfrac{100}{294}$

2 $P(X=0)=\frac{\binom{50}{0}\binom{950}{30}}{\binom{1000}{30}}=0.21$

3 $\binom{k}{x}=\frac{k!}{x!(k-x)!}$를 이용하면,

$$E(X)=\sum_x xf(x)=\sum_x x\frac{\binom{k}{x}\binom{N-k}{n-x}}{\binom{N}{n}}$$

$$=\frac{nk}{N}\sum_x\left\{\frac{(k-1)!}{(x-1)!(k-x)!}\cdot\frac{(N-k)!}{(n-x)!(N-k-n+x)!}\cdot\frac{(n-1)!(N-n)!}{(N-1)!}\right\}$$

$$=\frac{nk}{N}\sum_{x'}\left\{\frac{(k')!}{(x')!(k'-x')!}\cdot\frac{(N-k)!}{(n'-x')!(N-k-n'+x')!}\cdot\frac{(n')!(N'-n')!}{(N')!}\right\}$$

$$=\frac{nk}{N}=np\text{이다.}$$

여기서, $x'=x-1,\ k'=k-1,\ N'=N-1,\ n'=n-1$이다. 분산을 구하기 위해서 위에서와 같은 방법으로 하면 다음의 결과를 얻는다.

$$E(X(X-1))=\frac{k(k-1)n(n-1)}{N(N-1)}$$

한편, 분산의 정의에 의하여,

$$\sigma^2=E(X^2)-\mu^2=E(X(X-1))+\mu-\mu^2$$

$$=\frac{k(k-1)n(n-1)}{N(N-1)}+\frac{nk}{N}-\frac{n^2k^2}{N^2}$$

$$=\frac{nk(N-k)(N-n)}{N^2(N-1)}=\frac{N-n}{N-1}n\frac{k}{N}(1-\frac{k}{N}).$$

4 X를 추출된 3개의 표본 중 불량품의 개수라 하면, X는 $N=20, k=4, n=3$인 초기하 분포를 따른다. 그러므로 X의 평균 및 분산은 위 공식에 의하면 다음과 같다.

$$E(X)=\frac{nk}{N}=\frac{3\cdot 4}{20}=0.6$$

$$Var(X)=\frac{N-n}{N-1}\cdot n\cdot\frac{k}{N}\cdot\frac{N-k}{N}=\frac{17}{19}\cdot 3\cdot\frac{4}{20}\cdot\frac{16}{20}=\frac{12}{25}\frac{17}{19}\approx 0.4295$$

연습문제 7

1 $n=200,\ p=0.01$이므로 $\mu=np=200\times0.01=2$이다. 그러므로 왼손잡이의 수는 $\mu=2$인 포아송분포를 한다고 할 수 있다. 따라서 구하려는 확률은 부록 누적분포표에 의하여

$$P(X\geq 4)=1-P(X\leq 3)=1-0.857=0.143$$

2 각 도시의 주문 수는 포아송분포 $P(X=x)=e^{-2}\dfrac{2^x}{x!}$를 따른다.

① $P(X=0)=0.135,\quad 80\times P(X=0)=10.8$

② $P(X=1)=0.271,\quad 80\times P(X=2)=21.68$

③ $P(X=2)=0.271,\quad 80\times P(X=2)=21.68$

3 확률변수 X가 불량품의 수를 나타낼 때, $X\sim Poisson(3)$이며, 부록의 누적분포표에 의하여 $\mu=3.0$일 때, $P(X\geq 2)=1-P(X\leq 1)=1-0.199=0.801$.

4 $n=100,\ p=\dfrac{1}{36},\ \mu=np=100\times\dfrac{1}{36}=2.8$이므로

$$P(1\leq X\leq 3)\cong\sum_{x=1}^{3}\frac{e^{-2.8}2.8^x}{x!}=F(3)-F(0)=0.692-0.061=0.631$$

(부록 이용)

5 400개의 제품 중 5개가 불량일 확률은

$f(5;n=400,p=0.02)=\dbinom{400}{5}(0.02)^5(0.98)^{395}\approx0.09113$인 반면, 이항분포의 포아송분포로의 근사공식을 이용하면, $f(5;\mu=8)=\dfrac{e^{-8}8^5}{5!}\approx0.09160$이다.

6 $$E(X)=\sum_{x=0}^{\infty}x\cdot\frac{e^{-\mu}\mu^x}{x!}=\mu e^{-\mu}\sum_{x=1}^{\infty}\frac{\mu^{x-1}}{(x-1)!}=\mu e^{-\mu}e^{\mu}=\mu$$

$$V(X)=E(X^2)-[E(X)]^2,\qquad E(X^2)=E(X(X-1))+E(X)$$

$$E(X(X-1))=\sum_{x=0}^{\infty}x(x-1)\frac{e^{-\mu}\mu^x}{x!}=\mu^2e^{-\mu}\sum_{x=2}^{\infty}\frac{\mu^{x-2}}{(x-2)!}=\mu^2e^{-\mu}e^{\mu}=\mu^2$$

$$V(X) = E(X(X-1)) + E(X) - [E(X)]^2 = \mu^2 + \mu - \mu^2 = \mu$$

연습문제 8

1 $$E(X) = \frac{1}{\sqrt{2\pi}\,\sigma}\int_{-\infty}^{\infty} x e^{\frac{-(x-\mu)^2}{2\sigma^2}} dx = \frac{1}{\sqrt{2\pi}}\int_{-\infty}^{\infty} (\mu + \sigma z) e^{-\frac{z^2}{2}} dz,$$

($z = \frac{x-\mu}{\sigma}$로 치환하면)

$$= \frac{\mu}{\sqrt{2\pi}}\int_{-\infty}^{\infty} e^{-\frac{z^2}{2}} dz + \frac{\sigma}{\sqrt{2\pi}}\int_{-\infty}^{\infty} z e^{-\frac{z^2}{2}} dz,$$

($\int_{-\infty}^{\infty} e^{-\frac{z^2}{2}} dz = 2\int_{0}^{\infty} e^{-\frac{z^2}{2}} dz = \sqrt{2\pi}$이므로)

$$= \frac{\mu}{\sqrt{2\pi}} \cdot \sqrt{2\pi} + \frac{\sigma}{\sqrt{2\pi}}[-e^{\frac{-z^2}{2}}]_{-\infty}^{\infty} = \mu$$

$$V(X) = E((X-\mu)^2) = \frac{1}{\sqrt{2\pi}\,\sigma}\int_{-\infty}^{\infty} (x-\mu)^2 e^{\frac{-(x-\mu)^2}{2\sigma^2}} dx$$

$$= \frac{\sigma^2}{\sqrt{2\pi}}\int_{-\infty}^{\infty} z^2 e^{-\frac{z^2}{2}} dz \quad \left(\leftarrow z = \frac{x-\mu}{\sigma} \right)$$

$$= \sigma^2 \left(\leftarrow \int_{-\infty}^{\infty} z^2 e^{-\frac{z^2}{2}} dz = [-z e^{-\frac{z^2}{2}}]_{-\infty}^{\infty} + \int_{-\infty}^{\infty} e^{-\frac{z^2}{2}} dz = \sqrt{2\pi} \right)$$

2 약 7%(또는 6.68%)

3 ① $P(X \geq x) = 0.16$을 만족하는 $x = 52.5$

② $P(X \geq x) = 0.03$을 만족하는 $x =$ 약 59.2

4 ① −1.21 ② 2.14 ③ 2.17 ④ 0.357

5 ① 평균이 0℃, 표준편차가 1℃인 표준정규분포를 따르므로 표준정규분포 곡선 하에서 $z=0$과 $z=1.58$ 사이의 면적을 구하면 된다. 즉,

$$P(0 < Z < 1.58) = P(Z \le 1.58) - P(Z \le 0)$$
$$= \Phi(1.58) - \Phi(0) = 0.9429 - 0.5 = 0.4429$$

② $P(-1.4 < Z < 0) = P(Z \le 0) - P(Z \le -1.4)$

$$= P(Z \le 0) - \{1 - P(Z \le 1.4)\}$$
$$= \Phi(0) - \{1 - \Phi(1.4)\}$$
$$= 0.5 - \{1 - 0.9192\} = 0.5 - 0.0808 = 0.4192$$

또는

$P(-1.4 < Z < 0) = P(0 < Z < 1.4) = 0.4192$

③ $P(Z > 1.18) = 1 - P(Z \le 1.18) = 1 - \Phi(1.18) = 1 - 0.8810 = 0.1190$

또는

$P(Z > 1.18) = 0.5 - P(0 \le Z \le 1.18) = 0.5 - 0.3810 = 0.1190$

이다.

④ $P(1.20 < Z < 2.30) = P(Z \le 2.30) - P(Z \le 1.20)$

$$= \Phi(2.30) - \Phi(1.20) = 0.9893 - 0.8849 = 0.1044$$

6 규격한계인 $x_1 = 2.99$와 $x_2 = 3.01$에 대응되는 X은 각각

$$z_1 = \frac{2.99 - 3.0}{0.005} = -2.0 \text{와 } z_1 = \frac{3.01 - 3.0}{0.005} = 2.0$$

이 된다. 따라서 $P(2.99 < X < 3.01) = P(-2.0 < X < 2.0)$
부록 정규분포표로부터 $P(Z \leftarrow 2.0) = P(Z > 2.0) = 1 - P(Z < 2.0) = 0.0228$
을 얻게 되고, 정규분포의 대칭성을 이용하면

$$P(-2.0 < Z < 2.0) = 1 - (2)(0.0228) = 0.9544$$

가 된다. 결론적으로 생산된 부품의 4.56%가 불합격으로 처리된다.

연습문제 9

1 ① 수명을 확률변수 X로 표시하면 모수가 $\theta = 3$인 지수분포를 따른다. 그러므로 $P[X \ge 10] = 1 - P[X < 10] = 1 - \int_0^{10} \frac{1}{3} e^{-x/3} dx = 1 + [e^{-x/3}]_0^{10} \approx$ 0.0357이다.

② 장착된 5개의 퓨즈 중에서 10년 이상 작동할 퓨즈의 개수를 N라 하면, 확률 변수 N은 $n=5$이고 $p=0.0357$인 이항분포를 따른다.
즉, $N \sim B(n=5, p=0.0357)$이다. 따라서 구하는 확률은 $n=5$, $p=0.0357$일 때,

$$\begin{aligned} P[N \geq 3] &= 1 - P[N \leq 2] \\ &= 1 - \{B(0;n;p) + B(1;n,p) + B(2;n,p)\} \\ &= 1 - 0.99956 = 0.00044 \end{aligned}$$

이다.

2 ① 전화가 평균 10분에 5번꼴로 걸려오므로 1분을 단위로 할 때는 평균적으로 1분에 0.5번꼴로 걸려온다고 할 수 있다. 그러므로 $\theta = 2$가 되며, 전화가 한 번 걸려온 후에 다음 전화가 걸려올 때까지 걸린 시간은 $\theta = 2$인 지수분포를 따른다고 할 수 있다. 그러므로 확률밀도함수는 $f(x) = \frac{1}{2}e^{-x/2}$, $x > 0$이다.

② 다음 전화가 걸려올 때까지 걸린 시간이 5분 이내일 확률은

$$P[X \leq 5] = \int_0^5 0.5e^{-0.5x} = 1 - e^{-0.5 \cdot 5} = 0.918$$

이고, 다음 전화가 걸려올 때까지 걸린 시간이 2분 이상일 확률은

$$P[X \geq 2] = 1 - P[X < 2] = 1 - \int_0^2 e^{-0.5x}dx = e^{-0.5 \cdot 2} = e^{-1} = 0.3679$$

이다.

3 T: 수리 후 다시 고장이 발생될 때까지 걸리는 시간 $T \sim \exp(1/3)$

$$f(t) = 3e^{-3t}, \quad t \geq 0 \text{ 단위: 시간}$$

2시간 이내에 고장 나지 않을 확률: $P(T > 2) = \int_2^\infty 3e^{-3t}dt = e^{-6}$

4 하나의 부품이 8년 이상 작동할 확률은 다음과 같다.

$$P(T > 8) = \frac{1}{5}\int_8^\infty e^{-t/5}dt = e^{-8/5} = \simeq 0.2$$

X가 8년이 지난 후 작동하고 있을 부품의 수를 나타낸다고 하자.
그러면 이항분포를 사용하여

$$P(X \geq 2) = \sum_{x=2}^{5} f(x;5,0.2), \quad (f(x;5,0.2) = {}_5C_x 0.2^x (1-0.2)^{5-x})$$
$$= 1 - \sum_{x=0}^{1} f(x;5,0.2) = 1 - 0.7373 = 0.2627$$

연습문제 10

1 ① 앞면이 나오는 횟수를 X라 하면 $n = 12$, $p = \frac{1}{2}$, $1-p = \frac{1}{2}$로서 $B\left(12, \frac{1}{2}\right)$을 따른다. 따라서

$$P(X=4) = \binom{12}{4}\left(\frac{1}{2}\right)^4\left(\frac{1}{2}\right)^8 = \frac{495}{4096} = 0.1208$$

$$P(X=5) = \binom{12}{5}\left(\frac{1}{2}\right)^5\left(\frac{1}{2}\right)^7 = \frac{792}{4096} = 0.1934$$

$$P(X=6) = \binom{12}{6}\left(\frac{1}{2}\right)^6\left(\frac{1}{2}\right)^6 = \frac{924}{4096} = 0.2256$$

$$P(X=7) = \binom{12}{7}\left(\frac{1}{2}\right)^7\left(\frac{1}{2}\right)^5 = \frac{792}{4096} = 0.1934$$

$$\therefore \quad p = \sum_{x=4}^{7}\binom{12}{x}\left(\frac{1}{2}\right)^x\left(\frac{1}{2}\right)^{12-x} = \frac{495}{4096} + \frac{792}{4096} + \frac{924}{4096} + \frac{792}{4096} = \frac{3003}{4096}$$
$$= 0.7332$$

② 0.7329와 0.7332로 오차는 0.003 정도로 상당히 작게 된다.

2 찬성과 반대의 두 가지의 선택뿐인 이항분포로서, 찬성자의 수를 X라 하면 $n = 100$, $p = 0.37$, $1-p = 0.63$, $x = 37$이다. n이 크므로, 이항분포표를 이용할 수 없을 뿐만 아니라 $P(X=37) = \binom{100}{37}(0.37)^{37}(0.63)^{63}$의 계산이 용이하지 않다.

$np = 37 > 5$이므로 정규분포를 이용하여 근사적으로 구할 수 있다.

$$\mu = np = 37, \quad \sigma = \sqrt{np(1-p)} \simeq 4.828$$

$$P(X=37) \simeq P(36.5 \leqq X \leqq 37.5) \quad = P\left(\frac{36.5-37}{4.828} \leqq Z \leqq \frac{37.5-37}{4.828}\right)$$

$$\simeq P(-0.10 \leqq Z \leqq 0.10) = 2(0.5398-0.5) = 0.0796$$

이항분포공식을 적용하여 구한 $P(X=37) = 0.0824$와 별 차이가 없다.

3 5 또는 6의 눈이 나올 횟수를 X라 하면 X는 $B\left(450, \frac{1}{3}\right)$을 따르므로

$$\mu = 450 \times \frac{1}{3} = 150, \ \sigma^2 = 450 \times \frac{1}{3} \times \frac{2}{3} = 100 = 10^2$$

$n = 450$은 충분히 크므로 X는 근사적으로 정규분포 $N(150, 10^2)$을 따른다고 할 수 있다. 그러므로

$$\begin{aligned} P(160 \leq X \leq 180) &\cong P(159.5 \leqq X \leqq 180.5) \\ &= P\left(\frac{159.5-150}{10} \leq z \leq \frac{180.5-150}{10}\right) \\ &= P(0.95 \leq z \leq 3.05) = 0.17 \end{aligned}$$

4 $\overline{X}$의 분포는 $\mu_{\overline{X}} = 800, \ \sigma_{\overline{X}} = 40/\sqrt{16} = 10$인 정규분포를 따르고, 구하고자 하는 확률 값은 다음 그림의 그늘진 영역에 해당된다. $\overline{X} = 775$에 대응하는 표준정규계수 z는

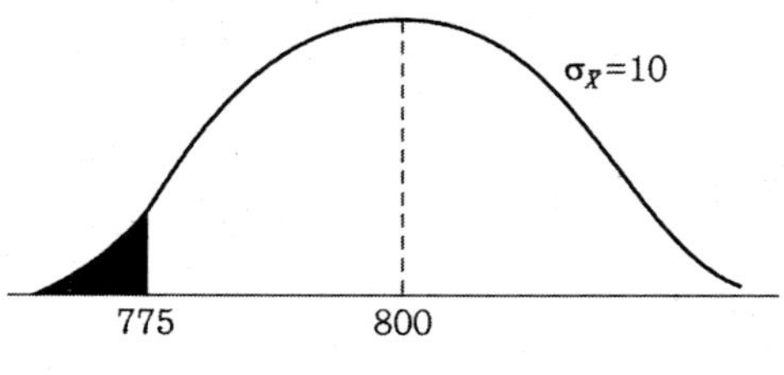

$z = \dfrac{775-800}{10} = -2.5$가 되므로 구하는 확률값은

$P(\overline{X} < 775) = P(Z < -2.5) = 0.0062$가 된다.

연습문제 11

1 자유도 14인 t − 분포에서 1.761은 $t_{0.05}(14)$에 대응된다. 따라서 $-t_{0.05} = -1.761$이므로 $k = -t_{\alpha}$라 하자. 그러면 $0.045 = 0.05 - \alpha$이므로 $\alpha = 0.005$이다. 자유도 14일 때, 이를 만족하는 값을 부록 t − 분포표에서 찾으면 $k = -t_{0.005} = -2.977$이 되고, $P(-2.977 < T < -1.761) = 0.045$가 된다.

2 먼저 5개의 배터리의 표본분산을 구해 보면

$$S^2 = \frac{(5)(48.26) - 15^2}{(5)(4)} = 0.815$$

따라서 $\chi^2 = \dfrac{(4)(0.815)}{1} = 3.26$이 되고, 이는 자유도 4인 χ^2 − 분포를 따르는 값이 된다. 그런데 자유도 4인 χ^2의 값이 95%가 0.484와 11.143 사이에 오게 되므로 $\sigma^2 = 1$로 하여 계산된 χ^2의 값 3.26이 그 사이에 있으므로, 표준편차가 1년이라는 주장은 합당하다고 볼 수 있을 것이다(이 문제는 가설검정의 분야가 아님을 주의하기 바란다).

3 $z_{0.025} = 1.96$, $z_{0.005} = 2.575$이므로 $\overline{X} - z_{\alpha/2}\dfrac{\sigma}{\sqrt{n}} < \mu < \overline{X} + z_{\alpha/2}\dfrac{\sigma}{\sqrt{n}}$에서

- 95%의 신뢰구간: $492 - \dfrac{1.96 \times 12}{\sqrt{8}} < \mu < 492 + \dfrac{1.96 \times 12}{\sqrt{8}}$,
- 99%의 신뢰구간: $492 - \dfrac{2.575 \times 12}{\sqrt{8}} < \mu < 492 + \dfrac{2.575 \times 12}{\sqrt{8}}$.

4 $\alpha = 0.05$와 0.01, $\overline{X} = 66.3$, $s = 8.4$, $n = 12$이므로 t − 분포표에서 $t_{0.025}(11) = 2.201$, $t_{0.005}(11) = 3.106$을 얻는다. 따라서

- 95%의 신뢰구간: $66.3 - 2.201 \times \dfrac{8.4}{\sqrt{12}} < \mu < 66.3 + 2.201 \times \dfrac{8.4}{\sqrt{12}}$
- 99%의 신뢰구간: $66.3 - 3.106 \times \dfrac{8.4}{\sqrt{12}} < \mu < 66.3 + 3.106 \times \dfrac{8.4}{\sqrt{12}}$

5 σ를 모르고, $\overline{X} = 7.0$

$$S = \sqrt{\frac{1}{8}\sum_{i=1}^{9}(x_i - \overline{X})^2}$$

$$= \sqrt{\frac{1}{8}\{(7.0-7.0)^2 + (7.1-7.0)^2 + \cdots + (6.6-7.0)^2\}}$$

$$= \sqrt{\frac{0.46}{8}} = 0.24$$

$t_\alpha(n-1) = t_{0.025}(8) = 2.306$와 $t_\alpha(n-1) = t_{0.005}(8) = 3.355$. 따라서

$$\overline{X} \pm t_{0.025}(8) \times \frac{S}{\sqrt{n}} = 7.0 \pm 2.306 \times \frac{0.24}{\sqrt{9}},$$

$$\overline{X} \pm t_{0.005}(8) \times \frac{S}{\sqrt{n}} = 7.0 \pm 3.355 \times \frac{0.24}{\sqrt{9}}.$$

6 $\displaystyle\sum_{i=1}^{n}(X_i - \overline{X})^2 = \sum_{i=1}^{n}\left[(X_i - \mu) - (\overline{X} - \mu)\right]^2$

$$= \sum_{i=1}^{n}(X_i - \mu)^2 - 2(\overline{X} - \mu)\sum_{i=1}^{n}(X_i - \mu) + n(\overline{X} - \mu)^2$$

$$= \sum_{i=1}^{n}(X_i - \mu)^2 - n(\overline{X} - \mu)^2 \quad (\because \sum_{i=1}^{n}(X_i - \mu) = n(\overline{X} - \mu))$$

그러므로,

$$E[S^2] = E\left[\frac{1}{n-1}\sum_{i=1}^{n}(X_i - \overline{X})^2\right] = \frac{1}{n-1}\left\{E\left[\sum_{i=1}^{n}(X_i - \mu)^2\right] - nE(\overline{X} - \mu)^2\right\}$$

$$= \frac{1}{n-1}\left\{\sum_{i=1}^{n}E(X_i - \mu)^2 - nE(\overline{X} - \mu)^2\right\}$$

$$= \frac{1}{n-1}\left(\sum_{i=1}^{n}Var[X] - n\,Var[\overline{X}]\right)$$

$$= \frac{1}{n-1}\left(n\sigma^2 - n\frac{\sigma^2}{n}\right) = \sigma^2$$

연습문제 12

1 모비율을 p라 하면, $\hat{p}-1.96\sqrt{\dfrac{\hat{p}(1-\hat{p})}{n}} \le p \le \hat{p}+1.96\sqrt{\dfrac{\hat{p}(1-\hat{p})}{n}}$
에서 $\hat{p}=\dfrac{24}{200}=0.12,\ n=200$이므로

$$0.12-1.96\sqrt{\frac{0.12(1-0.12)}{200}} \le p \le 0.12+1.96\sqrt{\frac{0.12(1-0.12)}{200}}$$

$\therefore\ 0.075 \le p \le 0.165$

2 모비율을 p라 하면, $\hat{p}-1.96\sqrt{\dfrac{\hat{p}(1-\hat{p})}{n}} \le p \le \hat{p}+1.96\sqrt{\dfrac{\hat{p}(1-\hat{p})}{n}}$
에서 $\hat{p}=0.4,\ n=2400$이므로

$$0.4-1.96\sqrt{\frac{0.4(1-0.4)}{2400}} \le p \le 0.4+1.96\sqrt{\frac{0.4(1-0.4)}{2400}}$$

$\therefore\ 0.3804 \le p \le 0.4196$. 따라서 (38%, 42%).

3 $n=856,\ x=360,\ \hat{p}=\dfrac{360}{856}=0.421$이 된다. $\alpha=0.05$이므로 $z_{\alpha/2}=1.96$이다. 따라서

$$\hat{p}-z_{\alpha/2}\sqrt{\hat{p}(1-\hat{p})/n} < p < \hat{p}+z_{\alpha/2}\sqrt{\hat{p}(1-\hat{p})/n}$$

으로부터 $0.421-0.033 < p < 0.421+0.033$. 그러므로 95% 신뢰구간은 (0.388, 0.454)이다.

4 p의 점추정량값은 $\hat{p}=340/500=0.68$이다. 부록에서 $z_{0.025}=1.96$이므로 p의 95% 신뢰구간은

$$0.68-1.96\sqrt{\frac{(0.68)(0.32)}{500}} < p < 0.68+1.96\sqrt{\frac{(0.68)(0.32)}{500}}$$

이 되며, 간단히 정리하면, $0.64 < p < 0.72$가 된다.

연습문제 13

1 $\hat{\sigma}^2 = 39.07, \quad \hat{\sigma} = 6.25$

2 $\overline{X} = \frac{1}{20}(10+5+\cdots+8+10) = \frac{136}{20} = 6.8,$

$$S^2 = \frac{\sum_{i=1}^{n}(X_i - \overline{X})^2}{n-1} = \frac{131.2}{19} = 6.9$$

$\chi^2_{\alpha}(n-1) = \chi^2_{0.025}(19) = 32.8523, \quad \chi^2_{\alpha}(n-1) = \chi^2_{0.975}(19) = 8.9066$

$\frac{(n-1)S^2}{\chi^2_{\alpha/2}(n-1)} < \sigma^2 < \frac{(n-1)S^2}{\chi^2_{\alpha/2}(n-1)}$에서 $\frac{19 \times 6.9}{32.8523} < \sigma^2 < \frac{19 \times 6.9}{8.9066}$

그러므로 $3.99 < \sigma^2 < 14.72$

3 우선 측정값 10개의 표본분산을 구하면 다음과 같다.

$$S^2 = \frac{10\sum_{i=1}^{10} x_i^2 - (\sum_{i=1}^{10} x_i)^2}{10(10-1)} = \frac{(10)(21,954.92) - (468.2)^2}{(10)(9)} = 3.755$$

부록의 표에서 $\alpha = 0.05$, 자유도 $\nu = 9$일 때, $\chi^2_{0.025}(9) = 19.023$과 $\chi^2_{0.975}(9) = 2.700$을 찾으면 σ^2의 95% 신뢰구간은 $\frac{(9)(3.755)}{19.023} < \sigma^2 < \frac{(9)(3.755)}{2.700}$이 되며 간단히 정리하면 $1.78 < \sigma^2 < 12.52$이 된다.

연습문제 14

1 95%의 신뢰도의 신뢰구간은 $\overline{X} - 1.96\frac{\sigma}{\sqrt{n}} \le \mu \le \overline{X} + 1.96\frac{\sigma}{\sqrt{n}}$이고, 이때 신뢰구간의 폭은 $\left(\overline{X} + 1.96\frac{\sigma}{\sqrt{n}}\right) - \left(\overline{X} - 1.96\frac{\sigma}{\sqrt{n}}\right) = 2 \times 1.96 \times \frac{\sigma}{\sqrt{n}}$이다. 또한, 99%의 신뢰구간의 폭은 1.96 대신에 2.58로 바꾸어 쓴 것과 같다. 따라서

① 모평균을 μ라 하면

$$1800-1.96\frac{100}{\sqrt{100}} \le \mu \le 1800+1.96\frac{100}{\sqrt{100}}$$

$$1780.4 \le \mu \le 1819.6$$

② 95%, 99%의 신뢰구간의 폭은 각각 $2\times1.96\times\frac{100}{\sqrt{100}}$, $2\times2.58\times\frac{100}{\sqrt{n}}$ 이므로 문제의 뜻에 따라서

$$2\times2.58\times\frac{100}{\sqrt{n}} \le 2\times1.96\times\frac{100}{\sqrt{100}}$$

그러므로 $\sqrt{n} \ge 13.16$, $n \ge 173.2$(n은 표본의 크기)

∴ 174개 이상.

2 $2\times1.96\frac{\sigma}{\sqrt{n}} \le \frac{1}{5}\sigma$에서 $\sqrt{n} \ge 19.6$, $\therefore n \ge 385$.

3 모집단의 평균을 μ, 표준편차 σ라 하고, n개의 표본의 평균을 $\overline{X}$, $4n$개의 표본의 평균을 $\overline{X}'$라 하자. 신뢰도는 같으므로 신뢰계수 k를 써서 신뢰구간을 표시하면 각각 다음과 같다.

$$|\overline{X}-\mu| \le k\frac{\sigma}{\sqrt{n}}$$

$$|\overline{X'}-\mu| \le k\frac{\sigma}{\sqrt{4n}}=\frac{1}{2}k\frac{\sigma}{\sqrt{n}}$$

따라서 신뢰구간의 폭은 $4n$개를 취한 편이 $\frac{1}{2}$로 좁아진다.

4 96% 신뢰도에서 $\alpha=0.04$ 그리고 $z_{\alpha/2}=2.055$가 된다.

$z_{\alpha/2}\sqrt{\frac{\hat{p}(1-\hat{p})}{n}} = 0.02$, $\hat{p}=0.85$로부터 n을 구하면,

$n \geqq \frac{(z_{\alpha/2})^2\hat{p}(1-\hat{p})}{(0.02)^2} \simeq 1346.089$이므로 필요한 표본의 수는 1,347개 이상이다.

5 5.88시간

6 $4n$

연습문제 15

1 두 모집단의 모분산이 알려져 있는 경우이므로 위에서 도출한 신뢰구간의 공식을 이용하면,

$$\mu_1 - \mu_2 = \overline{X} - \overline{Y} \pm z_{0.025}\sqrt{\frac{\sigma_1^2}{n_1} + \frac{\sigma_2^2}{n_2}}$$

$$= (79.5 - 75.5) \pm 1.96\sqrt{\frac{80}{4} + \frac{100}{4}}$$

$$= 4.0 \pm 13.15$$

2 우선 합동표본분산 S_p^2은 다음과 같다.

$$S_p^2 = \frac{\sum_{i=1}^{n_1}(X_{1i} - \overline{X}_1)^2 + \sum_{i=1}^{n_2}(X_{2i} - \overline{X}_2)^2}{(n_1 - 1) + (n_2 - 1)} = \frac{211 + 387}{(4-1) + (4-1)} = 99.67$$

이때, 두 평균의 차이에 대한 95% 신뢰구간을 구하면 다음과 같다.

$$\mu_1 - \mu_2 = \overline{X}_1 - \overline{X}_2 \pm t_{\alpha/2}(n_1 + n_2 - 2) \times S_p\sqrt{\frac{1}{n_1} + \frac{1}{n_2}}$$

$$= 79.5 - 75.5 \pm 2.45\sqrt{99.67}\sqrt{\frac{1}{4} + \frac{1}{4}}$$

$$= 4.0 \pm 17.30.$$

3 필요한 통계량의 값들은 다음과 같다.

$$\overline{x}_1 = 16.3,\ S_1^2 = \frac{1}{9-1}\left(2486 - \frac{(147)^2}{9}\right) = 10.5$$

$$\overline{x}_2 = 19.4,\ S_2^2 = \frac{1}{9-1}\left(3469 - \frac{(175)^2}{9}\right) = 8.28$$

$$S_p^2 = \frac{(9-1)10.5 + (9-1)8.28}{9+9-2} = 9.39$$

$$S_p = 3.06$$

한편, $t_{0.025}(16) = 2.120$이므로, 구하는 신뢰구간은 다음과 같다.

$$(\bar{x}_1 - \bar{x}_2) \pm t_{\alpha/2}(n_1 + n_2 - 2)S_p\sqrt{\frac{1}{n_1} + \frac{1}{n_2}}$$

$$= (16.3 - 19.4) \pm (2.120)(3.06)\sqrt{\frac{1}{9} + \frac{1}{9}}$$

$$= -3.1 \pm 3.06 = (-6.16,\ -0.04)$$

4 짝을 이룬 자료로부터 신뢰구간을 도출하기 위한 계산과정은 다음과 같다.

X	Y	$D=X-Y$	$(D-\overline{D})$	$(D-\overline{D})^2$
68	60	8	4	16
82	74	8	4	16
80	84	−4	−8	64
88	84	4	0	0
합계		16	0	96
		$\overline{D}=4$		$S_D^2=32$

따라서 두 평균의 차이에 대한 95% 신뢰구간을 구하면 다음과 같다.

$$\mu_1 - \mu_2 = \overline{D} \pm t_{\alpha/2}(n-1)\frac{S_D}{\sqrt{n}}$$

$$= 4.0 \pm 3.18\frac{\sqrt{32}}{\sqrt{4}}$$

$$= 4.0 \pm 8.99$$

연습문제 16

1 두 지역의 표본비율은 각각 다음과 같다.

A 지역 : $\hat{p}_1 = \frac{293}{550} = 0.533$ B 지역 : $\hat{p}_2 = \frac{341}{708} = 0.482$

따라서 $p_1 - p_2$의 95% 신뢰구간은 다음과 같다.

$$\hat{p}_1 - \hat{p}_2 \pm z_{\alpha/2}\sqrt{\frac{\hat{p}_1(1-\hat{p}_1)}{n_1}+\frac{\hat{p}_2(1-\hat{p}_2)}{n_2}}$$

$$= (0.533-0.482) \pm 1.96\sqrt{\frac{0.533(1-0.533)}{550}+\frac{0.482(1-0.482)}{708}}$$

$$= 0.051 \pm 0.056 \quad \Rightarrow \quad \therefore \ (-0.005,\ 0.107).$$

2 화학적으로 처리된 씨의 발아 비율을 p_1, 보통의 발아 비율을 p_2라 하자. 자료를 정리하면 다음과 같다.

	발아	발아되지 않음	합계
화학 처리된 씨	88	12	100
처리되지 않은 씨	126	24	150

이로부터 필요한 통계량의 값을 구하면 다음과 같다.

$$\widehat{p_1} = \frac{88}{100} = 0.88, \qquad \widehat{p_2} = \frac{126}{150} = 0.84, \quad \widehat{p_1} - \widehat{p_2} = 0.04$$

$$\sqrt{\frac{\hat{p}_1(1-\hat{p}_1)}{n_1}+\frac{\hat{p}_2(1-\hat{p}_2)}{n_2}} = \sqrt{\frac{0.88(1-0.88)}{100}+\frac{0.84(1-0.84)}{150}} = 0.044$$

따라서 $p_1 - p_2$에 대한 95% 신뢰구간은 다음과 같다.

$$0.04 \pm 1.96 \times 0.044 = 0.04 \pm 0.09$$

3 현 방법과 새 방법의 모불량률을 각각 p_1, p_2로 놓자. 그러면, $\hat{p}_1 = 75/1500 = 0.05$과 $\hat{p}_2 = 80/2000 = 0.04$이 되므로 $p_1 - p_2$의 점추정량은 $\hat{p}_1 - \hat{p}_2 = 0.05 - 0.04 = 0.01$이 된다. 부록에서 $z_{0.05} = 1.645$를 찾을 수 있으므로 90% 신뢰구간은

$$0.01 - 1.645\sqrt{\frac{(0.05)(0.95)}{1500}+\frac{(0.04)(0.96)}{2000}} < p_1 - p_2$$

$$< 0.01 + 1.645\sqrt{\frac{(0.05)(0.95)}{1500}+\frac{(0.04)(0.96)}{2000}}$$

이 되고, 간단히 정리하면 $-0.0017 < p_1 - p_2 < 0.0217$이 된다.

연습문제 17

1 $n_1 = 10, n_2 = 9$이고 $S_1^2 = (3.17)^2$, $S_2^2 = (0.92)^2$, 그리고 $F_{0.025}(9,8) = 4.36$, $f_{0.025}(8,9) = 4.10$이다. 따라서 $\dfrac{\sigma_1^2}{\sigma_2^2}$에 대한 신뢰도 95% 신뢰구간은 $\dfrac{(3.17)^2}{(0.92)^2}$ $\dfrac{1}{4.36} < \dfrac{\sigma_1^2}{\sigma_2^2} < \dfrac{(3.17)^2}{(0.92)^2}\,4.10$이다.

2 두 모분산 비율의 90%의 신뢰구간은 $\dfrac{66.4}{34.8}\dfrac{1}{2.91} < \dfrac{\sigma_A^2}{\sigma_B^2} < \dfrac{66.4}{34.8}2.75$

연습문제 18

1 검정통계량은 $Z_0 = \dfrac{492 - 500}{12/\sqrt{8}} = -1.89$이다. 부록의 정규분포표로부터 $z_{\alpha/2} = 1.96$을 얻는다. $|Z_0| < z_{0.025} = 1.96$이므로 Z_0의 값이 기각역에 속하지 않으므로 귀무가설을 기각할 수 없다. 따라서 유의수준 $\alpha = 0.05$에서 평균 온도가 500℃가 아니라는 주장은 받아들일 수 없다.

2 $Z = \dfrac{\overline{X} - \mu}{\sigma/\sqrt{n}}$는 중심극한정리에 의하여($n > 30$), 정규분포검정 실시, 모평균이 300kg인지 아닌지에 대한 관심이므로 양측검정을 실시한다.

(i) $H_0 : \mu = 300(\text{kg})$ v.s. $H_1 : \mu \neq 300(\text{kg})$

(ii) $z_0 = \dfrac{\overline{X} - \mu_0}{\sigma/\sqrt{n}} = \dfrac{272 - 300}{42/\sqrt{36}} = -4.0$

(iii) $p-value = P(Z \geq |z_0| \mid H_0) = P(Z \geq 4.0) = 0.00006$

(iv) 유의수준 $\alpha = 0.05$에서 $z_{\alpha/2} = 1.96$. $p = 0.00006 < \alpha = 0.05$ 또는 $|z_0| = 4.0 > z_{\alpha/2} = 1.96$이므로 귀무가설을 기각한다. 따라서 유의수준 $\alpha = 0.05$하에서는 이 지역의 단위면적당 평균생산량은 300kg이라고 말할 수 없다.

3 (i) $H_0 :\ \mu \leq 2516$ v.s. $H_1 :\ \mu > 2516$

(ii) $n = 36,\ S = 132,\ \mu = 2516,\ \alpha = 0.05$이므로 검정통계량의 값은

$$Z = \frac{2550 - 2516}{132/\sqrt{36}} = 1.55$$

(iii) $z_\alpha = 1.645$, 따라서 $Z = 1.55 < 1.645 = z_\alpha$이므로 귀무가설을 채택한다.

4 (i) $H_0 : \mu = 320$ v.s. $H_1 : \mu > 320$

(ii) $T = \frac{\overline{X} - \mu}{\sqrt{S^2/n}} = \frac{330 - 320}{\sqrt{7056/10}} = 0.377$

(iii) 자유도 $\nu = n - 1 = 10 - 1 = 9$

(iv) $\alpha = 0.05$에서 부록의 $t-$분포표로부터 $t_{0.05}(9) = 1.833$을 얻는다.

(v) $T = 0.377 < 1.833 = t_{0.05}(9)$이므로 귀무가설을 채택한다. 즉, 이 지역의 평균 쌀 생산량은 전국의 쌀 생산량보다 많다고 할 수 없다.

5 $H_0 : \mu = 40$ v.s. $H_1 : \mu \neq 40$

이때, 문제의 조건에서 $\mu = 40$, $\sigma = 5$, $n = 100$, $\overline{X} = 38.5$이므로

$$Z_0 = \frac{\overline{X} - \mu_0}{\sigma/\sqrt{n}} = \frac{38.5 - 40}{5/\sqrt{100}} = -3 < -1.96 = -z_{\alpha/2}$$

따라서 귀무가설을 기각한다. 즉, 유의수준 5%하에서, 이 포장기계는 정상적으로 가동되고 있다고 할 수 없다.

6 (i) $H_0 : \mu \geqq 57.2$ v.s. $H_1 : \mu < 57.2$

(ii) $\alpha = 0.05$이고, n이 작고, σ를 모르므로 모집단을 정규분포로 가정하면 $\overline{X}$는 $t-$분포를 따른다.

(iii) $t_{0.05}(24) = 1.711$

$$T_0 = \frac{\overline{X} - \mu_0}{S/\sqrt{n}} = \frac{54.8 - 57.2}{\sqrt{18.49/25}} = -2.791 < -1.711 = -t_{0.05}(24)$$

따라서 H_0를 기각하고, H_1을 채택하게 된다. 즉, 유의수준 5%하에서, 새로운 교수 방법은 교육시간의 단축효과가 있다고 할 수 있다.

7 ① $\overline{x}_1 = 7.7125$, $\overline{x}_2 = 7.8963$, $\sigma_1^2 = \sigma_2^2 = 0.2^2$ 이므로,

$$(7.7125 - 7.8963) - 1.96\sqrt{\frac{0.2^2}{8} + \frac{0.2^2}{8}} < \mu_1 - \mu_2$$

$$< (7.7125 - 7.8963) + 1.96\sqrt{\frac{0.2^2}{8} + \frac{0.2^2}{8}}$$

② (ⅰ) 가설 $H_0 : \mu_1 = \mu_2 \quad v.s. \ H_1 : \mu_1 \neq \mu_2$

(ⅱ) 유의수준: $\alpha = 0.05$

(ⅲ) 검정통계량 및 값: $Z_0 = \dfrac{(7.7125 - 7.8963) - 0}{\sqrt{\dfrac{0.2^2}{8} + \dfrac{0.2^2}{8}}} = -1.838$

(ⅳ) 기각역: $|Z_0| > 1.96$

(ⅴ) 기각역에 포함되지 않으므로 귀무가설 채택

8 ① $\mu_{남} - \mu_{여}$의 90% 신뢰구간

$$(\overline{X}_1 - \overline{X}_2) \pm z_{\alpha/2}\sqrt{\frac{S_1^2}{n_1} + \frac{S_2^2}{n_2}}$$

$$= (253000 - 200800) \pm 1.645\sqrt{\frac{42000^2}{100} + \frac{53000^2}{80}}$$

$$= (40252.2, 64147.8)$$

② $Z_0 = \dfrac{\overline{X}_1 - \overline{X}_2}{\sqrt{S_1^2/n_1 + S_2^2/n_2}} = \dfrac{52200}{7263} = 7.18, \quad z_{0.05} = 1.645$. 그러므로 H_0는 기각하고, H_1채택, 즉, 남자의 급여가 여자의 급여보다 많다고 할 수 있다.

9 가설: $H_0 : \mu_1 = \mu_2 \quad v.s. \quad H_1 : \mu_1 \neq \mu_2$

두 집단의 분산이 같은 경우와 다른 경우로 나누어 검정한다(7.4.2절 두 모분산의 비율에 검정을 진행하면 다음의 두 가지 방법 중 어떤 경우를 받아들여야 할지 결정이 가능할 것이다).

$n_1 = 9, \quad \overline{X}_1 = 119.1 \quad S_1^2 = 1918.4, \quad n_2 = 10, \quad \overline{X}_2 = 105.4 \quad S_2^2 = 1418.5$ 이므로

a) 두 집단의 분산이 같다고 할 수 있는 경우

– 합동분산추정량 $S_p^2 = \dfrac{(n_1 - 1)S_1^2 + (n_2 - 1)S_2^2}{n_1 + n_2 - 2} \fallingdotseq 1653.8$

– 귀무가설하에서 검정통계량의 값

$$T_0 = \frac{\overline{X}_1 - \overline{X}_2}{S_p\sqrt{\frac{1}{n_1} + \frac{1}{n_2}}} = \frac{13.7}{\sqrt{1653.8 \times (1/9 + 1/10)}} = 0.734$$

$t_{0.025}(17) = 2.11$, $t_{0.005}(17) = 2.898$이므로 두 경우 모두 채택 영역에 있다.

b) 두 집단의 분산이 같다고 볼 수 없는 경우

$$- \text{ 자유도: } n^* = \frac{\left[\frac{S_1^2}{n_1} + \frac{S_2^2}{n_2}\right]^2}{\frac{(S_1^2/n_1)^2}{n_1 - 1} + \frac{(S_2^2/n_2)^2}{n_2 - 1}} = 15.92 \cong 16$$

$$- \ T_0 = \frac{\overline{X}_1 - \overline{X}_2}{\sqrt{\frac{S_1^2}{n_1} + \frac{S_2^2}{n_2}}} = \frac{13.7}{\sqrt{1918.4/9 + 1418.5/10}} = 0.727$$

$t_{0.025}(17) = 2,11$, $t_{0.005}(17) = 2.989$이므로 두 경우 모두 채택 영역에 있다. 두 집단의 분산이 같거나 다른 경우 모두 두 지역의 소비지출은 같다고 볼 수 있다.

연습문제 19

1 (i) $H_0: \ p = 0.66$ v.s. $H_1: \ p > 0.66$

(ii) $\alpha = 0.05$, 단측검정에서 $z_\alpha = 1.64$

(iii) 검정통계량 $Z = \frac{0.70 - 0.66}{\sqrt{\frac{0.66(1 - 0.66)}{1496}}} = 3.266$

(iv) $Z = 3.266 > 1.645 = z_\alpha$이므로 귀무가설을 기각하고 대립가설을 채택한다. 즉 이 지역의 농가의 임야 소유율은 전국 농가의 임야 소유율보다 높다고 할 수 있다.

2 이 동전에 대하여 앞면이 나올 확률을 p라 할 때, $H_0: \ p = 0.5$라 하자. 문제의 조건에서 $\hat{p} = \frac{38}{100} = 0.38$, $p = 0.5$, $n = 100$이므로

$$|Z| = \frac{|0.38 - 0.5|}{\sqrt{\frac{0.5 \times 0.5}{100}}} = 2.4.$$

(i) 유의수준 5%에서는 $|Z| = 2.4 > 1.96$이므로 귀무가설을 기각한다.

(ii) 유의수준 1%에서는 $|Z| = 2.4 < 2.58$ 이므로 가설을 기각할 수 없다.

즉, 유의수준 0.05하에서는 공정한 동전이라 할 수 없다는 것이고, 유의수준 0.01하에서는 공정한 동전이라고 할 수 있다는 것이다.

NOTE

이 문제의 경우는 다음 방법으로 Z를 구할 수 있다. 앞면이 나오는 횟수를 X라 하면 X는 $B(100, 0.5)$를 따르므로 X는 근사적으로 $N(100 \times 0.5, 100 \times 0.5 \times 0.5)$, 즉 $N(50, 5^2)$을 따른다. 그러므로

$$Z = \frac{X - \mu}{\sigma} = \frac{38 - 50}{5} = -2.4$$

이다. 모비율의 검정은 이와 같은 방법이 오히려 간편할 때가 많다.

3 발아율을 p라 하고 가설을 세운다. $H_0: p = 0.2 \quad v.s. \quad H_1: p > 0.2$

발아한 종자의 수를 X라 하면 X는 $B(400, 0.2)$를 따르므로 근사적으로 정규분포 $N(400 \times 0.2, 400 \times 0.2 \times 0.8)$, 즉 $N(80, 8^2)$을 따른다. 따라서 $\alpha = 0.01$라 할 때 $z_{0.01} = 2.33$이며 검정통계량 Z는 $Z = \frac{X - \mu}{\sigma} = \frac{95 - 80}{8} = 1.875$이다.

그러므로 $Z_0 = 1.875 < 2.33 = z_\alpha$. 따라서 귀무가설을 기각하지 못한다. 즉, 발아율이 20%가 넘는다는 회사의 주장은 타당하다고 할 수 없다.

4 황색이 생기는 비율을 p라 하고, 귀무가설 $H_0: p = \frac{3}{4}$ v.s. $H_1: p \neq \frac{3}{4}$을 세운다.

$\alpha = 0.05$에서 $z_{\alpha/2} = 1.96$이며 검정통계량 $Z_0 = 2.34 > 1.96$이므로 귀무가설을 기각하고 대립가설을 채택한다. 즉, 멘델의 법칙과 일치한다고 볼 수 없다.

5 A 지역의 소유율을 p_1, B 지역의 소유율을 p_2이라 하자.

(i) $H_0: p_1 = p_2 \quad$ v.s. $\quad H_1: p_1 \neq p_2$

(ii) 유의수준 $\alpha = 0.05$라 하면 $z_{0.05/2} = 1.96$을 얻는다.

(iii) 검정통계량 $Z = \dfrac{\hat{p}_1 - \hat{p}_2}{\sqrt{\hat{p}(1-\hat{p})(\frac{1}{n_1}+\frac{1}{n_2})}} = 1.091$, (단, $\hat{p} = \dfrac{n_1\hat{p}_1 + n_2\hat{p}_2}{n_1+n_2}$)

(iv) $Z = 1.091 < z_{0.05/2} = 1.96$ 이므로 귀무가설을 채택한다. 즉, 두 지역 경운기의 소유율에는 차이가 있다고 할 수 없다.

연습문제 20

1 $H_0 : \sigma^2 = 52^2$ v.s. $H_1 : \sigma^2 \neq 52^2$

$\alpha = 0.05$, $\nu = n-1 = 29$, $\chi^2_{0.975}(29) = 16.047$, $\chi^2_{0.025}(29) = 45.722$

검정통계량 $\chi_0^2 = \dfrac{(n-1)S^2}{\sigma^2} = \dfrac{29\times 60^2}{52^2} = 38.609$, 따라서

$16.047 = \chi^2_{0.975}(29) < \chi_0^2 = 38.609 < \chi^2_{0.025}(29) = 45.722$이므로 귀무가설을 채택한다.

2 $S^2 = \dfrac{\sum(X_i - \overline{X})^2}{n-1} = \dfrac{124}{8} = 15.5$, $\alpha = 0.05$, $\nu = n-1 = 8$

검정통계량의 값 $\chi_0^2 = \dfrac{(n-1)S^2}{\sigma^2} = \dfrac{8\times 15.5}{12} = 10.333$, 따라서

$2.180 = \chi^2_{0.975}(8) < \chi_0^2 = 10.333 < 17.535 = \chi^2_{0.025}(8)$이므로 귀무가설을 채택한다.

3 $H_0 : \sigma^2 = 4400$ v.s. $H_1 : \sigma^2 \neq 4400$

$n = 11, \nu = 11-1 = 10$이므로 검정통계량 및 값은

$$\chi_0^2 = \frac{(n-1)S^2}{\sigma^2} = \frac{10\times 5610}{4400} = 12.75$$

이며, χ^2 −분포표로부터 $\chi^2_{0.975}(10) = 3.247$, $\chi^2_{0.025}(10) = 20.483$이 된다. 따라서 $\chi^2_{0.975}(10) = 3.247 < \chi_0^2 = 12.75 < 20.483 = \chi^2_{0.025}(10)$이므로 귀무가설을 채택한다.

연습문제 21

1 상관계수를 구해 보면 $r = 0.345$이다. 유의수준 α=0.05일 때, 검정통계량의 값 $T_0 = r\sqrt{\frac{n-2}{1-r^2}} = 0.345\sqrt{\frac{10-2}{1-0.345^2}} = 1.04$이고, 기각기준값은 부록의 분포표에 의하면 $T_0 = 1.04 < t_{0.05/2}(8) = 2.306$이므로 귀무가설 $H_0 : \rho = 0$ 을 기각할 수 없다. 즉 미분방정식 점수와 통계학 점수 사이에 선형상관관계가 없다고 할 수 있다.

2 $\frac{1}{n-1}\sum_{i=1}^{n}(x_i - \overline{X})(y_i - \overline{Y})$에 Schwartz의 부등식 $(\sum x_i y_i)^2 \le \sum x_i^2 \cdot \sum y_i^2$을 적용한다.

$$\left\{\frac{1}{n-1}\sum_{i=1}^{n}(x_i - \overline{X})(y_i - \overline{Y})\right\}^2 \le \left\{\frac{1}{n-1}\sum_{i=1}^{n}(x_i - \overline{X})^2\right\}\left\{\frac{1}{n-1}\sum_{i=1}^{n}(y_i - \overline{Y})^2\right\}$$

연습문제 22

1 생략

2

Y \ X	40	50	60	70	80	90	합계
90						1	1
80				1	2	2	5
70			1	2	1		4
60		2	1	3	1		7
50	1	1	1				3
합계	1	3	3	6	4	3	20

상관계수 = 0.786578

3 ③ $y = 35.82 + 0.476x$

4 ~ 7 생략

연습문제 23

1 (1) 반응변수는 제품의 강도("strength")이며, 설명변수는 열처리 온도("temp")인 일요인분산분석의 모형으로 생각할 수 있다. 다음은 "R"의 프로그램과 결과이다.

```
> strength = c( 23, 27, 24, 25, 29, 30, 35, 32, 38, 36, 32, 33,
+ 36, 41, 38, 39, 40, 38, 32, 30, 37, 34, 35, 34)
> temp = factor( rep(1:4, c(6,6,6,6)) )
> levels = c("T125", "T150", "T175", "T200")
> anova ( lm ( strength ~ temp ))
Analysis of Variance Table
Response: strength
           Df  Sum Sq   Mean Sq  F value   Pr(>F)
temp        3  471.17   157.06   27.716    2.522e-07 ***
Residuals 20   113.33     5.67
---
Signif. codes:  0  ***' 0.001  **' 0.01  *' 0.05  .' 0.1  ' 1
```

(2) 검정하고자 하는 귀무가설은 $H_0 : \mu_1 = \mu_2 = \mu_3 = \mu_4$이며, 귀무가설하에서 검정통계량의 값 $F = 27.71569$은 $F(3,20)$을 따른다. $\alpha = 0.05$일 때, $F_{0.05}(3,20) = 3.0984$이므로 $F = 27.71569 > F_{0.05}(3,20)$가 되어 귀무가설은 기각된다. 또는 p-value를 보아도 2.522E-07로 0.05보다도 훨씬 작음을 알 수 있다.

2 완전확률블록계획에 이원분류분산 분석 실시

(1) "R"을 이용한 결과이다.

```
> time = c( 1.7, 1.5, 0.1, 0.6, 3.4, 2.6, 2.3, 2.2, 2.3, 2.1, 0.8, 1.6)
> stimuls = factor( rep(1:3, c(4,4,4)))
```

```
> patient = factor( rep( rep(1:4, c(1,1,1,1)), 3))
> anova( lm( time ~ patient + stimuls ))
Analysis of Variance Table
Response: time
           Df  Sum Sq   Mean Sq   F value   Pr(>F)
patient     3  3.4800   1.1600    15.297    0.0032316 **
stimuls     2  5.4717   2.7358    36.077    0.0004525 ***
Residuals   6  0.4550   0.0758
---
Signif. codes:  0  ***' 0.001  **'  0.01  *' 0.05  .' 0.1  ' 1
```

(2) p-value가 0.000452로서 기준값인 유의수준 0.05보다 작으므로 블록 간에 동일하고 볼 수 없다.

(3) p-value가 0.0003232로서 기준값인 유의수준 0.05보다 작으므로 사람들 간의 평균반응기간은 동일하다고 볼 수 없다.

3 반복이 없는 이원분류분산분석을 실시한다.

(1) "R"을 이용한 결과이다.

```
> humidity = c(10.1, 12.2, 11.9, 11.4, 12.9, 12.7,
+ 9.9, 12.3, 11.4, 12.1, 13.4, 11.4)
> chem = factor( rep(1:4, c(3,3,3,3)))
> fiber = factor( rep(rep(1:3, c(1,1,1)), 4))
> anova( lm( humidity ~ fiber + chem))
Analysis of Variance Table
Response: humidity
           Df  Sum Sq   Mean Sq   F value   Pr(>F)
fiber       2  6.6717   3.3358    8.9553    0.0158 *
chem        3  3.1625   1.0542    2.8300    0.1287
Residuals   6  2.2350   0.3725
---
Signif. codes:  0 `***' 0.001 `**' 0.01 `*' 0.05 `.' 0.1 ` ' 1
```

(2) 인자 B(열)이 각 화학약품("chem")에 대한 비교분석을 의미한다. p-value

가 0.128749로서 귀무가설을 기각할 수 없다. 즉, 각 화학약품 간의 효과는 동일하다고 할 수 있다.

(3) 인자 A(행)이 섬유의 종류("fiber")에 따는 방수효과의 결과이다. p-value가 0.015801로서 유의수준 0.05보다 작으므로 귀무가설을 기각한다. 즉, 섬유종류에 따라 방수효과는 차이가 있음을 알 수 있다.

4 (1) "R"을 이용한 결과이다.

```
> sell= c( 47, 43, 46, 40, 62, 68, 67, 71, 41, 39, 42,  46)
> width = factor( rep( rep(1:2, c(2,2)), 3))
> sell= c( 47, 43, 46, 40, 62, 68, 67, 71, 41, 39, 42,  46)
> width = factor( rep( rep(1:2, c(2,2)), 3))
> height = factor( rep(1:3, c(4,4,4)))
> anova( lm(sell ~ height*width))
Analysis of Variance Table
Response: sell
              Df   Sum Sq  Mean Sq   F value      Pr(>F)
height         2  1544.00   772.00   74.7097   5.754e-05 ***
width          1    12.00    12.00    1.1613      0.3226
height:width  2    24.00    12.00    1.1613      0.3747
Residuals      6    62.00    10.33
---
Signif. codes:  0   ***' 0.001   **' 0.01   *' 0.05   .' 0.1   ' 1
```

(2) 교호작용(height:width)에 대한 p-value는 0.37로서 0.05보다 크므로 교호작용이 없다는 귀무가설을 기각할 수 없다. 즉, 선반의 높이와 폭은 서로 영향력이 없다고 할 수 있다.

(3) 높이(height)에 대한 p-value는 0.05보다 훨씬 적으므로 높이에 대한 효과는 있다고 할 수 있으며, 선반의 폭(width)에 대한 p-value는 0.05보다 크므로 폭에 대한 효과는 없다고 할 수 있다.

연습문제 24

1 (ⅰ) 가설: 주사위는 정상이다. 이 정상인 주사위의 기대도수에 관찰도수가 적합하다고 하자.

(ⅱ) 정상인 주사위에서 각 눈이 나올 확률은 모두 같은 $p_i = \frac{1}{6}$이므로 각 눈의 기대도수도 모두 같다. 즉, $F_i = mp_i = 60p_i = 10$.

(ⅲ) 다음 표에 의하여 χ^2을 계산한다.

X	f	F	$f-F$	$(f-F)^2/F$
1	12	10	2	0.4
2	7	10	−3	0.9
3	7	10	−3	0.9
4	12	10	2	0.4
5	10	10	0	0.0
6	12	10	2	0.4
합계	60	60		$3=\chi^2$

(ⅳ) 자유도 ν를 구한다. 즉, $\nu = 5$.

(ⅴ) $\alpha = 0.01$에서 $\nu = 5$이므로 $\chi^2_{0.01}(5) = 15.086$. $\chi^2 < \chi^2_{0.01}(5) = 15.08$이므로 가설을 채택한다.

2 p_i, $i = 1, 2, 3$는 쥐가 문을 통과할 확률이라 하면 H_0 : $p_1 = p_2 = p_3 = \frac{1}{3}$라 설정하자.

	문1	문2	문3
관찰도수	23	36	31
기대도수	30	30	30

$n = 30 + 30 + 30 = 90$, 기대도수는 각 범주마다 $np_i = 90 \times \frac{1}{3}$ 이다. 자유도 $\nu = 2$이므로$\chi^2_{0.05}(2) = 5.991$ 이 된다. 따라서 $\chi^2 > 5.991$이면 귀무가설은 기각된다. 검정통계량

$$X^2 = \sum_{i=1}^{3} \frac{(f_i - F_i)^2}{F_i} = \frac{(23-30)^2}{30} + \frac{(36-30)^2}{30} + \frac{(31-30)^2}{30} = 2.87$$

$\chi^2 = 2.87 < 5.992 = \chi^2_{0.05}(2)$ 이므로 H_0 는 채택된다. 즉, 쥐들의 문을 택하는 선호도는 세 개의 문에 대하여 동일하다고 볼 수 있다.

3 생략

연습문제 25

1 H_0 : 직업과 나이는 연관성이 없다. 기대도수 E_{ij} 를 계산한다. 검정통계량

$$\chi^2 = \sum\sum\frac{(n_{ij} - E_{ij})^2}{E_{ij}}$$

을 계산하면 $\chi^2 = 168.563$ 이다. 자유도 $\nu = 6$, $\alpha = 0.05$ 에서 $\chi^2_{0.05}(6) = 12.592$ 을 얻는다. 따라서 $\chi^2 = 168.563 > 12.592 = \chi^2_{0.05}(6)$ 이므로 가설을 기각한다. 즉 직업은 나이와 관계가 있다고 할 수 있다.

2 H_0: 정당선호도와 정책지지도서로 관련이 없다.

H_1: H_0 가 아니다.

검정통계량 $\chi^2 = \sum\sum\frac{(n_{ij} - E_{ij})^2}{E_{ij}}$ 을 계산하면

$$\chi^2 = \frac{(138 - 115.14)^2}{115.14} + \cdots + \frac{(84 - 63.64)^2}{63.64} = 22.153$$

이고, $\chi^2_{0.05}(2) = 5.991$ 보다 크기 때문에 H_0 를 기각한다. 따라서 정당선호도와 정책지지도는 서로 관련이 있다고 볼 수 있다.

3 문제의 표는 관측도수 n_{ij} 와 추정된 기대도수 E_{ij} 를 나타낸 것으로 보고(실제로 계산해보면 괄호속의 기대도수와 같음을 안다), 검정통계량 χ^2 을 계산할 수 있다.

$$\chi^2 = \sum\sum\frac{(n_{ij} - E_{ij})^2}{E_{ij}}$$

$$= \frac{(15-22.51)^2}{22.51} + \frac{(26-22.99)^2}{22.99} + \cdots + \frac{(20-14.63)^2}{14.63} = 19.17$$

자유도 $\nu=6$, $\alpha=0.05$으로부터 $\chi^2_{0.05}(6)=13.592$을 얻는다. 따라서 $\chi^2=19.17 > 13.592=\chi^2_{0.05}(6)$이므로 H_0를 기각한다. 즉, 제조방법에 따라 흠집의 형태가 달라진다고 볼 수 있다.

4 $\chi^2=10.547, \nu=1$ 그리고 $\chi^2_{0.05}(1)=3.841$, $\chi^2 > \chi^2_{0.05}(1)=3.841$이므로 H_0는 기각된다.

5 생략

연습문제 26

1 문제의 분할표에서 괄호안은 기대도수이다.

H_0: 4개 직업 집단 내에서 알콜 중독자의 비율이 똑같다.

H_1 : H_0가 아니다.

$$\chi^2 = \sum\sum\frac{(n_{ij}-E_{ij})^2}{E_{ij}}$$

$$= \frac{(32-58.25)^2}{58.25} + \frac{(268-241.75)^2}{241.75} + \cdots + \frac{(267-282.04)^2}{282.04} = 21.47$$

자유도 $\nu=3$, $\alpha=0.05$으로부터 $\chi^2_{0.05}(3)=7.815$을 얻는다. 따라서 χ^2이 $\chi^2_{0.05}(3)=7.815$보다 크기 때문에 H_0를 기각한다. 즉, 알콜 중독자의 비율이 직업에 따라 차이가 있다고 결론을 내린다.

2 $\chi^2=18.5, \nu=3$ 그리고 $\chi^2_{0.05}(3)=7.814$, $\chi^2 > \chi^2_{0.05}(3)=7.814$이므로 H_0는 기각된다.

연습문제 27

1 다음과 같이 가설을 설정할 수 있다.

H_0 : 제품 A와 제품 B 사이에 차이가 없다.

H_1 : 제품 A가 제품 B보다 우수하다.

10개의 표본 중 + 부호가 6개 있으므로 검정통계량의 값은 $T=6$이다. $n=10$이므로 $\alpha = 0.05$일 때 부록의 이항분포표에 의하여 $P(T \geqq 6) = 1-P(T \leqq 5) = 1-0.623 = 0.377$로 $\alpha = 0.05$보다 크다. 그러므로 H_0를 기각하지 못한다. 즉 두 회사 제품 간에 유의한 차이가 없다는 결론을 내린다.

2 H_0 : 근로자의 휴가는 생산량을 증대시키는 데 관계가 없다.

검정통계량 T의 값은 1이다. $n = 10$이고 $\alpha = 0.05$일 때 부록의 이항분포표에 의하여 $P(T \leqq 1) = 0.011$로 $\alpha = 0.05$보다 작다. 그러므로 H_0를 기각하게 된다.

3 생략

4 생략

연습문제 28

1 H_0 : 제품 A와 제품 B 사이에 차이가 없다.

H_1 : 제품 A가 제품 B보다 우수하다.

$n=10$이고 $W^+=40$이므로 $T=15$이다. 부록의 표에 의하면 $P(W^+ \geqq 40) = 0.116 > 0.05 = \alpha$이므로 H_0를 채택한다.

2 생략

3 생략

4 생략

연습문제 29

1 $n_A = 8,\ n_B = 10$ 이므로 $n = n_A + n_B = 8 + 10 = 18$

$$H_0 :\ \mu_A = \mu_B \qquad \text{v.s.} \qquad H_1 :\ \mu_A \neq \mu_B$$

$\alpha/2 = 0.025$에서 기각역은 부록의 표로부터 $W_A \geq 98$ 또는 $W_A \leq 54$을 얻는다. 결합표본의 관측값을 크기 순으로 나열한 후 표본의 크기가 작은 A 표본의 순위합을 구한다.

관측값	0.6	1.6	1.9	2.1	2.2	2.5	3.1	3.3	3.7	4.0	4.0	4.1	4.8	5.4	5.4	6.1	6.2	6.3
순위	1	2	3	4	5	6	7	8	9	10.5	10.5	12	13	14.5	14.5	16	17	18
담배	B	B	B	A	B	B	B	A	A	A	B	B	A	A	B	A	B	A

$W_A =\ 4+8+9+10.5+13+14.5+16+18\ =\ 93$

$W_B =\ 1+2+3+5+6+7+10.5+12+14.5+17\ =\ 78$

$54 < W_A = 93 < 98$ 이므로 H_0를 채택한다.

2 생략

3 생략

4 생략

연습문제 30

1 생략

2 런의 수 $R=6$은 검정통계량이다.

$n_1=6$, $n_2=7$일 때 임계값은 3과 12이다. 따라서 $R=6$이 3보다 크므로 H_0를 채택한다.

3 주어진 자료의 중앙값은 3.9이다.

각 측정값에 대하여 3.9보다 크면 +기호, 작으면 −기호를 부여하면 다음과 같은 부호의 열을 얻는다.

$$- \; + \; - \; - \; - \; - \; + \; + \; + \; + \; - \; + \; +$$

그러므로 $n_1=6$, $n_2=7$이 되며 따라서 $R=6$이 된다. 부록의 표로부터 임계값 3과 12를 얻는다. $R=6<3$ 또는 $R=6>12$이므로 H_0를 채택한다. 즉, 임의로 분배되었다고 할 수 있다.

찾아보기

【ㅇ】

【E】

【F】

【G】

【H】

【I】

【J】

【Q】

【R】

【S】

【T】

【U】

【V】

【W】

【Z】

통계학 with R -개정판-

저 자 김태수
발 행 인 김지영
발 행 처 자유아카데미
주 소 경기도 파주시 회동길 37-42
파주출판도시
전 화 031-955-1321
팩 스 031-955-1322
홈페이지 www.freeaca.com
전자우편 main@freeaca.com (대표)
editor@freeaca.com (편집)
crm@freeaca.com (영업)
등 록 제406-2003-017호, 1980. 7. 12
제2판1쇄 2021년 11월 20일 발행
제2판5쇄 2024년 12월 26일 발행

저자와의
협의하에
인지생략

ISBN 979-11-5808-329-8 93310